Reimer · Pfefferkorn Raster-Elektronenmikroskopie Zweite Auflage

L. Reimer G. Pfefferkorn

Raster-Elektronenmikroskopie

Zweite, neubearbeitete und erweiterte Auflage

Mit 146 Abbildungen

Springer-Verlag Berlin Heidelberg New York 1977

Professor Dr. *Ludwig Reimer*

Leiter der Elektronenmikroskopischen Abteilung im Physikalischen Institut der Universität
Schloßplatz 7, D-4400 Münster

Professor Dr. *Gerhard Pfefferkorn*

Direktor des Instituts für Medizinische Physik der Universität
Hüfferstraße 68, D-4400 Münster

ISBN-13: 978-3-540-08154-8 e-ISBN-13: 978-3-642-81112-8
DOI: 10.1007/978-3-642-81112-8

Library of Congress Cataloging in Publication Data. Reimer, Ludwig. Raster-Elektronenmikroskopie. Includes bibliographies and index. 1. Scanning electron microscope. I. Pfefferkorn, Gerhard, 1913-. joint author. II. Title. QH212.S3R45. 1977. 502'.8. 77-5794

Monophotosatz, Offsetdruck und Bindearbeiten: Zechnersche Buchdruckerei, Speyer.
2153/3130-543210

Vorwort zur zweiten Auflage

Die starke Ausbreitung der Raster-Elektronenmikroskopie machte eine Neuauflage bereits nach vier Jahren erforderlich. Obwohl keine wesentlichen Erweiterungen in der Anwendung der Raster-Elektronenmikroskopie zu verzeichnen sind, haben wir in der vorliegenden zweiten Auflage versucht, die weitere Entwicklung und Verbesserung der Abbildungs- und Analysenmethoden zu berücksichtigen. Die Gliederung des Buches wurde im wesentlichen beibehalten. Neben zahlreichen Korrekturen und Ergänzungen sind einige Abschnitte neu formuliert, u. a. über die Erzeugung einer Elektronensonde mit Glüh- und Spitzenkathoden, elektronische Signalverarbeitung, Raster-Transmission, Röntgenmikroanalyse, Analyse von Halbleitern und die Präparationsmethoden. Die Literaturzitate wurden ergänzt, wobei wegen der starken Zunahme der Publikationen Beschränkungen in der Zahl der neu zitierten Arbeiten erforderlich waren.

Münster, Februar 1977 *L. Reimer G. Pfefferkorn*

Vorwort zur ersten Auflage

Die Raster-Elektronenmikroskopie hat sich nach einer schnellen Entwicklung als unentbehrliches Hilfsmittel für die mikromorphologische Untersuchung von Oberflächen erwiesen. Außer einer Oberflächenabbildung großer Schärfentiefe und einem Auflösungsvermögen von ca. 50–200 Å besteht u. a. die Möglichkeit in integrierten Halbleiterschaltungen Kontraste durch elektrische Potentiale oder bei ferromagnetischen Proben durch magnetische Streufelder zu erhalten. Sehr bald wurden neben der reinen Betrachtung von Oberflächen auch analytische Methoden ausgenutzt. Der Anstieg des Rückstreukoeffizienten mit wachsender Ordnungszahl erlaubt eine Materialdifferenzierung. Mit Channelling-Diagrammen kann eine Orientierungsbestimmung und Kristall-Identifizierung von 1 μm großen Bereichen durchgeführt werden. Zusätzlich ermöglichen die Emission von Röntgenquanten und Augerelektronen eine Materialanalyse, und es können durch Kathodolumineszenz ausgelöste Lichtquanten zur Bilderzeugung ausgenutzt werden. Auch in der Transmissions-Elektronenmikroskopie breitet sich das Rasterprinzip für spezielle Anwendungen aus.

Bislang fehlte in der deutschsprachigen Literatur eine geschlossene Darstellung der physikalischen und technischen Grundlagen der Raster-Elektronenmikroskopie einschließlich präparativer Hinweise für ihre Anwendung. Mit dem vorliegenden Buch soll diese Lücke geschlossen werden. Den mit einem Raster-Elektronenmikroskop arbeitenden Wissenschaftlern und Technikern soll das Buch als Einführung und Arbeitsgrundlage dienen. Da es für die Bildinterpretation nützlich ist, die wichtigsten Grundlagen der Elektronendiffusion zu kennen, und jeder, der sich der Raster-Elektronenmikroskopie zuwendet, nach kurzer Zeit z. B. mit Problemen der Sekundärelektronenemission oder der Austrittstiefe der rückgestreuten Elektronen konfrontiert wird, ist der Wechselwirkung Elektron-Objekt ein ausführliches Kapitel gewidmet. Es wurde darauf verzichtet, spezielle Typen von Raster-Elektronenmikroskopen näher zu beschreiben, dafür wurden aber allen Raster-Elektronenmikroskopen gemeinsame Prinzipien der Elektronenoptik, Signalerzeugung und elektronischen Signalverarbeitung abgehandelt. Die verschiedenen Kontrast-Entstehungsmechanismen, speziell der Flächenneigungskontrast, Abschattungseffekte, der Kanteneffekt, der Material- und Orientierungskontrast, einschließlich der Channelling-Diagramme werden in ihren theoretischen Grundlagen und anhand von Demonstrationsbeispielen vorgeführt. Dies soll dem Leser das Rüstzeug geben, weitere auftretende Kontrasterscheinungen in rasterelektronenmikroskopischen Aufnahmen zu deuten. Wenn man sich auch als Anfänger auf diesem Gebiet aufgrund der Plastizität der Aufnahmen zunächst mit der bloßen Betrachtung der Bilder zufrieden gibt, so wird man doch bald für eine detailliertere Bildinterpretation auf eine Kenntnis der spezifischen Eigenarten der rasterelektronenmikroskopischen Abbildung zurückgreifen müssen.

Eine ähnliche Situation liegt in der Präparationstechnik vor. Auch hier wird man zunächst eine wenig aufwendige Präparation vorziehen, um sich einen Überblick über die rasterelektronenmikroskopisch zu erwartende Information zu verschaffen, um dann eventuell auftretende Artefakte durch aufwendigere Präparationsverfahren zu vermeiden. Hier wurde die Darstellung der Methoden anhand von Beispielen erläutert, um eigene Versuche anzuregen.

Wir danken zahlreichen auswärtigen Kollegen und den Mitarbeitern des Institutes für Medizinische Physik der Universität Münster für die bereitwillige Überlassung von Bildmaterial und insbesondere Herrn Priv.-Doz. Dr. habil. *R. Blaschke* für viele wertvolle Diskussionen und Ratschläge.

Münster, März 1973 *L. Reimer G. Pfefferkorn*

Inhalt

1. Einleitung

2. Wechselwirkung Elektron–Materie

5. Raster-Transmissions-Elektronenmikroskopie

8. Präparation

1. Einleitung

1.1. Prinzipielle Wirkungsweise und Betriebsarten eines Raster-Elektronenmikroskopes (SEM)

Das Prinzip des Abrasterns einer Oberfläche mit einer Elektronenstrahlsonde wurde von *Knoll* (1935) vorgeschlagen. Er zeigte durch Experimente mit einer Auflösung von 0,1 mm, daß mit dem Rasterverfahren die Topographie, die Kristallorientierung und Materialunterschiede auf dem Schirm einer Bildröhre abgebildet werden können. Die erste sublichtmikroskopische Auflösung erzielte *von Ardenne* (1938) mit einem Durchstrahlungs-Rasterelektronenmikroskop. Die weitere historische Entwicklung des SEM ist an verschiedenen Stellen referiert worden (*Oatley* u. a., 1965; *Thornton*, 1968; *Pfefferkorn*, 1970).

Abb. 1.1 demonstriert die prinzipielle Wirkungsweise. In der Mikroskopsäule wird der Durchmesser des Elektronenstrahles durch Linsen elektronenoptisch verkleinert, so daß auf der Probe (Objekt) ein Sondendurchmesser von 50–200 Å, in Sonderfällen 2 Å, vorliegt. Ein Ablenkgenerator sorgt für die zeilenförmige Abrasterung der Probe durch die Elektronensonde und eine synchrone Rasteraufzeichnung des Bildes in einer Bildröhre. Die emittierten Sekundärelektronen (SE) und/oder rückgestreuten Elektronen (RE) werden von geeigneten Detektoren erfaßt. Das Signal dient nach Passieren des Video-Verstärkers zur Helligkeitsmodulation der Bildröhre.

Die Anwendung des SEM ist jedoch nicht auf die Abbildung der Oberflächentopographie mit SE und RE beschränkt. Durch Ausnutzung des Probenstromes als Signal zur Helligkeitssteuerung läßt sich ein komplementäres Bild zum Emissionsbild erhalten. Diese früher in Röntgen-Mikroanalysatoren (RMA) häufig benutzte Technik ist jedoch durch empfindlichere und rauschärmere Detektoren für SE und RE in einem SEM in den Hintergrund getreten. Die Kristallorientierungsbestimmung mit Channelling-Diagrammen, die im SE- und RE-Bild aufgenommen werden können, ersetzt die im RMA häufig benutzte Kossel-Technik (Röntgenbeugung im divergenten Bündel). Da die Bahnen der langsamen SE durch elektrische und magnetische Felder an der Probenoberfläche beeinflußt werden, können Potentialverteilungen und magnetische Domänen abgebildet werden. Ersteres hat Bedeutung für die Untersuchung integrierter Halbleiterschaltungen. Bei diesen lassen sich auch interne, durch den abrasternden Elektronenstrahl auftretende elektromotorische Kräfte und Ströme ausnutzen. Da unter Elektronenbeschuß auch Emission von Lichtquanten (spez. in Leuchtstoffen und fluoreszierenden Substanzen), Röntgenquanten und Augerelektronen stattfindet, können auch diese zur Information herangezogen und die Bildhelligkeit mit

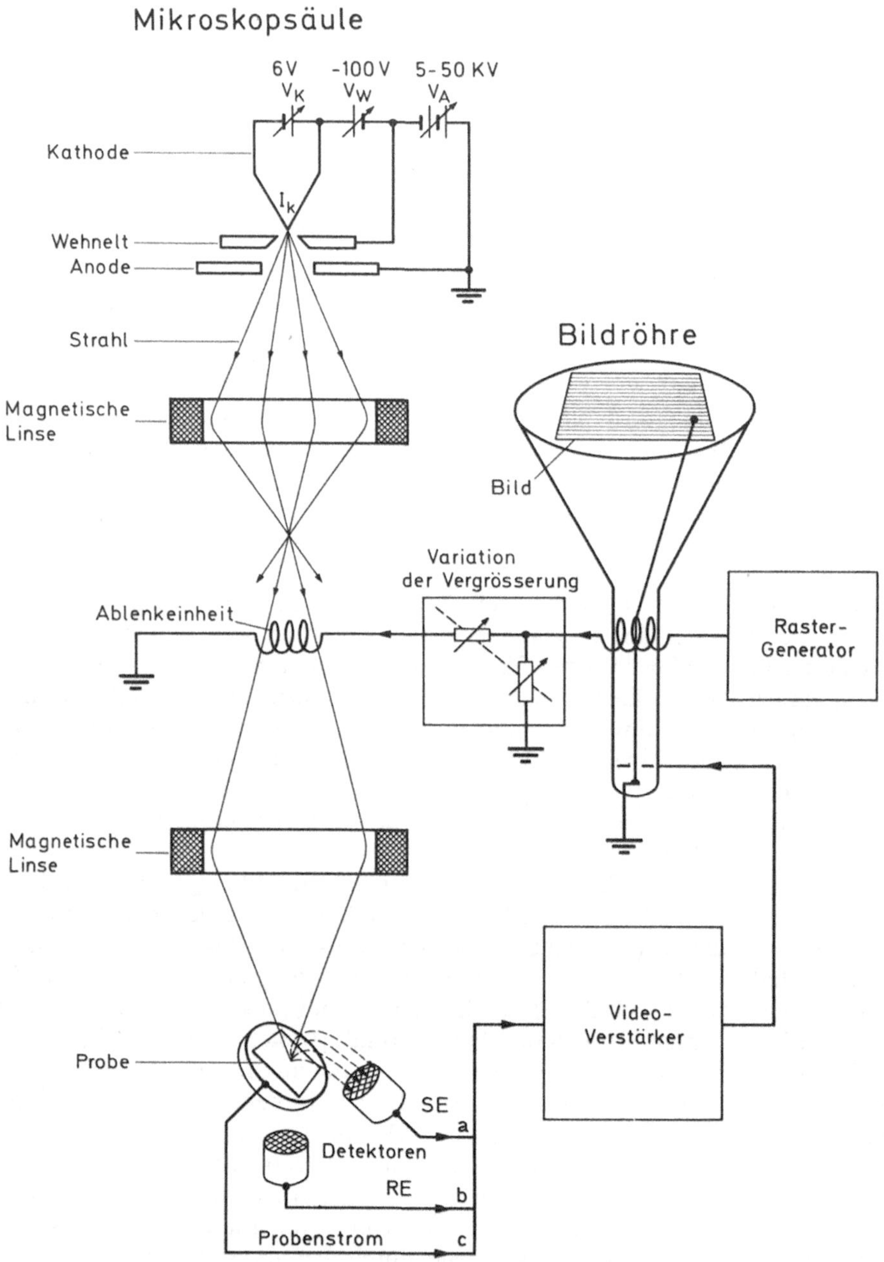

Abb. 1.1. Prinzipieller Aufbau und Wirkungsweise des Raster-Elektronenmikroskopes. (SEM: scanning electron microscope)

deren Emissionsintensität moduliert werden. Speziell die Röntgenanalyse der charakteristischen Strahlung mit Lithium-gedrifteten Silizium-Detektoren hat große Bedeutung erlangt, da hiermit das SEM eine Elementanalyse und gleichzeitig hohe topographische Auflösung ermöglicht.

Neben der Untersuchung durchstrahlbarer Schichten mit SE und RE lassen sich auch die transmittierten Elektronen zur Bilderzeugung heranziehen. Diese Betriebsart zur Ergänzung eines SEM breitet sich auch für ein Transmissions-Elektronenmikroskop (TEM) aus. Während in einem normalen TEM die Auflösung bei dicken Objektschichten durch die Energieverluste der Elektronen und den chromatischen Fehler der Objektivlinse begrenzt wird, entfällt bei der Abrasterung der chromatische Fehler und es lassen sich wesentlich dickere Objektschichten durchstrahlen. Bei der Hochauflösung von dünnen Objektschichten weist das Raster-Transmissions-Elektronenmikroskop (STEM) nach *Crewe* (§ 5.2.3) große Vorteile auf. Mit einer Spitzenkathode im Feldemissionsbetrieb kann in einer Ultrahochvakuum-Apparatur unter Verwendung nur einer Linse ein Durchmesser des abrasternden Elektronenstrahles von wenigen Å erreicht werden. Mit diesem Typ gelang erstmalig die Abbildung einzelner Schwermetallatome, da das Rasterprinzip bessere elektronische Möglichkeiten zur Kontrastanhebung bietet. Inzwischen sind Einzelatome aber auch mittels des normalen TEM im Hellfeld abgebildet worden.

Diese skizzierten Betriebsarten ergeben eine Fülle von Anwendungsmöglichkeiten, deren wichtigste in Tabelle 1.1 zusammengefaßt sind. Neben dem zugrundeliegenden physikalischen Effekt sind die zu erwartenden Informationen aufgeführt und soweit angebbar die Größenordnung der Auflösungsgrenze. In den letzten Spalten wird auf die §§ verwiesen, in denen die Methoden ausführlich beschrieben werden, und auf typische Abbildungen, welche die Betriebsart illustrieren.

Neben diesen durch das Objekt bedingten Betriebsarten gibt es durch die zeilenförmige Abrasterung des Bildes und der dadurch direkt als elektrisches Signal vorliegenden Bildinformation viele elektronische Möglichkeiten das Signal zu verarbeiten und in modifizierter Form darzustellen (Tabelle 1.2). Ferner bietet sich eine Reihe von visuellen, optischen und elektronischen Datenverarbeitungsmethoden an (Tabelle 1.3).

1.2. Vergleich des Raster-Elektronenmikroskopes mit dem Lichtmikroskop und Transmissions-Elektronenmikroskop

Die Auflösungsgrenze eines SEM von 50–200 Å ist nur um ca. eine Zehnerpotenz besser als die eines Lichtmikroskopes (LM) und um etwas mehr als eine Zehnerpotenz schlechter als die eines Transmissions-Elektronenmikroskopes (TEM).

Während bei einem LM mit zunehmender Vergrößerung die Schärfentiefe stark abnimmt und Oberflächenstrukturen mit einem TEM nur auf dem Umweg über Oberflächenabdrücke abgebildet werden können, läßt sich mittels eines

Tabelle 1.1. Betriebsarten des Raster-Elektronenmikroskopes

Betriebsart	Zugrundeliegender physikalischer Effekt	Information	Auflösungsgrenze	Verweis §	Verweis Abb.
Sekundärelektronen-(SE)-Bild	Abhängigkeit der SE-Ausbeute von der Flächenneigung Materialabhängigkeit	Oberflächentopographie	(20) 50–200 Å	4.1 4.3.1	4.2, 4.4a 4.7a, 4.9
Rückstreuelektronen-(RE)-Bild	Abhängigkeit des Rückstreukoeff. von der Flächenneigung Stärkere Schatteneffekte als im SE-Bild Erhöhte Rückstreuung an Kanten	Oberflächentopographie	0,1–1 μm stärkeres Rauschen bei hohen Vergr.	4.1.1 4.1.2 4.1.3	4.4b, 4.7b 4.4b, 4.7b 4.14 4.10
	Materialabhängigkeit Eindringtiefe ≃ ½ Reichweite Energiefilterung „Low-Loss electrons“	Materialkontrast Tiefeninformation Höhere Auflösung	0,1–1 μm 1 μm 20 Å–0,1 μm	4.2.1 4.3.2 4.3.3	4.11 4.18
Probenstrombild	Veränderungen des Probenstromes durch Variation der SE-Ausbeute und des Rückstreukoeffizienten	Oberflächentopographie Materialkontrast	0,1–1 μm	4.2.2	—
Channelling-Diagramme	Abhängigkeit des Rückstreukoeff. und der SE-Ausbeute von der Kristallorientierung zum einfallenden Strahl	Kristallstrukturanalyse und Orientierungsbest. Kristallschäden in dünnen Oberfl.-Schichten	1–10 μm Winkelaufl. einige 10^{-4} rad Tiefe: einige 100 Å	4.4	4.22
SE- und RE-Bild		Kristallorientierungskontrast	500–1 000 Å	4.4.4	4.25
Potentialkontrast	Beeinflussung des SE-Signals durch das Probenpotential und der SE-Bahnen durch die Proben-Kollektor-Geometrie	Abb. elektr. Potentiale in Form von Helligkeitsänderungen. Funktionstest bei integrierten Halbleiterschaltungen. Piezoelektrika Ferroelektrika	1–10 μm 0,1–0,01 V	4.5 4.5.3 4.5.5	4.30 4.30, 4.31 4.32
Magnetischer Kontrast Typ I	Ablenkung der SE durch magnetische Streufelder an der Oberfläche	Abb. des magnetischen Streufeldes in Form von Helligkeitsänderungen (Tonbänder, Ferromagnetika)	1–10 μm $\int B ds = 10^{-8}$ Vs m^{-1}	4.6.1	4.34
Typ II	Beeinflussung der RE-Bahnen im Innern der Probe	Abb. der Magnetisierung in Ferromagnetika	1–10 μm	4.6.2	
Elektromotorische Kraft (EMK)	Auftreten einer EMK bei der Bestrahlung von pn-Übergängen	Abb. von pn-Übergängen (auch unterhalb von Aufdampf- u. Oxidschichten) Breite des Überganges Messung von Halbleiterkonstanten	0,1 μm	4.7.2 4.7.4	4.39

Tabelle 1.1. (Fortsetzung)

Betriebsart	Zugrundeliegender physikalischer Effekt	Information	Auflösungs-grenze	Verweis §	Verweis Abb.
	Reichweite der Elektronen	Tiefe der pn-Übergänge und Dicke der Aufdampfschichten		4.7.2	4.39
	Rekombination der Minoritätsträger an Gitterfehlern	Abb. von Versetzungen		4.7.3	
	Lawinendurchbruch an Fehlern in pn-Übergängen	Lokalisation der Mikroplasmen		4.7.2	
	Potentialdifferenzen bei Benutzung des Elektronenstrahles als Sonde	Widerstandinhomogenitäten, Messung von Diffusionslängen		4.7.5	
Kathodolumineszenz	Emission von Lichtquanten (Infrarot bis UV) durch Elektronenbeschuß	Leuchtverteilung in Phosphoren und Halbleitern, Fluoreszenzmikroskopie an biol. Objekten (z. B. Dünnschnitten). Lokale Messung des Emissionsspektrums	1–10 μm	6.6	6.14
Röntgenmikroanalyse	Emission der charakteristischen Strahlung. Nachweis mit energiedispersiven Halbleiterdetektoren oder wellenlängendispersiv (Kristallmonochromator)	Qualitative und simultane Elementanalyse-Elementverteilung in der Probe	(500 Å) 0,1–1 μm	6.3	6.7
Röntgenprojektionsmikroskopie	Vergrößerte Abb. des Objektes durch Schattenprojektion	Innenstruktur biol. u. metallogr. Proben	0,5–1 μm	6.4.2	
Röntgenfluoreszenz	Ionisation durch Röntgenquanten	Spurenanalyse	ca. 0,5–1 mm	6.5.1	
Röntgen-Kossel-Diagramme	Erzeugung eines Beugungsdiagrammes mit Kossel-Linien (Aufnahme mit Film in Rückstreuung)	Kristallstruktur- und Orientierungsbest.	10 μm	6.4.1	6.11
Sekundärionenmassen spektroskopie (SIMS)	Zerstäubung durch Ionenbeschuß	Elementanalyse	20–100 μm	6.5.2	
Augerelektronen	Registrierung der Augerelektronen (100–1000 eV) mit einem Spektrometer	Materialanalyse (Ultrahochvakuum)	Tiefe: 2–10 Å	6.5.2	6.12
	Verschiebung des Auger-Peaks durch Probenpotentiale	Lokale Messung des Probenpotentials	0,1 μm	4.5.2	

Tabelle 1.1. (Fortsetzung)

Betriebsart	Zugrundeliegender physikalischer Effekt	Information	Auflösungsgrenze	Verweis §	Abb.
Transmissionsbild	Abh. der Winkelverteilung transmittierter Elektronen von Schichtdicke und Material	Massendickeverteilung in der Schicht	2–100 Å	5.2.1 5.2.2 5.3.1	5.8
	Materialabhängigkeit der Energieverluste	Materialdifferenzierung		5.2.3 6.5.3	5.6
	Feldemissionskathode, Ultrahochvakuum, Strahldurchmesser einige Å, elektronische Signalverarbeitung	Höchstauflösung	2–5 Å	5.2.3	5.7
	Elektronenbeugung	Abb. kristalliner Objekte u. Gitterfehler		5.3.3	
Beugung in Transmission	Klassische Elektronenbeugungsdiagramme in dicken Schichten (Kikuchi-Diagramme), Beugung im konvergenten Bündel	Kristallstruktur- und Orientierungsbest.		5.3.3 2.6.2	2.28
Mikroschreiber	Vernetzung von Photolack durch Elektronenbeschuß	u.a. Mikrominiaturisierung integrierter Halbleiterschaltungen	0,1–1 µm	3.6.2	

SEM jede Oberfläche unmittelbar mit großer Schärfentiefe abbilden, sofern das Objekt vakuumbeständig und die Oberfläche elektrisch leitend ist. Nichtleitende Objekte können nach Aufbringen eines elektrisch leitenden Überzuges untersucht werden. Die große Schärfentiefe ermöglicht es, räumlich kompliziert aufgebaute Objekte abzubilden, von denen für das TEM keine Abdrücke hergestellt werden können, wie z. B. einer Drahtwendel aus einem 24 µm dünnen Draht mit großem Durchmesser (0,8 mm) (Abb. 1.2). Wegen der großen Schärfentiefe lassen sich wie in dem TEM Stereobildpaare erzeugen, die eine dreidimensionale Auswertung der Topographie ermöglichen.

Die Änderung der Vergrößerung erfolgt im SEM nur durch Verringerung des Stromes durch die Ablenkspulen. Die Vergrößerung resultiert daraus, daß die abgerasterte Fläche kleiner wird und das Bild auf dem Beobachtungsbildschirm unverändert groß bleibt. Es lassen sich dadurch Bilder von 20facher „Lupenvergrößerung“ bis zu 10000facher Vergrößerung erzeugen. Bei letzterer entspricht auf dem 10 × 10 cm Bildschirm mit 1000 Zeilen einem Zeilenabstand von 0,1 mm eine Strecke auf dem Objekt von 100 Å. Die direkte Abbildung großer Bereiche bei geringen Vergrößerungen liefert Übersichtsbilder, aus denen beliebige Ausschnitte in der gewünschten Vergrößerung sofort hergestellt werden können. Durch diese schnelle Orientierungsmöglichkeit können z. B. die mühseligen Zielpräparationen der Transmissions-Elektronenmikroskopie vermieden werden. Abb. 1.3 veranschaulicht diesen Wechsel der Vergrößerung an der Bildserie von einer erstarrten Bleikugel.

Tabelle 1.2. Elektronische Signalverarbeitungsmethoden

Methode	Auftretende Signalveränderung und Anwendung	Verweis §	Verweis Abb.
Videosignal U_v am Vorverstärker-ausgang	In der Regel noch Proportionalität zwischen Eingangssignal und U_v		
Normalabbildung auf Bildschirm	Nichtlinearität in der Übertragungscharakteristik; U_v-Bildhelligkeit, Abb. von niedrigen Intensitäten mit geringerem Kontrast als höhere	3.5.1	3.20
Änderung des Gamma-Wertes	Linearisierung der Charakteristik U_v-Bildhelligkeit. Kontrastausgleich des Bildes	3.5.1	3.20 3.21
Kontrastumkehr	Hell → dunkel und umgekehrt Direkte Umwandlung eines Positiv- in ein Negativbild	3.5.1	3.23
Black level	Unterdrückung eines konstanten Untergrundes. Hervorhebung kleiner Intensitätsänderungen mit großem Kontrast	3.5.1	4.22 4.25 4.34
Differenziertes Signal	dU_v/dt. Spezifische Hervorhebung kleiner kurzperiodischer Intensitätsänderungen. Unterdrückung langperiodischer und konstanter Signale Summe $U_v + c\,dU_v/dt$	3.5.1 4.4.1	4.21 a
Y-Modulation	Aufzeichnung mit geringer Zeilenzahl bzw. einzeilig und Auslenkung des Strahles in vertikaler Y-Richtung $\sim U_v$	3.5.1	3.9 4.4 4.21 b 6.7 h, i
Contour mapping	Digitalisierung des Signals. Abbildung von Linien mit gleichem U_v als Intensitätssprünge oder Diskontinuitäten	3.5.1	
Signalmischung	Differenz der SE-Signale zweier Detektoren (z. B. für magnetischen Kontrast)	3.5.1	
	Addition und Subtraktion zweier RE-Signale zur Trennung des Topographie- und Materialkontrastes Addition verschiedener Signale	4.2.1	4.13
	Doppelbelichtungen (z. B. SE-Bild und EMK-Bild bei integrierten Schaltungen) (eventuell auf Farbfilm mit verschiedenen Farbfiltern)	4.5.3	
Automatische Scharfstellung	Subtraktion eines tiefpaß-gefilterten Signals von dem Videosignal ergibt nach Integration ein Maß für Fokussierung. Regelung des Linsenstromes auf Signalmaximum	3.2.3	
Stroboskopische Methoden	Elektronische Isolation des Potentialkontrastes. Potentialkontrast im MHz-Bereich. Hochfelddomänen in CdS-Ultraschall- und Gunneffekt-Oszillatoren	4.5.4	

Tabelle 1.3. Auswertungsmethoden rasterelektronenmikroskopischer Bilder

Methode	Information	§
Stereobildpaare durch Verschiebung oder Verkippung zwischen den Aufnahmen	Stereobetrachtung mit Stereobrille oder Anaglyphenmethode Messung von Höhendifferenzen Dreidimensionale Rekonstruktion Zeichnung von Höhenschichtlinien	7.1
Kinematische Bildaufzeichnung	Filmaufzeichnung, Bildsequenz 1–100 s oder direkte Fernsehaufzeichnung auf Magnetbänder Beobachtung und Vermessung von Bewegungsvorgängen	3.5.3
Stereometrie	Ermittlung von Volumenanteilen, spez. Oberflächen u.a. Größen aus Gefügeanschliffen	7.2
Computerverarbeitung des Signals (off- und on-line)	Automatische Lösung stereometrischer Aufgaben. Aufstellung von Teilchenstatistiken. Zeichnung und Auswertung von Konturlinien	7.2
Fraunhofer-Beugung	Statistische Ermittlung von Objektperiodizitäten (Ortsfrequenzen)	7.3
Optische Autokorrelation	Bestimmung von Vorzugsrichtungen und Objektperiodizitäten	7.3
Holographische Bildrekonstruktion	Beseitigung der Verwaschung (deblurring) des Bildes infolge des endlichen Strahldurchmessers (Verbesserung der Auflösung um Faktor 3)	7.3

Die Oberflächentopographie führt zu Unterschieden im Signal der SE und RE, wobei dem Elektronenkollektor zugeneigte Flächen bevorzugt hell erscheinen. Dadurch wird der Eindruck einer einseitigen Beleuchtung hervorgerufen (in den dargestellten Bildern stets von oben) und man erhält von rauhen Flächen plastisch wirkende Bilder, wie wir sie vom normalen Sehen von Gegenständen in der Natur gewöhnt sind. Zur Veranschaulichung zeigt Abb. 1.4 die Gegenüberstellung der Abbildung einer Diatomeenschale im SEM und TEM. Ersteres liefert einen unmittelbaren plastischen Eindruck der Schale, während letzteres in diesem Fall nur einen Schattenwurf zeigt. Außerdem läßt sich mittels eines Objektgoniometers die Probe zum Elektronenstrahl neigen, wodurch eine noch bessere Erfassung der räumlichen Struktur gewährleistet wird und auch Teile des Objekts erfaßt werden, die bei einer festen Einstrahlrichtung im Schatten des abrasternden Strahles liegen.

Gegenüber der lichtoptischen Abbildung entfallen z. B. auch auftretende Störungen durch Lichtreflexion an spiegelnden Flächen, wie es Abb. 1.5 am Beispiel einer Seeigeloberfläche demonstriert. Das SEM-Bild vermittelt hier wieder einen wesentlich besseren plastischen Eindruck.

Abb. 1.2. Abbildung einer Drahtwendel von ca. 0,8 mm lichter Weite zur Demonstration der Schärfentiefe eines Raster-Elektronenmikroskopes

Oberflächenabdrücke, speziell Platin-Kohle-Abdrücke, erreichen im TEM ein besseres Auflösungsvermögen (Abb. 1.6), dagegen in vielen Fällen eine geringere Wiedergabetreue der räumlichen Struktur, vor allem wenn es sich um relativ rauhe Oberflächen handelt. Schon bei geringer Tiefenerstreckung wird oft der Abdruckfilm bei der Präparation stark deformiert. Größere Objektvertiefungen können mit dem Oberflächenabdruck nicht erfaßt werden. Außerdem ist ein Abdruckverfahren in den meisten Fällen nicht zerstörungsfrei. Gerade die Heranziehung des SEM zur Untersuchung der gröberen Oberflächentopographie und von Oberflächenabdrücken im TEM bilden in der Anwendung eine gute gegenseitige Ergänzung.

1.3. Vergleich des Raster-Elektronenmikroskopes mit anderen Elektronenstrahlgeräten

Das SEM stellt nach den in § 1.2 zusammengestellten Eigenschaften eine entscheidende Bereicherung des elektronenoptischen Instrumentariums zur Untersuchung von Oberflächen und durchstrahlbaren Objekten dar. Es kann jedoch nicht

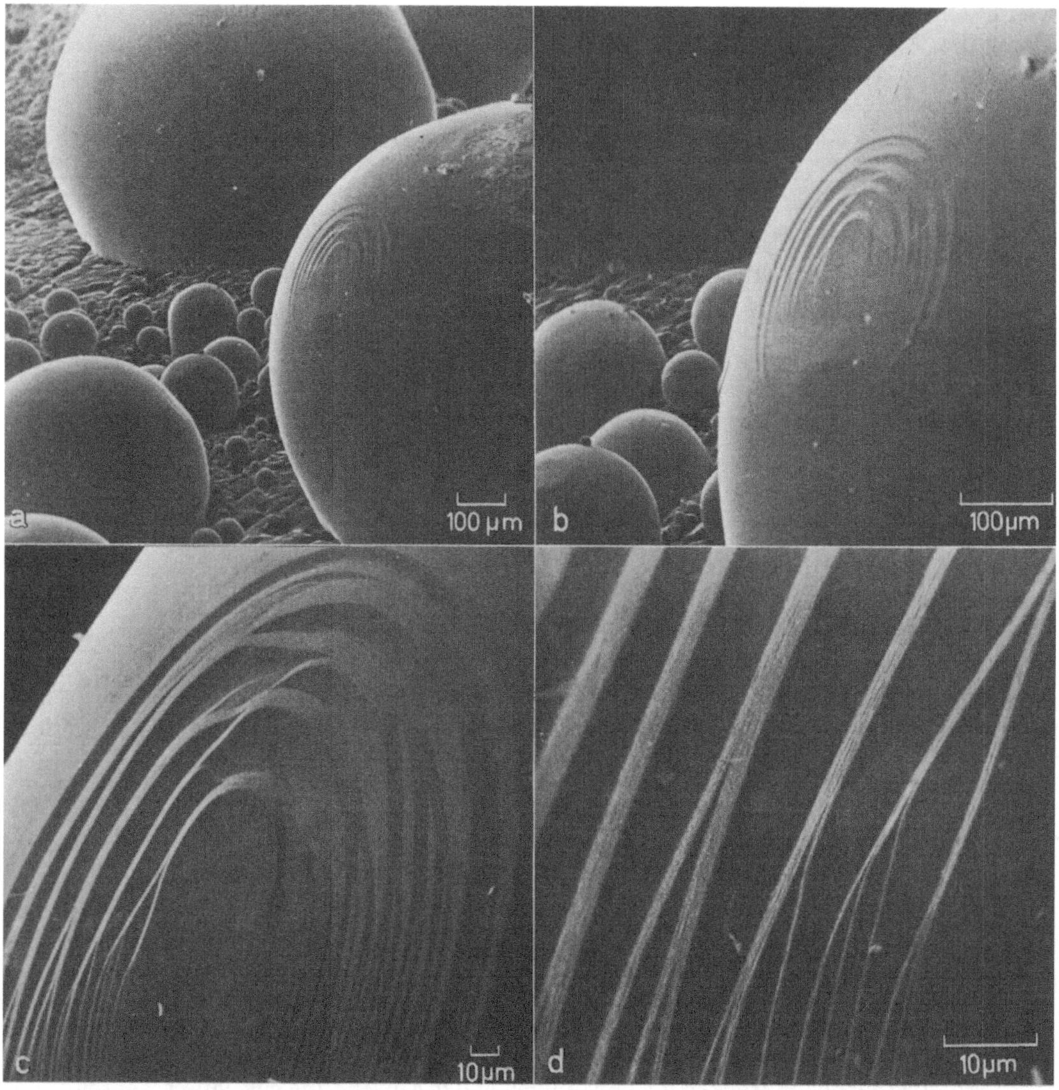

Abb. 1.3a–h. Beispiel einer Vergrößerungsserie von aus Schmelztröpfchen erstarrten kugelförmigen Bleieinkristallen

alle Probleme lösen und ist am sinnvollsten in Kombination mit anderen Untersuchungsmethoden einzusetzen. Im folgenden soll eine Übersicht der anderen Elektronenstrahlgeräte für die Materialanalyse gegeben werden, um deren Vor- und Nachteile gegenüber dem SEM darzustellen. Einschränkend muß jedoch vorausgestellt werden, daß dargelegte Gesichtspunkte auch von dem zu untersuchenden Objekt abhängen.

Die größte Verwandtschaft besteht zum Röntgen-Mikroanalysator (RMA). Da die Röntgenstrahlung in einem Probenvolumen von ca. 0,3 bis 1 µm $\varnothing$

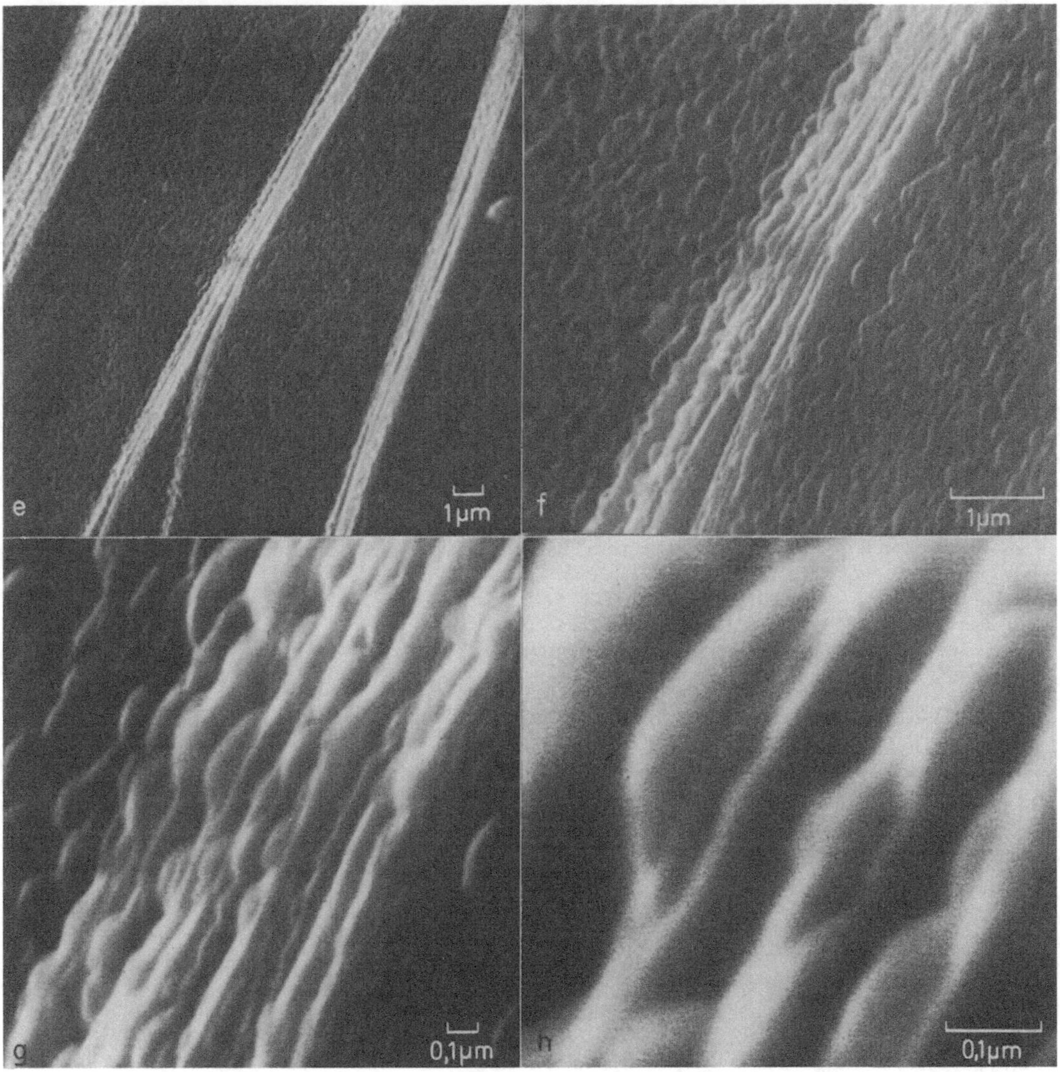

Abb. 1.3e–h

angeregt wird, verzichtet man im RMA in der Regel darauf, Strahldurchmesser kleiner als 0,1 bis 1 µm zu erzeugen. Außerdem steht dann ein größerer Probenstrom zur Verfügung. Die bisher üblichen RMA sind mit Kristallmonochromatoren ausgerüstet, welche ein Auflösungsvermögen der Röntgenquanten-Energie von 20 eV ermöglichen und Elementanalysen für Ordnungszahlen $Z \geq 3$ gestatten. Da Probe, Monochromator und Spalt mit einer Genauigkeit der Größenordnung µm auf einem Fokussierungskreis liegen müssen, ist es für eine quantitative Auswertung erforderlich, daß die Probe möglichst eben ist und mechanisch

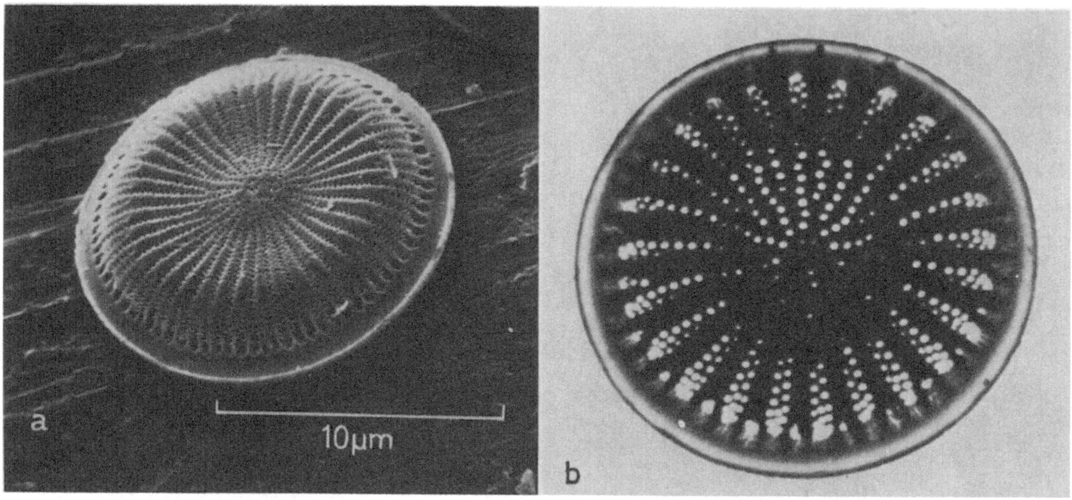

Abb. 1.4a u. b. Oberflächenabbildung einer Diatomeenschale: a) Oberflächenabbildung im Raster-Elektronenmikroskop und b) „Schattenwurf" im Transmissions-Elektronenmikroskop

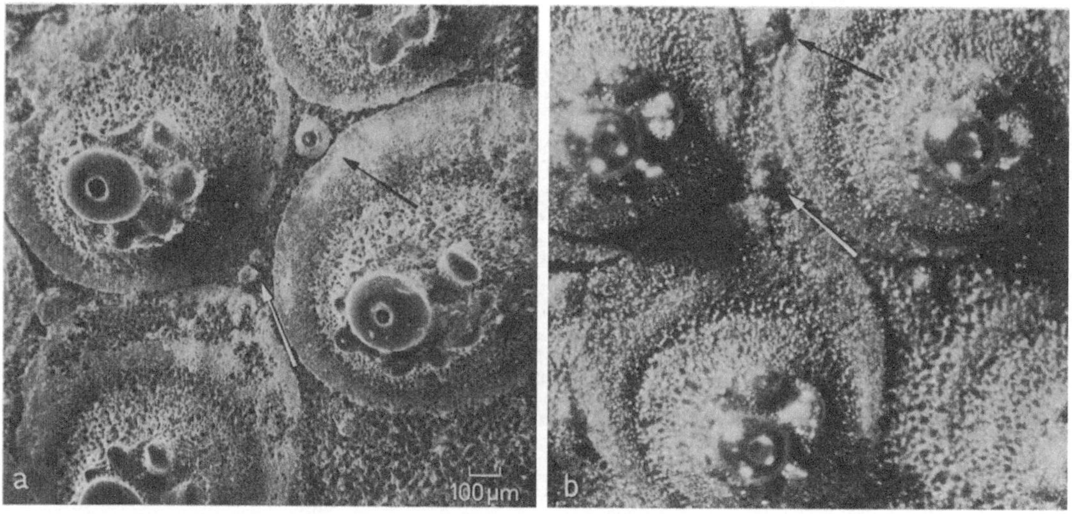

Abb. 1.5a u. b. Die Abbildung einer Seeigeloberfläche zeigt im a) Raster-Elektronenmikroskop die Oberflächentopographie mit höherer Auflösung, während mit dem b) Lichtmikroskop neben der geringen Schärfentiefe störende Lichtreflexe auftreten (Pfeile weisen auf identische Stellen hin)

verschoben wird. Diese Punkte sind auch zu beachten, wenn ein SEM mit einem Kristallmonochromator ausgerüstet wird. Da ein Vorteil des SEM darin besteht, rauhe Oberflächen mit hoher Auflösung abzubilden, wird für dieses ein energiedispersiver Halbleiterdetektor mit einer Energieauflösung von 150 bis 200 eV ($Z \geq 11$) bevorzugt. Da energiedispersive Detektoren simultan

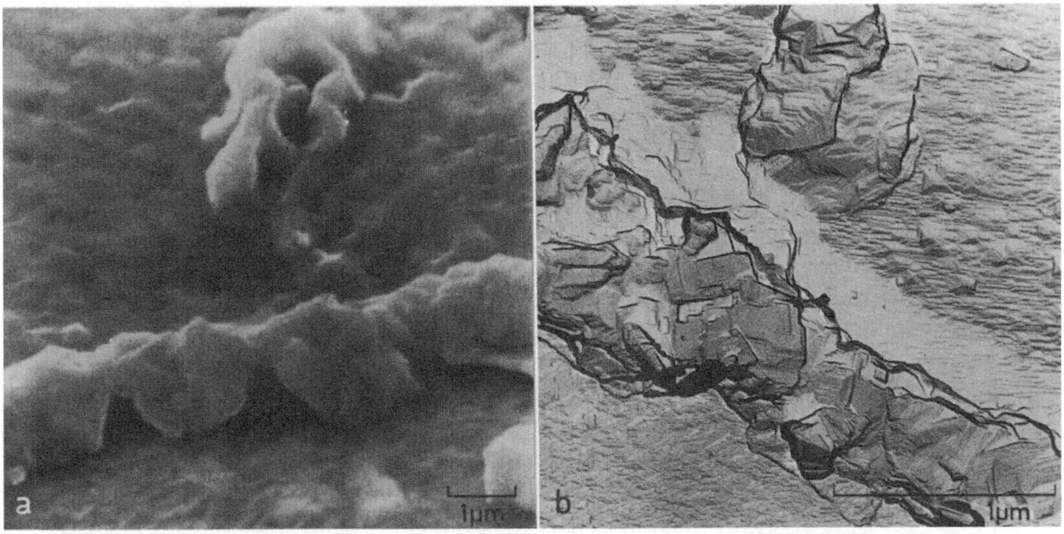

Abb. 1.6a u. b. Abbildung einer Ni-Oxidschicht auf Ni nach einer Temperung bei 900° C. Das a) rasterelektronenmikroskopische Bild zeigt eine klare Erfassung der Oberflächentopographie, während b) ein Platin-Kohle-Abdruck im Transmissions-Elektronenmikroskop die Feinstruktur der Oberfläche besser auflöst (gleiche Probe, aber nicht gleiche Objektstelle, nach *Schur*)

das ganze Röntgenspektrum mittels eines Vielkanalanalysators aufzeichnen, werden sie auch zunehmend im RMA eingebaut. Die Abbildung der Oberfläche mittels SE und RE sowie durch den Probenstrom erlaubt auch im RMA eine meist ausreichende Auflösung der Oberflächenstruktur.

In bezug auf die Röntgenanalyse kann ein TEM mit Röntgenzusatz einen Vorteil bieten, da in durchstrahlbaren Objekten die Elektronendiffusion nicht voll zur Geltung kommt und durch Fokussierung des Strahldurchmessers mit einer dritten Kondensorlinse Analysen von 0,1 µm großen Bereichen möglich sind. Eine gleichzeitige elektronenoptische Beobachtung des durchstrahlten Bereiches erlaubt neben der hochauflösenden morphologischen Betrachtung des gesamten Objektes auch eine genaue Lokalisierung des zu analysierenden Bereiches. Gerade für biologische Objekte ist diese Methode von großem Vorteil.

Auf die bekannten Vorteile des TEM in bezug auf die Auflösung (2–10 Å) braucht nicht eingegangen zu werden. Vor- und Nachteile der Abbildung von Oberflächen mit Abdrücken und im SEM wurden schon in § 1.2 diskutiert. In den weiteren beiden Hauptanwendungsgebieten des TEM: dünnpolierte Metallfolien und biologische Dünnschnitte ist dieses allen anderen Methoden überlegen.

Da einer der Hauptvorteile des SEM in der Oberflächenabbildung liegt, besteht ebenfalls eine enge Verbindung zu den Emissions-Elektronenmikroskopen (*Möllenstedt* u. *Lenz*, 1963), bei denen durch Elektronen, Ionen, UV-Quanten oder thermische Emission Elektronen aus dem Objekt ausgelöst werden. Die Abbildung der Emissionsverteilung erfolgt direkt durch ein Immersions-Linsensystem. Die Entwicklung der letzten Jahre hat dazu geführt, der Auslösung von Elektronen durch UV-Quanten den Vorzug zu geben (*Wegmann*, 1968). Die

Hauptanwendung liegt auf dem metall- und werkstoffkundlichen Gebiet und eröffnet hier vielseitige Möglichkeiten. Neben der UV-Auslösung kann bei einer Aufheizung des Objektes auch die thermische Elektronenemission ausgenutzt werden und morphologische Veränderungen durch Temperung unmittelbar auf dem Leuchtschirm des Instrumentes verfolgt werden. Durch Ionen- oder Neutralteilchenbeschuß ist eine Abtragung und Reinigung der Oberfläche möglich. Unterschiede in der Austrittsarbeit erlauben einen Orientierungskontrast. In einer seitlichen Objektkammer können Langzeit-Temperungen, Ionenätzungen, Aufdampfungen oder chemische Reaktionen durchgeführt werden. Im Gegensatz zum SEM sind jedoch nur relativ glatte Oberflächen zu untersuchen, da durch Mikrorauhigkeiten das elektrische Feld in Oberflächennähe verzerrt wird und zu einer Bilddeformation führt. Das Auflösungsvermögen ist mit dem des SEM vergleichbar. Es ist auch Kontrast durch magnetische Objektfelder und Potentialdifferenzen zu erzielen. Während sich beim SEM die Tiefeninformation mittels SE über eine 10–100 Å und der Rückstreuelektronen sogar über eine 0,1 bis 1 μm dicke Oberflächenschicht erstreckt, trägt beim Photo-Emissions-Elektronenmikroskop nur eine dünne Oberflächenschicht zur Bildinformation bei, aus der die Photoelektronen noch austreten können (s. Abb. 4.18).

In Spiegel-Elektronenmikroskopen (*Bok*, 1970, s. a. § 3.6.1) liegt das Objekt auf Kathodenpotential. Die Elektronen kehren kurz vor dem Objekt um, und ihre Bahnen werden durch unterschiedliche Objektpotentiale und Mikrorauhigkeiten sowie durch magnetische Objektfelder stark beeinflußt. Bis auf gelegentliche spezielle Anwendungen zur Untersuchung magnetischer Strukturen und Potentialverteilungen auf Halbleitern hat dieses Abbildungsprinzip jedoch keine allgemeine Bedeutung erlangt.

Literatur zu § 1

Ardenne, M. von: Z. Phys. **109,** 553 (1938); Z. techn. Phys. **19,** 407 (1938)

Bok, A. B.: In *Modern Diffraction and Imaging Techniques in Material Science* (ed. S. Amelinckx et al.), p. 655. Amsterdam-London: North Holland Publ. Co. 1970

Knoll, M.: Z. tech. Phys. **16,** 467 (1935)

Möllenstedt, G., Lenz, F.: Advan. Electron. Electron Phys. **18,** 251 (1963)

Oatley, C. W., Nixon, W. C., Pease, R. F. W.: Advan. Electron. Electron Phys. **21,** 181 (1965)

Pfefferkorn, G.: BEDO **3,** 1 (1970)

Thornton, P. R.: *Scanning Electron Microscopy. Applications to Materials and Device Science.* London: Chapman and Hall 1968

Wegmann, L.: Prakt. Metallographie **5,** 241 (1968)

Monographien, Tagungsbände und Bibliographien

Monographien:

Fujita, T., Tokunaga, M. D. J., Inoue, H.: *Atlas of Scanning Electron Microscopy in Medicine.* Amsterdam-London-New York: Elsevier Publishing Comp. 1971

Goldstein, J. I., Yakowitz, H.: *Practical Scanning Electron Microscopy.* New York-London: Plenum Press 1975

Hearle, J. W. S., Sparrow, J. T., Cross, P. M.: *The Use of Scanning Electron Microscope.* Oxford-New York-Toronto-Sydney-Braunschweig: Pergamon Press 1972

Heywood, V. H. (ed.): *Scanning Electron Microscopy. Systematic and Evolutionary Applications.* London-New York: Academic Press 1971
Holt, D. B., Muir, M. D., Grant, P. R., Boswarva, I. M.: *Quantitative Scanning Electron Microscopy.* London-New York-San Francisco: Academic Press 1974
Oatley, C. W.: *The Scanning Electron Microscope,* Part I: The instrument. Cambridge: University Press 1972
Meylan, B. A., Butterfield, B. G.: *Three-Dimensional Structure of Wood.* London: Chapman and Hall 1972
Thornton, P. R.: *Scanning Electron Microscopy. Applications to Materials and Device Science.* London: Chapman and Hall 1968
Troughton, J., Donaldson, L. A.: *Probing Plant Structure.* London: Chapman and Hall 1972
Wells, O. C.: *Scanning Electron Microscopy.* New York: McGraw-Hill Book Comp. 1974

Tagungsbände:

Beiträge zur elektronenmikroskopischen Direktabbildung von Oberflächen (Hrsg. G. Pfefferkorn), ab Bd. 1 (1968) jährlich. Münster: Verlag R. A. Remy, im folgenden abgekürzt als BEDO
Proceedings of the Annual Scanning Electron Microscope Symposium (ed. O. Johari), ab 1969 jährlich. Chicago: IIT Research Institute, im folgenden abgekürzt als IITRI/SEM/1969f.
Scanning Electron Microscopy: Systems and Applications. London-Bristol: Institute of Physics 1973

Bibliographien:

Corvin, I.: IITRI/SEM/1968, 155
Johnson, V.: IITRI/SEM/1969, 483
Wells, O. C.: IITRI/SEM/1970, 509; IITRI/SEM/1971, 587; IITRI/SEM/1972, 375
Boyde, A., Jones, S. J., Bailey, E.: Biomedical Applications of SEM. IITRI/SEM/1973, 697
Young, J.: Physical Sciences. IITRI/SEM/1973, 775
Jones, S. C., Bailey, E., Boyde, A.: Biomedical Applications 1973–74. IITRI/SEM/1974, 835
Echlin, P.: Application of SEM and X-Ray Microanalysis in the Plant Sciences. IITRI/SEM/1974, 477
Stewart, W. D.: Forensic Applications of the SEM. IITRI/SEM/1975, 589
Echlin, P., Gregory, M.: Application of SEM and X-Ray Microanalysis in the Plant Sciences. IITRI/SEM/1975, 737
Johnson, V. E.: SEM in Material Sciences. IITRI/SEM/1975, 763
Bröcker, W., Pfefferkorn, G.: Cathodoluminescence. IITRI/SEM/1976 I, 725
Stewart, W. D.: Forensic Applications of the SEM. IITRI/SEM/1976 I, 739
Johnson, V. E.: SEM in Biology. IITRI/SEM/1976 II, 637
Pfefferkorn, G., Ehrenwerth, U.: Allgemeine Literatursammlung. BEDO, Literatur 6–8, 1, Münster 1975
Fromme, H. G., Pfautsch, M.: Bibliographie zur Methodik und Anwendung der „Kritischen-Punkt-Trocknung". BEDO, Literatur 6–8, 123, Münster 1975
Bröcker, W., Pfefferkorn, G.: Bibliographie über Kathodolumineszenz. BEDO, Literatur 6–8, 143, Münster 1975
Dannöhl, H. D., Märk, M., Wegmann, L.: Bibliographie über Photoemissions-Elektronenmikroskopie. BEDO, Literatur 6–8, 159, Münster 1975

2. Wechselwirkung Elektron–Materie

2.1. Einleitung

Um die Wirkungsweise eines SEM und die Kontrastentstehung zu verstehen, ist die Kenntnis der wichtigsten Gesetzmäßigkeiten über die Rückstreuung, Sekundärelektronen-Emission und die gesamte Elektronendiffusion innerhalb der Probe erforderlich.

Beim Eindringen in die Probe werden die Primärelektronen (PE) elastisch und unelastisch gestreut. Unelastische Streuung tritt bevorzugt mit Energieverlusten kleiner als 50 eV auf. Die dadurch auftretende Energieabnahme der Elektronen führt zu einer endlichen Reichweite R (Abb. 2.1a). Bei der unelastischen Streuung werden auch langsame Sekundärelektronen (SE) mit Energien kleiner als 50 eV erzeugt und mit geringerer Wahrscheinlichkeit durch Elektron-Elektron-Stoß auch schnellere SE, welche jedoch von rückgestreuten Elektronen (s. u.) nicht unterschieden werden können. Die langsamen SE, welche als Gruppe 1 zum Signal des SEM beitragen, können jedoch nur aus einer dünnen Oberflächenschicht $t = 10$–100 Å austreten. Nur diese Gruppe führt zur Hochauflösung des SEM, da ihr Austrittsgebiet durch t und den Durchmesser des Primärstrahles bestimmt ist. Elektronen, welche durch elastische Streuung an den Atomkernen in große Winkel abgelenkt wurden, können als rückgestreute Elektronen (RE) die Probe wieder verlassen (Gruppe 2). Ihr Energiespektrum erstreckt sich von der Primärenergie bis herunter zu 50 eV. Beim Passieren der Oberfläche werden auch in der Oberflächenschicht der Dicke t erzeugte SE (Gruppe 3) austreten können. Elektronen der Gruppe 2 und 3 stammen danach aus einer Austrittsfläche mit 0,1 bis mehreren μm Durchmesser um den Auftreffpunkt des Primärstrahles. Die Signalhöhe dieser beiden Gruppen wird daher durch die gesamte Objektstruktur innerhalb der Diffusionswolke bis zur Austrittstiefe T der RE bestimmt. RE, welche die Wände der Probenkammer treffen, lösen dort ebenfalls SE (Gruppe 4) aus, welche bei einem positiven Potential des Kollektors angesaugt werden. An der Wandung wird auch ein Bruchteil der RE ein zweites Mal gestreut. Sie werden mit zur Gruppe 2 gezählt.

Bei durchstrahlbaren Schichten wird sich an den SE der Gruppe 1 nichts ändern, sofern $D > t$. Gruppe 2 und 3 hängen dagegen von der Schichtdicke ab. Erst wenn die Schichtdicke $D > T$ (oben definierte Austrittstiefe der RE), wird in der Rückstreuung kein Unterschied gegenüber kompaktem Material auftreten, vorausgesetzt, daß die transmittierten Elektronen (TE) und an der Unterseite ausgelösten SE nicht in den Kollektor gelangen. In der reinen Raster-Transmissions-Elektronenmikroskopie mit einem Kollektor unterhalb des Objek-

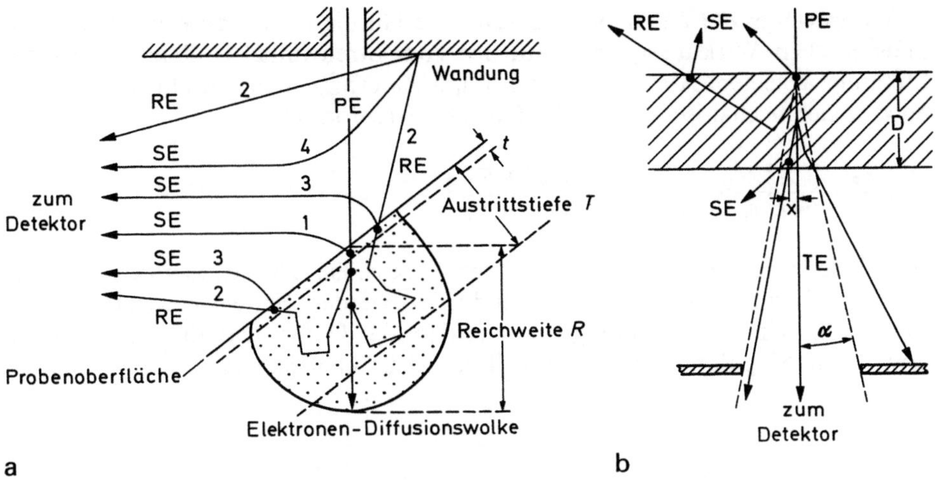

Abb. 2.1. a) Einteilung der rückgestreuten (RE) und Sekundärelektronen (SE) in 4 Gruppen (PE = Primärelektronen): (1) von den PE ausgelöste SE aus einer Tiefe t von 10–100 Å, (2) aus größerer Tiefe $T=0{,}1$–$1\ \mu m$ austretende RE, einschließlich der an der Probenkammer doppelt gestreuten, (3) durch die RE in einer Schicht der Tiefe t ausgelöste SE und (4) an der Probenkammerwand ausgelöste SE. b) Raster-Elektronenmikroskopie in Transmission, D = Schichtdicke, TE = transmittierte Elektronen, x = Verlagerung der Austrittsorte der TE, α = Beobachtungsapertur

tes (Abb. 2.1 b) werden nur TE gesammelt werden, die in einen Streukegel mit dem Öffnungswinkel α (Beobachtungsapertur) fallen. Es ist daher die Winkelverteilung der TE maßgebend für den auftretenden Kontrast. Ferner wird der Austrittsort x an der Schichtunterseite variieren. Diese Ortsverteilung kann das Auflösungsvermögen begrenzen. Das Energiespektrum der TE kann ausgenutzt werden, um Kontrastdifferenzierungen und Elementanalysen durch Energiefilterung zu betreiben.

In diesem Kapitel sollen daher die experimentellen und theoretischen Grundlagen der Elektronenstreuung und Sekundärelektronen-Emission behandelt werden. Eng verbunden mit den Vorgängen bei der Elektronenstreuung ist auch die Emission von Röntgenquanten und Augerelektronen (§ 6).

2.2. Elektronenstreuung am Einzelatom

2.2.1. Elastische Streuung

Der Streuprozeß ist durch die Angabe eines differentiellen Wirkungsquerschnittes zu beschreiben. Passiert ein Elektronenstrahl vom Querschnitt $d\sigma$ einen Kern der Ladung $+Ze$, so erfolgt eine Ablenkung durch die Coulombkraft $K = -e^2 Z/4\pi\varepsilon_0 r^2$ und die Elektronen bewegen sich auf Hyperbelbahnen. Das einfallende Parallelbündel mit dem Querschnitt $d\sigma$ spaltet dabei in ein Bündel mit dem

Öffnungswinkel $d\Omega$ auf (Abb. 2.2). Das Verhältnis $d\sigma/d\Omega$ bezeichnet man als differentiellen Wirkungsquerschnitt, der vom Streuwinkel ϑ abhängt. Bei der Streuung an einem Atomkern der Ladung Ze erhält man sowohl klassisch als auch wellenmechanisch die Rutherfordsche Streuformel

$$\frac{d\sigma_R}{d\Omega}=\frac{e^4 Z^2}{64\pi^2\varepsilon_0^2 E_0^2}\frac{1}{\sin^4\vartheta/2}\left(\frac{m_0c^2+E_0}{2m_0c^2+E_0}\right)^2, \tag{2.1}$$

(E_0=kinetische, m_0c^2=Ruhenergie des Elektrons). Die Rutherford-Streuung muß jedoch in zweifacher Hinsicht modifiziert werden. Erstens bewirkt die Elektronenhülle eine Abschirmung der Kernladung. Daher tritt die nach (2.1) zu erwartende Singularität für $\vartheta\to 0$ nicht auf. Für kleine Streuwinkel ϑ resultiert

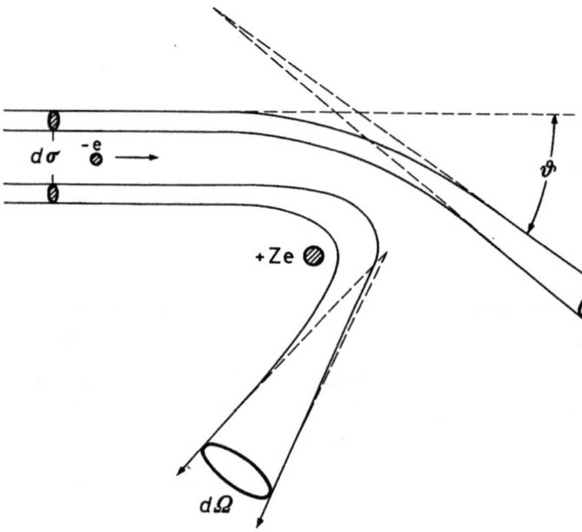

Abb. 2.2. Ablenkung der Elektronen im Coulombfeld des Kernes und Veranschaulichung des differentiellen Streuquerschnittes $d\sigma/d\Omega$. Ein Parallelbündel mit dem Querschnitt $d\sigma$ geht nach der Ablenkung um den Streuwinkel ϑ in ein divergentes Bündel mit dem Öffnungswinkel $d\Omega$ über

schematisch der in Abb. 2.3c skizzierte Verlauf des elastischen und unelastischen Streuquerschnittes. Zweitens muß für große Streuwinkel der Elektronenspin berücksichtigt werden (Mott-Streuung), was für die Elektronenstreuung in sehr große Winkel (speziell Rückstreuung) zu erheblich höheren Werten als (2.1) führen kann (*Bühring*, 1968; *Reimer* u. a., 1971).

2.2.2. Unelastische Streuung

Bei der unelastischen Streuung treten Energieverluste ΔE auf, die durch folgende Wechselwirkungen erzeugt werden:

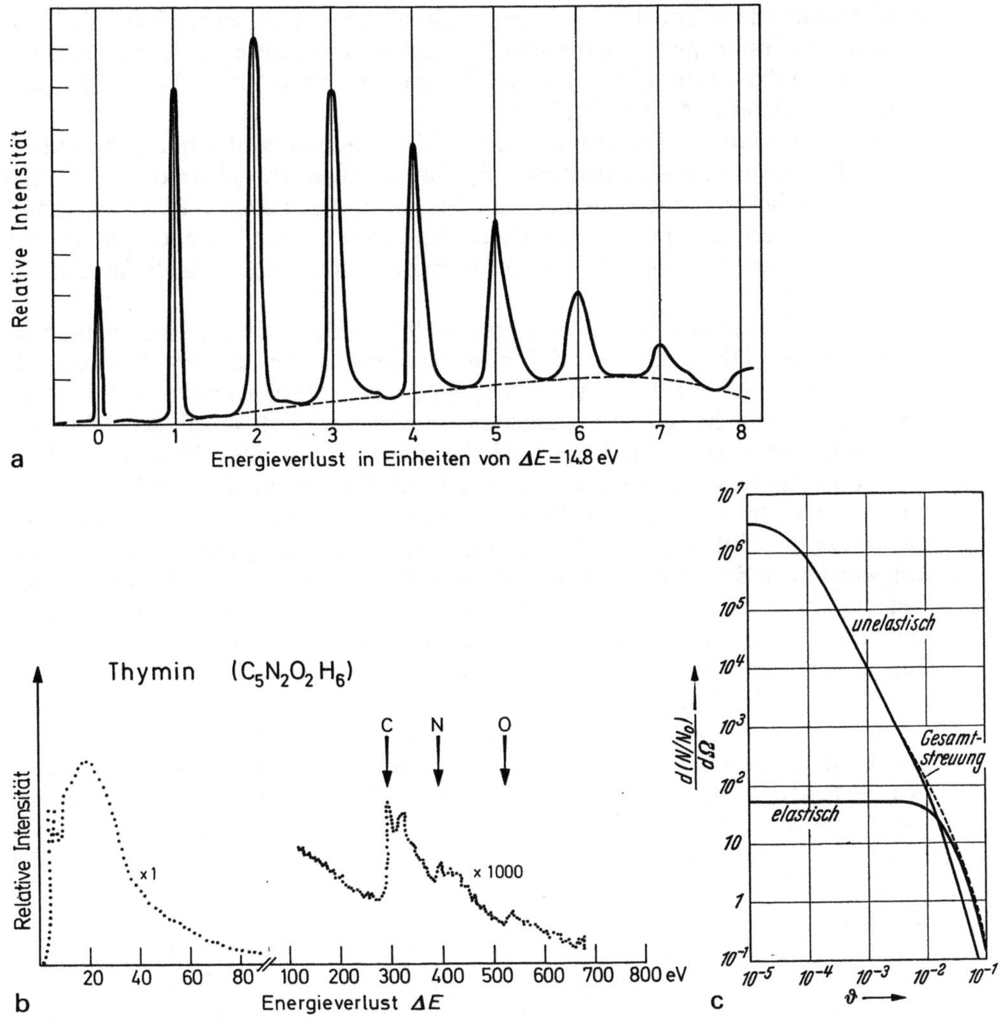

Abb. 2.3. a) Energieverlustspektrum einer Al-Schicht mit dem charakteristischen Plasmaverlust bei $\Delta E = 14{,}8$ eV und seinen Vielfachen. b) Verlustspektrum einer Thymin-Aufdampfschicht mit dem charakteristischen Spektrum $\Delta E = 0$–60 eV und den K-Ionisationskanten von C, N und O bei höheren ΔE (*Isaacson* u. *Johnson*, 1975). c) Winkelverteilung der elastischen und unelastischen Streuung einer 1 µg cm^{-2}-Kohleschicht ($E_0 = 50$ keV) nach Rechnungen von *Lenz* (1954)

1. Durch die Kopplung der äußeren Elektronen (Leitungs- oder Valenzelektronen) können longitudinale Dichteschwingungen des Elektronenplasmas angeregt werden. Diese Anregung erfolgt in Energiequanten (Plasmonen) (s. *Raether*, 1965; *Geiger*, 1968). In Al tritt z. B. nur ein einziger Plasmaverlust $\Delta E = 15$ eV auf (Abb. 2.3a). Mit wachsender Schichtdicke werden auch Vielfache von ΔE beobachtet, deren relative Intensitäten mit einer Poisson-Verteilung beschrieben werden können.

2. Elektronen äußerer Schalen können auch in höhere unbesetzte Zustände übergehen. In Festkörpern sind diese zu Energiebändern verbreitert. Die Plasmaverluste und diese Interbandübergänge bilden das charakteristische Verlustspektrum im Bereich $\Delta E = 3\text{–}50\,\text{eV}$ aus.
3. Bei der Ionisation eines Atoms in einer tieferen Schale wird dem Strahlelektron mindestens die Ionisationsenergie E_I der betreffenden Schale (I = K, L oder M) zusätzlich der kinetischen Energie des herausgeschlagenen Elektrons entzogen. Im Verlustspektrum ergibt sich bei $\Delta E = E_\text{I}$ eine Anregungskante mit einem steilen Anstieg und einem langsam auslaufenden Abfall für $\Delta E > E_\text{I}$ (Abb. 2.3b).

Mit wachsendem E_I (Abb. 6.3) nimmt die Ionisationswahrscheinlichkeit ab ((6.5) u. (6.6)). Die Höhe der K-Ionisationsverluste der leichten Elemente C, N, O beträgt nur 10^{-2} bis 10^{-3} derjenigen der Plasmaverluste (Abb. 2.3b). Da neben einem Energieverlust auch ein Impulsaustausch stattfindet, tritt auch eine Winkelablenkung durch unelastische Streuung auf. Der differentielle Wirkungsquerschnitt $d\sigma_\text{unel}/d\Omega$ ist jedoch bereits bei einem Winkel $\vartheta_\text{E} = \Delta E/pv$ (p = Impuls, v = Geschwindigkeit des Strahlelektrons, $pv \simeq 2E_0$ für $E_0 < 100\,\text{keV}$) auf die Hälfte abgefallen. Daher ist die unelastische Streuung auf kleinere Winkel konzentriert als die elastische (s. Beispiel in Abb. 2.3c). Auch die K-Ionisationsverluste von einigen 100 eV sind auf kleine Winkel konzentriert, so daß die Möglichkeit besteht, mit dem Intensitätssprung bei $\Delta E = E_\text{I}$ eine Elementanalyse durchzuführen, weil nahezu alle Ionisationsprozesse mit einem Elektronenspektrometer erfaßt werden (§ 6.5.3).

Wegen der vorwiegenden Energieabgabe in Beträgen $\Delta E = 5\text{–}50\,\text{eV}$ kann man bei dickeren Schichten einen mittleren Energieverlust dE_m pro zurückgelegtes Wegelement $dx = \varrho ds$ einführen (ϱ = Dichte des Materials in g cm^{-3}). Bei schweren ionisierenden Teilchen (α-Strahlen oder Protonen) erfolgt äußerst selten eine Ablenkung durch Rutherford-Streuung. Die Energie nimmt fast kontinuierlich längs der Bahn ab und man beobachtet eine relativ scharf definierte Reichweite. Bei Elektronen erfolgen dagegen relativ häufig elastische Streuprozesse in große Streuwinkel und dx bedeutet das Wegelement der wahren Bahn. Die Berechnung von dE_m/dx ist insofern schwierig, als eine genaue Kenntnis der Ionisationsenergie aller Atomelektronen vorliegen muß. *Bethe* (1933) hat eine pauschale Abbremsformel abgeleitet, die ein mittleres Ionisationspotential I des Atomes benutzt, für welches man näherungsweise $I = 11{,}5 \cdot Z$ in eV setzen kann.

$$\frac{dE_\text{m}}{dx} = \frac{N_\text{L} e^4 Z}{4\pi\varepsilon_0^2 A m_0 v^2} \ln \frac{m_0 v^2}{2I} \simeq \frac{N_\text{L} e^4 Z}{8\pi\varepsilon_0^2 A E_0} \ln \frac{E_0}{I} \quad \text{für} \quad E_0 \ll m_0 c^2 \tag{2.2}$$

$N_\text{L} dx/A$ ist die Anzahl der Atome pro cm^2 in einer Schicht der Massendicke dx. Ausführliche relativistische Ausdrücke für dE_m/dx sind der Zusammenfassung von *Birkhoff* (1958) zu entnehmen.

Wegen der kleinen Streuwinkel bei unelastischer Streuung kann bei einer theoretischen Behandlung des Streuproblems der Einfluß der unelastischen Streuung auf die Energieabnahme längs der Bahn konzentriert werden, während die Richtungsänderung durch elastische Streuung erfolgt. Es dürfen jedoch auch Elektron-Elektron-Streuungen in große Winkel nicht ganz vernachlässigt werden.

2.3. Streuung in einer durchstrahlbaren Schicht

2.3.1. Winkelverteilung gestreuter Elektronen

Bei einer einfallenden Elektronenintensität I_0 beobachtet man unter dem Streuwinkel ϑ mit einem Detektor, der den Raumwinkel $d\Omega$ erfaßt, eine Streuintensität dI. Unter der Winkelverteilung versteht man die Größe

$$N(\vartheta) = \frac{1}{I_0}\frac{dI}{d\Omega} \tag{2.3}$$

Schon bei einer relativ dünnen Schicht wird $N(\vartheta)$ nicht mehr proportional dem Wirkungsquerschnitt $d\sigma/d\Omega$ und der Schichtdicke sein, sondern man hat die Mehrfachstreuung zu berücksichtigen (*Moliere*, 1948; *Lenz*, 1954; *Burge* u. *Smith*, 1962) und ferner wird bei kleinen Streuwinkeln die atomare Struktur des Objektes in Form von Interferenzerscheinungen eingehen. Das Streuverhalten bei dünnen Schichten und kleinen Streuwinkeln ist jedoch für Fragen des SEM nicht unmittelbar von Interesse. Dafür wird im nächsten § auf die Abhängigkeit der Transmission von der Beobachtungsapertur eingegangen, welche für die Raster-Transmissions-Elektronenmikroskopie von Bedeutung ist.

Bei dickeren Schichten erfolgt der Übergang von der Einzelstreuung über die Mehrfach- zur Vielfachstreuung und schließlich zur Diffusion. Die Grenze des Überganges von der Mehrfach- zur Vielfachstreuung liegt bei größenordnungsmäßig 25 elastischen Stößen. Bei einer theoretischen Erfassung der Vielfachstreuung geht erschwerend ein, daß die Energie längs der Bahn abnimmt und außerdem gestreute Elektronen in der Schicht eine längere Strecke zurücklegen als die Schichtdicke. Dies gilt besonders für die Diffusion, wo man in jedem Raumelement der Probe die Zahl der Elektronen als Funktion des Winkels, der Energie und des Ortes kennen müßte, was nur mit Näherungsmethoden erreicht werden kann.

Eine typische Näherung für die Berechnung der Winkelverteilung bei Vielfachstreuung besteht darin, daß die Energie der Elektronen noch nahezu unverändert angesetzt wird, und daß man sich auf kleine Streuwinkel beschränkt. Unter dieser Annahme erhält *Bothe* (1921) eine zweidimensionale Gaußverteilung

$$N(\vartheta) = \frac{1}{2\pi\lambda_B^2}\exp\left(-\frac{\vartheta^2}{2\lambda_B^2}\right). \tag{2.4}$$

Abb. 2.4 zeigt Messungen von $N(\vartheta)$ (*Cosslett* u. *Thomas*, 1964) für Kupferschichten bei $E_0 = 20\,\text{keV}$. Die beiden dünneren Schichten zeigen bei niedrigen Streuwinkeln Abweichungen von einer Gaußfunktion (in Abb. 2.4 gestrichelt).

Beim Übergang zu noch dickeren Schichten, bei denen Diffusion überwiegt, bleibt die Winkelverteilung nahezu unverändert. Bei Streuwinkeln bis 20° ist die Verteilung noch durch eine Gauß-Kurve mit konstantem λ_B darstellbar. Bei mittleren Streuwinkeln wird eine Abhängigkeit $N(\vartheta) \sim \cos^2\vartheta$ nach *Bothe* (1929) approximiert (Abb. 2.5). Die ebenfalls eingezeichnete Kurve $N(\vartheta) \sim \cos\vartheta$

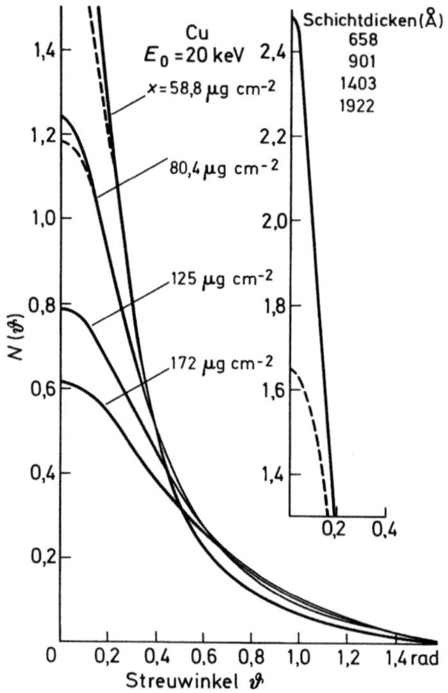

Abb. 2.4. Streuverteilung $N(\vartheta)$ dicker Kupferschichten für 20 keV-Elektronen (gestrichelt: angepaßte Verteilung mit einem Bothegesetz (2.4)). (Nach *Cosslett* u. *Thomas*, 1964a)

würde einer kreisförmigen Richtcharakteristik bei Auftragung als Polardiagramm entsprechen. Eine solche Verteilung ist für die rückgestreuten Elektronen wesentlich besser erfüllt (§ 2.5.4).

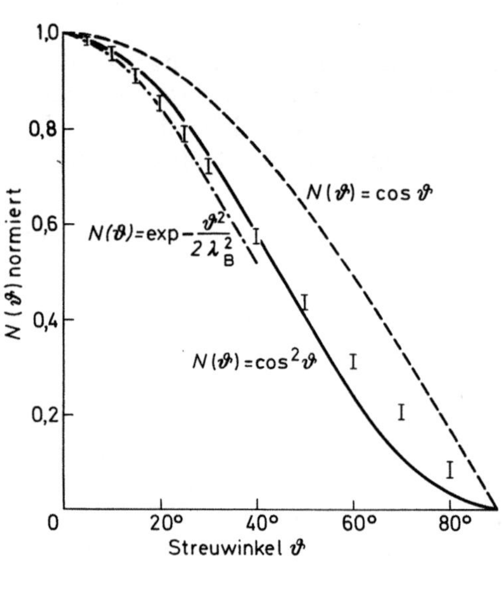

Abb. 2.5. Winkelverteilung der Elektronen nach Passieren einer sehr dicken Schicht. Übergang vom Bothe-Gesetz (2.4) (strichpunktiert) zur Diffusion $\sim \cos^2 \vartheta$ (ausgezogen). (Nach *Cosslett* u. *Thomas*, 1964a)

2.3.2. Transmission als Funktion der Beobachtungsapertur

In § 2.3.1 wurden die Gesetzmäßigkeiten der differentiellen Winkelverteilung dargestellt. Für Anwendungen in der Raster-Transmissions-Elektronenmikroskopie interessiert die Transmission bei einer Beobachtungsapertur α (Abb. 2.1 b). Dafür hat man die integrale Winkelverteilung zu betrachten, indem über alle Streuwinkel ϑ von 0 bis α integriert wird.

Pro cm^2 einer Schicht der Massendicke $x=\varrho D$ befinden sich $N_L x/A$ Atome. Es wird angenommen, daß die Atome in der Objektschicht unabhängig voneinander streuen. In erster Näherung ist dies nur für amorphe und feinkristalline Schichten erfüllt. In grobkristallinen und einkristallinen Schichten bildet sich ein Wellenfeld aus (§ 2.6.1), welches zu einer erhöhten Transmission gegenüber gleich dicken amorphen Schichten führt (s. *Reimer*, 1967).

Theoretische Aussagen über die Primärstrahlschwächung sind besonders einfach. Mit dem totalen elastischen Streuquerschnitt σ_{el} und unelastischen Streuquerschnitt σ_{unel} eines Einzelatoms erfolgt in einer Schicht der Massendicke dx eine Schwächung (Nullstrahlschwächung)

$$\frac{dI}{I} = -\frac{N_L}{A}(\sigma_{el}+\sigma_{unel})dx = -\frac{N_L}{A}\sigma_{el}(1+n)dx. \tag{2.5}$$

Tabelle 2.1. Mittlere freie Weglängen Λ und Kontrastdicken $x_k(\alpha)$ in $\mu g\,cm^{-2}$ für amorphe C- und Ge- und polykristalline Pt-Schichten in Abhängigkeit von der Elektronenenergie E_0 ($1\,\mu g\,cm^{-2}$ entspricht einer Schicht von 100 Å der Dichte $1\,g\,cm^{-3}$), $n=\sigma_{unel}/\sigma_{el}$

	C ($n=3$)				Ge ($n=0{,}7$)				Pt ($n=0{,}3$)			
		x_k für $\alpha=$				x_k für $\alpha=$				x_k für $\alpha=$		
E_0 [keV]	Λ	4,4	10	20	Λ	4,4	10	20	Λ	4,4	10	20 mrad
17	2,5	3,6	4,3	5,5	—	—	—	—	5,0	5,6	6,4	7,5
25	3,6	5,5	7,0	8,8	4,0	5,2	6,1	7,3	6,2	6,9	8,3	8,8
40	5,6	9,3	12,5	17,5	6,2	8,3	9,9	12,4	8,9	9,8	11,8	13,2
100	11,9	23,1	33,5	52,9	12,4	17,0	21,0	30,0	14,8	17,9	19,1	24,4
300	28,5				24,7				24,3			
1200	42,0				36,5				36,0			

$n=\sigma_{unel}/\sigma_{el}$ bedeutet das Verhältnis der totalen unelastischen und elastischen Streuquerschnitte (Tabelle 2.1). Die Integration über die Massendicke liefert ein exponentielles Schwächungsgesetz

$$\frac{I}{I_0} = \exp\left(-\frac{N_L}{A}\sigma_{el}(1+n)x\right) = \exp\left(-\frac{x}{x_a}(1+n)\right) = \exp\left(-\frac{x}{\Lambda}\right). \tag{2.6}$$

x_a wird als Aufhellungsdicke bezeichnet und ist Messungen der Transmission mit variablen Beobachtungsaperturen im Elektronenmikroskop zu entnehmen

(*Reimer* u. *Sommer*, 1968), oder auch quantenmechanisch berechenbar. Bei mittleren freien Weglängen $\Lambda = x_a/(1+n)$ (Tabelle 2.1) ist die Intensität des Primärstrahles auf $1/e = 37\,\%$ abgefallen.

Beobachtet man nicht ausschließlich die Schwächung des Primärstrahles, sondern mißt die Transmission $T(\alpha)$ einer dünnen Schicht analog zur Transmissions-Elektronenmikroskopie mit einer Beobachtungsapertur α (s. Abb. 2.1b), so werden noch alle Elektronen mit Streuwinkeln $0 < \vartheta < \alpha$ erfaßt. Bei geringen Schichtdicken wird weiterhin ein exponentielles Gesetz analog (2.6) beobachtet

$$T(\alpha) = \frac{I(\alpha)}{I_0} = \exp\left(-\frac{x}{x_k(\alpha)}\right). \tag{2.7}$$

(x_k = Kontrastdicke, Tabelle 2.1). Diese x_k-Werte gelten für eine Bestrahlungsapertur $\ll$ Beobachtungsapertur α, eine Bedingung, die für das TEM vorliegt. Bei der Rastertransmission ist in der Regel die Bestrahlungs-(Sonden)Apertur α_0 groß (s. § 3.1.4). Nach dem Reziprozitätstheorem (§ 5.1.1) erhält man die gleiche Transmission $T(\alpha_0) = T(\alpha)$, wenn die Detektorapertur klein ist. Für den häufig benutzten Fall: Sondenapertur $\simeq$ Detektorapertur modifiziert sich die Transmission (s. *Zeitler* u. *Thomson*, 1970; *Reimer* u. a., 1975).

Bei dickeren Schichten treten Abweichungen von dem exponentiellen Schwächungsgesetz (2.7) auf, weil zusätzlich durch Mehrfachstreuung in große Winkel gestreute Elektronen wieder in Winkel kleiner als α zurückgestreut werden (Theorie: *Moliere*, 1948; *Lenz*, 1954; *Burge* u. *Smith*, 1962; Messungen: *Reimer* u. *Sommer*, 1968).

2.3.3. Ortsverteilung gestreuter Elektronen

Die Streuung der Elektronen führt auch zu einer Verbreiterung des Elektronenstrahles innerhalb des Objektes. Daraus resultiert eine Verschlechterung des Auflösungsvermögens in der Raster-Transmissions-Elektronenmikroskopie dicker Objekte (Abb. 2.6a) (*Reimer* u. a., 1970; *Reimer*, 1972; *Sellar* u. *Cowley*, 1973; *Gentsch* u. *Reimer*, 1973; *Gentsch* u. a., 1974; *Groves*, 1975). Objektdetails (z. B. ein stärker streuendes Teilchen) an der Objektoberseite werden vom unverbreiterten Elektronenstrahl getroffen. Details an der Unterseite werden vom verbreiterten Strahl abgerastert und erscheinen verwaschen, auch wenn die Elektronensonde auf diese Ebene optimal fokussiert ist. Ferner ist diese Verbreiterung von Interesse für die Röntgenmikroanalyse, oder wenn Objekte in einer streuenden Gasatmosphäre von einigen kPa und höher untersucht werden sollen.

Abb. 2.7 zeigt diesen „Top-Bottom-Effekt" an Kristallen einer Indium-Aufdampfschicht. In Abb. 2.7a liegt eine 1 µm-Polystyrolkugel unterhalb der In-Schicht (keine Beeinflussung der Auflösung, nur Herabsetzung der Transmission), in Abb. 2.7b oberhalb dieser (starke Verwaschung, so daß die kleineren Kristallite nicht mehr erkennbar sind). Aus der Photometrierung dieser Kristallbilder läßt sich ein Kantenauflösungsvermögen d_s als Halbwertsbreite des Intensitätssprunges experimentell ermitteln (Abb. 2.6b).

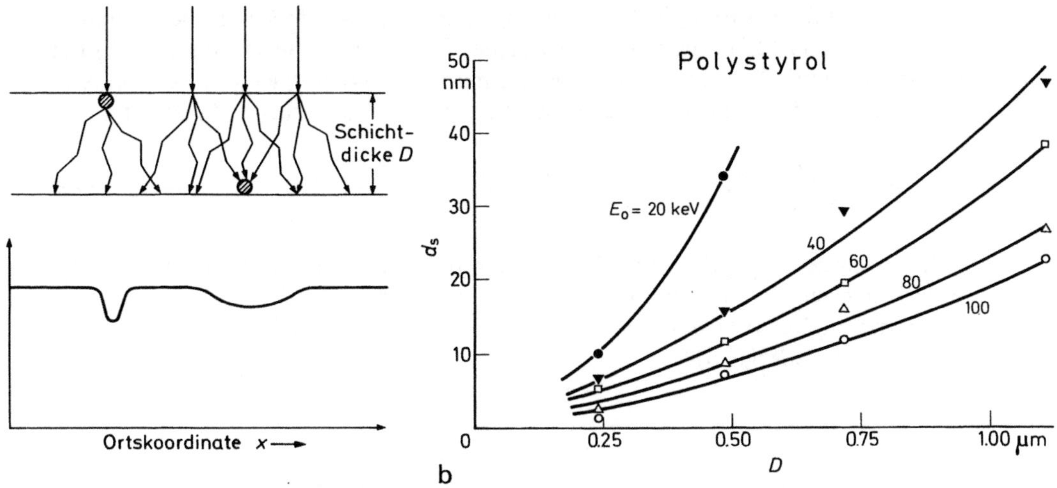

Abb. 2.6. a) Wirkung der Strahlverbreiterung auf die Auflösung einer Objektstruktur an der Ober- und Unterseite einer durchstrahlbaren Schicht (Top-Bottom-Effekt). b) Strahlverbreiterung d_s an der Unterseite einer Polystyrolschicht der Dicke D für verschiedene Elektronenenergien E_0

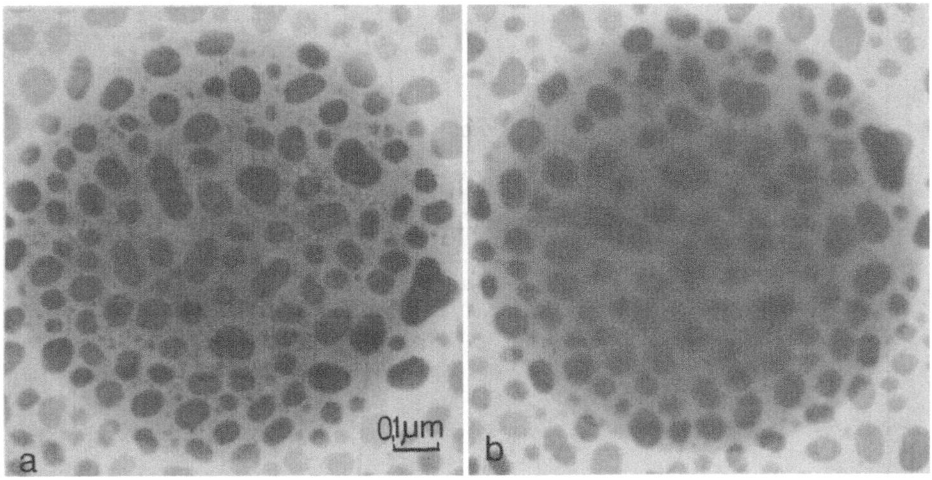

Abb. 2.7 a u. b. Demonstration des Top-Bottom-Effektes mit einer Polystyrolkugel (1 µm Durchmesser) a) unterhalb und b) oberhalb einer Indium-Aufdampfschicht auf Formvar

2.3.4. Energieverteilung gestreuter Elektronen

Die Energieverteilung nach Passieren dünner Schichten, hervorgerufen durch Plasmaverluste, Interbandübergänge und Ionisationsverluste wurde bereits in § 2.2.2 behandelt. Hier soll die Energieverteilung nach Passieren dickerer Schichten betrachtet werden.

Für die mittlere Energieabnahme längs der Bahn wurde schon die Bethesche Abbremsformel (2.2) erwähnt. Eine Formel für die Energieverteilung $N(E)$ der transmittierten Elektronen wurde von *Landau* (1944) hergeleitet, aus der sich folgender Ausdruck für den wahrscheinlichsten Energieverlust ΔE_p ableitet

$$\Delta E_p = \frac{e^4 N_L Z x \cdot}{8\pi \varepsilon_0^2 m_0 v^2 A}\left[\ln\left\{\frac{e^4 N_L Z x}{4\pi \varepsilon_0^2 I^2 A(1-\beta^2)}\right\} - \beta^2 + 0{,}37\right], \tag{2.8}$$

gültig solange $\Delta E_p \ll E_0$. Eine Korrektur hinsichtlich der Bindungsenergien der Elektronen wurde von *Blunck* u. *Leisegang* (1950) veröffentlicht.

Ferner stellte *Whiddington* (1912, 1914) ein empirisches Gesetz für die wahrscheinlichste Energie auf

$$E_0^2 - E_p^2 = bx, \tag{2.9}$$

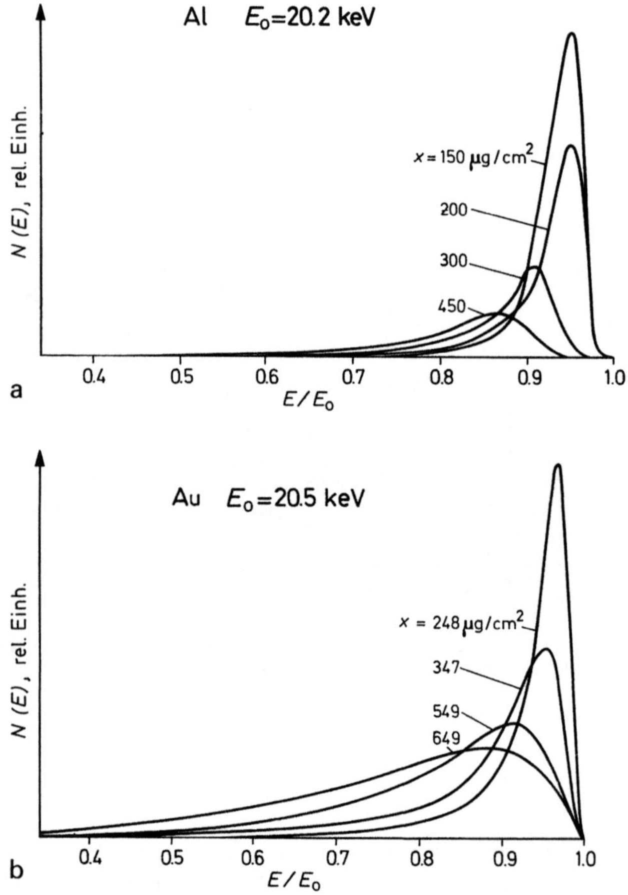

Abb. 2.8 a u. b. Energieverteilung von Elektronen (20 keV) nach Passieren von Al- und Au-Schichten der Massendicke x

wobei b für ein Element konstant sein soll. Wegen seiner simplen Form ist dieses Gesetz oft benutzt worden und hat zu falschen Schlüssen geführt. Da dieses Gesetz den komplexen Streuprozessen der Elektronendiffusion nicht gerecht wird, sollte man es in Zukunft nicht benutzen.

Abb. 2.8 zeigt Energieverlustspektren $N(E)$ von 20 keV-Elektronen in Vorwärtsrichtung nach Passieren von Al- und Au-Schichten wachsender Massendicke x. Gegenüber Messungen von *Cosslett* u. *Thomas* (1964b) weisen sie für hohe Energieverluste $\Delta E > \Delta E_p$ einen steileren Abfall auf. Den Verlustspektren kann man die wahrscheinlichste Energie $E_p = E_0 - \Delta E_p$ als Maximum der Verteilung und eine mittlere Energie E_m als

$$E_m = \frac{\int_0^{E_0} N(E)\, E\, dE}{\int_0^{E_0} N(E)\, dE} \tag{2.10}$$

entnehmen. In Abb. 2.9 sind die experimentellen Werte mit theoretischen Kurven nach *Landau* (2.8) und der Bethe-Formel (2.2) verglichen. Während für E_p gute

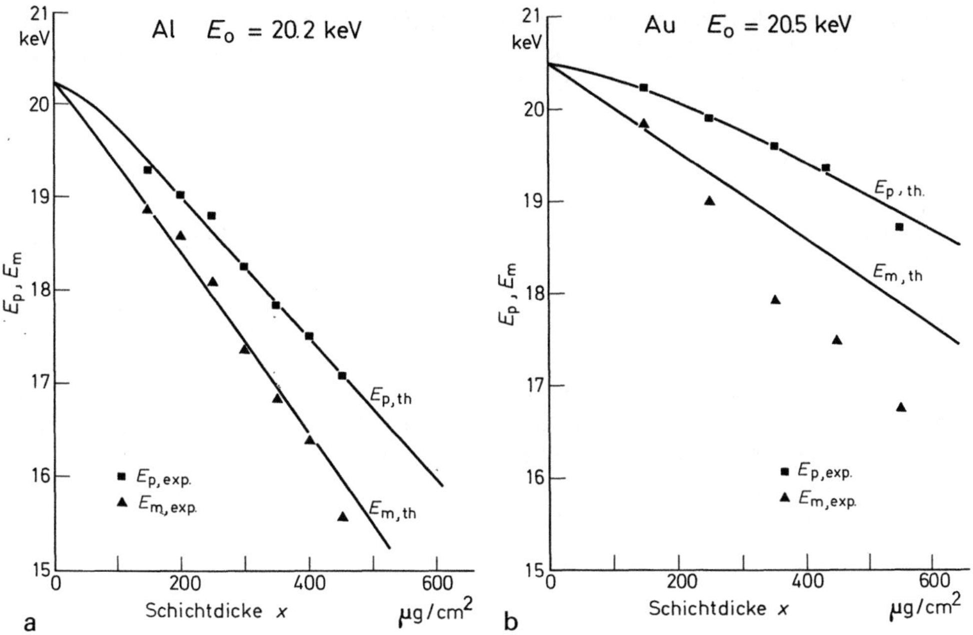

Abb. 2.9a u. b. Wahrscheinlichste Energie E_p und mittlere Energie E_m nach Passieren von Al- und Au-Schichten der Massendicke x (ausgezogene Kurven: theoretisch nach *Landau* (2.8) und *Bethe* (2.2))

Übereinstimmung resultiert, liegen systematische Abweichungen für Au bei E_m vor. Da in Au stärkere elastische Streuung auftritt, ist auch die effektive Bahnverlängerung größer. Für 20 keV-Elektronen beträgt die extrapolierte Reichweite 725 µg cm^{-2} (§ 2.4.1).

2.4. Elektronendiffusion in kompaktem Material

2.4.1. Transmission und Reichweite

Unter der Transmission $\eta_T(x)$ oder $T(x)$ versteht man das Verhältnis des durch eine Schicht der Massendicke x in den unteren Halbraum austretenden Elektronenstromes zum einfallenden Elektronenstrom. Durch eine Gegenspannung von 50 Volt werden die an der Schichtunterseite ausgelösten Sekundärelektronen ausgefiltert. Abb. 2.10 zeigt den typischen Verlauf von Transmissionskurven im Energiebereich 10–100 keV. Man kann durch eine Abszissentransformation alle Meßpunkte bei verschiedenen Energien zur Deckung bringen. Im gezeigten Beispiel wurde die Schichtdicke mit der Transmission 50% auf 1 normiert. Es zeigen sich charakteristische Unterschiede im Verlauf der Transmissionskurven. Bei leichten Elementen (Al in Abb. 2.10) ist die Kurve anfangs gekrümmt. Der anschließende lineare Teil hat nur einen schwachen Ausläufer. Bei schweren Elementen (Au) ist die Transmissionskurve von Anfang an linear und zeigt einen wesentlich längeren Ausläufer. Dieses Verhalten wird auch in Experimenten mit 2–20 keV-Elektronen von *Vyatskin* u. *Makhov* (1958, 1960), *Makhov* (1961), *Vyatskin* u. *Pilyankevich* (1964) beobachtet. Sie schlagen die Beschreibung der Meßergebnisse durch die Relation

$$\eta_T(x/x_0) = \exp\left(-\left(\frac{x}{x_0}\right)^p\right) \tag{2.11}$$

vor, wobei annähernd $p=2$ für Al bis Cu und $p=1$ für schwerere Elemente (Bi, Au).

Angesichts dieser Kurven wird eine Definition der Reichweite problematisch. Es gibt daher eine große Zahl verschiedener Reichweitedefinitionen und bei Reichweiteformeln ist zu vermerken, welche Definition verwandt wurde. Allen Definitionen gemeinsam ist, daß man die Reichweite in Massendicken ($\mu g\,cm^{-2}$) angibt. Dadurch wird man von der Dichte unabhängig. Im folgenden werden die wichtigsten Reichweitedefinitionen zusammengestellt:

1. Maximale Reichweite R_{max}. Diese ist schwer zu bestimmen, da man am Ausläufer der Transmissionskurve die Schichtdicken sehr dicht wählen müßte oder man mißt bei konstanter Schichtdicke diejenige Elektronenenergie, bei welcher gerade keine Transmission mehr auftritt. Dies ist aber auch von der Meßempfindlichkeit abhängig.
2. Extrapolierte Reichweite aus Transmissionskurven. Es wird der lineare Teil der Transmissionskurve bei mittleren Schichtdicken auf Null extrapoliert. Der Schnittpunkt mit der Achse liefert die extrapolierte Reichweite R_E. Man kann jedoch auch in einem Diagramm $\eta_T(E_0)$ mit einer konstanten Schichtdicke als Kurvenparameter die Extrapolation durchführen. Diese liefert dann eine zu der Schichtdicke gehörige extrapolierte Energie. Die so extrapolierte Reichweite werde mit R_x bezeichnet. In der Regel ist $R_E \neq R_x$.
3. Extrapolierte Reichweite aus Energiekurven $E_p(x)$ und $E_m(x)$. Die Extrapolation auf $E_m=0$ führt zu R_m bzw. auf $E_p=0$ zu R_p.

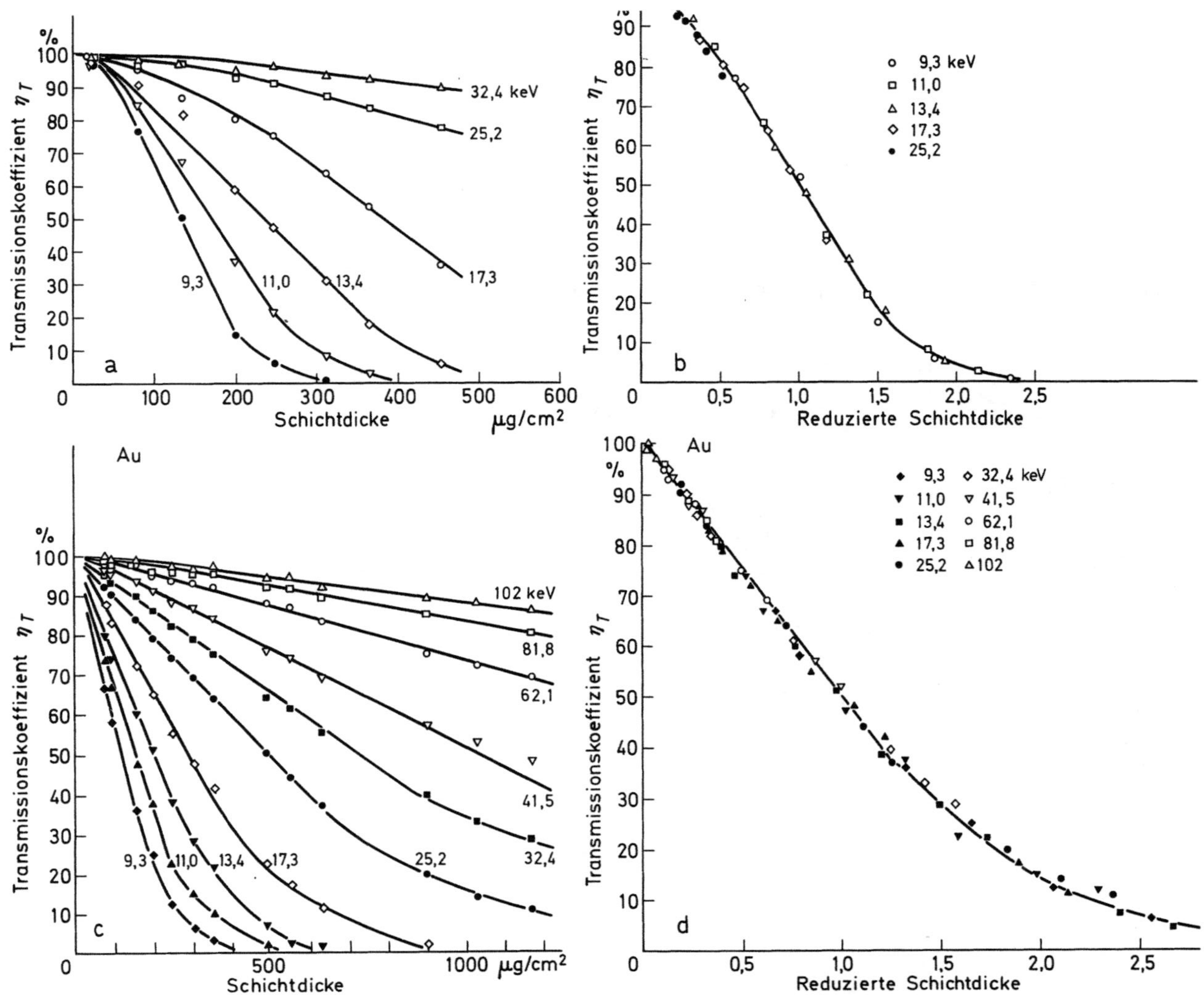

Abb. 2.10a–d. Transmission als Funktion der Schichtdicke für a) Al- und c) Au-Schichten. b) und d) reduzierte Kurven für die verschiedenen Elektronenenergien 9–100 keV (relative Schichtdicke 1 bezogen auf eine Transmission von 50%). (Nach *Drescher* u. a., 1970)

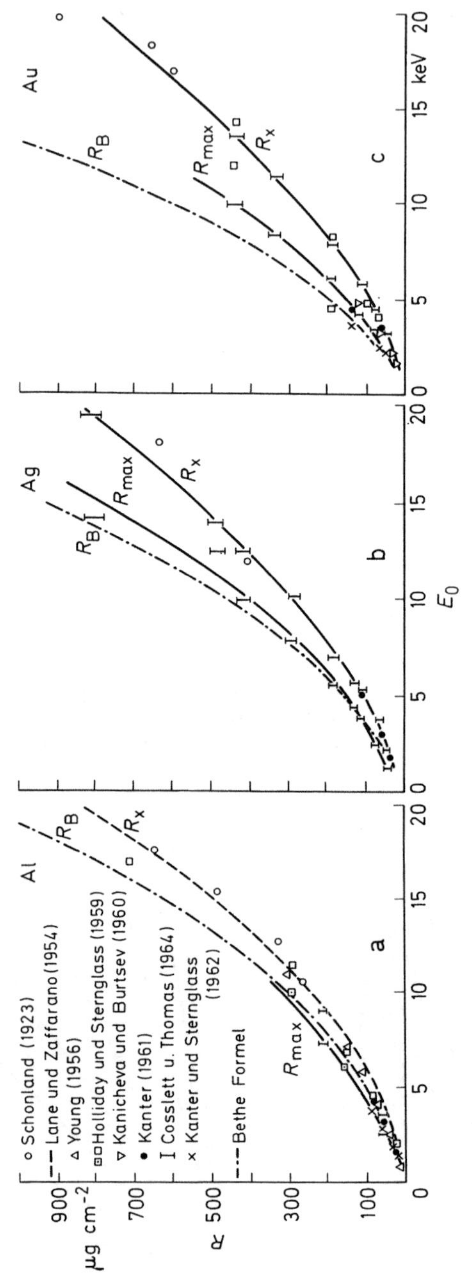

Abb. 2.11a–c. Extrapolierte Reichweite R_x und maximale Reichweite R_{max} für a) Al, b) Ag und c) Au als Funktion der Elektronenenergie E_0 nach Messungen verschiedener Autoren (R_B = Reichweite aus der Bethe-Formel). (Nach *Cosslett* u. *Thomas*, 1964)

4. Bethe-Reichweite R_B. Wenn man die Bethe-Formel (2.2) integriert, so ergibt sich die Bethe-Reichweite aus der Beziehung

$$E_B(s) = E_0 - \int_0^{R_B} \frac{dE_m}{ds}\, ds = 0. \tag{2.12}$$

Graphisch ist $E_B(s)$ in Abb. 2.15 als Funktion der zurückgelegten Weglänge s aufgetragen. Man sieht, daß R_B stark mit der Ordnungszahl ansteigt. Streng genommen ist R_B aber die mittlere Bahnlänge. Da gerade bei schweren Elementen wegen des Faktors Z^2 im Rutherford-Streuquerschnitt (2.1) starke Richtungsänderungen auftreten, resultiert trotzdem eine weitgehend elementunabhängige Reichweite R_{max} (s. Abb. 2.15). Bei leichten Elementen stimmt R_B besser mit R_{max} überein (Abb. 2.11). Die Elektronen erfahren weniger häufig Großwinkelstreuungen. Einige Elektronen können bis auf Kleinwinkelstreuungen fast geradlinig in das Material eindringen, was bei schweren Elementen unmöglich ist.

Um in einem begrenzten Energiebereich eine „Reichweiteformel" vorliegen zu haben, wird üblicherweise ein Potenzgesetz

$$R\ [\mu g\ cm^{-2}] = a(E_0\ [keV])^n \qquad (2.13)$$

angesetzt. n variiert zwischen 1,3 und 1,67. Bei höheren Energien müssen andere Ansätze benutzt werden. Tabelle 2.2 enthält einige der ermittelten Reichweitegesetze.

Tabelle 2.2. Energie-Reichweite-Beziehungen

Gesetz	Energiebereich	Substanz	Autoren
(E in keV, R in μg cm^{-2})			
$R_x = 9{,}0\ E^{1{,}5}$	5–15 keV	Cu, Ag, Au	*Cosslett* u. *Thomas* (1964b)
$R_x = 7{,}4\ E^{1{,}5}$	5–11	Al	*Cosslett* u. *Thomas* (1964b)
$R_x = 10{,}6\ E^{1{,}37}$	2–5	Cu	*Cosslett* u. *Thomas* (1964b)
$R_x = 10{,}3\ E^{1{,}34}$	2–5	Al	*Cosslett* u. *Thomas* (1964b)
$R_x = 11{,}5\ E^{1{,}35}$	2–40	Al	*Young* (1956)
$R_E = 10\ E^{1{,}43}$	10–100	Au	*Drescher* u. a. (1970)
$R = \frac{20}{3}\ E^{5/3}$	10–200	Al	*Libby* (1947)
$R_x = 17{,}3\ E^{1{,}67}$	2–40	Al	*Lane* u. *Zaffarano* (1954)
(E in MeV, R in mg cm^{-2})			
$R = 412\ E^{1{,}265 - 0{,}0954 \ln E}$	10 keV–2,5 MeV	Al	*Katz* u. *Penfold* (1952)
$R = 530\ E - 106$	2,5–20 MeV		

2.4.2. Ausdehnung der Diffusionswolke

Einen guten Überblick über die Form und Ausdehnung der Diffusionswolke erhält man, wenn ein Elektronenstrahl durch eine Druckstufe in die freie Luft oder ein anderes Gas eindringt (Abb. 2.12). Die Leuchtdichte ist ein Maß für die Ionisationsdichte und es können Linien gleicher Leuchtdichte aufgestellt werden (*Grün*, 1957; *Reimer* u. a., 1968; *Cohn* u. *Caledonia*, 1970). Es kann auch die Leuchtdichte in einem fluoreszierenden Kristall beobachtet werden (*Ehrenberg* u. *Franks*, 1953) oder das Ätzprofil in bestrahlten Photolacken (*Possin* u. *Norton*, 1975).

Abb. 2.12 zeigt für $E_0 = 100$ keV charakteristische Unterschiede in der Diffusionswolke für Luft ($Z \simeq 7$) und Argon ($Z = 18$). Schon bei diesem geringen Anstieg

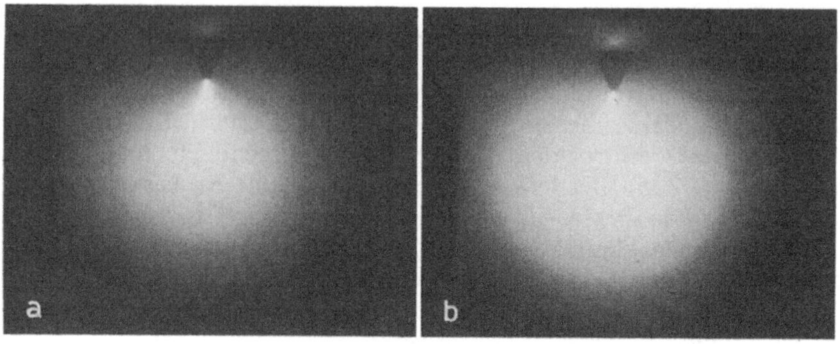

Abb. 2.12a u. b. Leuchtende Diffusionswolke beim Eintritt eines 100 keV-Elektronenstrahles in a) N_2 und b) Ar unter Atmosphärendruck. Es ist die stärkere Rückstreuung im Ar gegenüber N_2 deutlich zu erkennen

in der Ordnungszahl zeigt sich deutlich die verstärkte Rückdiffusion mit wachsender Ordnungszahl. Die Form der Diffusionswolke verändert sich innerhalb der Meßgenauigkeit nicht im Energiebereich 10–100 keV und auch *Cohn* u. *Caledonia* finden in N_2 zwischen 2 und 5 keV keine Veränderungen. Erst bei Energien

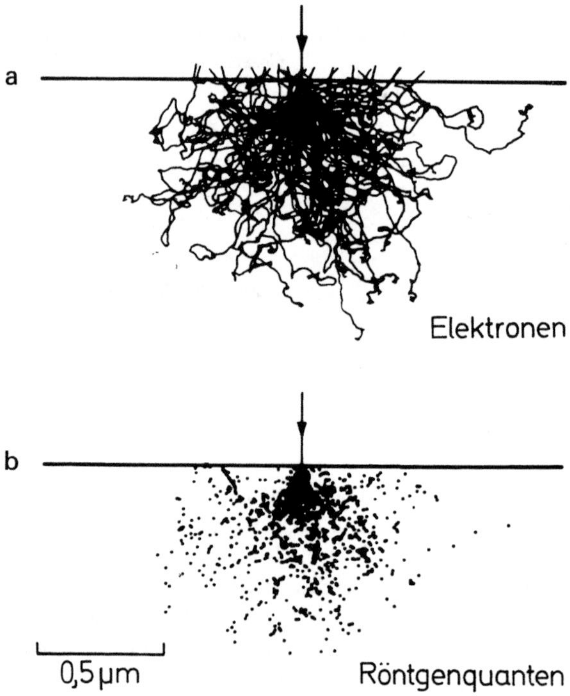

Abb. 2.13. a) 100 Bahnen von 20 keV-Elektronen in Cu und b) Verteilung der charakteristischen Röntgenstrahlerzeugung (projiziert auf die Zeichenebene) nach Monte-Carlo-Rechnungen. (*Duncumb*, 1971)

von einigen 100 keV beginnt sich die Diffusionswolke in Einschußrichtung zu strecken.

Innerhalb der Diffusionswolke treten stark deformierte Bahnen der Einzelelektronen auf. Abb. 2.13 zeigt als Beispiel 100 Bahnen in Cu bei $E_0 = 20$ keV nach Monte-Carlo-Rechnungen von *Duncumb* (1971). Austrittspunkte der rückgestreuten Elektronen sind über eine größere Fläche rund um den Primärstrahl-Einschußort verteilt. Radiale Summenkurven austretender Elektronen erlauben Halbwertsradien anzugeben, aus deren Kreis 50% der RE austreten (Abb. 2.14).

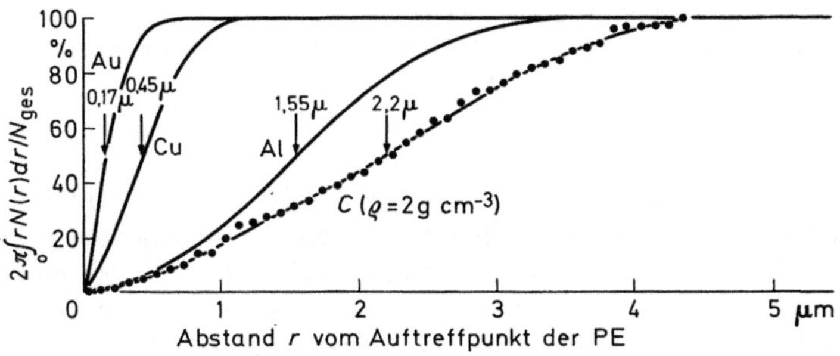

Abb. 2.14. Summenkurve aller in einen Kreis mit dem Radius r um den Auftreffpunkt der PE austretenden rückgestreuten Elektronen nach Monte-Carlo-Rechnungen. Die Pfeile bei 50% kennzeichnen die Kreisradien, innerhalb denen 50% der RE austreten ($E_0 = 20$ keV). (Nach *Reimer*, 1968)

Bei schrägem Elektroneneinfall tritt ein großer Teil der Elektronen, welcher zur Erhöhung des Rückstreukoeffizienten beiträgt, in großer Nähe des Einschußortes aus (*Reimer*, 1968).

2.4.3. Ionisationsdichte und Tiefendosiskurve

Die Ionisationsdichte ist bei Senkrechteinfall des Elektronenstrahles eine um die Einschußrichtung z rotationssymmetrische Ortsfunktion. Für viele Zwecke interessiert die pauschale Ionisation $Q(z)dz$ in einem Schichtelement der Tiefe z, $z+dz$. Die Abhängigkeit dieser Größe von z bezeichnet man als Tiefendosiskurve, da sie auch bei der Bestrahlung von Gewebe mit ionisierender Strahlung eine Rolle spielt. In der SEM interessiert dieser Zusammenhang bei der Bestrahlung von Halbleitern, da auch die Erzeugungsrate von Elektron-Loch-Paaren in einer bestimmten Tiefe unterhalb der Oberfläche proportional zur Tiefendosiskurve verläuft (s. § 4.7.1). Berechnungen dieser Kurven mit einer Transportgleichung erfolgten von *Spencer* (1955), *Spencer* u. *Coyne* (1962). Es ergibt sich befriedigende Übereinstimmung mit Experimenten. Approximationen der Tiefendosiskurve durch analytische Ausdrücke sind in § 4.7.1 aufgeführt.

Da Ionisation mit Energieverlust verbunden ist, sollte auch die Bethe-Formel (2.2) eine theoretische Aussage erlauben. Wenn man die Restenergie $E(s)$ nach

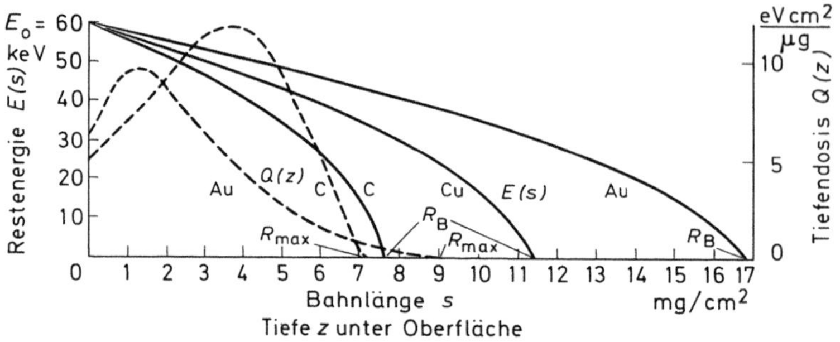

Abb. 2.15. Restenergie $E(s)$ von 60 keV-Elektronen bei einer Energieabnahme nach der Bethe-Formel (2.2) längs der wahren Bahnlänge s und pro Schichtelement z, $z+dz$ absorbierte Energie $Q(z)$ in C und Au als Funktion der Tiefe z (Tiefendosiskurve)

Durchlaufen einer Bahnlänge s nach (2.12) aufträgt (Abb. 2.15), so sollte der Energieverlust proportional zur Steigung der Kurven sein. In Wirklichkeit wird durch die Winkelablenkung der Elektronenbahnen die Energie in der Tiefe anders verteilt (s. $Q(z)$). Durch die stärkere Rutherfordstreuung bei Au resultiert praktisch die gleiche Reichweite wie bei C-Schichten (s. a. Diskussion von Abb. 2.15 in § 2.4.1). Der Energieverlust äußert sich auch in einer Erwärmung des Präparates. Messungen der Wärmeerzeugung in Schichten verschiedener Dicke zeigen Übereinstimmung mit entsprechenden Monte-Carlo-Rechnungen (*Christenhusz* u. *Reimer*, 1967; *Reimer*, 1968).

2.5. Rückstreuung und Sekundärelektronen-Emission

2.5.1. Definition und Messung dieser Größen

Unter dem Rückstreukoeffizienten η versteht man das Verhältnis des rückgestreuten Elektronenstromes I_{RE} zum einfallenden Elektronenstrom I_0. Dabei müssen die langsamen Sekundärelektronen (SE) abgetrennt werden, wie weiter unten noch erläutert wird. Neben dieser pauschalen Größe interessiert die Richtungs- und Energieverteilung der rückgestreuten Elektronen.

Für die Messung des Rückstreukoeffizienten wird eine in Abb. 2.16a skizzierte Anordnung benutzt. Durch die Sammelelektrode S und das Gitter G_2 werden die von der Probe P emittierten Elektronen gesammelt. An S ausgelöste SE werden durch die Spannung U_{SG} zwischen S und G_2 am Verlassen von S gehindert. Die Abmessung von S muß ferner groß gegenüber der Probe sein, damit schnelle an S rückgestreute Elektronen an P vorbeifliegen können, um die gegenüberliegende Wand zu erreichen. S sollte daher auch aus einem Material mit geringem Rückstreukoeffizienten bestehen (z. B. Al). Abb. 2.16b zeigt schematisch die Energieverteilung der austretenden Elektronen. Bei niedrigen Energien überlagert sich die SE-Ausbeute, welche stark von der Oberflächenbeschaffenheit abhängt. Eine Trennung von RE und SE ist insofern schwierig, als auch noch eigentliche RE mit sehr geringer Energie die Oberfläche gerade erreichen können. Eine Energietrennung der Elektronen in diesem Bereich kann durch eine Gegenspannungskurve $I(U)$ (Abb. 2.16c) erfolgen. Es hat sich weitgehend die Konvention eingebürgert, die Trennung zwischen SE und RE bei 50 eV vorzunehmen. Diese Trennung liefert um so geringere Fehler, je größer E_0. Es ist danach z. B. nicht sinnvoll, einen Rückstreukoeffizienten für $E_0 < 100–1000$ eV zu definieren. Es wird dann die totale Elektronenemission $\sigma = \eta + \delta$ gemessen (δ = Sekundärelektronenausbeute).

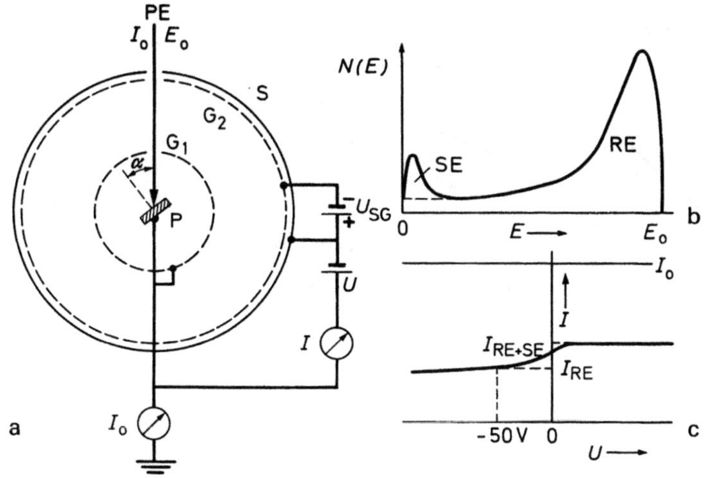

Abb. 2.16. a) Meßanordnung zur Messung der RE und SE. Netz G_1 auf Probenpotential zur ungehinderten Ausbreitung der SE. Netz G_2 und Kollektor S auf variablem negativen und positiven Potential U. Die Spannung U_{SG} hindert die durch RE an S ausgelösten SE am Verlassen der Kollektoranordnung. b) Schematische Energieverteilung der SE und RE, c) Gegenspannungskurve $I(U)$ zur Trennung der SE und RE (Rückstreukoeffizient $\eta = I_{RE}/I_0$, Sekundärelektronenausbeute $\delta = (I_{RE+SE} - I_{RE})/I_0$)

Man kann die Gegenspannung U auch bis $-U_0$ erhöhen, um die Energieverteilung $N(E)$ bzw. deren Summenkurve zu erhalten. Für saubere Messungen ist ein Netz G_1 auf Probenpotential erforderlich, damit sich die Elektronen in einem feldfreien Raum zunächst ungehindert ausbreiten können, um dann zwischen den Netzen G_1 und G_2 in radialer Richtung abgebremst zu werden. Ein solches Netz ist auch für die Messung der Energieverteilung der SE von besonderer Wichtigkeit. Man erhält die Energieverteilung durch Differentiation einer Gegenspannungskurve in Abb. 2.16c. Für die Aufnahme der Richtungsverteilung kann ein schwenkbarer Faraday-Käfig benutzt werden oder der Kollektor S wird in Segmente unterteilt.

2.5.2. Rückstreukoeffizient einer dünnen Schicht, Austrittstiefe

Der Rückstreukoeffizient einer durchstrahlbaren Schicht steigt linear mit der Schichtdicke an (Abb. 2.17). Bei großen Schichtdicken mündet η in den Wert des kompakten Materials ein. Diese Gesetzmäßigkeit und ihre weitgehende Unabhängigkeit vom kristallinen Zustand der Probe ermöglichen es, die Schichtdicke zu ermitteln (*Just* u. a., 1968; *Kindt* u. *Niedrig*, 1974).

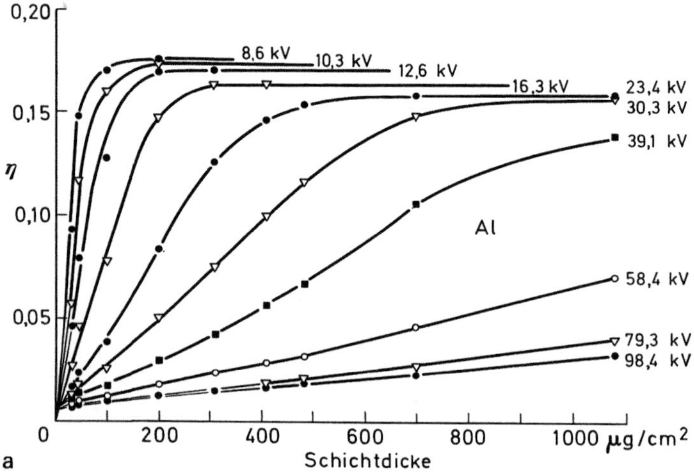

a

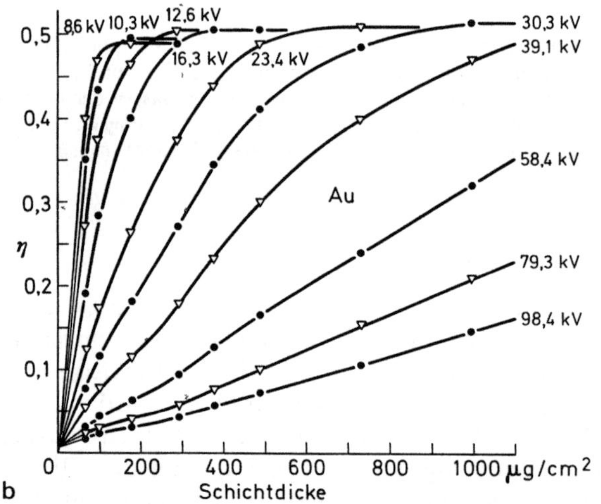

b

Abb. 2.17 a u. b. Schichtdickenabhängigkeit des Rückstreukoeffizienten von a) Al- und b) Au-Schichten für verschiedene Elektronenenergien (Messungen bei kleinen Schichtdicken durch Rückstreuung eines kleinen Bruchteils der SE verfälscht). (Nach *Seidel*)

Man sollte erwarten, daß eine Rückstreuung in Streuwinkel $\vartheta > 90°$ so selten erfolgt, daß der Rückstreukoeffizient einer dünnen Schicht durch den Ansatz

$$\eta = \frac{N_L x}{A} \int_{\pi/2}^{\pi} \frac{d\sigma_R}{d\Omega} 2\pi \sin\vartheta \, d\vartheta = \frac{N_L e^4 Z^2}{64\pi \varepsilon_0^2 A E^2} x \tag{2.14}$$

erhalten werden kann (Annahme reiner Einfachstreuung mit dem Rutherford-Streuquerschnitt (2.1)). Beobachtete lineare Anstiege von η (Abb. 2.17) sind jedoch um einen Faktor 3 bis 6 größer als nach (2.14). Einmal muß anstelle des Rutherford-Querschnittes der Mott-Querschnitt benutzt werden und ferner spielt schon bei dünnen Schichten die Mehrfachstreuung eine Rolle. Berücksichtigt man beides in Monte-Carlo-Rechnungen, so ergibt sich gute Übereinstimmung mit dem Experiment (*Badde* u. a., 1971; *Krefting* u. *Reimer*, 1973).

Eine Extrapolation des linearen Anstieges bis zum Sättigungswert ergibt ein Maß für die Austrittstiefe T. Parallele Messungen der Reichweite an denselben Schichten ergeben für Al und Au im Energiebereich 10–100 keV (*Drescher* u. a., 1970):

$$\begin{aligned} T\,[\mu\text{g cm}^{-2}] &= 2{,}8\,(U\,[\text{kV}])^{1{,}54} \\ R\,[\mu\text{g cm}^{-2}] &= 10\,(U\,[\text{kV}])^{1{,}43} \end{aligned} \tag{2.15}$$

Als Faustformel im untersuchten Energiebereich gilt $T \simeq 0{,}5\,R$. Aus der Beobachtung von Al-Aufdampfschichten über einer Au-Unterlage im SEM kommen *Kuhnle* u. a. (1969) ebenfalls zu dem Ergebnis $T \simeq 0{,}5\,R$ (R_x aus der Reichweiteformel von *Young*, Tabelle 2.2).

2.5.3. Rückstreukoeffizient von kompaktem Material

Im folgenden sollen einige experimentelle Ergebnisse zum Rückstreukoeffizienten an kompakten Proben zusammengestellt werden. Es werden dabei ebene Oberflächen eines einheitlichen Materials der Ordnungszahl Z vorausgesetzt.

Variiert man die Ordnungszahl Z und den Einfallswinkel α der Elektronen (Winkel zur Oberflächennormalen, $\alpha = 0°$: Senkrechteinfall), so ergibt sich die in Abb. 2.18 dargestellte Kurvenschar. Bei Senkrechteinfall steigt der Rückstreukoeffizient mit wachsender Ordnungszahl an. Bei zunehmend streifendem Einfall nehmen diese starken Unterschiede im Rückstreukoeffizienten ab. Nahe 90° wäre für alle Elemente nahezu $\eta = 1$ zu erwarten. Praktisch ist es jedoch schon schwierig $\alpha = 80°$ im Experiment genau einzuhalten. Die hohen Werte von η bei großen α lassen darauf schließen, daß quasi eine Reflexion der Elektronen an der Oberfläche stattfindet. Inwieweit dies der Fall ist, ist den Richtcharakteristiken in § 2.5.4 zu entnehmen.

Es ist charakteristisch, daß η im Energiebereich von 10–100 keV nahezu unabhängig von E_0 ist. Bei niedrigen Z-Werten erfolgt ein leichter Anstieg, bei hohen Z ein leichter Abfall mit abnehmender Energie. Unterhalb 10 keV bis 1 keV liegen in der Literatur sehr widersprüchliche Ergebnisse vor, die einer weiteren experimentellen Überprüfung bedürfen. Bei hohen Energien fällt der

Rückstreukoeffizient stark ab. Dies geht parallel mit einer Veränderung der Form der Diffusionswolke. Während sich die Form der Diffusionswolke zwischen 10–100 keV wenig ändert, bildet sich oberhalb 100 keV eine ausgeprägte Vorwärtscharakteristik der Diffusionswolke aus.

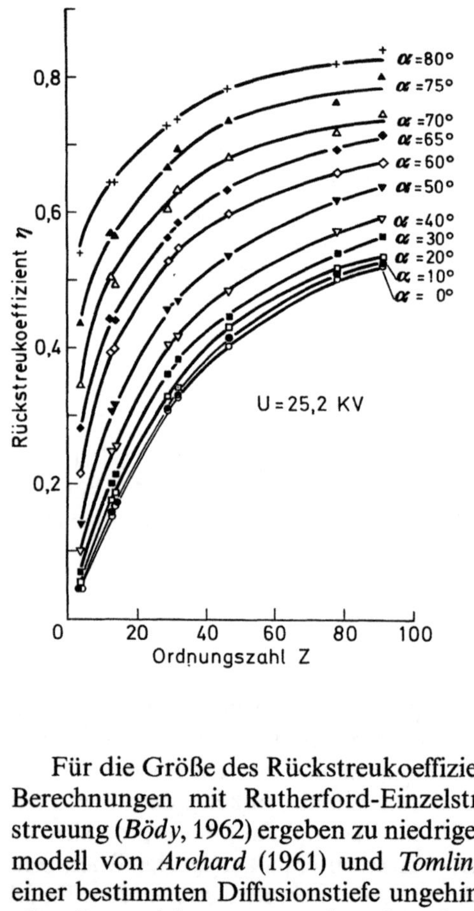

Abb. 2.18. Rückstreukoeffizient kompakten Materials als Funktion der Ordnungszahl Z bei verschiedenen Einfallswinkeln α ($\alpha=0°$: Senkrechteinfall). (*Seidel*, 1969)

Für die Größe des Rückstreukoeffizienten gibt es keine geschlossene Theorie. Berechnungen mit Rutherford-Einzelstreuung (*Everhart*, 1960) und Doppelstreuung (*Bödy*, 1962) ergeben zu niedrige Werte (s. a. § 2.5.2). Auch ein Diffusionsmodell von *Archard* (1961) und *Tomlin* (1963), in dem die Elektronen bis zu einer bestimmten Diffusionstiefe ungehindert eindringen, um dann isotrop nach allen Raumrichtungen auseinanderzulaufen, ist nur eine grobe Approximation. Monte-Carlo-Rechnungen (*Green*, 1963; *Bishop*, 1965, 1966; *Reimer*, 1968; *Reimer* u. *Krefting*, 1973; *Shimizu* u. a., 1976) liefern etwas bessere Resultate. Sie haben jedoch den Nachteil, daß man die Einzelstreuprozesse in ihren mathematischen Beschreibungen stark vereinfachen muß, um in angemessener Rechenzeit hinreichend viele Elektronenbahnen durchzurechnen. *Thümmel* (1964, 1967) führte eine halbempirische Abschätzung der einzelnen Beiträge: Einzel-, Doppel-, Mehrfachstreuung und Diffusion durch.

Der Rückstreukoeffizient von Legierungen oder chemischen Verbindungen läßt sich nicht immer aus den Werten der Einzelkomponenten nach einfachen Mischungsregeln berechnen (s. § 4.2.2).

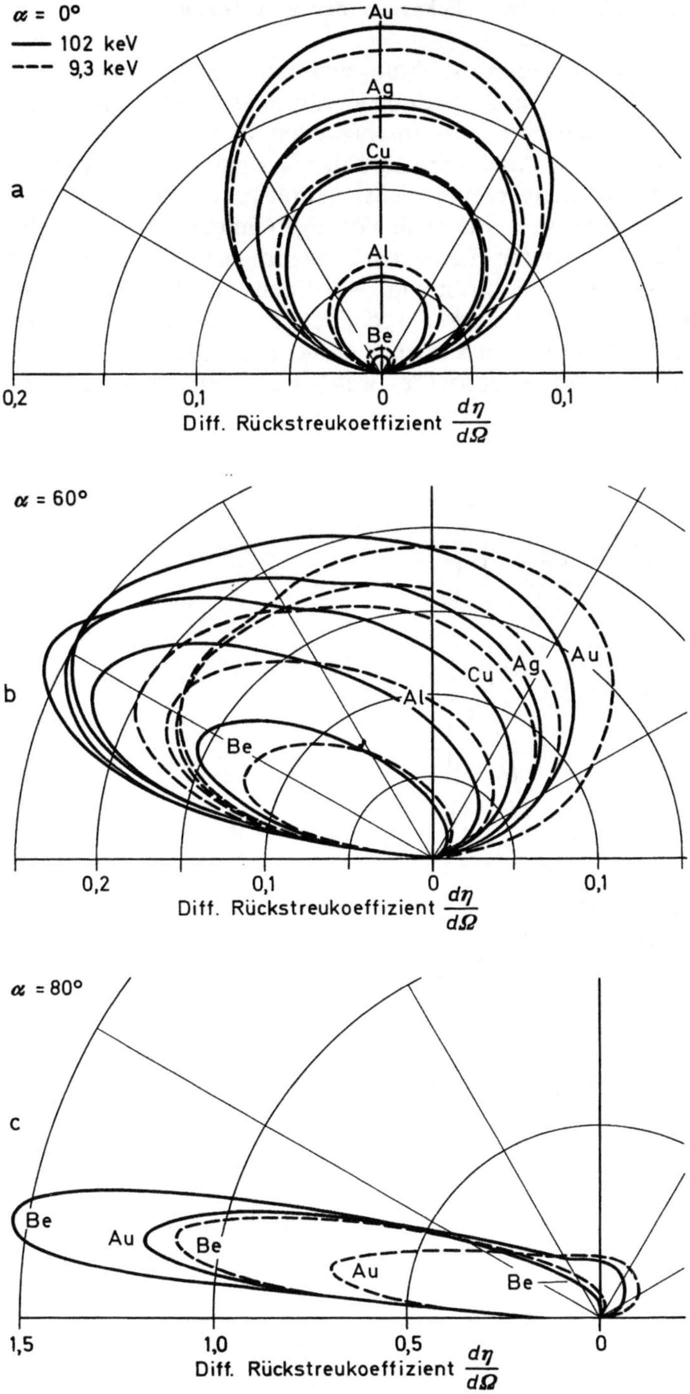

Abb. 2.19 a–c. Richtcharakteristik rückgestreuter Elektronen bei Elektronenenergien von 9 und 100 keV und Einfallswinkeln a) 0°, b) 60° und c) 80°. (Nach *Seidel*, 1970)

2.5.4. Richtungs- und Energieverteilung rückgestreuter Elektronen

Die ausführlichsten Untersuchungen zur Richtungsverteilung wurden von *Kanter* (1957) durchgeführt. In Abb. 2.19 sind Messungen von *Seidel* (1969) dargestellt, welche die von *Kanter* gefundenen Gesetzmäßigkeiten bestätigen. Bei Senkrechteinfall ($\alpha = 0°$, Abb. 2.19) ist das Polardiagramm fast ein Kreis, d. h. $d\eta/d\Omega \sim \cos\Theta$ (Θ = Winkel zwischen Beobachtungsrichtung und Probennormalen). Unter Schrägeinfall ($\alpha = 60°$) bildet sich eine keulenförmige Charakteristik in Reflexionsrichtung aus, welche bei leichten Elementen ausgeprägter ist. Die schweren Elemente zeigen noch stärkere Rückstreuung. Außerdem werden die Keulen mit abnehmender Energie weniger stark ausgebildet. Bei nahezu streifendem Einfall ($\alpha = 80°$) ist die „Reflexion" noch stärker ausgeprägt. Bei Au wird auch hier noch ein kleiner diffuser Anteil beobachtet, welcher ebenfalls mit abnehmender Energie zunimmt.

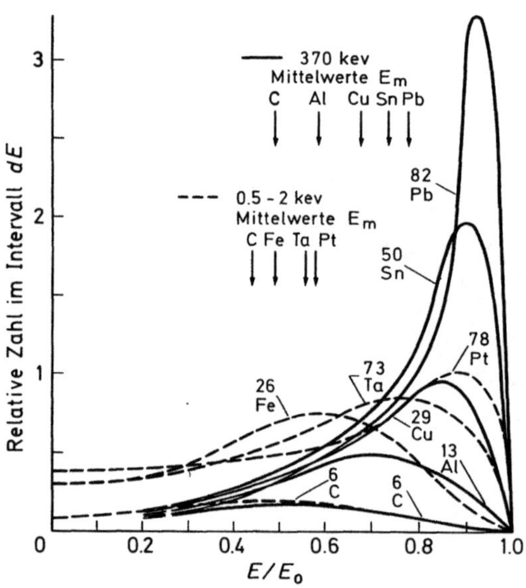

Abb. 2.20. Energieverteilung rückgestreuter Elektronen nach Messungen von *Sternglass* (1954) ($E_0 = 0{,}5 - 2$ keV, gestrichelte Kurven) und *Bothe* (1949) ($E_0 = 370$ keV, ausgezogene Kurven). Die Pfeile zeigen die mittleren Energien an

Abb. 2.20 zeigt einige gemessene Energiespektren rückgestreuter Elektronen. Die wahrscheinlichste Energie E_p (Maximum in der Energieverteilung) verschiebt sich mit wachsender Ordnungszahl in Richtung zur Primärenergie E_0. Weitere Messungen von Energiespektren wurden von *Kulenkampff* u. *Spyra* (1954), *Kanter* (1957), *Kulenkampff* u. *Rüttiger* (1958), *Darlington* (1968) und für Energien im MeV-Bereich von *Dressel* (1966) und *Frank* (1959) durchgeführt. Es ist ferner die Tendenz zu erkennen (Abb. 2.20), daß mit abnehmender Energie E_0 das Verhältnis E_p/E_0 ansteigt. Das gleiche gilt für die eingezeichneten Mittelwerte

E_m der Energieverteilungen. Man findet ebenfalls einen Anstieg von E_p/E_0 bei großen Einfallswinkeln α. Der Anstieg des Rückstreukoeffizienten ist dann darauf zurückzuführen, daß ein großer Teil der Elektronen in der Nähe des Auftreffortes wieder austritt und damit auch weniger Energieverluste erleidet.

2.5.5. Ausbeute, Energie und Austrittstiefe der Sekundärelektronen

Unter der SE-Ausbeute δ versteht man die pro Strahlelektron freigesetzte Zahl der SE. Wegen des großen Interesses der SE-Ausbeute für SE-Vervielfacher sind eine große Zahl von Untersuchungen mit niedrigen Primärenergien unterhalb 1 keV durchgeführt (Zusammenfassungen: *Bruining*, 1954; *Kollath*, 1956; *Dekker*, 1958; *Seiler*, 1967).

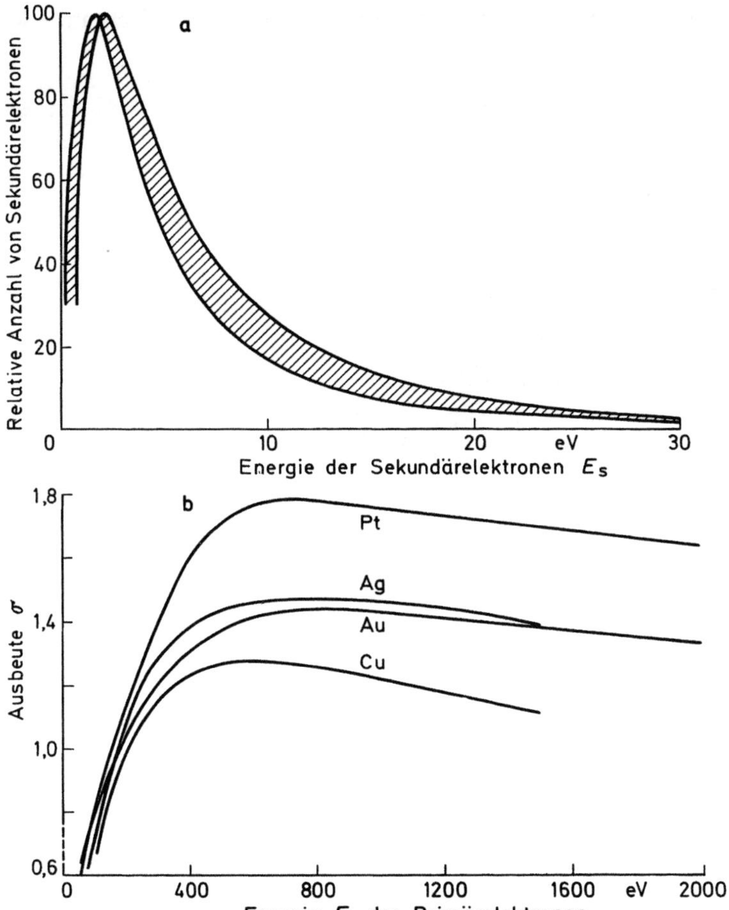

Abb. 2.21. a) normiertes Energiespektrum der Sekundärelektronen mehrerer Metalle und b) Ausbeutekurven $\sigma = \eta + \delta$ als Funktion der Primär-Elektronenenergie E_0. (Nach *Kollath*, 1956)

Bei niedrigen Primärenergien kann man nicht zwischen SE und RE unterscheiden (s. § 2.5.1). Man zählt daher alle austretenden Elektronen als SE. Bei hohen Primärenergien hat sich die Konvention eingebürgert, alle Elektronen mit Energien kleiner 50 eV als SE zu zählen. Die wahrscheinlichste Energie der SE beträgt 1–5 eV und etwa 70 % haben eine Energie kleiner 15 eV. In Abb. 2.21 a und b sind typische Energiespektren und Ausbeutekurven für kleine Primärenergien aufgetragen. Das Energiespektrum ändert sich durch die Einschußenergie nicht. Für die SEM von Interesse ist der Abfall von δ bei hohen E_0. Abb. 2.22 zeigt Messungen in doppeltlogarithmischer Darstellung (*Reimer* u. a., 1968). Danach gilt folgende Approximation

$$\delta \sim E_0^{-0,8} . \tag{2.16}$$

Den Exponenten 0,8 kann man verstehen, wenn man die Bethe-Formel (2.2) doppeltlogarithmisch für $E = E_0$ aufträgt. Auch dann ergibt sich eine Gerade mit der Steigung $-0,8$. Die Größe von δ hängt nicht systematisch mit der

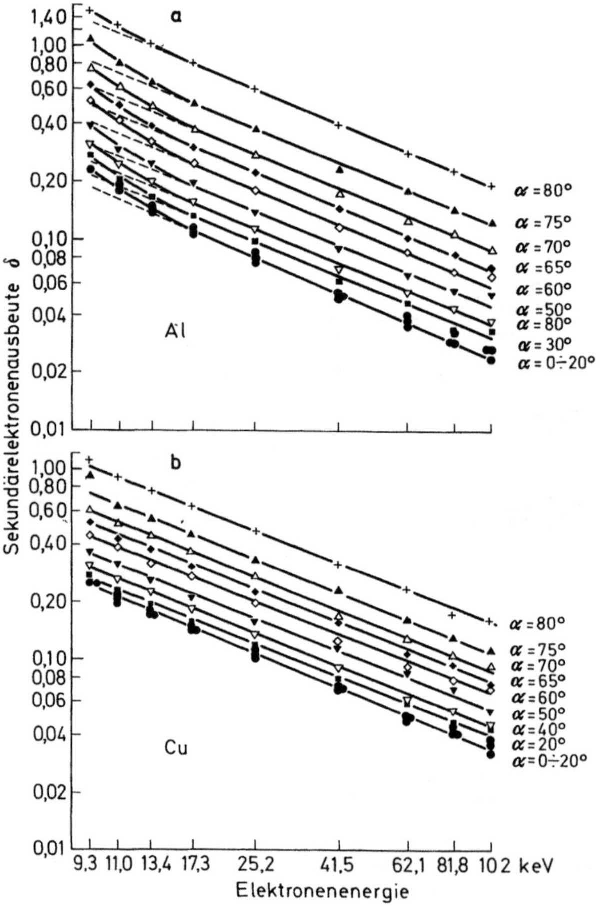

Abb. 2.22 a u. b. Abnahme der Sekundärelektronen-Ausbeute δ für Elektronenenergien E_0 zwischen 10 und 100 keV in doppellogarithmischer Darstellung. (*Reimer* u. a., 1968)

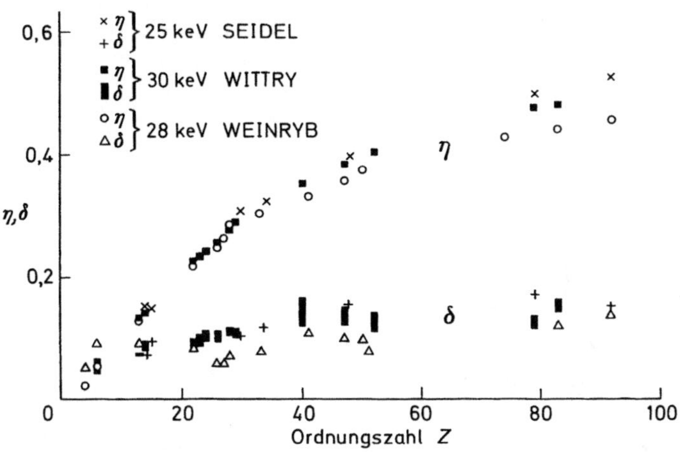

Abb. 2.23. Rückstreukoeffizient η und Sekundärelektronen-Ausbeute δ um $E_0 = 30$ keV in Abhängigkeit von der Ordnungszahl nach Messungen von *Weinryb* (1965), *Wittry* (1966) und *Seidel* (1969)

Ordnungszahl zusammen. Außerdem wird sie durch Fremdschichten stark beeinflußt. Ferner tragen auch die RE zur SE-Ausbeute bei (§ 2.5.6). Abb. 2.23 zeigt Messungen von 3 Autoren für η und δ im Energiebereich 25–30 keV. Man erkennt, daß die Streuung von δ relativ größer ist als diejenige von η. Es ergibt sich jedoch übereinstimmend, daß bei mittleren und hohen Ordnungszahlen δ nahezu unabhängig von der Ordnungszahl wird. Die maximale Sekundärelektronenausbeute bei Primärenergien E_0 von einigen 100 eV in Abb. 2.21 zeigt eine Abhängigkeit von der Atomstruktur (Ionisationspotential) (Zusammenfassung s. *Kanaya* u. *Kawakatsu*, 1972).

Die SE können nur aus einer sehr geringen Tiefe z die Oberfläche erreichen und die Austrittsarbeit überwinden. Für die Wahrscheinlichkeit des Austritts gilt näherungsweise ein exponentielles Gesetz

$$p(z) = p(0) \exp\left(-\frac{z}{t}\right). \tag{2.17}$$

Die „Austrittstiefe“ t liegt bei Metallen in der Größenordnung 10–20 Å, bei Kohlenstoff und Isolatoren 100 Å (Zusammenfassung von Literaturwerten bei *Seiler*, 1967). Nach Messungen von *Mayer* u. *Hölzl* (1966) an K-Schichten ist die Austrittstiefe auch energieabhängig.

Bei Schrägeinfall der PE nimmt die SE-Ausbeute stark zu (Abb. 2.24). Der Weg der PE in der Oberflächenschicht steigt proportional $1/\cos\alpha$. Man beobachtet systematische Abweichungen von $\delta \sim 1/\cos\alpha$ für leichte und schwere Elemente. Messungen für Be steigen z. B. stärker, solche für U langsamer an als $1/\cos\alpha$. Zu einem ähnlichen Ergebnis kommen auch *Bronshtein* u. *Dolinin* (1968) für $E_0 = 3$ keV (Deutung durch SE-Beitrag der RE in § 2.5.6). Wenn man wie in Abb. 2.24 die SE-Ausbeute reduziert aufträgt, ergeben sich keine systematischen Unterschiede bei veränderter Primärenergie E_0. Die Richtcharakteristik der aus-

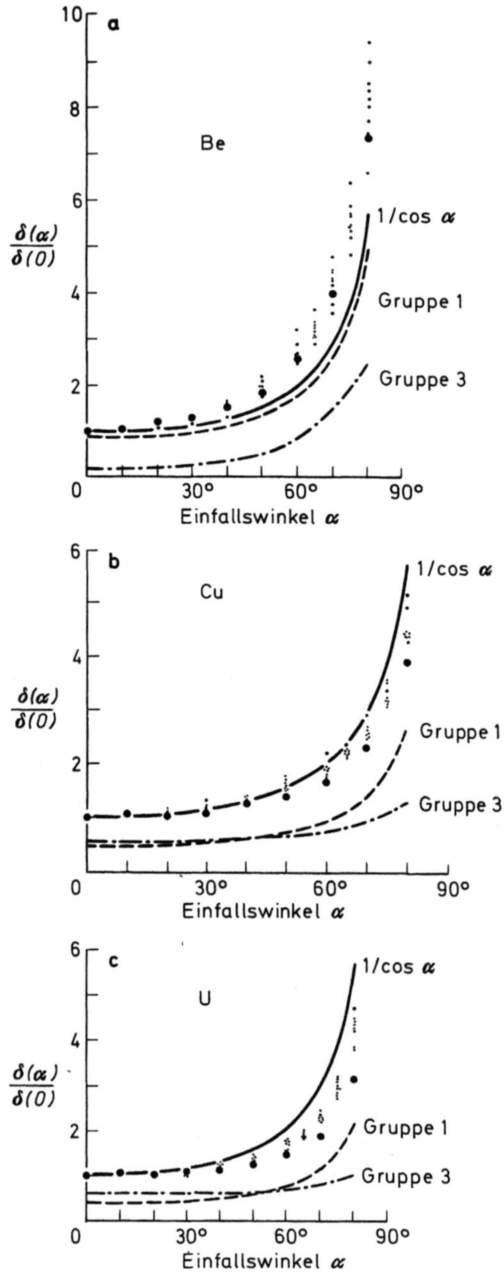

Abb. 2.24a–c. Abhängigkeit der relativen SE-Ausbeute (normiert auf 1 bei Senkrechteinfall, $\alpha = 0°$) vom Einfallswinkel α der Primärelektronen für verschiedene Energien zwischen 9 und 100 keV (kleine Punkte, kein systematischer Unterschied zwischen verschiedenen Elektronenenergien) und Monte-Carlo-Rechnungen (dicke Punkte und die daraus resultierende Aufspaltung in Gruppe 1 und 3 aus Abb. 2.1). Die Meßpunkte und Monte-Carlo-Rechnungen liegen bei a) Be oberhalb der ausgezogenen Kurve $1/\cos\alpha$ und bei c) Uran (U) deutlich unterhalb derselben

tretenden SE ist unabhängig vom Einfallswinkel α und gut durch $N(\Theta) \sim \cos\Theta$ zu approximieren (Θ = Winkel zur Oberflächennormalen) (*Jonker*, 1951).

Die normale SE-Emission zeigt eine Sättigung der SE-Ausbeute bei wenigen Volt Kollektorspannung. An einigen Isolatoren, kompakten im Hochvakuum aufgedampften und besonders in lockeren bei einigen 100 Pa aufgedampften Isolatorschichten wird ein erheblicher Anstieg der SE-Ausbeute mit der Kollektorspannung beobachtet. An lockeren BaF_2-, KCl- oder MgO-Schichten werden δ-Werte zwischen 30–70 bei $E_0=10\,\text{keV}$ und Saugspannungen von einigen 100 Volt gefunden (Zusammenfassung: *Dekker*, 1958; *Seiler*, 1967).

2.5.6. Beitrag der rückgestreuten Elektronen zur Sekundärelektronenausbeute

Durch Energieverluste werden längs der gesamten Elektronenbahn Sekundärelektronen erzeugt. Sie können aber erst wieder aus der Oberfläche austreten, wenn sie durch rückgestreute Elektronen in einer oberflächennahen Schicht erzeugt werden. Es werden im Mittel pro rückgestreutes Elektron mehr SE ausgelöst als durch ein Primärelektron PE bei senkrechtem Einfall, weil die RE einmal schräg die Oberfläche durchdringen und ferner geringere Energie und damit größere Ionisationswahrscheinlichkeit besitzen. Mit dem Verhältnis

$$\beta=\frac{\text{mittlere Zahl der durch ein RE ausgelösten SE}}{\text{mittlere Zahl der durch ein PE ausgelösten SE}}$$

setzt sich die gesamte SE-Ausbeute wie folgt zusammen

$$\delta=\delta_{\mathrm{PE}}(1+\beta\eta). \tag{2.18}$$

Aus dieser Gleichung läßt sich β experimentell ermitteln, wenn man η durch Variation der Schichtdicke von Aufdampfschichten verändert. Im Energiebereich $E_0=10$–$100\,\text{keV}$ ergibt sich für Al und Au $\beta\simeq 2$ (*Drescher* u. a., 1970). Demgegenüber liefern Messungen russischer Autoren (s. *Seiler*, 1967) $\beta=4$–5. Es handelt sich aber vorwiegend um Messungen im Energiebereich 2–5 keV.

Für Schrägeinfall der PE wurden Monte-Carlo-Rechnungen durchgeführt, um die Beiträge der SE aus Gruppe 1 und 3 (Abb. 2.1a) abzuschätzen. Sie sind in Abb. 2.24 als gestrichelte Kurven eingezeichnet. Die Summe der Beiträge aus Monte-Carlo-Rechnungen sind als dicke Punkte markiert. Obwohl die Messungen der SE-Ausbeute systematisch höher als die berechneten Punkte liegen, kommt doch der in § 2.5.5 erwähnte charakteristische Unterschied zwischen Be und U gut zum Ausdruck. Mit Ausnahme von Be bei kleinen Einfallswinkeln gilt, daß sich die Beiträge von Gruppe 1 und 3 größenordnungsmäßig wie 1 : 1 verhalten.

2.5.7. Rauschen der Sekundärelektronenemission

Durch die statistische Auslösung der SE wird das Signal/Rausch-Verhältnis beeinflußt, wenn die Helligkeits-Steuerung des Bildes mit dem Signal der SE erfolgt. Es soll daher im folgenden diese Statistik dargelegt werden. Das Rauschen wird insbesondere an der Grenze des Auflösungsvermögens die Bildqualität beeinflussen, wenn nur wenige PE pro sec die Probe treffen. Bei der Registrierung der SE mit der Kombination Plastikszintillator und Photomultiplier ist das Rauschen der Szintillationsimpulse und der Elektronenvervielfachung im Multiplier gegenüber dem primären Rauschen der SE-Ausbeute zu vernachlässigen.

Die Zahl der PE zeigt bereits ein Rauschen durch den Schrot-Effekt. Wenn der Elektronenstrahl τ Sekunden auf einem Bildpunkt (z. B. ein Quadrat von 100 Å Kantenlänge bei einer Auflösungsgrenze von 100 Å) verweilt, so fallen bei einem Primärstrom I_0

$$\bar{n} = \frac{I_0 \tau}{e} \tag{2.19}$$

Elektronen auf diese Fläche. Die Schwankung von n um den Mittelwert $\bar{n}$ erfolgt nach einer Zufallsverteilung, für welche das mittlere Schwankungsquadrat

$$\overline{(n-\bar{n})^2} = \bar{n}. \tag{2.20}$$

Die Wahrscheinlichkeit, daß ein Einzelelektron δ Sekundärelektronen erzeugt, betrage $p(\delta)$. Dann beträgt die mittlere Anzahl von SE

$$\bar{N} = \bar{\delta}\bar{n}. \tag{2.21}$$

Für das mittlere Schwankungsquadrat von $\bar{N}$ gilt dann nach *Shockley* u. *Pierce* (1938), *Everhart* u. a. (1959), *Simon* (1969)

$$\begin{aligned}\overline{(N-\bar{N})^2} &= \bar{\delta}^2\overline{(n-\bar{n})^2} + \bar{n}\overline{(\delta-\bar{\delta})^2}\\ &= \bar{n}\bar{\delta}^2\left(1 + \frac{\overline{(\delta-\bar{\delta})^2}}{\bar{\delta}^2}\right) = \bar{n}\bar{\delta}^2(1+b).\end{aligned} \tag{2.22}$$

Im Falle einer Zufallsverteilung von δ wäre $b = 1/\bar{\delta}$. Ein großer Teil der Elektronen dringt jedoch in die Probe ein, ohne SE auszulösen. Ferner können bei einer Rückstreuung beim Ein- und Austritt zufällig relativ viele SE ausgelöst werden. Es handelt sich daher keineswegs um eine Zufallsverteilung. Nach Untersuchungen von *Kurrelmeyer* u. *Hayner* (1937) steigt b bis $E_0 = 1{,}6$ keV linear mit der Elektronenenergie E_0 an und würde extrapoliert bei 10–20 keV Werte von 10–20 annehmen. Theoretische Berechnungen von *Reimer* (1971) ergeben:

für Al: 10 keV $b = 8{,}4$, 20 keV $b = 13{,}5$,
für Au: 10 keV $b = 4{,}3$, 20 keV $b = 6{,}6$.

Das Signal/Rausch-Verhältnis ergibt sich aus (2.22) zu

$$\frac{\bar{N}}{[\overline{(N-\bar{N})^2}]^{1/2}} = \left(\frac{n}{1+b}\right)^{1/2}. \tag{2.23}$$

Geht man von der Erfahrung aus, daß zwei Signale S und $S + dS$ noch getrennt werden können, wenn $\Delta S/S$ größer als das 3fache Rausch/Signal-Verhältnis ist, so folgt

$$\left(\frac{\Delta S}{S}\right)_{\min} = 3\left(\frac{1+b}{\bar{n}}\right)^{1/2} = 3\left(\frac{e(1+b)}{I_0\tau}\right)^{1/2}, \tag{2.24}$$

oder es folgt für den notwendigen Strom I_0 um ein Signal $\Delta S/S$ zu erkennen

$$I_0 = \left(\frac{3}{\Delta S/S}\right)^2 \frac{e(1+b)}{\tau} \tag{2.25}$$

Es soll eine Zahlenabschätzung durchgeführt werden ($e = 1{,}6\cdot 10^{-19}$ As, $b = 10$, $\Delta S/S = 10\,\%$). Für τ wird angenommen, daß ein Bild aus 10^6 Bildpunkten besteht (1000 Zeilen) und in 500 s geschrieben wird: $\tau = 5\cdot 10^{-4}$ s. Einsetzen in (2.25) ergibt $I_0 = 3\cdot 10^{-12}$ A. Folgerungen, die sich hieraus für das Auflösungsvermögen des SEM ergeben, werden in § 3.1.4 weiter diskutiert.

2.6. Ausbreitung der Elektronen in Kristallen

2.6.1. Das Elektronenwellenfeld in einem Kristall

Nach de Broglie hängt die Materiewellenlänge der Elektronen von deren Energie E_0 ab ($m_0 c^2$ = Ruhenergie):

$$\lambda = \frac{h}{mv} = \frac{hc}{[2E_0 m_0 c^2 + E_0^2]^{1/2}} \quad \text{bzw.} \quad \lambda\,[\text{Å}] \simeq \frac{12{,}26}{E_0^{1/2}} \; (E_0 \text{ in eV}) \tag{2.26}$$

(Die letzte Gleichung gilt für nichtrelativistische Energien < 50 keV). Diese Welleneigenschaft der Elektronen führt zu Beugungserscheinungen. Die ausgeprägte elastische Vorwärtsstreuung der Elektronen, wie sie in Abb. 2.3c zum Ausdruck kommt, wird durch Beugung an den Einzelatomen hervorgerufen. Bei der Beugung an einem Kristall mit periodischer Anordnung der Atome treten scharfe Interferenzmaxima auf. Die Lage dieser Maxima wird durch die Braggsche Reflexionsbedingung

$$2d\sin\Theta_B = \lambda \quad \text{bzw.} \quad 2\Theta_B \simeq \lambda/d \tag{2.27}$$

beschrieben (d = Netzebenenabstand, Θ_B = Glanzwinkel der einfallenden Elektronenwelle auf die Netzebenen).

Für das tiefere Verständnis der verschiedenen Typen von Elektronenbeugungsdiagrammen, die mit einem SEM erzeugt werden können, bewährt sich das Konzept des Blochwellenfeldes. Eine einfallende ebene Welle muß sich im Kristallgitter der Gitterperiodizität anpassen. Wenn n Bragg-Reflexe angeregt werden (n-Strahlfall), läßt sich das Wellenfeld im Kristall durch n^2 Teilwellen mit unterschiedlichen Ausbreitungsrichtungen und Wellenlängen λ, bzw. Wellenzahlvekto-

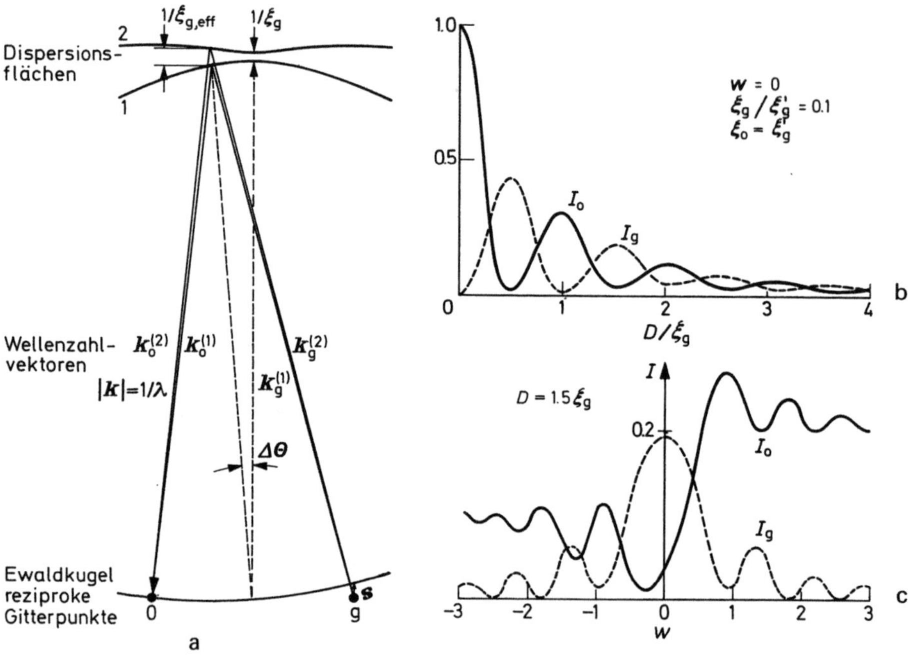

Abb. 2.25. a) Dispersionsflächen und Wellenzahlvektoren $k_g^{(i)}$ im Zweistrahlfall. b) Variation von I_0 und I_g mit wachsender Schichtdicke D (Pendellösung) und c) bei Verkippung des Objektes ($w = s\,\xi_g$ Verkippungsparameter) (Rocking-Kurve)

ren $\boldsymbol{k}$ mit $|\boldsymbol{k}| = 1/\lambda$ darstellen. Im reziproken Gitter, dessen Projektion das Beugungsdiagramm liefert, entspricht jedem Braggreflex, einschließlich des Primärstrahles, ein Gitterpunkt $\boldsymbol{h}$ mit der Richtung der Netzebenennormalen und dem Abstand $|\boldsymbol{h}| = 1/d$ vom Nullpunkt. Die n^2 Wellenzahlvektoren $k_h^{(i)}$ $(i = 1, \ldots, n)$ erhält man durch Verbindung übereinanderliegender Punkte der „Dispersionsfläche" mit den reziproken Gitterpunkten (zur ausführlichen Darstellung der dynamischen Theorie s. *Hirsch* u. a., 1965; *Whelan*, 1970). Abb. 2.25a soll dieses schematisch für den Zweistrahlfall (Primärstrahl $h = 0$ und ein angeregter Reflex $h = g$) aufzeigen. Der Wellenzahlvektor $\boldsymbol{k}_0$ zeigt in Richtung der einfallenden Welle mit dem Nullpunkt 0 des reziproken Gitters als Endpunkt. Bei einer Veränderung des Einfallswinkels bzw. Drehung des Kristalls läuft der Anfangspunkt von $\boldsymbol{k}_0$ auf einer Kugeloberfläche mit dem Radius $1/\lambda$ und 0 als Zentrum. Nach der dynamischen Theorie kann die Intensität der reflektierten Welle mit dem Wellenzahlvektor $\boldsymbol{k}_g$ diejenige der Primärwelle mit $\boldsymbol{k}_0$ übertreffen, so daß erstere als Primärstrahl wirkt und man auch um $\boldsymbol{g}$ als Mittelpunkt eine Kugel mit dem Radius $|\boldsymbol{k}_g| = 1/\lambda$ als Anfangspunkt der $\boldsymbol{k}_g$ zu zeichnen hat. Ein wichtiges Ergebnis der dynamischen Theorie besteht darin, daß sich diese Kugeloberflächen nicht schneiden, sondern ausweichen. In der Bragglage weist die resultierende „Dispersionsfläche" einen kleinsten Abstand $1/\xi_g$ (ξ_g = Extinktionsdicke, Bedeutung s. u.) auf, da Strecken im reziproken Gitter die Dimension einer reziproken Länge besitzen. Die Verkippung aus der Bragglage um einen Winkel $\Delta\Theta$ wird durch den „Anregungsfehler“ $s = g\Delta\Theta$ oder den Verkippungsparameter $w = s\xi_g$ beschrieben. Für $w \neq 0$ beträgt der Abstand der Dispersionsflächen im Zweistrahlfall

$$\xi_{g,\text{eff}} = \xi_g / \sqrt{1+w^2}\,. \tag{2.28}$$

Bei n angeregten Reflexen spaltet die Dispersionsfläche in n Zweige auf.

In Abb. 2.25a sind für eine Einfallsrichtung die 4 Wellenzahlvektoren $\boldsymbol{k}_h^{(i)}$ $(i=1,2;\ h=0,g)$ des Wellenfeldes eingezeichnet. Diese Wellen lassen sich in der Form

$$\psi_h^{(i)} = A^{(i)} C_h^{(i)} \mathrm{e}^{2\pi i \boldsymbol{k}_h^{(i)} \cdot \boldsymbol{r}} \mathrm{e}^{-2\pi q^{(i)} z}\,. \tag{2.29}$$

darstellen mit den Eigenvektorkomponenten $C_h^{(i)}$ und den Amplituden $A^{(i)}$ der Blochwellen (s. u.), welche dafür sorgen, daß an der Eintrittsfläche die ebene Welle stetig in das Wellenfeld im Innern des Kristalles übergeht. Für Senkrechteinfall folgt hieraus $A^{(i)} = C_0^{(i)}$. Die Amplitudenfaktoren $C_0^{(i)} C_h^{(i)}$ sind als Funktion der Verkippung w in Abb. 2.26c dargestellt. Der erste Exponentialterm in (2.29) stellt eine ebene Welle mit der Ausbreitungsrichtung $\boldsymbol{k}_h^{(i)} = \boldsymbol{k}_0^{(i)} + \boldsymbol{g}$, der letzte eine exponentielle Dämpfung der Amplitude mit dem Absorptionsparameter $q^{(i)}$ nach Durchlaufen der Strecke z dar. Die unterschiedlichen Werte von $q^{(i)}$ für die verschiedenen Zweige (i) der Dispersionsfläche werden weiter unten begründet.

Es gibt zwei Möglichkeiten, diese 4 Teilwellen des Wellenfeldes paarweise zusammenzufassen (bzw. zu n Wellen mit je n Teilwellen im n-Strahlfall):

1. Die paarweise Überlagerung der Teilwellen mit den Wellenzahlvektoren $\boldsymbol{k}_0^{(1)}$, $\boldsymbol{k}_g^{(1)}$ und $\boldsymbol{k}_0^{(2)}$, $\boldsymbol{k}_g^{(2)}$, die von jeweils einem Zweig der Dispersionsfläche zu verschiedenen reziproken Gitterpunkten zeigen, bezeichnet man als Blochwellen

$$\psi^{(i)} = A^{(i)} \textstyle\sum_h C_h^{(i)} \mathrm{e}^{2\pi i \boldsymbol{k}_h^{(i)} \cdot \boldsymbol{r}} \mathrm{e}^{-2\pi q^{(i)} z}\,. \tag{2.30}$$

Ihre Ausbreitungsrichtung liegt parallel zu den Netzebenen. Wenn sich zwei Wellen annähernd gleicher Wellenlänge unter einem Winkel $2\Theta_\mathrm{B} \simeq \lambda/d$ (Bragg-Bedingung) kreuzen, so ergeben sich Interferenzmaxima und -minima quer zur Winkelhalbierenden der Ausbreitungsvektoren mit der Periode d (Abb. 2.26a). Die Blochwelle I $(i=1)$ hat dabei Schwingungsknoten und II $(i=2)$ Schwingungsbäuche am Ort der Atomkerne der betreffenden Netzebenenschar. Dies bewirkt eine unterschiedliche Absorption der Blochwellen I und II. Absorption bedeutet eine Herausstreuung der Elektronen aus dem Wellenfeld in große Streuwinkel und Richtungen zwischen den Reflexen durch unelastische und thermisch diffuse Streuung. Letztere wird durch die Abweichungen von der Gitterperiodizität infolge thermischer Schwingungen hervorgerufen. Diese „Absorption“, aber auch die Wahrscheinlichkeit für eine Rückstreuung in große Winkel sowie für eine K-Schalenionisation sind proportional zur Aufenthaltswahrscheinlichkeit $|\psi^{(i)}|^2$ der Blochwellen an den Kernorten. Die Blochwelle II mit Schwingungsbäuchen an den Kernorten besitzt daher die größte Aufenthaltswahrscheinlichkeit und damit den größeren Absorptionsparameter $q^{(i)}$ (Abb. 2.26b). In der Bragglage $(w=0)$ sind die Blochwellen mit der Periode d voll durchmoduliert (Abb. 2.26a).

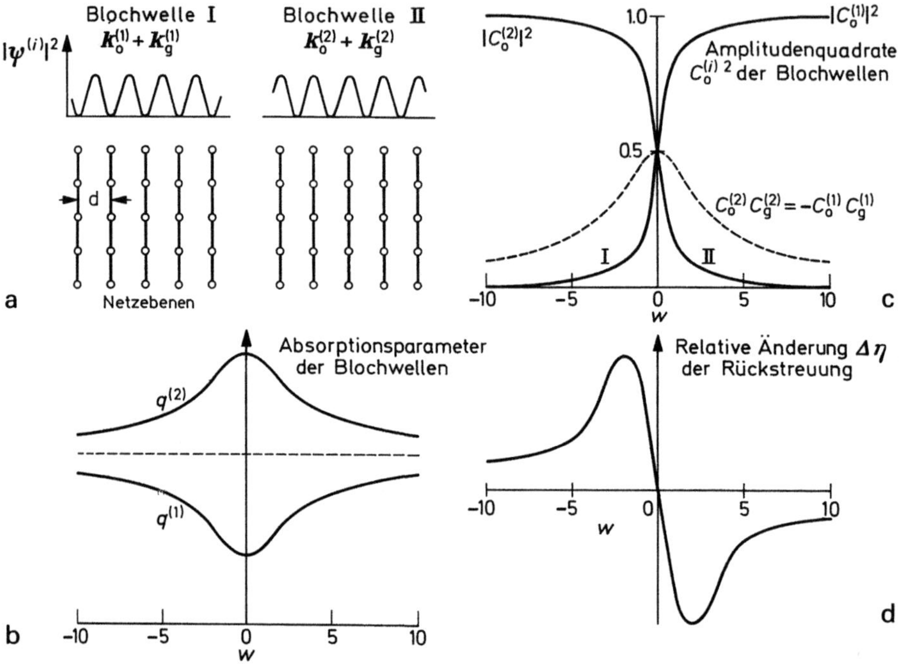

Abb. 2.26. a) Verteilung der Aufenthaltwahrscheinlichkeit $|\psi^{(i)}|^2$ auf die Kernorte der Netzebenen. b) Abhängigkeit der Absorptionsparameter $q^{(i)}$ und c) der Amplitudenfaktoren der Blochwellen I und II von der Verkippung w. d) Abhängigkeit der Wahrscheinlichkeit für Rückstreuung (relative Änderung $\Delta\eta$ des Rückstreukoeffizienten) von der Verkippung

Bei Verkippung aus der Bragglage nimmt die Modulationstiefe ab und für große w ergibt sich für $q^{(1)}$ und $q^{(2)}$ der gleiche asymptotische Wert. Nach Durchlaufen einer größeren Kristalldicke z ist daher die Blochwelle II stärker geschwächt als die Blochwelle I. Die Aufenthaltswahrscheinlichkeit $|\psi^{(i)}|^2$ nimmt proportional $\exp[-4\pi q^{(i)} z] = \exp[-z/z_0^{(i)}]$ ab (Tabelle 2.3). Die Rückstreuung in große Winkel zeigt ein Maximum für $w<0$, wo nach Abb. 2.26c das Amplitudenquadrat $|A^{(2)}|^2 = |C_0^{(2)}|^2$ der Blochwelle II (2.30) hohe Werte aufweist und entsprechend ein Minimum für $w>0$, wenn die Blochwelle I mit niedrigem $q^{(1)}$ das größte

Tabelle 2.3. Eindringtiefen $z_0^{(1,2)} = 1/4\pi q^{(1,2)}$ der Blochwellen I und II für $w=0$ in verschiedenen Materialien bei verschiedenen Elektronenenergien E_0 und Anregung des 111-Reflexes

	$z_0^{(2)} - z_0^{(1)}$ in Å					
E_0	Al	Si	Cu	Ge	Ag	Au
10 keV	190–290	240–320	45–73	96–175	32–60	18–44
20	260–400	325–450	62–98	135–240	44–83	25–60
50	400–610	510–680	95–155	205–370	67–127	38–93
100	520–800	680–900	125–200	270–490	90–170	50–120

Amplitudenquadrat $|A^{(1)}|^2 = |C_0^{(1)}|^2$ zeigt. Es resultiert daher der in Abb. 2.26d dargestellte Verlauf der relativen Änderung des Rückstreukoeffizienten bei Verkippung aus der Bragglage.

2. Die Überlagerung der Teilwellen mit den Wellenzahlvektoren $\boldsymbol{k}_0^{(1)}, \boldsymbol{k}_0^{(2)}$ liefert die Welle des Primärstrahles und mit $\boldsymbol{k}_g^{(1)}, \boldsymbol{k}_g^{(2)}$ die Welle des Beugungsreflexes. Nach Abb. 2.25a haben $\boldsymbol{k}_0^{(1)}$ und $\boldsymbol{k}_0^{(2)}$ praktisch die gleiche Richtung, aber eine um den Abstand der Dispersionsflächen unterschiedliche Betragsdifferenz $1/\xi_{g,\text{eff}}$. Damit unterscheiden sich auch die Wellenlängen. Die Überlagerung ergibt daher eine Schwebung in Ausbreitungsrichtung z mit der Schwebungsperiode $\xi_{g,\text{eff}}$. Entsprechendes gilt für die Überlagerung von $\boldsymbol{k}_g^{(1)}$ und $\boldsymbol{k}_g^{(2)}$ in Reflexrichtung, wobei die Intensität zwischen der Primär- und Reflexrichtung hin- und herpendelt. Diese Pendellösung der dynamischen Theorie liefert bei konstantem Einfallswinkel ($w = \text{const}$) und ansteigender Schichtdicke $z = D$ die sogenannten Keilinterferenzen oder Dickenkonturen (Abb. 2.25b). Bei konstantem D und variabler Neigung w bezeichnet man die Intensitätsvariation als Rocking-Kurve (Abb. 2.25c). Im TEM wird sie bei der Durchbiegung eines Kristalles in Form von Extinktions- oder Biegekonturen beobachtet. Wie schon oben bei der Diskussion der Blochwellen aufgeführt, ist für $w < 0$ die Blochwelle II mit hohem $q^{(2)}$ stärker angeregt und die transmittierte Intensität des Primärstrahles wird stärker geschwächt. Umgekehrt kommt es für $w > 0$ wegen der stärkeren Anregung der Blochwelle I zu einer anomalen Transmission. Die Rockingkurve des Primärstrahles I_0 (Abb. 2.25c) ist daher unsymmetrisch. Die Reflexintensität I_g zeigt diese Unsymmetrie bezüglich w nicht.

2.6.2. Beugung in Transmission

Je nach der Bestrahlungsapertur α_0 beobachtet man die im folgenden diskutierten Typen von Beugungsdiagrammen (s.a. § 5.3.2 und Abb. 5.9):

1. für $\alpha_0 \ll \Theta_B$ ein Punktdiagramm,
2. für $\alpha_0 < \Theta_B$ ein konvergentes Beugungsbild (Kossel-Möllenstedt-Diagramm) und
3. für $\alpha_0 \gg \Theta_B$ ein Weitwinkeldiagramm (K-Liniendiagramm).

1. Die Intensitäten I_0 des Primärstrahles und I_g der Reflexe berechnen sich nach der dynamischen Theorie (s. o.). Wie oben dargelegt, bedeutet die „Absorption“ des Wellenfeldes eine Streuung in größere Streuwinkel und in Richtungen zwischen den Braggreflexen. Hieraus resultiert das sogenannte Kikuchi-Diagramm, da die gestreuten Elektronen wiederum Braggreflexion erfahren können. In Abb. 2.27 werden die im oberen Teil der Schicht diffus gestreuten Elektronen im unteren Teil an den Netzebenen reflektiert. Braggreflexion erfolgt für alle Einfallsrichtungen, die auf einem „Kossel-Kegel“ mit dem Öffnungswinkel $90° - \Theta_B$ liegen. Die Spur der Kossel-Kegel in einer Ebene unterhalb des Objektes (Beugungsebene) entartet wegen der kleinen Werte von Θ_B zu einer Geraden. Es tritt in Richtung PQ eine Schwächung der Elektronenintensität durch Braggreflexion auf und in Richtung PR eine Aufhellung (Abb. 2.27 und Abb. 2.28a). Man spricht von Defekt- (dunklen) und Überschußlinien (hell). Der Winkelabstand $2\Theta_B \simeq \lambda/d$ der Linien berechnet sich aus der Braggschen Reflexionsbedin-

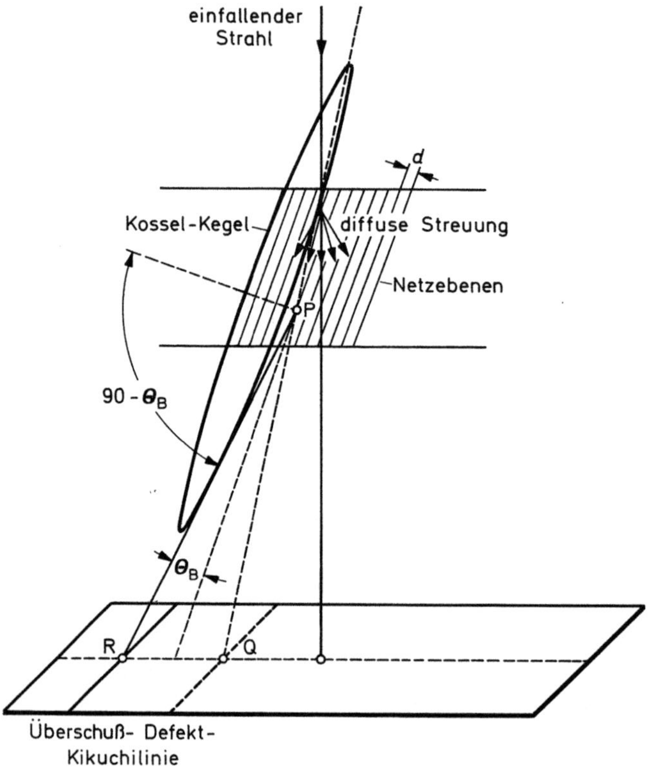

Abb. 2.27. Zur Entstehung von Kikuchi-Diagrammen mit Defekt- und Überschuß-Kikuchilinien

gung (2.27). Bei dickeren Schichten geht die Reflexintensität stark zurück und die Streuung ist so diffus, daß auf beiden Seiten der Netzebenen gleich viel Elektronen einfallen. Defekt- und Überschußlinien sollten sich gerade kompensieren. Wegen der anomalen Transmissionseffekte in der Rockingkurve (Abb. 2.25c) ist die Kompensation jedoch nicht vollständig. Für niedrig indizierte Reflexpaare $\boldsymbol{g}$ und $-\boldsymbol{g}$ kommt es zur Ausbildung von dunklen Kikuchibändern mit hellem Rand (Abb. 2.28b). Die Breite des Bandes beträgt $2\Theta_B \simeq \lambda/d$ und nimmt mit wachsender Elektronenenergie ab. Bei größeren Streuwinkeln tritt eine Kontrastumkehr der Kikuchibänder auf (s. *Nakai*, 1970; *Hoier*, 1973).

Bei einer kleinen Verkippung des Präparates bleiben die Braggreflexe in ihrer Position unverändert und ändern nur ihre Intensität. Das System der Kossel-Kegel und damit der Kikuchilinien und -bänder ist jedoch als „kristallfest" zu betrachten und dreht sich bei einer Kippung mit. Daher lassen die Kikuchilinien eine wesentlich genauere Orientierungsbestimmung zu und ermöglichen es, kleine Orientierungsunterschiede zu erfassen. In der Bragglage geht eine Kikuchilinie gerade durch den angeregten Reflex, bei einer Verkippung verschiebt sie sich gegenüber dem Reflex.

2. Bei der Methode der konvergenten Beugung (*Kossel* u.a., 1943) benutzt man anstelle eines Primärstrahles kleiner Apertur ein konvergentes Bündel großer

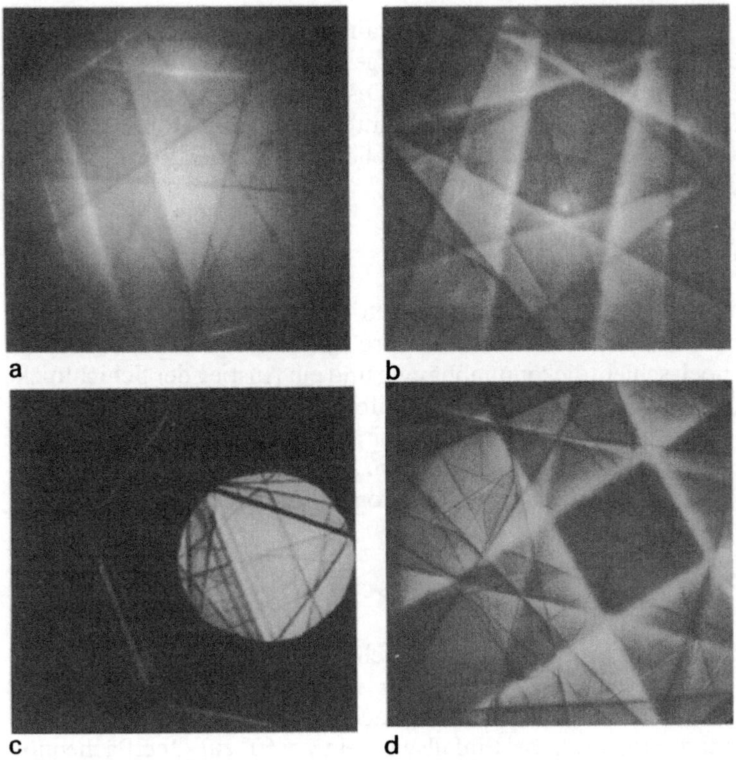

Abb. 2.28a–d. Verschiedene Typen von Beugungsdiagrammen: a) Beugungsreflexe mit Überschuß- und Defekt-Kikuchilinien, b) dickere Schicht mit Kikuchibändern, c) konvergentes Beugungsbild, d) Weitwinkel (K-Linien)-Diagramm

Apertur, wie es z. B. bei der Fokussierung der Elektronensonde auf dem Objekt vorliegt. Der Primärstrahl und die Reflexe werden zu Kreisen auseinandergezogen (Begrenzung durch die Kondensorblende), und jedem Punkt entspricht eine andere Einfallsrichtung auf die Netzebenen (Abb. 2.28c). Man kann daher mit dieser Methode direkt die Rockingkurven des Primärstrahles und der Reflexe (Abb. 2.25c) abbilden. Aus dem Abstand der Streifenmaxima (Pendellösungsstreifen) in den Reflexen lassen sich die Schichtdicke des Objektes und aus der Intensitätsverteilung die Fourierkoeffizienten des Gitterpotentials entnehmen (*Goodman* u. *Lehmpfuhl*, 1967; *Gaukler* u. *Graff*, 1970; *Badde* u. *Reimer*, 1972).

3. Bei sehr großer Sondenapertur $\alpha_0 \gg \Theta_B$ überlappen sich die Reflexkreise (*Cockayne* u. a., 1967; *Cowley* u. a., 1970). Wie bei den Kikuchibändern sind nur noch die Unterschiede in der anomalen Transmission sichtbar (Abb. 2.28d). Es liegt insofern eine Parallele zu den Kikuchidiagrammen dicker Objekte (Abb. 2.28b) vor, als bei diesen die unterschiedlichen Einfallsrichtungen durch interne Streuung und bei den Weitwinkeldiagrammen durch äußere Konvergenz erzeugt werden. Die Intensitätsverteilung in diesen Diagrammen läßt sich mit einer einfachen Überlegung ableiten (*Thomas* u. *Humphreys*, 1970). Nach Abb.

5.9c tragen bei einer stark konvergenten Bestrahlung nur die Richtungen $P_0 0$ und die Reflexrichtungen $P_g 0$ aus dem konvergenten Bündel zur Intensität I_P im Punkte P des Diagramms bei: $I_P = \sum_h I_h$ (s. a. Diskussion des Reziprozitätsprinzips in § 5.3.2). Diese Summe aus den Reflexintensitäten hängt nur von den Amplitudenquadraten $|A^{(i)}|^2 = |C_0^{(i)}|^2$ der Blochwellen und ihren Absorptionsparametern $q^{(i)}$ ab. Für dünne Schichten resultiert

$$I_P = \sum_h I_h = \sum_i |C_0^{(i)}|^2 \, e^{-4\pi q^{(i)} D}. \tag{2.31}$$

Danach verschwinden die Pendellösungsstreifen der dynamischen Theorie in diesen Diagrammen. Bei dickeren Schichten wird die Intensitätsvariation dieser Diagramme auch noch schichtdickenunabhängig und ein Anstieg der Schichtdicke bewirkt nur eine Intensitätsabnahme des gesamten Diagrammes (*Reimer*, 1976). Für Streuwinkel $\vartheta > \alpha_0$ tritt wieder ähnlich wie bei den Kikuchibändern eine Kontrastumkehr auf. Das Weitwinkeldiagramm geht dann in ein Elektronenrückstreudiagramm (§ 2.6.3) mit umgekehrten Kontrasten über.

2.6.3. Einfluß der Beugung auf die Rückstreuung

Bei Rückstreuung an einem Einkristall ist der Richtungsverteilung der Rückstreuelektronen (Abb. 2.19) noch eine Feinstruktur in Form von Kikuchibändern überlagert, die auf einem Leuchtschirm beobachtet werden kann (*Alam* u. a., 1954). Sie ist besonders ausgeprägt bei Einfallswinkeln $\alpha > 60°$ zur Oberflächennormalen in der „Reflexionsrichtung" der Richtcharakteristik. Sie tritt aber mit verminderter Intensität bei allen Einfalls- und Beobachtungsrichtungen auf. In einem SEM wurde diese Technik von *Venables* u. *Harland* (1973) benutzt und als Elektronenrückstreudiagramm (electron backscattering pattern, EBSP) bezeichnet. Nach dem Reziprozitätsprinzip erhält man die Intensität in einem Punkt dieses Diagrammes, indem man die Elektronenwelle in umgekehrter Richtung einfallen läßt und nach der Wahrscheinlichkeit fragt, mit der die Welle in die Einfallsrichtung gestreut wird (*Drescher* u. a., 1974b). Diese ist um so größer, je größer die Aufenthaltswahrscheinlichkeit der Blochwellen vom Typ II (Abb. 2.26a) mit Schwingungsbäuchen an den Kernorten ist. Das EBSP ist jedoch nicht nur auf die Rückstreuung beschränkt, sondern taucht bei durchstrahlbaren Objekten auch in größeren Streuwinkeln auf mit dem oben erwähnten umgekehrten Kontrast der Kikuchibänder wie im Transmissions-Weitwinkeldiagramm. Beugungsreflexe werden auch an kompakten Proben beobachtet, wenn der Elektronenstrahl streifend auf einen Einkristall trifft (Reflexionsbeugung).

Bei dem Elektronenrückstreudiagramm handelt es sich um ein stationäres Diagramm bei fester Einfallsrichtung. Wenn man die Einfallsrichtung eines Elektronenstrahles mit kleiner Apertur $\alpha_0 \ll \Theta_B$ ändert, so variiert der totale Rückstreukoeffizient η sowie auch die Zahl der in einen festen Raumwinkel $\Delta\Omega$ gestreuten Elektronen (Orientierungsanisotropie des totalen bzw. differentiellen Rückstreukoeffizienten). Obiges EBSP bleibt erhalten, da die Kikuchibänder kristallfest sind und bei einer Änderung der Einfallsrichtung nicht ihre Lage ändern. Es ändert sich jedoch durch die Orientierungsanisotropie die Gesamtintensität des

Diagrammes. Wenn man bei einer rasterförmigen Verkippung des Strahles (rocking) das erfaßte Rückstreusignal zur Helligkeitssteuerung der synchron abgerasterten Bildröhre ausnutzt, erhält man das sogenannte „Channelling-Diagramm“ (ECP) (*Coates*, 1967) (§ 4.4). Es tritt bei einer Verkippung die in § 2.6.1 für den Zweistrahlfall diskutierte Variation $\Delta\eta$ des Rückstreukoeffizienten auf (Abb. 2.26d). Wenn man z.B. über dem 111-Pol von Si (Abb. 4.22) die Intensität registriert, so ergibt sich die in Abb. 2.29 gezeigte Variation des Rückstreukoeffizienten (s. a. Y-Modulationsbild in Abb. 4.21 b). Die maximal in der Nähe des 111-Poles auftretende Intensitätsvariation $\Delta\eta_{max}$ (Abb. 2.29) zeigt eine Abnahme

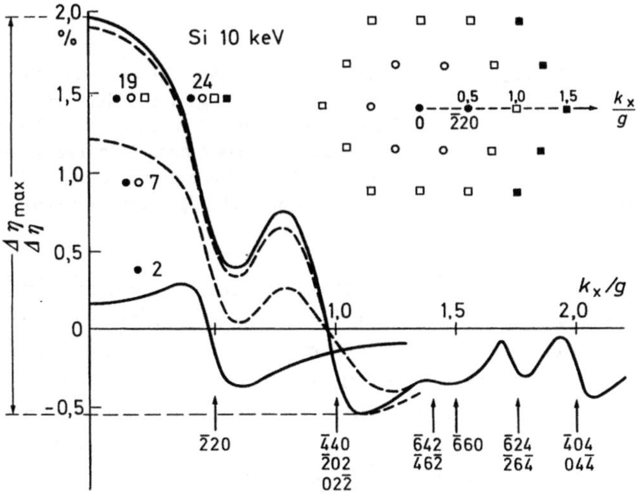

Abb. 2.29. Variation des Rückstreukoeffizienten $\Delta\eta$ in Abhängigkeit vom Verkippungsparameter k_x/g aus dem 111-Pol von Silizium bei $E_0 = 20$ keV für den 2-, 7-, 19- und 24-Strahlfall. (Der Nebenskizze sind die bei der Berechnung berücksichtigten Reflexe zu entnehmen). Durch Pfeile gekennzeichnet: Lage der Reflexe. (Nach *Reimer* u. a., 1971)

mit wachsender Elektronenenergie E_0 (Abb. 2.30). Wie Abb. 2.29 demonstriert, reicht der Zweistrahlfall nicht aus, um die Intensitätsvariation quantitativ zu erklären. Übereinstimmung von Theorie und Experiment erhält man mit der dynamischen Vielstrahlstheorie (mehr als 30 Reflexe) (*Vicario* u. a., 1971; *Reimer* u. a., 1971; *Spencer* u. a., 1972). Ferner tragen nicht nur die *RE* zur Anisotropie bei, die bei Senkrechteinfall aus dem Wellenfeld direkt in Streuwinkel $\vartheta > 90°$ gestreut werden, sondern auch solche, die nach Streuung in $\vartheta < 90°$ die Probe durch Diffusion verlassen (*Drescher* u. a., 1974a).

Die Orientierungsanisotropie zeigen auch die SE-Ausbeute (*Seiler* u. *Kuhnle*, 1970; *Reimer* u. a., 1971) und die aus der K-Schalenionisation resultierende Emission der charakteristischen Röntgenstrahlung (*Duncumb*, 1962; *Hirsch* u. a., 1962; *Cherns* u. *Howie*, 1973) und der Augerelektronen (*Seiler* u. a., 1975). Ein Teil der SE-Anisotropie ist auf SE zurückzuführen, welche durch die RE ausgelöst werden. Es verbleibt jedoch ein Rest, der auf direkte Auslösung im Blochwellenfeld zurückzuführen ist.

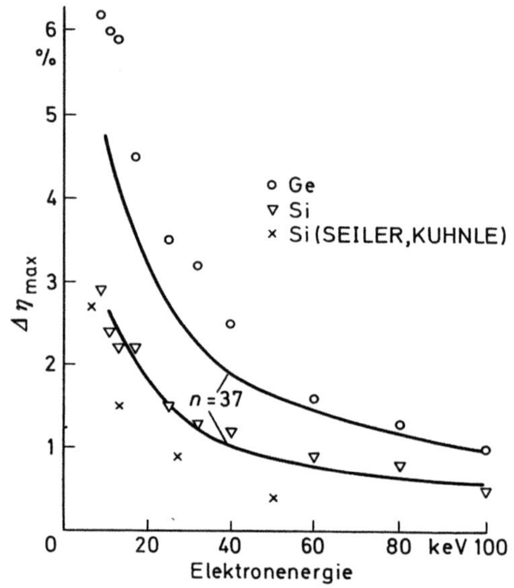

Abb. 2.30. Maximale Variation des Rückstreukoeffizienten $\Delta\eta_{max}$ in der Nähe des 111-Poles von Silizium (s. Abb. 2.26) als Funktion der Elektronenenergie nach Messungen von *Reimer* u. a. (1971) und *Seiler* u. *Kuhnle* (1970) und Berechnungen (ausgezogene Kurven)

Während die Abbildung von Channelling-Diagrammen mit SE sehr empfindlich gegen Kontaminationsschichten ist, können RE eine solche Schicht ungehindert durchdringen. Wenn jedoch die Kontaminationsschicht oder eine andere Fremdschicht so dick wird, daß die Elektronen diffus gestreut werden, so sind Channelling-Diagramme mit der Winkelverteilung der gestreuten Elektronen zu falten, was zu einer Verwaschung und Intensitätsabnahme der Diagramme führt (*Davidson* u. *Booker*, 1970; *Schulson*, 1972). Da die diffuse Streuung in der Fremdschicht mit abnehmender Elektronenenergie E_0 zunimmt und andererseits die Anisotropie nach Abb. 2.30 mit wachsendem E_0 abnimmt, gibt es eine von der Dicke der Fremdschicht abhängige Optimalenergie zur Beobachtung der Channelling-Diagramme (*Kuhnle* u. *Seiler*, 1974). Da das Amplitudenquadrat des Blochwellenfeldes proportional $\exp[-4\pi q^{(i)} z] = \exp[-z/z_0^{(i)}]$ abfällt, wird nach Tabelle 2.3 die Anisotropie nur in einer dünnen Oberflächenschicht erzeugt.

Literatur zu § 2

Alam, M. N., Blackman, M., Pashley, D. W.: Proc. Roy. Soc. **A 221,** 224 (1954)

Archard, G. D.: J. Appl. Phys. **32,** 1505 (1961)

Badde, H. G., Drescher, H., Krefting, E. R., Reimer, L., Bühring, W.: Proc. 25th Ann. Meeting of EMAG, p. 74. London-Bristol: Institute of Physics 1971

Badde, H. G., Reimer, L.: Proc. Fifth Europ. Congr. Electr. Micr., p. 440. London-Bristol: Institute of Physics 1972

Bethe, H. A.: In *Handbuch der Physik* (Hrsg. Geiger u. Scheel), Bd. XXIV, S. 273, Berlin: Springer 1933

Birkhoff, R. D.: The passage of fast electrons through matter. In *Handbuch der Physik* (Hrsg. S. Flügge), Bd. XXXIV, S. 53. Berlin-Göttingen-Heidelberg: Springer 1958

Bishop, H. E.: Proc. Phys. Soc. (London) **85,** 855 (1965)

Bishop, H. E.: *Optique des rayons X et microanalyse* (Hrsg. Castaing, Descamps, Philibert), p. 112. Paris: Hermann 1966

Blunck, O., Leisegang, S.: Z. Physik **128,** 500 (1950)
Bödy, Z. T.: Brit. J. Appl. Phys. **13,** 483 (1962)
Bothe, W.: Z. Physik **4,** 300 (1921); Z. Physik **5,** 63 (1921)
Bothe, W.: Z. Physik **54,** 161 (1929)
Bothe, W.: Z. Naturforsch. **4a,** 542 (1949)
Bronshtein, I. M., Dolinin, V. A.: Soviet Phys. Solid State (English Transl.) **9,** 2133 (1968)
Bruining, H.: *Physics and Application of Secondary Electron Emission.* London: Pergamon Press 1954
Bühring, W.: Z. Physik **212,** 61 (1968)
Burge, R. E., Smith, G. H.: Proc. Phys. Soc. (London) **79,** 673 (1962)
Cherns, D., Howie, A.: Z. Naturforsch. **28a,** 565 (1973)
Christenhusz, R., Reimer, L.: Z. Angew. Phys. **23,** 397 (1967)
Coates, D. G.: Phil. Mag. **16,** 1179 (1967)
Cockayne, D. J. H., Goodman, P., Mills, J. C., Moodie, A. F.: Rev. Sci. Instr. **38,** 1097 (1967)
Cohn, A., Caledonia, G.: J. Appl. Phys. **41,** 3767 (1970)
Cosslett, V. E., Thomas, R. N.: Brit. J. Appl. Phys. **15,** 883 (1964a); Brit. J. Appl. Phys. **15,** 1283 (1964b)
Cowley, J. M., Smith, D. J., Sussex, G. A.: IITRI/SEM/1970, 11, Chicago 1970
Darlington, E. F. H.: 5th Internat. Congr. X-Ray Optics and Microanalysis, Tübingen 1968, p. 76. Berlin-Heidelberg-New York: Springer 1969
Davidson, S. M., Booker, G. R.: *Microscopie electronique 1970* (Grenoble), Vol. I, p. 235
Dekker, A. J.: Solid State Physics **6,** 251 (1958)
Drescher, H., Krefting, E. R., Reimer, L., Seidel, H.: Z. Naturforsch. **29a,** 833 (1974a)
Drescher, H., Reimer, L., Seidel, H.: Z. Angew. Phys. **29,** 331 (1970)
Drescher, H., Reimer, L., Uphoff, W.: BEDO **7,** 63 (1974b)
Dressel, R. W.: Phys. Rev. **144,** 344 (1966)
Duncumb, P.: Phil. Mag. **7,** 2101 (1962)
Duncumb, P.: Proc. 25th Ann. Meeting of EMAG, p. 132. London-Bristol: Institute of Physics 1971
Ehrenberg, W., Franks, J.: Proc. Phys. Soc. (London) **B 66,** 1057 (1953)
Everhart, T. E.: J. Appl. Phys. **31,** 1483 (1960)
Everhart, T. E., Wells, O. C., Oatley, C. W.: J. Electron. Control. Ser. 1, **7,** 97 (1959)
Frank, H.: Z. Naturforsch. **14a,** 247 (1959)
Gaukler, K. H., Graff, K.: Z. Physik **232,** 190 (1970)
Geiger, J.: *Elektronen und Festkörper.* Braunschweig: Vieweg & Sohn 1968
Gentsch, P., Gilde, H., Reimer, L.: J. Microscopy **100,** 81 (1974)
Gentsch, P., Reimer, L.: Optik **37,** 451 (1973)
Goodman, P., Lehmpfuhl, G.: Acta Cryst. **A 22,** 14 (1967)
Green, M.: Proc. Phys. Soc. (London) **82,** 204 (1963)
Groves, T.: Ultramicroscopy **1,** 15 (1975)
Grün, A. E.: Z. Naturforsch. **12a,** 89 (1957)
Hirsch, P. B., Howie, A., Nicholson, R. B., Pashley, D. W., Whelan, M. J.: *Electron Microscopy of Thin Crystals.* London: Butterworth 1965
Hirsch, P. B., Howie, A., Whelan, M. J.: Phil. Mag. **7,** 2095 (1962)
Hoier, R.: Acta Cryst. **A 29,** 663 (1973); **A 30,** 457 (1973)
Holliday, J. E., Sternglass, E. J.: J. Appl. Phys. **30,** 1428 (1959)
Isaacson, M., Johnson, D.: IITRI/SEM/1975, 157, Chicago 1975
Jonker, J. C. H.: Philips Res. Rept. **6,** 372 (1951)
Just, T., Niedrig, H., Yersin, H.: Z. Angew. Phys. **25,** 89 (1968)
Kanaya, K., Kawakatsu, H.: J. Phys. D **5,** 1727 (1972)
Kanicheva, I. R., Burtsev, V. V.: Soviet. Phys. Solid. State **1,** 1146 (1960)
Kanter, H.: Ann. Phys. **20,** 144 (1957)
Kanter, H.: Phys. Rev. **121,** 461 (1961)
Kanter, H., Sternglass, E. J.: Phys. Rev. **126,** 620 (1962)
Katz, L., Penfold, A. S.: Rev. Mod. Phys. **24,** 28 (1952)
Kindt, M., Niedrig, H.: Optik **40,** 276 (1974)

Kollath, R.: In *Handbuch der Physik* (Hrsg. S. Flügge), Bd. XXI, S. 232. Berlin-Göttingen-Heidelberg: Springer 1956
Kossel, W., Ackermann, I., Möllenstedt, G.: Z. Physik **120,** 553 (1943)
Krefting, E. R., Reimer, L.: Quantitative Analysis with Electron Microprobes and Secondary Ion Mass Spectroscopy (ed. E. Preuss), Kernforschungsanlage Jülich, JÜL-Conf-8, 114 (1973)
Kuhnle, G., Martin, J. P., Seiler, H.: BEDO **2,** 101 (1969)
Kuhnle, G., Seiler, H.: BEDO **7,** 53 (1974)
Kulenkampff, H., Rüttiger, K.: Z. Physik **152,** 249 (1958)
Kulenkampff, H., Spyra, W.: Z. Physik **137,** 416 (1954)
Kurrelmeyer, B., Hayner, L. J.: Phys. Rev. **52,** 952 (1937)
Landau, L.: J. Phys. USSR **8,** 201 (1944)
Lane, R. O., Zaffarano, D. J.: Phys. Rev. **94,** 960 (1954)
Lenz, F.: Z. Naturforsch. **9a,** 185 (1954)
Libby, W. F.: Anal. Chem. **19,** 2 (1947)
Makhov, A. F.: Soviet. Phys. Solid. State **2,** 1934 + 1942 + 1945 (1961)
Mayer, H., Hölzl, J.: phys. stat. sol. **18,** 779 (1966)
Moliere, G.: Z. Naturforsch. **3a,** 78 (1948)
Nakai, Y.: Acta Cryst. **A 26,** 459 (1970)
Possin, G. E., Norton, J. F.: IITRI/SEM/1975, 457, Chicago 1975
Raether, H.: Solid state excitations by electrons. In *Springer Tracts in Modern Physics*, Vol. 38, p. 84. Berlin-Heidelberg-New York: Springer 1965
Reimer, L.: Z. Angew. Phys. **22,** 287 (1967)
Reimer, L.: Optik **27,** 86 (1968)
Reimer, L.: BEDO **4**/2, 299 (1971)
Reimer, L.: IITRI/SEM/1972, 197, Chicago 1972
Reimer, L.: *Developments in Electron Microscopy and Analysis* (ed. J. A. Venables), p. 83. London-Amsterdam: Academic Press 1976
Reimer, L., Badde, H. G., Seidel, H., Bühring, W.: Z. Angew. Phys. **31,** 145 (1971)
Reimer, L., Gentsch, P., Hagemann, P.: Optik **43,** 431 (1975)
Reimer, L., Gilde, H., Sommer, K. H.: Optik **30,** 590 (1970)
Reimer, L., Seidel, H., Gilde, H.: BEDO **1,** 53 (1968)
Reimer, L., Sommer, K. H.: Z. Naturforsch. **23a,** 1569 (1968)
Schonland, B. F. J.: Proc. Roy. Soc. London **A 104,** 235 (1923)
Schulson, E. M.: Proc. Fifth Europ. Congr. Electr. Micr., p. 480. London-Bristol: Institute of Physics 1972
Seidel, H.: Diplomarbeit. Münster (1969)
Seidel, H.: Unveröffentlicht (1970)
Seiler, H.: Z. Angew. Phys. **22,** 249 (1967)
Seiler, H., Kuhnle, G.: Angew. Phys. **29,** 254 (1970)
Seiler, H., Kuhnle, G., Bauer, H.: Appl. Phys. **6,** 167 (1975)
Sellar, J., Cowley, J. M.: IITRI/SEM/1973, 243, Chicago 1973
Shimizu, R., Kataoka, Y., Ikuta, T., Koshikawa, T., Hashimoto, H.: J. Phys. D **9,** 101 (1976)
Shockley, W., Pierce, J. R.: Proc. Intern. Radio Ing. **26,** 321 (1938)
Simon, R.: J. Appl. Phys. **40,** 2851 (1969)
Spencer, L. V.: Phys. Rev. **98,** 1597 (1955)
Spencer, L. V., Coyne, J.: Phys. Rev. **128,** 2230 (1962)
Spencer, J. P., Humphreys, C. J., Hirsch, P. B.: Phil. Mag. **26,** 193 (1972)
Sternglass, E. J.: Phys. Rev. **95,** 345 (1954)
Thomas, L. E., Humphreys, C. J.: phys. stat. sol. (a) **3,** 599 (1970)
Thümmel, H. W.: Z. Physik **179,** 116 (1964)
Thümmel, H. W.: Z. Physik **198,** 263 (1967)
Tomlin, S. G.: Proc. Phys. Soc. **82,** 465 (1963)
Venables, J. A., Harland, C. J.: Phil. Mag. **27,** 1193 (1973)
Vicario, E., Pitaval, M., Fontaine, G.: Acta Cryst. **A 27,** 1 (1971)
Vyatskin, A. Y., Makhov, A. F.: Soviet. Phys. Techn. Phys. **3,** 690 (1958)
Vyatskin, A. Y., Makhov, A. F.: Soviet. Phys. Solid State **2,** 810 (1960)
Vyatskin, A. Y., Pilyankevich, A. N.: Soviet. Phys. Solid State **5,** 1662 (1964)

Weinryb, E.: Thesis. Universität Paris 1965
Whelan, M. J.: *Modern Diffraction and Imaging Techniques in Material Science* (eds. S. Amelinckx et al.), p. 35. Amsterdam-London: North Holland Publ. Co. 1970
Whiddington, R.: Proc. Roy. Soc. London **A 86,** 365 (1912); **89,** 554 (1914)
Wittry, D. B.: *Optique des rayons X et microanalyse* (eds. Castaing, Descamps, Philibert), p. 168. Paris: Hermann 1966
Young, J. R.: J. Appl. Phys. **27,** 1 (1956)
Zeitler, E., Thomson, M. G. R.: Optik **31,** 258 + 359 (1970)

3. Elektronenoptik, Aufbau und Funktion des Raster-Elektronenmikroskopes

3.1. Elektronenoptische Grundlagen

3.1.1. Elektronenstrahlerzeugung

Im SEM erfolgt der Elektronenaustritt aus der Kathode in das Vakuum durch thermische Emission oder in speziellen Fällen durch Feldemission. Glühkathoden und Feldemissionskathoden arbeiten mit unterschiedlichen Elektrodensystemen. Bei Glühkathoden wird das elektrische Feld am Ort der Kathode gering gehalten. Es soll sich nach Möglichkeit eine Raumladung vor der Kathode ausbilden. Dieser Betrieb wird durch eine Hilfselektrode (Wehnelt-Zylinder) zwischen Kathode und Anode aufrechterhalten (Abb. 3.1 a). Sie befindet sich auf einem gegenüber der Kathode negativen Potential der Größenordnung -100 V.

Demgegenüber benötigen Spitzenkathoden im Feldemissionsbetrieb eine sehr hohe Feldstärke (einige 10^7 V/cm) an der Kathodenoberfläche. Sie wird durch einen geringen Krümmungsradius r an der Kathodenspitze von der Größenordnung 0,1–1 µm erreicht, denn die Feldstärke an einer Spitze berechnet sich zu $E = U/r$. Um mit der Beschleunigung auch eine Bündelung zu erreichen, bedarf es speziell geformter Anoden (Abb. 3.1 b) (*Crewe* u. a., 1968; *Butler*, 1966). Die Feldemission einer Spitze hängt auch von der kristallographischen Orientierung der Oberflächenfazetten ab. Es ist daher günstig, sogar orientierte Einkristallspitzen zu verwenden, die normal zum Elektronenaustritt eine Fläche mit hoher Emission (niedriger Austrittsarbeit) aufweisen.

LaB_6-Kathoden (*Broers*, 1967, 1969 a u. b, 1970) bestehen aus kleinen Stäbchen von 1 mm² Querschnitt mit angeschliffener Spitze von 10 µm Krümmungsradius, die indirekt geheizt werden. Die Lebensdauer liegt in der Größenordnung 200 Stunden (*Ahmed*, 1971). Während Glühkathoden aus Wolframdraht in einem Vakuum von 10^{-2} bis 10^{-3} Pa betrieben werden können, benötigen LaB_6-Kathoden 10^{-4} bis 10^{-3} Pa und Spitzenkathoden im Feldemissionsbetrieb ein Vakuum besser als 10^{-7} Pa. Wegen der geringen Kosten wird im Routinebetrieb die Wolfram-Haarnadelkathode bevorzugt. Ihre Lebensdauer wird durch langsames Abdampfen des Kathodenmaterials begrenzt. Spitzenkathoden im Glühemissionsbetrieb sind wesentlich anfälliger. Die Spitze wird durch thermische Überlastung, Hochspannungsüberschläge und Ionenbeschuß schnell abgebaut. Im Feldemissionsbetrieb muß daher unter Ultrahochvakuum-Bedingungen gearbeitet werden, um den geringen für die Feldemission erforderlichen Krümmungsradius aufrechtzuerhalten.

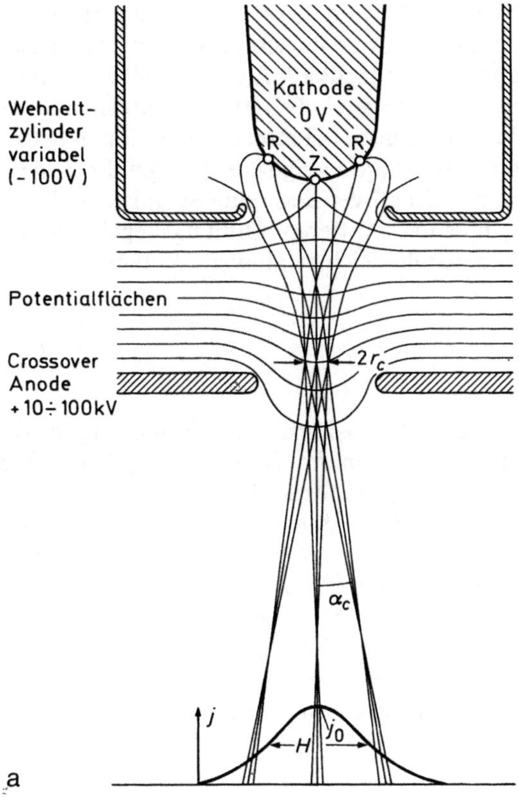

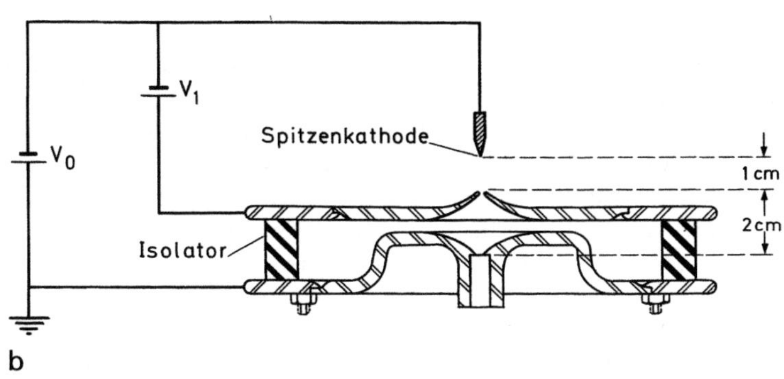

Abb. 3.1 a u. b. Prinzipieller Aufbau der verschiedenen Kathodentypen: a) Haarnadelkathode (Glühkathode) mit Wehneltzylinder und Anode, b) Spitzenkathode im Feldemissionsbetrieb mit speziellen Beschleunigungselektroden zur Erzielung der Fokussierung ($V_1 \simeq 1$ kV; $V_0 = 10$–50 kV)

Um eine Kathode einschließlich des Elektrodensystems zu charakterisieren, werden zwei Zahlenwerte benötigt: 1. der Durchmesser des engsten Strahlquerschnittes. Bei Glühkathoden handelt es sich um den Durchmesser des sogenannten Crossovers im Raum zwischen Kathode und Anode (Abb. 3.1a). Dieser engste Strahlquerschnitt wird in der SEM durch Elektronenlinsen verkleinert. Da dieser bei Glühkathoden 20–50 µm beträgt und bei Spitzenkathoden im Glühemissionsbetrieb nur 1–10 µm, so ist bei letzteren ein geringer Aufwand an Elektronenlinsen erforderlich. Noch günstiger liegen die Verhältnisse bei reiner Feldemission (0,01–0,1 µm). Als 2. Größe wird der Richtstrahlwert (gun brightness) eingeführt (*Langmuir*, 1937; *Dosse*, 1940). Im Zentrum des Crossover liege eine Strahlstromdichte j_c vor und die Elektronen werden in einen mittleren Öffnungskegel mit der Apertur α_c emittiert (Abb. 3.1a). Der axiale Richtstrahlwert R beträgt dann

$$R = \frac{j_c}{\pi \alpha_c^2} = \frac{j}{\pi \alpha^2} = \text{const.} \tag{3.1}$$

Er ist für alle Punkte auf der Achse des Mikroskopes eine Erhaltungsgröße, unabhängig davon, was an Blenden und Linsen im Strahlengang liegt. Wie in § 3.1.4 dargelegt wird, ist eine Verkleinerung des Strahldurchmessers mit einer starken Vergrößerung der Apertur α verbunden. Eine Kenntnis von R erlaubt dann, die zur Verfügung stehende Stromdichte j zu berechnen. Für Glühkathoden kann man einen theoretischen Höchstwert R_{max} angeben, indem man wegen $R = \text{const}$ auf allen Punkten der Achse die Kathodenoberfläche heranzieht. $j = j_K$ berechnet sich nach dem Richardsonschen Gesetz und die Apertur der Elektronen wird durch die zur Achse normale Komponente der Austrittsgeschwindigkeit der Elektronen (annähernd Maxwell-Verteilung) beeinflußt:

$$R_{max} = \frac{j_K E_0}{\pi k T_K} (1 + E_0/2 m_0 c^2). \tag{3.2}$$

Dadurch hängt R_{max} entscheidend von der Temperatur T_K der Kathodenoberfläche und der Beschleunigungsenergie E_0 ab. Ob dieser Höchstwert erreicht wird, hängt auch noch von der Form des Beschleunigungssystemes ab. Mit $j_K = 2\,\text{A cm}^{-2}$, $E_0 = 10\,\text{keV}$, $T_K = 2700\,\text{K}$ folgt z. B. $R_{max} = 5{,}7 \cdot 10^4\,\text{A cm}^{-2}\,\text{sterad}^{-1}$. Mit Spitzenkathoden in Feldemission sind demgegenüber theoretisch Werte bis zu $10^8\,\text{A cm}^{-2}$ sterad^{-1} erreichbar. Die Angaben für LaB_6-Kathoden schwanken in der Literatur sehr stark (10^5–10^6), wobei nicht in allen Fällen eine genaue Messung von R garantiert ist.

Die durch die Temperatur T_K der Kathode bedingte Maxwellsche Energieverbreiterung äußert sich auch in einer Schwankung ΔE der Elektronenenergie. Dadurch muß der chromatische Fehler der Elektronenlinsen berücksichtigt werden. Man führt eine Energiebreite $\Delta E_{0,63}$ ein. Innerhalb dieser Schwankungsbreite liegen 63 % aller emittierten Elektronen. Aufgrund der Maxwell-Statistik folgt für die Glühemission

$$\Delta E_{0,63} = 2 k T_K \quad (\text{z. B. } T_K = 2700\,\text{K}: \Delta E_{0,63} = 0{,}47\,\text{eV})\,. \tag{3.3}$$

Im Raumladungsbetrieb erfolgt eine stärkere Verbreiterung durch Raumladungsschwingungen (Boersch-Effekt) (*Boersch*, 1954), durch die $\Delta E_{0,63}$ bis zu 1 eV ansteigen kann. Für die LaB_6-Kathoden wird 0,5 eV angegeben. Bei der Feldemission resultiert die Energieverbreiterung aus dem thermischen Ausläufer der Fermi-Verteilung zu etwa 0,15–0,2 eV (*Young*, 1959; *Young* u. *Müller*, 1959). Bei Strömen von 0,1 bis 4 µA ergeben sich experimentell Werte von 0,24 bis 0,4 eV (*Gaukler* u. a., 1975).

3.1.2. Elektronenlinsen

Der kleinste Strahlquerschnitt (Crossover) des Strahlerzeugungssystems muß durch mehrere Elektronenlinsen verkleinert werden. Es werden vorwiegend magnetische Elektronenlinsen benutzt (Abb. 3.2). Eine vom Strom durchflossene Spule ist von einem Eisenjoch umgeben, das den magnetischen Fluß auf einen ringförmigen Spalt konzentriert. Dieser ist in der Regel mit einem nichtferromagnetischen Metall ausgefüllt, um die Innenbohrung der Linsen evakuieren zu können. Ein Teil des Magnetflusses durchsetzt diese Bohrung. Man erhält auf der Linsenachse einen glockenförmigen Verlauf der magnetischen Induktion B. (In den meisten Fällen besitzen die Linsen einen auswechselbaren Polschuh, in dem der Kraftfluß von dem in Abb. 3.2 gezeichneten Spalt auf einen kleineren konzentriert wird.) Unter der Wirkung der Lorentzkraft $\boldsymbol{K} = -e\boldsymbol{v} \times \boldsymbol{B}$ werden die Elektronen innerhalb des Magnetfeldes auf Schraubenbahnen abgelenkt, die für eine nicht zu große Entfernung der Bahn von der optischen Achse in einem

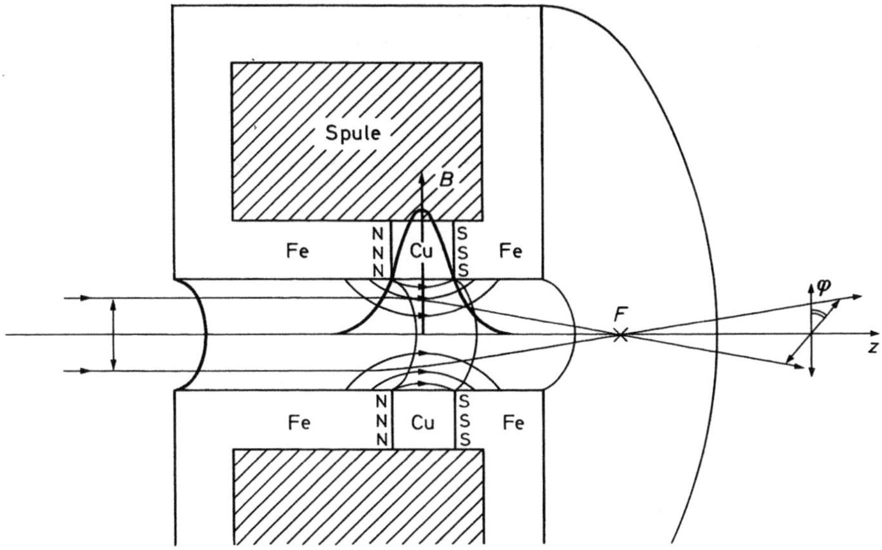

Abb. 3.2. Schematischer Schnitt durch eine magnetische Elektronenlinse mit Kraftlinienverlauf und axialem Verlauf der magnetischen Induktion B sowie Elektronenbahnen (Fe = Eisenjoch, Cu = Polschuhspalt, F = Brennpunkt, φ = Bilddrehung)

Brennpunkt F vereinigt werden. Das Magnetfeld auf der Achse kann durch die maximale Induktion B_0 und eine Halbwertsbreite a dargestellt werden:

$$B = \frac{B_0}{1 + \left(\frac{z}{a}\right)^2}. \tag{3.4}$$

Mit einem dimensionslosen Linsenparameter

$$k^2 = \frac{e}{8m} \frac{B_0^2 a^2}{U_0} \tag{3.5}$$

folgt für die Brennweite (*Glaser*, 1952)

$$f = \frac{a}{\sin\left(\frac{\pi}{\sqrt{k^2+1}}\right)} \quad \text{bzw.} \quad f = \frac{2a}{\pi k^2} \text{ für schwache Linsen } (k^2 \ll 1). \tag{3.6}$$

Aufgrund der schraubenförmigen Bahnen in einem Magnetfeld tritt in magnetischen Linsen auch stets eine Bilddrehung

$$\varphi = \frac{\pi k}{\sqrt{k^2+1}} \quad \text{bzw.} \quad \varphi = \pi k \text{ für schwache Linsen} \tag{3.7}$$

auf. Für die Erzeugung der Elektronensonde spielt die Bilddrehung jedoch keine Rolle. Da aber die Ablenkspulen zur Erzeugung des Rasters oberhalb der letzten Linse liegen (§ 3.2.1), ist das Raster auf dem Objekt verdreht und die Drehung hängt von der Erregung der letzten Linse ab.

Die letzte Linse ist in der Regel asymmetrisch ausgeführt, d.h. die dem Objekt zugewandte Bohrung ist enger. Dadurch geht 1. weniger Raum für einen möglichst großen Arbeitsabstand L zwischen Linsenunterseite und Probe verloren und 2. klingt das Magnetfeld im Objektraum schneller ab. Letzteres bedingt eine geringere Beeinflussung der Sekundärelektronenbahnen auf dem Weg zum Kollektor.

3.1.3. Linsenfehler

Elektronenlinsen können folgende Fehler aufweisen:

1. Öffnungsfehler (Sphärischer Fehler). Strahlen, die in einem großen Abstand von der Achse einfallen, werden zu stark abgelenkt und zeigen eine kürzere Brennweite (Abb. 3.3a). Der gleiche Effekt tritt auch in der Lichtoptik auf und kann hier korrigiert werden. Es gibt zwar in der Literatur zahlreiche Vorschläge, den Öffnungsfehler auch für Elektronenlinsen zu korrigieren. Sie sind im Routinebetrieb jedoch bisher nicht realisiert worden. Nach Abb. 3.3a tritt statt des Brennpunktes ein Kreis kleinsten Durchmessers (*Cosslett*, 1972)

$$d_s = 0{,}5\, C_s \alpha^3 \quad (\alpha = \text{Apertur}) \tag{3.8}$$

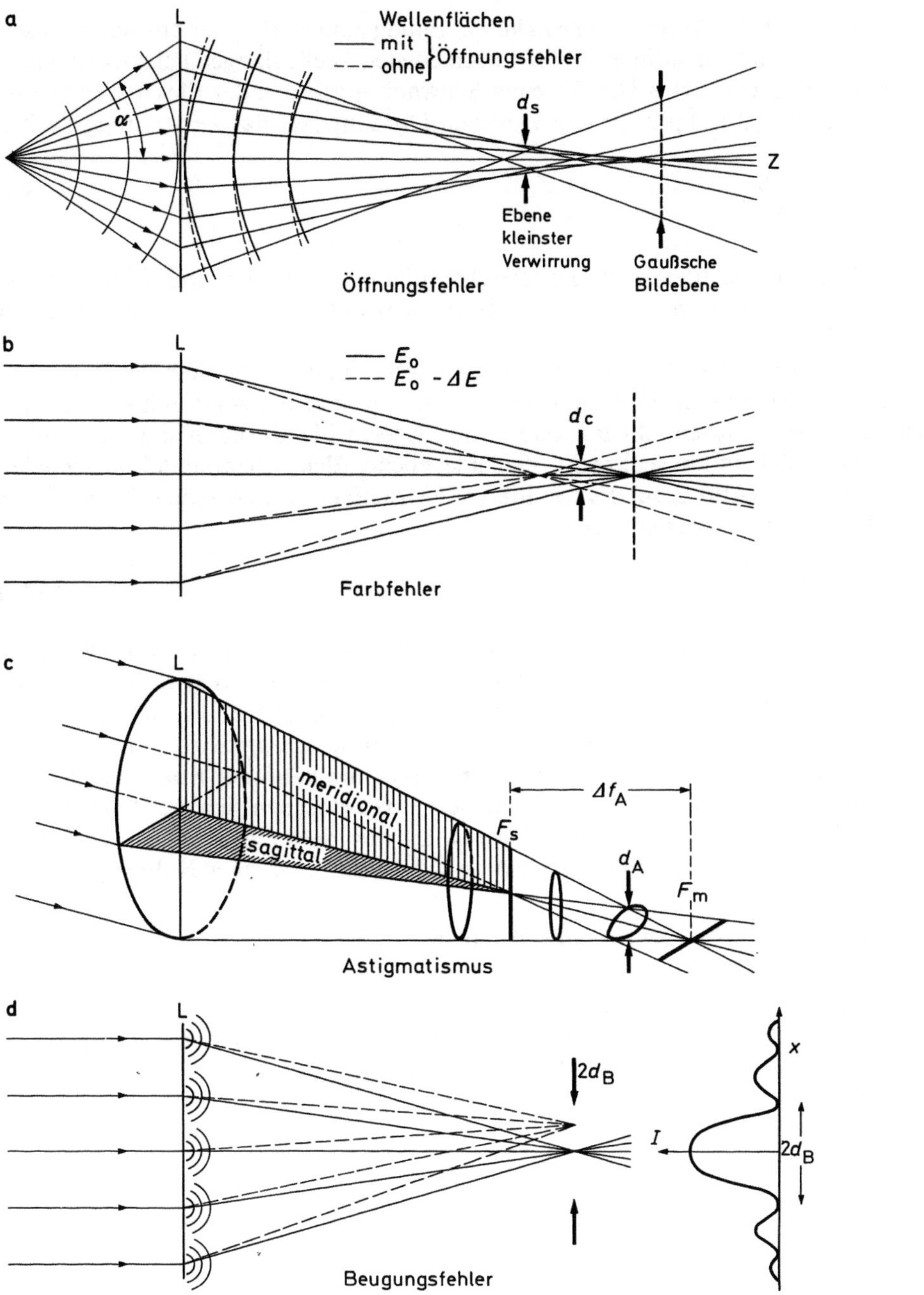

Abb. 3.3a–d. Übersicht der 4 wichtigsten Linsenfehler einer Elektronenlinse mit eingezeichneten engsten Strahlquerschnitten

auf. Die langbrennweitigen Objektivlinsen des SEM besitzen Öffnungsfehler C_s der Größenordnung 20 mm, wogegen in den Objektivlinsen des TEM mit $C_s = 1$–4 mm gearbeitet wird. Der Öffnungsfehler steigt mit wachsendem Arbeitsabstand.

2. Farbfehler (Chromatischer Fehler). Analog zum Farbfehler optischer Linsen wird eine Brennweitendifferenz bei verschiedenen Wellenlängen (Elektronenenergien) beobachtet (Abb. 3.3b). Bei einer Schwankungsbreite der Elektronenenergie E_0 um ΔE (s. § 3.1.1) gilt für den kleinsten Durchmesser des Zerstreuungskreises

$$d_c = C_c \frac{\Delta E}{E_0} \alpha \tag{3.9}$$

mit C_c als Farbfehlerkonstante. Beschleunigungsspannung und Linsenströme können stabilisiert werden, so daß deren Schwankung nicht berücksichtigt zu werden braucht.

3. Axialer Astigmatismus. Durch magnetische Inhomogenitäten des Polschuhmaterials, mechanische Unrundheiten der Linsenbohrung oder durch Aufladungseffekte in der Linsenbohrung oder einer Aperturblende kann die Brennweite für zwei aufeinander senkrecht stehende ebene Elektronenbündel verschieden groß ausfallen (Abb. 3.3c). Es resultieren 2 Strichfoci und zwischen ihnen wieder ein Kreis kleinster Zerstreuung

$$d_A = \Delta f \, \alpha \tag{3.10}$$

mit Δf als Brennweitendifferenz. Man kann den Astigmatismus als die Wirkung einer überlagerten Zylinderlinse auffassen. Daher kann der Astigmatismus korrigiert werden, indem durch magnetische oder elektrische Korrekturfelder eine zusätzliche Zylinderlinse mit senkrechter Orientierung erzeugt wird (Stigmator).

4. Beugungsfehler. Durch die Aperturbegrenzung kann der Fokus einer Linse nicht scharf sein. In einem Punkt neben dem Fokus löschen sich die Wellenamplituden durch Interferenz nicht völlig aus. Es resultiert ein Beugungsscheibchen mit einer Airyschen Intensitätsverteilung (Abb. 3.3d) und einer Halbwertsbreite

$$d_B = 0{,}6\,\lambda/\alpha \quad (\lambda = \text{Elektronenwellenlänge, s. (2.26)}). \tag{3.11}$$

Auch dieser Fehler ist nicht kompensierbar.

Vom wellenoptischen Standpunkt dürfte man zwischen Öffnungsfehler und Beugungsfehler nicht trennen. Der Öffnungsfehler ruft eine zusätzliche Phasenschiebung in den äußeren Linsenzonen hervor und modifiziert dadurch das Airysche Fehlerscheibchen. Wenn trotzdem im folgenden die verbleibenden Fehler (Öffnungs-, Farb- und Beugungsfehler) in der Form

$$d_{eff} = (d_0^2 + d_s^2 + d_c^2 + d_B^2)^{1/2} \tag{3.12}$$

als unabhängig betrachtet werden, so stellt dies nur eine nützliche Approximation zur Abschätzung des Fehlereinflusses dar. d_0 in (3.12) bedeutet das durch die Abbildung verkleinerte Bild des Crossovers ohne Linsenfehler.

Weitere Linsenfehler wie Koma, Verzeichnung oder nichtaxiale Farbfehler können durch die Zentrierung des Gerätes und die Verwendung kleiner Aperturen vermieden werden.

3.1.4. Kleinster Durchmesser der Elektronensonde

In einem Oberflächen-SEM wird zur Zeit ein Durchmesser der Elektronensonde von 20–100 Å angestrebt. Die Elektronenoptik des SEM dient zur Verkleinerung des Crossovers mit dem Durchmesser d'_0 auf d_0, was in einer zwei- bis dreistufigen Abbildung erfolgt. Sind f_i die Brennweiten der Linsen und L_i die Abstände zwischen den Linsen, so ist

$$d_0 = \frac{f_1 f_2 f_3}{L_1 L_2 L_3} d'_0. \tag{3.13}$$

Die Brennweite der letzten Kondensorlinse muß möglichst groß sein, um einen großen Arbeitsabstand L (Abb. 3.5) zwischen der Unterseite des Polschuhes und der Probe zu realisieren (5–30 mm). Die erforderliche Ausblendung mit Zwischenblenden der Größenordnung 200 µm führt zu einem starken Intensitätsverlust. Für ein günstiges Signal/Rausch-Verhältnis wird eine Mindeststromstärke I_0 benötigt. Sie ist am niedrigsten für die Detektorkombination Szintillator-Photomultiplier und durch das Rauschen der SE-Ausbeute zu 10^{-12} bis 10^{-11} A begrenzt (s. § 2.5.7).

I_0, d_0 und die Apertur α_0 der Elektronensonde sind nicht voneinander unabhängig zu wählen. Nach (3.1) gilt für die Stromdichte in der Sonde $j_0 = \pi R \alpha_0^2$. Bei einer homogenen Ausleuchtung des Sondendurchmessers d_0 beträgt der Sondenstrom $I_0 = j_0 \pi d_0^2/4$ (Näherungsweise gilt dies auch, wenn die Strahlstromdichte in der Sonde nach einer Gauß-Kurve verläuft und d_0 den Halbwertsdurchmesser dieser Verteilung darstellt). Einsetzen von j_0 und Auflösen nach d_0 liefert

$$d_0 = \left(\frac{4 I_0}{\pi^2 R}\right)^{1/2} \frac{1}{\alpha_0} = \frac{C_0}{\alpha_0}. \tag{3.14}$$

Einsetzen von (3.14) in (3.12) führt zu

$$d_{\text{eff}}^2 = [C_0^2 + (0{,}6\,\lambda)^2]\frac{1}{\alpha_0^2} + \frac{1}{4} C_s^2 \alpha_0^6 + \left(\frac{C_c \Delta E}{E_0}\right)^2 \alpha_0^2. \tag{3.15}$$

Für das SEM mit einer thermischen Kathode (W oder LaB_6) ist $C_0 \gg \lambda$. Maßgebend für d_{eff} sind die C_0 und C_s (für kleine d_{eff} auch C_c) enthaltenden Terme, welche in Abb. 3.4a doppeltlogarithmisch mit den angegebenen Parametern aufgetragen sind. Es resultiert ein kleinster Sondendurchmesser aus dem Minimum von $d_{\text{eff}}(\alpha_0)$. Danach ist für den nach § 2.5.7 geforderten Mindeststrom $I_0 = 10^{-12}$ bis 10^{-11} A ein $d_{\text{eff}} = 100$ Å ein praktikabler Wert. Die optimale Apertur mit dem Minimum des Sondendurchmessers liegt nach Abb. 3.4a bei $5 \cdot 10^{-3}$ bis 10^{-2} rad. Bei einem Arbeitsabstand $L = 10$ mm entspricht dies einem Durchmesser der letzten Aperturblende von $b = 2\alpha_0 L = 50$–100 µm. Kleinere Blenden von ca. 20 µm können zur Steigerung der Schärfentiefe (§ 3.2.2), größere bis 200 µm zur Erhöhung des einfallenden Stromes I_0 auf Kosten des Auflösungsvermögens verwandt werden.

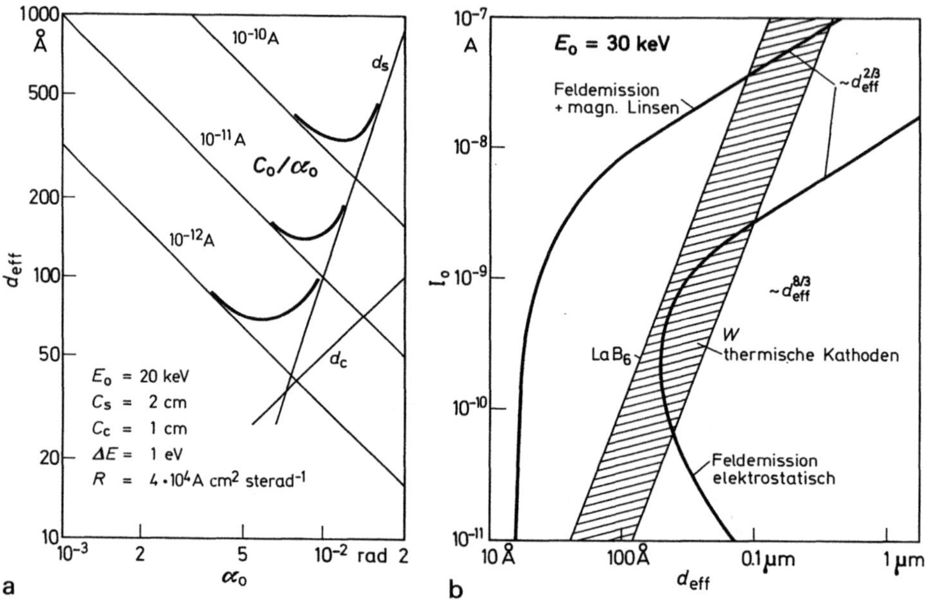

Abb. 3.4. a) Kleinster Sondendurchmesser d_{eff} (Auflösungsgrenze) nach (3.15) als Funktion der Sondenapertur α_0. b) Erreichbarer maximaler Probenstrom I_0 als Funktion des Sondendurchmessers d_{eff} mit thermischen W-, LaB_6- und Feldemissionskathoden. (Nach *Swann* u. *Kynaston*, 1973)

Bei Vernachlässigung von d_c erhält man die optimale Apertur aus (3.15) durch Nullsetzen der Ableitung $\delta d_{eff}/\delta \alpha_0$ zu

$$\text{a)} \quad \alpha_{opt} = \left(\frac{4}{3}\right)^{1/8} \left(\frac{C_0}{C_s}\right)^{1/4} \qquad \text{b)} \quad d_{eff,min} = \left(\frac{4}{3}\right)^{3/8} (C_0^3 C_s)^{1/4}. \tag{3.16}$$

Löst man (3.16b) nach I_0 auf (s. Definition von C_0 in (3.14)), so erhält man den maximal möglichen Sondenstrom

$$I_{0,max} = \frac{3\pi^2}{16} R C_s^{-2/3} d_{eff}^{8/3} \tag{3.17}$$

als Funktion des Sondendurchmessers d_{eff} (Abb. 3.4b).

Für ein SEM mit Feldemissionskathode wird wegen des größeren Richtstrahlwertes $\lambda \gg C_0$, und es resultiert dieselbe Auflösungsabschätzung wie für das normale TEM. Im STEM nach *Crewe* kann z. B. der Öffnungsfehler auf $C_s \simeq 2$ mm herabgesetzt werden (ein großer Arbeitsabstand ist nicht erforderlich), und es lassen sich Sondendurchmesser von wenigen Å erreichen. Eine der Formel (3.17) entsprechende Berechnung für große Sondendurchmesser d_{eff} (*Cosslett* u. *Haine*, 1954; *Veneklasen*, 1972; *Cleaver* u. *Smith*, 1973) ergibt für die Feldemissionskathode

$$I_{0,max} = c\, d_{eff}^{2/3}. \tag{3.18}$$

Die Proportionalitätskonstante hängt stark von den sphärischen Linsenfehlern der benutzten Elektrodenanordnung (Triode oder Tetrode) und der weiteren magnetischen Kondensorlinse ab. Der Sondenstrom I_0 steigt damit schwächer mit wachsendem d_{eff} an als bei thermischen Kathoden. Mit dem elektrostatischen Beschleunigungssystem nach *Crewe* (Abb. 3.1b) lassen sich Sondendurchmesser der Größenordnung 100 Å erreichen. Zusätzliche magnetische Linsen mit kleinen Öffnungsfehlern ermöglichen es, kleinere Sondendurchmesser mit größeren Sondenströmen zu erzeugen (Abb. 3.4b). Daher sind Feldemissionskathoden bei der Erzeugung kleiner Sonden den thermischen Kathoden überlegen, dagegen nicht, wenn es erforderlich ist, Effekte auszunutzen, bei denen hohe Sondenströme erforderlich sind und es nicht so sehr auf eine hohe Auflösung ankommt (z. B. Röntgenanalyse, Augerelektronen, Probenstrom, Kathodolumineszenz).

3.1.5. Optimale Elektronenenergie

Die Frage nach der optimalen Elektronenenergie hat verschiedene Aspekte und läßt sich daher nicht eindeutig beantworten. Man kann z. B. (3.15) weiter in seiner Abhängigkeit von der Elektronenenergie diskutieren. Es spielen aber nicht nur die Auflösungsfrage, sondern auch andere objektbedingte Gründe eine Rolle, bestimmte Energiebereiche zu bevorzugen.

Eine Verringerung der Elektronenenergie auf einige keV ist möglich. Zur Vermeidung von Aufladungen (§ 3.3.4) und zur kontrastreicheren Abbildung von Oberflächendetails (§ 4.1.3) erweist sich dieses unter Umständen als sehr zweckmäßig. Vom Standpunkt der Auflösung sind niedrige Strahlspannungen aus folgendem Grund ungünstig. Wie schon oben erwähnt, liefern zwar bei $E_0 = 20$ keV in (3.15) die Glieder mit C_0 und C_s den wichtigsten Beitrag. Wenn I_0, C_s und C_c als konstant angesehen werden, gewinnt jedoch mit abnehmender Elektronenenergie der C_c enthaltende Term an Bedeutung, und das Auflösungsvermögen verschlechtert sich, weil die Energieschwankung ΔE der die Glühkathode verlassenden Elektronen konstant etwa 1 eV beträgt. Der Tabelle 3.1 sind berechnete Strahldurchmesser zu entnehmen, die aus einer Minimalbetrachtung von (3.12) resultieren. Es muß daher im Einzelfall entschieden werden, ob bei geringen Vergrößerungen die geringere Auflösung gegenüber den oben genannten Vorteilen in Kauf genommen werden kann. Die Hauptschwierigkeiten beim Betrieb eines SEM mit Energien kleiner als 5 keV bestehen aber auch darin, daß der Strahl anfälliger gegen störende Magnetfelder und auch Aufladungen von Verschmutzungen innerhalb der Mikroskopsäule wird.

Tabelle 3.1. Durchmesser d_{eff} des Elektronenstrahles bei $I_0 = 10^{-12}$ A, $C_s = 20$ mm, $C_c = 10$ mm in Abhängigkeit von der Elektronenenergie E_0

E_0 keV	20	15	10	5	2	1
d_{eff} Å	75	80	100	200	700	2000

Elektronenenergien im Bereich zwischen 30 und 50 keV sind für die Abbildung der Oberflächentopographie weniger günstig, da sie zu einem verstärkten Kanteneffekt (§ 4.1.3) führen und auch eine geringere Sekundärelektronenausbeute zeigen. Sie erlauben aber eine größere Tiefeninformation (§ 4.3.2) und bieten Vorteile bei der Anregung der charakteristischen Röntgenstrahlung. Noch höhere Elektronenenergien bis 100 keV und sogar bis 1 MeV werden vorzugsweise in der Raster-Transmissions-Elektronenmikroskopie (§ 5) eingesetzt.

3.2. Abrasterung und Fokussierung

3.2.1. Erzeugung des Rasters

Die Erzeugung des Rasters geschieht durch zeilenförmige Ablenkung mittels transversaler magnetischer Felder. Eine Erhöhung der Vergrößerung erfolgt durch eine Abschwächung des Spulenstromes und die damit verbundene Verkleinerung des abgerasterten Bereiches, während das Bild auf der Bildröhre unverändert groß erscheint. Es folgt also

$$\text{Vergrößerung } V = \frac{\text{Kantenlänge des Bildes auf der Bildröhre}}{\text{Kantenlänge des abgebildeten Bereiches auf dem Objekt}}. \tag{3.19}$$

Bei der Abrasterung einer um den Winkel α zum Elektronenstrahl geneigten Objektebene liegt in einer Richtung der Aufnahme nur eine Vergrößerung $V\cos\alpha$ vor. Wenn bei Vergrößerungen $V < 500$ die Abbildung als eine Zentralprojektion anzusehen ist (s. u. und § 7.1) variiert die Vergrößerung stark innerhalb einer Aufnahme und hängt vom Abstand der abgebildeten Struktur vom Projektionszentrum ab.

Da der Raum unter der Polschuhunterseite der letzten Kondensorlinse frei bleiben soll, erfolgt die Ablenkung zwischen den letzten beiden Kondensorlinsen, wobei die Ablenkeinheit im erweiterten Polschuhkanal der letzten Linse untergebracht ist. Es ist günstig, sowohl die x- und y-Richtung mit zwei getrennten Ablenksystemen A1 und A2 zu betreiben. Dadurch kann der abgelenkte Strahl die letzte Aperturblende zentral durchlaufen (Abb. 3.5), und die erreichbare Ablenkung ist größer als mit einer einzigen Spule. Es ist ferner zweckmäßig, ein weiteres Ablenksystem zu benutzen, welches mit regelbaren Gleichströmen betrieben wird und eine kleine Verschiebung des Rasters erlaubt. Gerade bei hohen Vergrößerungen besitzt eine derartige elektronenoptische Feineinstellung der gewünschten Objektstelle eine größere Empfindlichkeit als eine mechanische Objektverschiebung.

Wie der Strahlengang in Abb. 3.5 zeigt, werden die Elektronen auch noch hinter der Aperturblende abgelenkt und scheinen von einem Projektionszentrum Z her zu kommen. Bei der Interpretation rasterelektronenmikroskopischer Aufnahmen (speziell für Stereoauswertungen) ist daher darauf zu achten, daß das Bild insbesondere bei niedrigen Vergrößerungen eine Zentralprojektion darstellt. Das Zentrum Z besitzt den Abstand

$$W = L + k_z = f + k_f \tag{3.20}$$

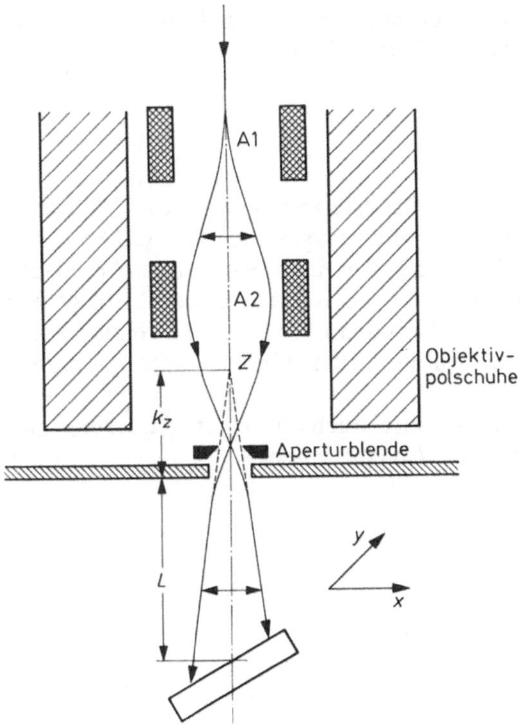

Abb. 3.5. Strahlengang bei der Abrasterung durch die beiden Ablenkeinheiten A_1 und A_2 (ein weiteres Paar von Ablenkeinheiten hat man sich um 90° gedreht zu denken). Ausbildung eines virtuellen Projektionszentrum Z im Abstand $W = L + k_z$ von der Probe (L = Arbeitsabstand). Die eingezeichneten Bahnen stellen die Zentralstrahlen eines Bündels dar, dessen Apertur durch die Aperturblende begrenzt wird

von der Probe. Nach *Christenhusz* u. *Pfefferkorn* (1968) beträgt z. B. bei einem Stereoscan MK I $k_z = 10{,}4$ mm und $k_f = 1{,}5$ mm.

Die Montage der Ablenkeinheit oberhalb der letzten Kondensorlinse führt dazu, daß die Bilddrehung dieser Linse eingeht. Bei Veränderung des Arbeitsabstandes L und einer damit verbundenen Brennweitenänderung können relativ große Drehungen des Rasters in der Größenordnung 45–90° erfolgen (Abb. 3.6). Die Abhängigkeit des Drehwinkels φ vom Arbeitsabstand läßt sich

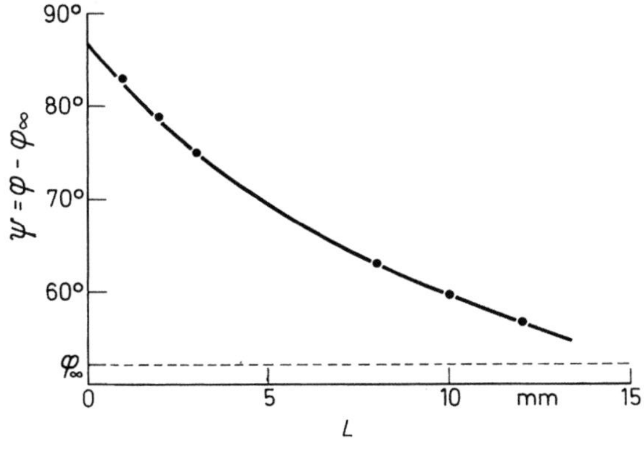

Abb. 3.6. Bilddrehung als Funktion des Arbeitsabstandes L bei einer Vordrehung des Ablenksystems um den Winkel $\varphi_\infty = 52°$ und Vergleich mit einem theoretischen Ausdruck nach (3.21) (ausgezogene Kurve). (Nach *Christenhusz* u. *Pfefferkorn*, 1968)

auf folgende Weise theoretisch erfassen. Bei einer schwachen Linse ($k^2 \ll 1$) gilt nach (3.6) und (3.7) $\varphi \sim f^{-1/2}$, und man erhält mit (3.20)

$$\varphi = \frac{c}{(L+k_z-k_f)^{1/2}}. \qquad (3.21)$$

Abb. 3.6 zeigt, daß mit verschiedenen Arbeitsabständen gewonnene Meßwerte für φ sich gut durch eine entsprechende Kurve approximieren lassen. Mit festen Ablenkspulen läßt sich also die Bilddrehung nur für einen bestimmten Arbeitsabstand kompensieren. Es ist daher wünschenswert, wenn das gesamte Ablenksystem von außen mechanisch gedreht oder auf elektrischem Wege diese Drehung kompensiert werden kann, was in einigen kommerziellen Geräten schon realisiert ist.

Die Änderung des Arbeitsabstandes führt auch zu einer Änderung der Vergrößerung bei konstanter Erregung der Ablenkspulen:

$$V \sim \frac{1}{L+k_z}. \qquad (3.22)$$

3.2.2. Schärfentiefe

Die Schärfentiefe der rasterelektronenmikroskopischen Abbildung wird durch die Größe der Blende und damit durch die Apertur α_0 beeinflußt. Bei 1000 Zeilen auf einem 10 × 10 cm Bildschirm beträgt die Auflösungsgrenze ca. 1 Zeilenabstand $a_Z = 0{,}1$ mm. Bei einer Vergrößerung V ist $\Delta = a_Z/V$ die Auflösungsgrenze bezogen auf das Objekt, und ein Bereich

$$T \simeq \frac{\Delta}{\alpha_0} = \frac{a_Z}{\alpha_0 V} \qquad (3.23)$$

noch als scharf anzusehen (Abb. 3.7a). Es empfiehlt sich, beim SEM wegen der unterschiedlichen Vergrößerungen auf dem Bildschirm und dem photographischen Film bzw. einer Papierkopie eine reduzierte Schärfentiefe einzuführen. Es sei B die Länge der Bildkante. Das Verhältnis Auflösungsgrenze/Bildkante nennen wir $\delta = a_Z/B$, gleich 10^{-3} bei 1000 Zeilen. Auf dem Objekt wird bei einer Vergrößerung V eine Objektfeldkante $b = B/V$ abgerastert und die reduzierte Schärfentiefe sei $t = T/b$. Dann wird (3.23) zu

$$t = \frac{\delta}{\alpha_0} = \frac{10^{-3}}{\alpha_0}. \qquad (3.24)$$

Bei einer Apertur $\alpha_0 = 10^{-2}$ rad wäre stets $t = 0{,}1$, d. h. die Schärfentiefe erstreckt sich senkrecht zur Bildebene über einen Bereich von 1/10 der Bildkantenlänge (Abb. 3.7b). Bei niedrigen Vergrößerungen darf mit kleinen Aperturen von 10^{-3} rad gearbeitet werden, da die Auflösungsgrenze durch den Zeilenabstand bestimmt wird und die optimalsten Bedingungen nach Abb. 3.4a nicht eingehalten

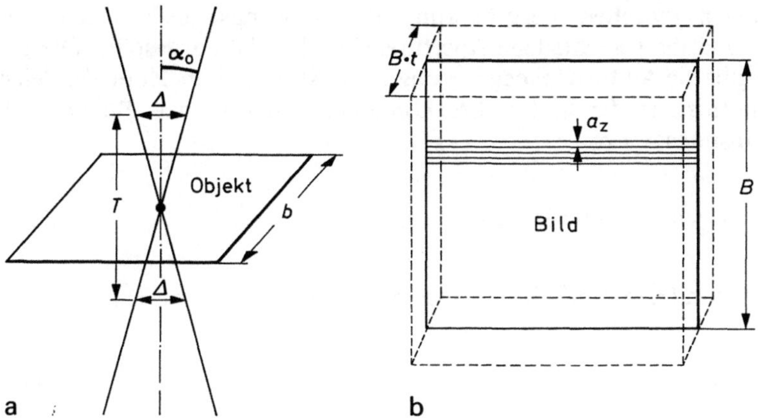

Abb. 3.7a u. b. Darstellung der für die Beschreibung der Schärfentiefe T wichtigen geometrischen Parameter (Δ = Auflösung, α_0 = Beobachtungsapertur, t = reduzierte Schärfentiefe, a_Z = Zeilenabstand)

werden müssen. Es kann daher ein größerer Sondendurchmesser zugelassen werden, so daß eine kleinere Apertur benutzt werden kann, um etwa das gleiche Signal/Rausch-Verhältnis beizubehalten. Dadurch ist eine relative Schärfentiefe $t=1$ bei niedrigen Vergrößerungen möglich. D. h. die Schärfe erstreckt sich über ein würfelförmiges Objektvolumen der Bild- bzw. Objekt-Kantenlänge. Nach Abb. 3.4a beträgt der Sondendurchmesser 1000 Å bei 10^{-3} rad und einem Objektstrom von 10^{-11} A. $t=1$ ist damit bis zu Vergrößerungen $V=1000$ aufrechtzuerhalten.

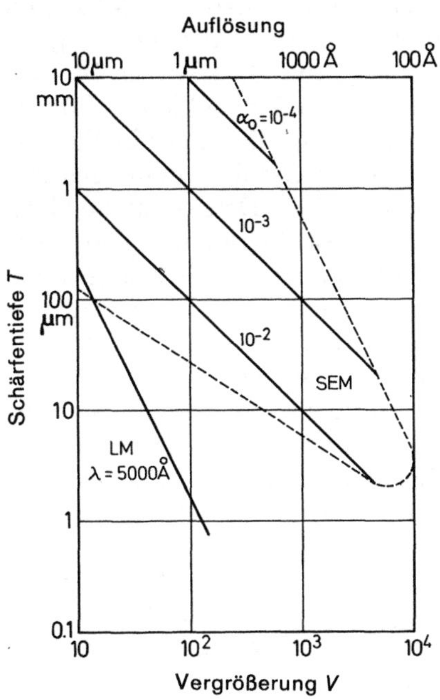

Abb. 3.8. Abhängigkeit der Schärfentiefe von der Vergrößerung bzw. Auflösung für verschiedene Aperturen α_0 (gestrichelt: Auflösungsgrenze nach Abb. 3.4a). Zum Vergleich Schärfentiefe eines Lichtmikroskopes (LM)

Die Beziehungen zwischen Vergrößerung V, Auflösungsgrenze Δ und der Schärfentiefe T sind für verschiedene Aperturen in Abb. 3.8 dargestellt. Die gestrichelte Linie gibt die Auflösungsbegrenzung nach Abb. 3.4a an. Zum Vergleich sollen die Verhältnisse in der Lichtmikroskopie betrachtet werden. Bekanntlich beträgt die Auflösungsgrenze

$$\Delta = \frac{\lambda}{n \sin \alpha} \quad (n \sin \alpha = \text{numerische Apertur}). \tag{3.25}$$

Die Verbindung von (3.25) und (3.23) ergibt mit $n=1$

$$T = \Delta \sqrt{\frac{\Delta^2}{\lambda^2} - 1}. \tag{3.26}$$

Dieser Zusammenhang zwischen T und Δ ist in Abb. 3.8 aufgenommen und zeigt deutlich die Überlegenheit des Raster-Elektronenmikroskopes gegenüber einem lichtoptischen Mikroskop.

3.2.3. Fokussierung und Astigmatismuskorrektur

Die Fokussierung erfolgt durch Veränderung des Objektivlinsenstromes. Sie kann anhand von kleinen Objektdetails erfolgen und wird zweckmäßig bei hohen Vergrößerungen (kleiner abgerasterter Bereich) durchgeführt. Ein Nachteil ist die dadurch verstärkt auftretende Kontamination (§ 3.3.1). Eine Scharfstellung ist gleichbedeutend damit, daß möglichst viele Objektdetails wiedergegeben werden. Die Fokussierung kann daher auch auf einer Monitorröhre erfolgen, die in einigen Geräten eingebaut ist und für jede Zeile in vertikaler Richtung das Steuersignal für die Bildschirmhelligkeit registriert (Abb. 3.9). Dieser Monitor dient ferner dazu, die Aussteuerung der Bildröhre zu kontrollieren. Für die Fokussierung arbeitet man mit Einzellinien-Abrasterung. Bei Scharfstellung ist der Intensitätsverlauf an Kanten am steilsten und das Oszillogramm zeigt sehr feine Intensitätsschwankungen deutlich an (Abb. 3.9a). Eine Defokussierung führt zum Abbau kurzperiodischer Ortsfrequenzen des Oszillogramms (Abb. 3.9b). Dies kann nach *Hersener* u. *Ricker* (1972) für eine automatische Fokussierung ausgenutzt werden. Das vom Detektor empfangene und verstärkte Signal wird über einen Tiefpass (1–1000 Hz, vorzugsweise 200 Hz) geleitet. Eine Differenzverstärkung vom gesamten Signal abzüglich des niederfrequenten, ausgesiebten Anteils ergibt nach Integration ein Maß für die Fokussierung des abrasternden Strahles auf die Probe. Die Abstimmung dieser Differenz auf ein Maximum liefert die Regelgröße für den Linsenstrom. Eine Signalhöhenanalyse des differenzierten Detektorsignals kann ebenfalls als Maß für die Fokussierung verwandt werden. Ein Versuchsaufbau ergab eine Einstellgenauigkeit des Fokus auf $\pm 2\,\mu m$ bei einer $200\,\mu m$-Aperturblende. Dieser Wert liegt nach Abb. 3.8 sicher innerhalb des Bereiches der Schärfentiefe. Beim Verschieben oder Kippen der Probe wird nach dieser Methode der Linsenstrom automatisch nachgeregelt. Abb. 3.9c zeigt, wie sich das Rauschen im Oszillogramm bemerkbar macht, wenn der Primärstrom

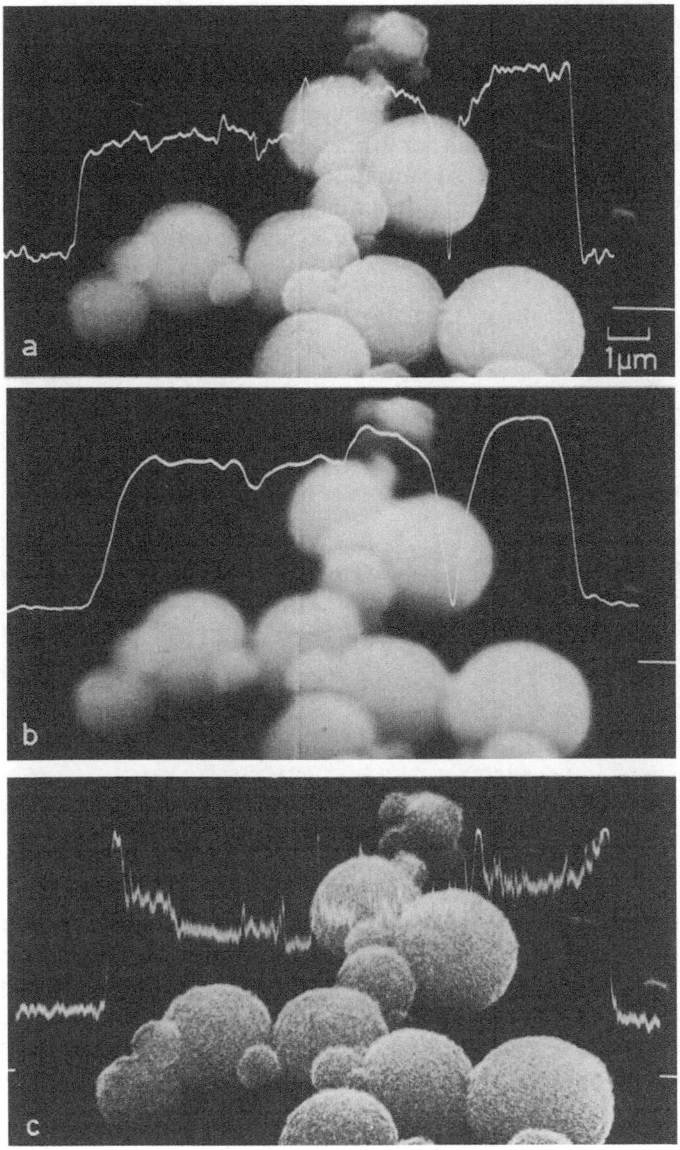

Abb. 3.9a–c. Sekundärelektronenbild von Glaskugeln aus einer Flugasche mit Oszillogrammen des Videosignales a) im Fokus, b) defokussiert und c) verrauscht bei zu geringem Primär-Elektronenstrom. Bei Defokussierung b) verschwinden die kurzperiodischen Schwankungen des SE-Signals in a) (Grundlage einer automatischen Fokussierung). (*Blaschke*)

zu niedrig ist. Das überlagerte relativ hochfrequente Rauschen wird bei der Defokussierung nicht beeinflußt.

Bei stark geneigten relativ ebenen Proben wandte *Yew* (1971) eine dynamische Fokussierung an, bei der die Fokussierung im Laufe der Abrasterung nach einem Programm nachgeregelt wurde, um damit eine größere Schärfentiefe zu erreichen.

Astigmatismus wird außer durch Abweichungen in der Rotationssymmetrie des Linsenfeldes auch vornehmlich durch Aufladungen der Blenden verursacht. Bei Astigmatismus liegt ein Strichfokus auf der Probe vor, und es ist eine Scharfstellung nur in Richtung der schmalsten Ausdehnung möglich, bzw. senkrecht dazu, wenn durch Defokussierung nach Abb. 3.3c der zweite Strichfokus in der Probenebene liegt (Abb. 3.10). Dazwischen wird nicht der kleinste Sondendurchmesser

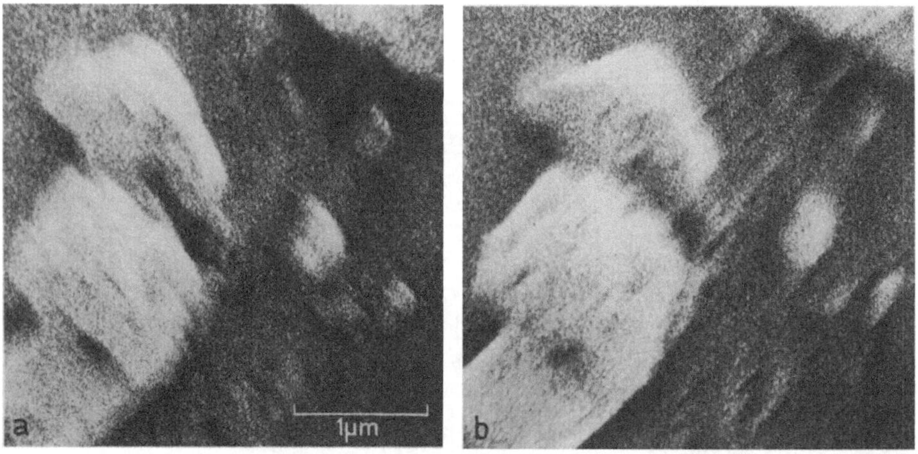

Abb. 3.10a u. b. Wirkung eines vorliegenden Astigmatismus auf das Bild. Fokussierung ist nur in zwei zueinander senkrechten Richtungen möglich, wenn die Strichfoci (s. Abb. 3.3c) auf der Probe liegen

erreicht. Die durch den Astigmatismus hervorgerufene einseitige Unschärfe wird durch Variation der Richtung und Stärke des Stigmatorfeldes korrigiert. Die Form des Elektronenstrahlquerschnittes auf der Probe läßt sich nach *Martin* (1971) durch nachfolgende Abbildung des Kontaminationsfleckes beobachten. *Martin* u. *Speidel* (1971) weisen auch auf die Verminderung des Astigmatismus bei Verwendung von Dünnschicht-Aperturblenden nach *Stabenow* (1967, 1970) hin.

3.3. Objektveränderungen durch Elektronenbeschuß

3.3.1. Kontamination

Die normalen SEM sind mit rotierenden Drehschieberpumpen zur Vorevakuierung und Öldiffusionspumpen zur Hochvakuumerzeugung ausgerüstet. Die Dichtungen bestehen aus Gummiringen. Dadurch herrscht ein relativ hoher Partialdruck an Kohlenwasserstoffen und Silikonölen. Diese werden auf der Probe adsorbiert und unter Elektronenbeschuß wachsen Kontaminationsschichten aus gekrackten und vernetzten Kohlenwasserstoffen und Si-Verbindungen auf, wobei die H-Atome größtenteils herausgeschlagen werden. Wegen der geringen SE-Ausbeute erscheinen mit einer Kontaminationsschicht bedeckte Flächen in der Regel dunkler. Es verschwindet bei einer Dicke von einigen 100 Å auch der Kontrast aus Unterschieden der SE-Ausbeute, und das Auflösungsvermögen geht stark zurück. Es ist auch wiederholt beobachtet worden, daß durch Kontamination auch Aufhellungen auftreten können (*Martin*, 1971). Offenbar ist die SE-Ausbeute auch schichtdickenabhängig und wird auch durch Zwischenbelüftungen beeinflußt.

Die Nachlieferung von Kohlenwasserstoffen erfolgt direkt durch Adsorption aus dem Restgas und durch Oberflächendiffusion auf der Probe. Außerdem tritt vermutlich durch Reaktion mit Sauerstoff ein strahlenchemischer Abbau auf. Die abgeschiedene Schichtdicke ist dem Produkt $j \cdot t$ (j = Strahlstromdichte in $\mathrm{A\,cm^{-2}}$) proportional. Bei kleinen Sonden mit hohem j können auch Sättigungserscheinungen auftreten, so daß die Abscheidungsrate in $\mathrm{Å\,s^{-1}}$ nur noch proportional der Zeit t ist (*Müller*, 1971). Bei Bestrahlung mit Sonden größeren Durchmessers von einigen µm können durch Oberflächendiffusion herangeführte Kohlenwasserstoffe zu Kontaminationsringen führen (*Fourie*, 1976).

Die Kontamination läßt sich durch folgende Maßnahmen unterdrücken:

1. Verbesserung des Vakuums durch Pumpenöle niedrigen Dampfdruckes, Tiefkühlbaffles zwischen Pumpen und Mikroskop, Vitondichtungen, Vermeidung der Verunreinigungen der Mikroskopsäule (z. B. Fingerabdrücke), Spülen und Belüften mit trocknem N_2 (*Brandis* u. a., 1971).
2. Objektraumkühlung. Anbringung von Kühlblechen mit Flüssig-N_2-Kühlung oberhalb des Präparates mit möglichst kleiner Öffnung für den durchtretenden Elektronenstrahl (*Heide*, 1963, 1964).
3. Objektkühlung. Bei Temperaturen kleiner −80 bis −150° C überwiegt der oben erwähnte strahlenchemische Abbau. Es wird jedoch auch der Kohlenstoff des Objektes abgebaut (*Leisegang*, 1954; *Heide*, 1963).
4. Objekterwärmung. Bei Temperaturen oberhalb 200° C nimmt die Kontamination wegen der geringeren Adsorptionswahrscheinlichkeiten ab, allerdings erst, wenn durch Erhitzen auf 400–500° C auch die bereits adsorbierten Moleküle desorbiert sind.
5. Bespülung des Objektes mit N_2 oder Ar durch eine Kapillare (*Castaing* u. *Descamps*, 1954; *Brandis* u. a., 1971).
6. Ionenbombardement der das Objekt umgebenden Wände durch eine Glimmentladung (*Buhl*, 1962).
7. Eine vollständige Vermeidung der Kontamination, soweit sie auf der Restgaszusammensetzung beruht, gelingt mittels der Ultrahochvakuumtechnik. Dies setzt ölfreie Pumpen und eine Ausheizbarkeit der Mikroskopsäule voraus.

Eine Verlangsamung des Kontaminationsvorganges auf Metallen (z. B. Goldbedampfung) wurde auch nach vorhergehender Aufdampfung einer dünnen C-Schicht beobachtet (*Pfefferkorn*, 1969).

3.3.2. Objekterwärmung

Die Strahlenergie, welche nicht mit den Rückstreu- und Sekundärelektronen die Probe verläßt, führt zu einer Objekterwärmung, die unter Umständen zu einer irreversiblen Objektschädigung führen kann.

Die Temperaturerhöhung läßt sich durch folgende Abschätzung berechnen. Mit dem Probenstrom I_0 und der Beschleunigungsspannung U_0 beträgt die auf die Probe fallende Wärmeleistung

$$\dot{Q}_0 = f I_0 U_0 \tag{3.27}$$

(f = Bruchteil der in Wärme umgesetzten Energie). Es wird angesetzt, daß die Leistung homogen innerhalb einer Halbkugel mit dem Radius $R/2$ (R = Reichweite) erzeugt wird. Der Elektronenstrahl soll ruhen und die Ausdehnung der ebenen Probe $\gg R$ sein. Dann liegt ein radialsymmetrisches Problem vor und die allgemeine Wärmeleitungsgleichung $\dot{Q} = -\lambda F \operatorname{grad} T$ (λ = Wärmeleitfähigkeit, F = Fläche) führt zu den Gleichungen

$$\begin{aligned} \dot{Q}_0 \frac{r^3}{(R/2)^3} &= -\lambda 2\pi r^2 \frac{dT}{dr} \quad \text{für} \quad 0 < r < \frac{R}{2} \\ \dot{Q}_0 &= -\lambda 2\pi r^2 \frac{dT}{dr} \quad \text{für} \quad \frac{R}{2} < r < \infty . \end{aligned} \tag{3.28}$$

Die Integration liefert die Temperaturerhöhung des kompakten Materials gegenüber der Umgebung

$$\Delta T_{\text{komp}} = \frac{3}{2} \frac{\dot{Q}_0}{\pi \lambda R} \simeq \frac{\dot{Q}_0}{2 \lambda R} . \tag{3.29}$$

Zu der gleichen Formel kommt *Dudek* (1970) durch einen detaillierteren Ansatz. Für 20 keV-Elektronen beträgt nach Abb. 2.11 und Tabelle 4.1 die Reichweite in Cu $R \simeq 1\,\mu\text{m}$. Bei einem Sondendurchmesser von 1000 Å beträgt nach Abb. 3.4a der höchstmögliche Probenstrom $I_0 = 10^{-9}$ A. Mit dem Wärmeleitvermögen $\lambda = 420\,\text{J m}^{-1}\,\text{s}^{-1}\,\text{grad}^{-1}$ und $f \simeq 70\,\%$ (*Christenhusz* u. *Reimer*, 1967) folgt $\Delta T \doteq 0{,}02\,°\text{C}$. Diese Abschätzung liefert bei einer zeitlichen Abrasterung sogar noch zu hohe Werte.

Da in Kunststoffen die Wärmeleitfähigkeit λ ca. $0{,}4\,\text{J m}^{-1}\,\text{s}^{-1}\,\text{grad}^{-1}$ beträgt, kann man diese mit größeren Sondendurchmessern und damit höheren I_0 zum Schmelzen bringen. Dies gilt insbesondere bei der Bestrahlung von Fasern mit schlechter Wärmeleitung. Bei einem Durchmesser $D > R$ und einer Länge L bis zu einem besseren Wärmekontakt gilt z. B.

$$\frac{T_{\text{Faser}}}{T_{\text{komp}}} \simeq \frac{4}{3} \frac{L}{D} \frac{R}{D} . \tag{3.30}$$

Hiermit läßt sich bei großen Verhältnissen L/D ein starker Temperaturanstieg erklären.

3.3.3. Strahlenschäden

Ionisationsprozesse in organischen Substanzen führen zu irreversiblen Strahlenschäden, indem C-H-Bindungen aufgerissen werden und H-Atome bzw. auch kleinere Radikalgruppen freigesetzt werden. In kompaktem Material kann diese Gasbildung unter Umständen durch eine Mitwirkung der Objekterwärmung zu einer Blasenbildung führen. In Kettenmolekülen benachbart entstandene C-Doppelbindungen können zu Vernetzungen der Ketten untereinander führen. Es bleibt schließlich ein Kohlenstoffpolymerisat übrig. Bei geringer Temperaturerhöhung stellt diese Schädigung einen reinen Dosiseffekt dar und ist proportional zur einfallenden Ladungsdichte $j \cdot t$ in $\mathrm{C\,cm^{-2}}$. Die für eine vollständige Schädigung ausreichende Dosis ist für die Transmissions-Elektronenmikroskopie ausführlich untersucht worden. Man kann z. B. die Abnahme der Intensität der Elektronenbeugungsreflexe (*Reimer*, 1960) und bei organischen Farbstoffen die Lichtabsorption (*Reimer*, 1961) als Maß für die Schädigung heranziehen. Danach ergeben sich für eine Elektronenenergie $E_0 = 60$ keV in dünnen Schichten folgende erforderliche Ladungsdichten für eine vollständige Schädigung:

Aminosäuren	$10^{-3}\ \mathrm{C\,cm^{-2}}$
Höhere Kohlenwasserstoffe	$10^{-2}\ \mathrm{C\,cm^{-2}}$
Aromatische Verbindungen	$10^{-1}\ \mathrm{C\,cm^{-2}}$
Phthalocyanine	$1\ \mathrm{C\,cm^{-2}}$.

Die Abnahme der Kathodolumineszenz organischer Stoffe (s. § 6.6.4) erfolgt bei wesentlich niedrigeren Ladungsdichten. Da nach der Bethe-Formel (2.2) die Ionisationsdichte proportional $\ln E_0/E_0$ ist, betragen diese Schädigungsdosen bei 20 keV etwa die Hälfte und bei 10 keV ein Drittel der oben angegebenen Werte für 60 keV.

Rastert man mit 10^{-12} A in 100 s ein Bild bei 10000facher Vergrößerung ab (Kantenlänge der Abrasterung: 10 µm), so beträgt die Ladungsdichte $10^{-4}\ \mathrm{C\,cm^{-2}}$. D. h. nach einer einzigen Bildaufzeichnung sind Aminosäuren schon beträchtlich geschädigt.

In Alkalihalogeniden werden primär durch die Ionisation F-Zentren gebildet, die sich zu M-Zentren und schließlich zu größeren Defektclustern umformen. Wegen der komplizierten Reaktionskinetik besteht kein eindeutiger Zusammenhang zwischen Schädigung und eingestrahlter Ladungsdichte, sondern sie hängt auch noch von der Intensität der Strahlung sowie der Temperatur ab. Es bedarf daher noch einer weiteren Klärung, warum z. B. *Schulson* (1971) stark unterschiedliche Schädigungszeiten für verschiedene Alkalihalogenide bei der Beobachtung der Channelling-Diagramme findet.

3.3.4. Aufladungserscheinungen

Bei elektrisch nichtleitenden Objekten und Verunreinigungen treten typische Abbildungsartefakte durch Aufladung auf, die durch präparative (§ 8.6) bzw. andere Maßnahmen (s. u.) beseitigt werden können. Im folgenden werden einige charakteristische physikalische Effekte diskutiert (s. a. *Shaffner* u. *Hearle*, 1976). Im Einzelfall ist es bei der Komplexität eines Objektes, den unterschiedlichen SE- und RE-Ausbeuten, Leitfähigkeiten und deren Veränderung durch Elektronenbeschuß schwierig zu entscheiden, welche der Effekte im einzelnen vorliegen.

Bei Bestrahlung von ebenen Isolatorflächen wird ein großer Teil der Primärelektronen (PE) unterhalb der Oberfläche steckenbleiben und eine negative Raumladung erzeugen, die auch bis zur Oberfläche durchdringen kann, da bei hohem E_0 die totale Elektronenausbeute $\sigma = \eta + \delta < 1$. An der Oberfläche kann sich daher auch eine positive Aufladung ausbilden, falls mehr Elektronen die Oberfläche verlassen als im Objekt steckenbleiben ($\sigma > 1$). Allgemein ruft eine positive Aufladung sehr geringe Bildstörungen hervor, da sich das Objekt wegen der geringen Austrittsenergie der SE nur auf wenige Volt aufladen kann und ferner SE aus der Umgebung angesaugt werden, welche die positive Aufladung neutralisieren.

Durch die negative Aufladung der Oberfläche auf ein Potential U wird die Potentialverteilung zwischen Objekt und Kollektor gestört. Schwache Aufladungen beeinflussen nur die SE-, starke auch die RE- und PE-Bahnen. Bei einem ebenen Objekt, senkrechtem Elektroneneinfall und homogener Bestrahlung kann man über die stationäre Aufladung folgende Aussagen machen. Die pro Sekunde durch den Elektronenstrahl im Material steckenbleibende Ladung beträgt

$$\dot{q}_B = [1 - \sigma(E)]\, I_0 , \tag{3.31}$$

wobei $E = E_0 - eU$ die „Lande-Energie" der Primärelektronen bedeutet, die durch die Gegenspannung U abgebremst sind. Nach dem Ohmschen Gesetz fließt über einen Leckwiderstand R (Oberflächen- oder Volumenleitfähigkeit) die Ladung

$$\dot{q}_L = \frac{U}{R} = \frac{E_0 - E}{eR} \tag{3.32}$$

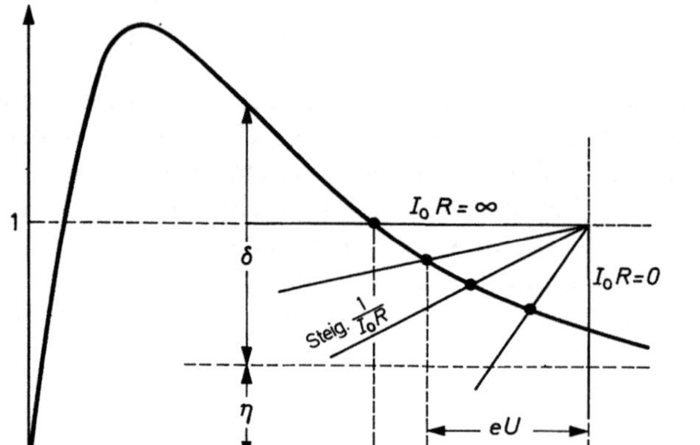

Abb. 3.11. Graphische Ermittlung der stationären Aufladung einer Probe auf das Potential $-U$ bei Vorliegen eines hochohmigen Ableitwiderstandes R (I_0 = Probenstrom). $R = 0$ keine Aufladung, $R = \infty$ maximale Aufladung bis Zahl der das Objekt verlassenden Elektronen = Zahl der einfallenden: $\sigma = \eta + \delta = 1$

zur Erde ab. Im stationären Fall ist $\dot{q}_B = \dot{q}_L$. Die Lösung kann nach Abb. 3.11 graphisch erfolgen als Schnittpunkt der $\sigma(E)$-Kurve mit Geraden, die nach (3.32) alle durch den Punkt $\sigma=1$, $E=E_0$ laufen und die Steigung $1/I_0 R$ besitzen. Für $R \to \infty$ muß daher $\sigma=1$ gelten, und das Objekt lädt sich auf ein negatives Potential $U=(E_0-E_c)/e$ auf, wobei E_c die obere Elektronenenergie bedeutet, bei der $\sigma=1$ ist. Für sehr kleine R findet keine Aufladung statt. E_c liegt bei Senkrechteinfall in der Größenordnung 3–4 keV (*Kosuge* u. a., 1970) und wird bei Schrägeinfall nach höheren Werten verschoben (*Ichinokawa* u. a., 1974), weil δ und η ansteigen (Abb. 2.18 u. 2.24).

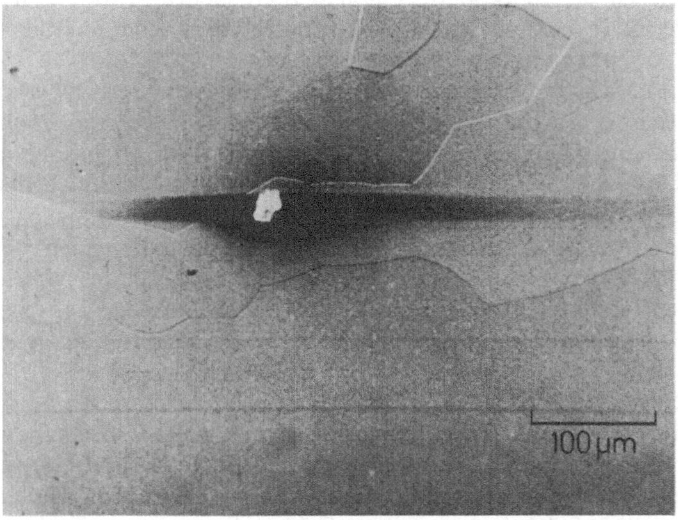

Abb. 3.12. Aufladung eines elektrisch isolierenden Staubteilchens auf einer ebenen Al-Oberfläche. Verdunklung der Umgebung, sobald das Teilchen vom Strahl getroffen wird und Abklingen der Aufladung nach Beendigung der Bestrahlung des Teilchens

Abb. 3.12 zeigt als typisches Beispiel für die Beeinflussung der SE die Aufladung eines Staubteilchens auf einer ebenen Oberfläche. Sobald es vom Elektronenstrahl getroffen wird, lädt es sich negativ auf. Dies erhöht das SE-Signal. In der Umgebung des Teilchens wird auf der leitenden Unterlage eine entgegengesetzte Feldstärke entstehen, welche die SE am Verlassen des Metalles hindert. Die dunkle Zone hinter dem Teilchen klingt ab, weil der Abstand zunimmt. Wenn der Strahl sich von der linken Seite erneut dem Teilchen nähert, beginnt wegen des zeitlichen Abklingens der Aufladung die dunkle Zone näher am Teilchen. Das zeitliche Abklingen der Aufladung ist auch unterhalb des Teilchens zu erkennen. Sofern die Aufladung der Oberfläche nur einige 100 V beträgt, werden nur die SE aber nicht die RE und PE beeinflußt.

Bei hochisolierenden Objekten kann die Aufladung jedoch 30–90 % der Beschleunigungsspannung erreichen. Dann werden auch die Bahnen der PE und RE beeinflußt, besonders durch die starken elektrischen Felder in der Nähe aufgeladener Bereiche. Es kommt zu typischen Bildverzeichnungen (s. Abb. 8.9 a), da die PE andere Objektstellen als bei einer geradlinigen Ausbreitung treffen. Derartige Ablenkungen und Bildverzerrungen können für eine quantitative Messung der Aufladung ausgenutzt werden (*Weitzenkamp*, 1969; *Ichinokawa* u. a., 1974). Bei einer geneigten Fläche werden Elektronen mit einer Beschleunigungsspannung U_0 schon von Objekten auf dem Potential $U_0 \cos^2 \alpha$ gespiegelt. Das Signal hängt dann davon ab, wo diese abgelenkten Elektronen auftreffen. Sie können an darunterliegenden Objektstellen auf eine „falsche" Stelle fallen und Bildverzerrungen verursachen, an Halterungen oder der Objektkammerwand SE auslösen, aber auch in tote Winkel der Kammer fallen, aus der keine SE den Kollektor erreichen können. Sie können auch unmittelbar in den Kollektor gespiegelt werden, was zu einem besonders hohen Signalbeitrag führt. Dabei kann auch eine verzerrte Projektion des Kollektornetzes dem Bild überlagert sein (*Clarke* u. *Stuart*, 1970; *van Veld* u. *Shaffner*, 1971).

Diese Effekte, welche auf $\sigma < 1$ beruhen, können vermieden werden, wenn man die Elektronenenergie E_0 auf einige keV erniedrigt und/oder die Probe stark neigt (s. o.), und damit näher an den Punkt $\sigma = 1$ rückt. Dies ist besonders wichtig, wenn man einen Isolator nicht bedampfen darf, um z. B. Oberflächenladungen durch piezoelektrische oder ferroelektrische Effekte zu untersuchen (§ 4.5.5). Man kann auch diese Aufladungseffekte bei Elektronenenergien von einigen 10 keV unterdrücken, wenn man während des Zeilenrücklaufes (*Spivak* u. a., 1972) oder während jeder 2. Zeile (*Morin* u. a., 1976) die Kollektor-Saugspannung ausschaltet und eine Elektronenquelle mit niedrigerer Beschleunigungsspannung (einige 100 bis 1000 V) einschaltet, so daß im zeitlichen Mittel $\sigma = 1$.

Durch Oberflächenleitfähigkeit, welche oft um mehrere Zehnerpotenzen besser als die Volumenleitfähigkeit ist, kann die Aufladung in der Nähe von leitenden Flächen unterdrückt werden. Nach *Ichinokawa* u. a. (1974) lädt sich z. B. bei $E_0 = 15$ keV ein 100 µm freier Spalt in einer metallischen Aufdampfschicht auf Teflon in der Mitte nur auf −200 V auf, was einem Feldgradienten von 4 keV/mm zwischen Mitte und Rand entspricht. Bei Variation der Spaltbreite d ist der Gradient konstant, die Aufladung also proportional d. In manchen Fällen gelingt es daher, Bildstörungen durch Aufladungen zu vermeiden, indem man eine leitende Folie mit einem kleinen Fenster auf das Objekt legt (*Pfefferkorn* u. a., 1972) oder in einem Leitsilberüberzug ein solches Fenster ausspart (*Thornton*, 1968).

Obige Betrachtungen gelten für einen stationären Endwert der Aufladung. Für die intermittierende Bestrahlung bei der Abrasterung muß auch der zeitliche Verlauf der Auf- und Entladung in Betracht gezogen werden (*van Veld* u. *Shaffner*, 1971). Aufladungserscheinungen können sich daher vollständig anders auswirken, wenn von der Bildschirmbeobachtung mit schneller Abrasterung zu einer Aufnahme mit langsamer Abrasterung übergegangen wird. In hochisolierenden Objekten können periodisch oder statistisch elektrische Überschläge auftreten. Dies kann zu einzelnen hellen oder dunklen Linien – auch zeitverzögert – durch erhöhte Emission von SE während des Durchschlages und/oder zu Beeinflussungen der SE-Bahnen führen (s. Abb. 8.9 a). Nach dem Durchschlag ist die Bildverzerrung durch Aufladung weitgehend abgebaut und nimmt bis zum nächsten Durchschlag wieder zu.

In hochisolierendem Material bleiben Elektronen im Innern stecken und führen zu einer negativen Raumladung in einer Schicht von der Dicke der

Reichweite. Dies hat ein elektrisches Gegenfeld zur Folge, welches Elektronen innerhalb des Materials zusätzlich abbremsen bzw. ablenken kann. Da dieser Zustand auch stets mit einer Aufladung der Oberfläche verbunden sein wird, ist es schwer zu unterscheiden, ob eine Erhöhung der Elektronenemission (Rückstreuung) durch Herabsetzung der Lande-Energie (Abbremsung im Vakuum) oder durch das innere Feld erzeugt wird.

3.3.5. Beeinflussung integrierter Schaltungen durch den Elektronenstrahl

Strahlenschädigung durch Bildung von Frenkel-Paaren usw. tritt erst bei Elektronenenergien von einigen 100 keV auf. Funktionen planarer Halbleiterschaltungen können jedoch durch Bildung positiver Raumladungen in den Oxidschichten, Bildung von elektronischen Oberflächenzuständen an der Grenze Si-SiO_2 und durch die Kontamination beeinflußt werden.

Wenn in einer MOS-Struktur an die Leiterbahn gegenüber dem Halbleiter eine positive Spannung V_g gelegt wird, tritt innerhalb der Oxidschicht eine Trennung der Ladungsträgerpaare auf (Abb. 3.13). Die Elektronen fließen zur Metallschicht. In der Nähe der Halbleiteroberfläche baut sich eine positive Raumladung ϱ auf, die z.B. mittels C-V-Charakteristiken gemessen werden kann (*Szedon*

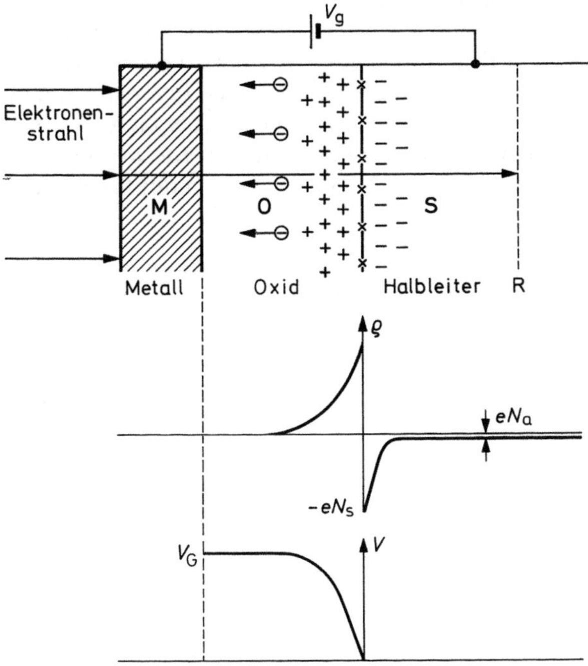

Abb. 3.13. Beeinflussung integrierter Halbleiterschaltungen durch Elektronenbeschuß. Ausbildung einer Raumladung in einer MOS-Struktur (ϱ = Raumladungsdichte, V = Potential innerhalb der Oxidschicht, N_s = Dichte der Oberflächenzustände)

u. *Sandor*, 1965; *Simons* u. a., 1968). Diese bewirkt einen stärkeren Potentialabfall V in der Nähe der Halbleiteroberfläche. Im stationären Zustand besteht auf der dem Metall zugewandten Seite der Oxidschicht eine nahezu verschwindend geringe Feldstärke. *MacDonald* u. *Everhart* (1968) geben eine theoretische Behandlung dieses Problems. Bei höheren Elektronenstrahlströmen erfolgt die Aufladung schneller und hängt von der Bestrahlungsdosis $j \cdot t$ [C cm^{-2}] ab. Der Betrag der Aufladung ist proportional zu V_g. Beim Anlegen einer negativen Spannung ($-V_g$) wird bei Elektronenbeschuß diese Raumladung in kürzerer Zeit abgebaut als zu ihrem Aufbau erforderlich war. Die Aufladung ist daher reversibel.

Es wird ferner ein Anstieg der Oberflächen-Rekombinationsgeschwindigkeit beobachtet, welcher der Dichte der schnell umladbaren Zustände (fast states) proportional ist (*Ma* u. a., 1975). Sie ist jedoch unabhängig vom Betrag und dem Vorzeichen von V_g und ist daher durch Umpolen und Bestrahlung nicht reversibel, sondern erst durch Erwärmung kann der ursprüngliche Zustand wieder hergestellt werden. Bei 250° C erfolgt eine schnelle Erholung innerhalb von Minuten, der sich eine langsamere anschließt, welche einige Stunden dauert. Temperaturen bei 200° und 150° C über mehrere Tage führen nicht zu einer vollständigen Erholung der Transistoreigenschaften, welche durch die Oberflächen-Rekombinationsgeschwindigkeit beeinflußt werden (*Green* u. a., 1965). Die physikalische Natur dieser Oberflächenzustände ist nicht geklärt. Sie werden auf jeden Fall nur dann erzeugt, wenn der Elektronenstrahl bis zum Si durchdringt.

Durch die Raumladung und die Oberflächenzustände wird eine große Zahl von Halbleitereigenschaften beeinflußt (*Keery* u. a., 1976). Die Kurzschlußstromverstärkung β nimmt ab, die Leckströme von p-n-Übergängen steigen und es werden Durchschlagsfeldstärken und Kennlinien von Feldeffekt-Transistoren verändert. Die Raumladung nach der Bestrahlung kann zu einer Inversionsschicht an der Halbleiteroberfläche führen, welche sich von einem Übergang zu einem benachbarten ausbreitet und damit einen Kurzschluß bewirkt (*MacDonald*, 1969). Kontaminationsschichten können hochohmige Nebenschlüsse in der Größenordnung Gigaohm hervorrufen (*Everhart* u. a., 1964).

3.4. Objektkammer und Detektoren

3.4.1. Objekthalterung und -manipulation

a) Größe des Objektes

Der Präparatteller, auf dem das Objekt befestigt wird, besitzt Durchmesser der Größenordnung cm. Dadurch lassen sich größere Objekte, deren Ausdehnung von der Probenkammer abhängt, zerstörungsfrei untersuchen (s. a. § 8.2.1).

b) Bewegung des Objektes

Translationsbewegungen der Objekthalterung mit Grob- und Feintrieben sind in allen drei Raumrichtungen in der Größenordnung cm erforderlich, um in

Richtung der Mikroskopachse den Arbeitsabstand zu variieren, bzw. bei größeren Objekten den Objekttisch hinreichend tief zu senken und in horizontalen Richtungen die Objektverschiebung zu gewährleisten. Auf eine erschütterungs- und hysteresefreie Ausführung ist großer Wert zu legen. Rotation ist um die Objekttischnormale möglich, z.B. um dem Kollektor abgewandte Seiten des Objektes in eine zum Kollektor günstige Position zu bringen. Ferner kann das Objekt um ein oder zwei in der Probenebene liegende Achsen gekippt werden, um den Einfallswinkel der Elektronen zu verändern. Dadurch werden viele Objektstrukturen plastischer dargestellt und die Absaugung der SE durch einen seitlichen Kollektor erfolgt mit größerer Ausbeute.

c) Elektrische Kontakte

Der Probenteller, auf dem das Objekt montiert werden kann, wird gegenüber der Halterung isoliert befestigt, um den Probenstrom nach außen ableiten zu können oder die Probe auf ein Potential gegenüber dem geerdeten Chassis aufzuladen. In Normalbetrieb wird der Probenteller geerdet sein. Ca. 20 elektrische Durchführungen sind zur Kontaktierung von Mikroschaltungen auf Halbleitern erforderlich. Die Durchführungen werden auch benötigt, wenn zwischen Probe und Detektor Blenden und Gitter auf verschiedenen Potentialen eingeschoben werden sollen, um z.B. eine Richtungs- oder Energieselektion der SE und RE zu erreichen.

d) Zusätze für Objektveränderungen

Für viele Zwecke ist eine Heizung und Kühlung des Objektes erwünscht. Durch eine Aufheizung des Objektes können z.B. Rekristallisationsvorgänge, Ausscheidungen, Phasenumwandlungen oder Schmelzvorgänge beobachtet werden. Bei extrem hohen Temperaturen (bis 1600°C s. z.B. *Fulrath*, 1972) ist auf eine genügende Wärmeisolation zu achten. *Furchert* u. *Selzer* (1971) benutzen z.B. eine N_2-Gaskühlung um die Wärmeausbreitung zu unterdrücken und die Zeit bis zum Belüften der Kammer zu verkürzen. Eine Tiefkühlung ist z.B. für die Untersuchung von bei normaler Temperatur im Hochvakuum flüchtigen Substanzen, speziell auch wasserhaltigen erwünscht. Eine Kühlung mit flüssigem Helium (*Herring* u.a., 1970; *Griffiths* u. *Venables*, 1972; *Hörl*, 1972) erlaubt supraleitende Zustände, Kathodolumineszenz oder ferromagnetische Domänen zu untersuchen.

Durch kleine Deformationseinheiten (*Dingley*, 1969; *Ujiiye* u.a., 1971) können Vorgänge beim Zerreißen von Fasern und Geweben oder bei mechanischer Beanspruchung kleiner Metallproben beobachtet werden. Prinzipiell ist auch die Beobachtung von spanabhebenden Bearbeitungsvorgängen möglich. Für biologische Anwendungen sei auch auf die Konstruktion eines Mikromanipulators hingewiesen, bei dem die Feinverstellung mittels des piezoelektrischen Effektes erfolgt (*Pawley* u. *Hayes*, 1971; *Pawley* u. *Nowell*, 1973). Bei tiefgekühlten Objekten muß auch die Nadel gekühlt werden (*Hayes* u. *Koch*, 1975).

Für einige Anwendungen ist die Aufdampfung dünner Schichten während der Beobachtung oder in einer seitlichen Kammer ohne Vakuumunterbrechung von Interesse (*Bach* u.a., 1971). Ferner kann durch eine eingebaute Ionenquelle

Material sukzessive abgetragen werden (§ 8.7.5). Um Objekte in ihrer natürlichen Umgebung zu untersuchen, kann z. B. die Beobachtung unter einem hohen Partialdruck von Wasserdampf interessant sein. *Lane* (1970) erzeugt durch konzentrisches Einströmen in der Nähe der Probe eine Zone hohen Druckes und konnte z. B. längere Zeit Wassertropfen beobachten. Ein Arbeiten bei erhöhtem Wasser-Partialdruck (oder anderer Gase) kann auch in einer Objektkammer erfolgen, die entweder durch eine Blende (*Robinson*, 1976), durch ein differentiell gepumptes Zweiblendensystem (*Parsons* u. *Lyon*, 1975; *Lyon* u. a., 1976) oder eine dünne Formvarfolie über einer Blende oder einem Netz (*Morgan* u. a., 1973) den erhöhten Partialdruck aufrechterhält. Kristallwachstumsprozesse, sowie Oxidations- und Reduktionsprozesse können durch Einströmen des reaktiven Gases über eine feine Kapillare beobachtet werden (*Maas*, 1974; *Finnström*, 1974).

3.4.2. Direkte Elektronenstrommessung

Es ist dargelegt worden, daß die Größe des Sondenstromes einen Einfluß auf das Auflösungsvermögen und den optimalen Betrieb des SEM hat. Es kann daher von Interesse sein, den auf die Probe fallenden Strom direkt zu messen.

Damit die Rückstreuung und SE-Emission die Messung nicht verfälschen, sollte der Elektronenstrahl in einen Hohlraum mit kleiner Eintrittsöffnung fallen. Dies ist z. B. durch einen Miniatur-Faradaykäfig am Rand des Objekttellers von ca. 1 mm^3 Volumen zu realisieren, der durch eine Aperturblende möglichst kleinen Durchmessers abgeschlossen wird. Die Messung des Sondenstromes erfolgt dann über die isoliert nach außen geführte Zuleitung zum Probenteller (z. B. mit Hilfe eines Elektrometers).

Die Messung und Registrierung von Sonden- oder Probenströmen (§ 4.22) erfolgt durch Verstärkung des Spannungsabfalles an einem Ableitwiderstand R. Zusammen mit der Kapazität C zwischen Probe und Kammer und der Zuleitungen ergibt sich eine relative hohe Zeitkonstante $\tau = RC$. Man benötigt z. B. $R = 10^7$ Ohm, um bei einem Strahlstrom $I_0 = 10^{-10}$ A einen Spannungsabfall von 1 mV zu erhalten. Bei $C = 10$ pF resultiert $\tau = 10^{-4}$ s.

Diese Zeitkonstante würde für eine langsame Bildregistrierung gerade ausreichen. Nach Abb. 3.4a ist mit $I_0 = 10^{-10}$ A bei Verwendung einer Haarnadelkathode jedoch nur ein kleinster Strahldurchmesser von ca. 500 Å zu erreichen. Die Bilderzeugung über den Probenstrom ist daher in Röntgen-Mikroanalysatoren eine übliche Methode, im SEM mit wesentlich geringeren Probenströmen hat sie jedoch eine untergeordnete Bedeutung.

3.4.3. Szintillator-Photomultiplier-Kombination

Der auf *Everhart* u. *Thornley* (1960) zurückgehende Sekundärelektronen-Detektor aus einer Kombination Szintillator und Photomultiplier ist in Abb. 3.14 schematisch dargestellt.

Die von den Primärelektronen (PE) ausgelösten SE werden vom Netz des Kollektors auf positivem Potential angesaugt. Bei negativem Potential können

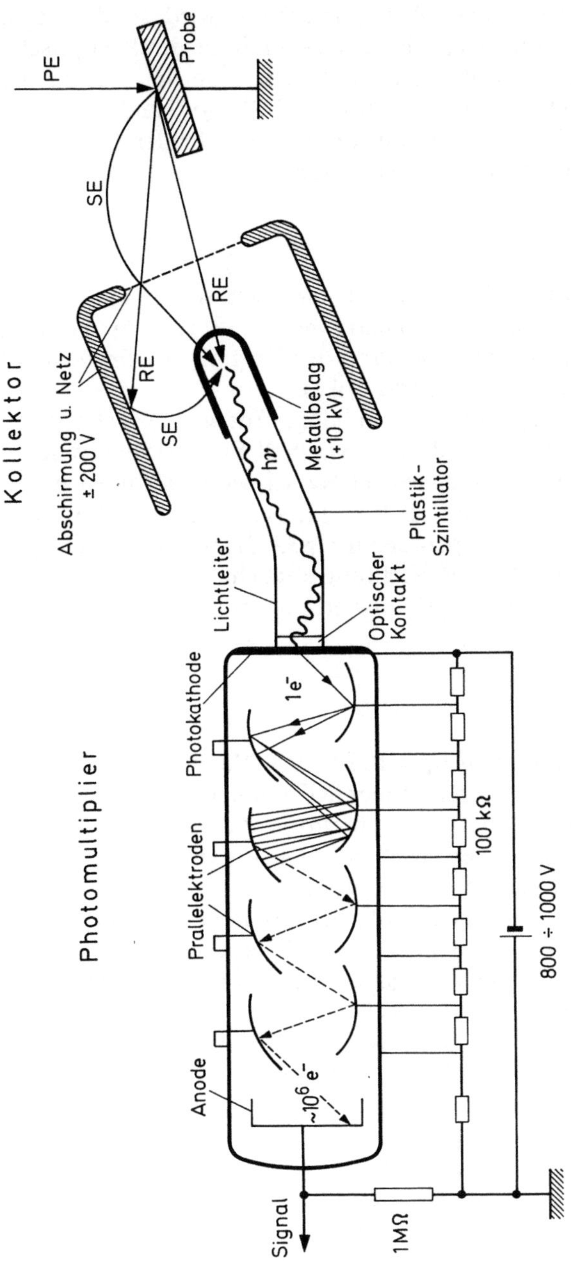

Abb. 3.14. Schematischer Aufbau und Wirkungsweise der Szintillator-Photomultiplier-Kombination als SE- und RE-Detektor. Ansaugen der SE durch ein positives Potential (+200 V) in Richtung auf das Netz des Kollektors. Beschleunigung durch ein Potential von +10 kV am Metallbelag des Plastik-Szintillators. Anregung des Szintillators und Emission von Photonen $h\nu$. Vervielfachung der durch Photonen im Photomultiplier ausgelösten Elektronen

die SE zurückgehalten werden. Die schnellen RE, deren häufigste Energie (Abb. 2.20) bei wesentlich höheren Energien liegt, können in beiden Fällen das Netz passieren. Hinter dem Netz stehen die Elektronen unter dem Einfluß des starken elektrischen Feldes zwischen dem Netz und der ca. 500 Å dünnen leitenden Metallschicht auf der Oberfläche des Plastik-Szintillators, an welcher eine Spannung von +10 kV liegt. Diese Aufdampfschicht wird so dick ausgelegt, daß sie nicht mehr optisch transparent ist, um dadurch die direkte optische Kopplung zwischen Probe und Multiplier zu vermeiden. Alle SE, welche nicht auf die Netzstege des Kollektors oder die äußere Kollektorwand fallen, werden vom Szintillator gesammelt. Bei einem auf die Probe fallenden Strom I_0 ist der den Szintillator erreichende Strom der SE durch

$$I_{SE} = I_0 \delta f_{SE} \tag{3.33}$$

beschreibbar. Der Bruchteil f_{SE} der SE, welcher durch das Netz fliegt, wird durch die ganze Probenkammergeometrie beeinflußt (§ 3.4.6) und hängt von dem Potential zwischen Probe und Kollektor, der Neigung der Probe und Potentialen auf der Probe ab (s. Potentialkontrast § 4.5).

Die RE werden aufgrund ihrer höheren Energie teilweise noch gegen die Kollektorinnenwand fliegen und dort eventuell SE auslösen, welche dann auch zum Signal beitragen. Es ist daher relativ schwierig anzugeben, wie groß der effektive Raumwinkel Ω ist, unter dem RE zum Signal beitragen. Für die RE kann insbesondere ein Festkörperdetektor (§ 3.4.5) mit größerem effektiven Raumwinkel günstiger sein. Mit der Richtungsverteilung $d\eta/d\Omega$ der rückgestreuten Elektronen beträgt der den Szintillator erreichende Strom der RE

$$I_{RE} = I_0 \int_\Omega \frac{d\eta}{d\Omega} d\Omega . \tag{3.34}$$

Die so auf eine Energie von $E_{Sz} = 10$ keV beschleunigten SE und den Kollektor mit einer Energie $E_{Sz} + E_{RE}$ erreichenden RE können die dünne Aufdampfschicht durchdringen und im Szintillator primär eine große Zahl von Elektron-Loch-Paaren erzeugen, indem Elektronen aus dem Valenz- in das Leitungsband angehoben werden. Ein Bruchteil η_{Sz} wird zurückgestreut. Für ein Elektron-Loch-Paar ist im Mittel eine Energie $E_p \simeq 3$ eV erforderlich, so daß ca. 3000 Paare pro einfallendes Elektron erzeugt werden. Bei der Rekombination der Paare in Lumineszenz-Zentren werden Lichtquanten ausgelöst. Ein großer Teil rekombiniert jedoch strahlungslos. Nur ein Bruchteil $q_{Sz} = 1$–3% des Verhältnisses E_{Sz}/E_p wird in Lichtquanten umgesetzt. Die Quanten werden durch Reflexion an den verspiegelten Flächen des Szintillators bzw. durch Totalreflexion in Richtung des Photomultipliers gelenkt. Ein Bruchteil r geht dabei verloren.

Als Szintillatormaterial hat sich spezielles Plastikmaterial bewährt (z. B. NE 102 A von Nuclear Enterprises Ltd.), das auch in der Kernphysik Verwendung findet und eine kurze Zerfallszeit der Fluoreszenz von 2,4 ns aufweist. Es ist in jeder beliebigen Form zu bearbeiten und kann auch leicht poliert werden. Bei hohen Elektronendosen treten Strahlenschäden auf, wodurch die Zahl der strahlungslosen Übergänge zunimmt. Das Plastikmaterial kann durch Wegpolieren der gestörten Oberflächenschicht und Neubedampfung regeneriert werden. Zu hohe Elektronenströme können auch thermische Schädigung verursachen. *Hatzakis* (1970) und *Taylor* (1972) lösen das Plastikmaterial in Toluol oder Äthylazetat und bringen einen Tropfen der Lösung auf den Lichtleiter auf. Dies ist eine besonders einfache Methode zur Regenerierung. Außer Plastikmaterial wird auch Lithium-aktiviertes Glas (*Ahmed* u. *George*, 1972; *Marshall* u. *Stephen*, 1972) oder CaF_2(Eu) (*Woolf* u. a., 1972) benutzt, welche vor allem eine höhere Lebensdauer, aber auch längere Zerfallszeit aufweisen. Verschiedene Szintillatormaterialien wurden von *Pawley* (1974) und *Schwarz* u. a. (1974) verglichen.

In der photoelektrischen Schicht des Multipliers (Photokathode) wird mit einer Quantenausbeute $q_A = 5\text{–}20\,\%$ durch ein Quant ein Elektron ausgelöst. Von Wichtigkeit ist auch der optische Kontakt zwischen der Glaswand des Multipliers und dem Szintillator. Die Photoelektronen werden von einer Prallelektrode abgesaugt und auf 100 eV beschleunigt. Sie besteht aus einem Material mit hoher SE-Ausbeute ($\delta_{PM} = 8\text{–}15$). Durch sukzessive Beschleunigung und SE-Auslösung an $n = 8\text{–}10$ Prallelektroden findet eine Verstärkung $q_{PM} = \delta_{PM}^n$ statt. Der Impuls von q_{PM} Elektronen erzeugt an einem Ableitwiderstand $R = 1\,\text{M}\Omega$ einen Spannungsimpuls, der weiter elektronisch verstärkt werden kann. Der Impuls ist groß genug, um einzelne aus der Photokathode ausgelöste Elektronen zu zählen. Mit (3.33), (3.34) und den im Text aufgeführten Ausbeuten und Verlusten erhält man mit der Näherung $E_{Sz} + E_{RE} \simeq 2E_{Sz}$ für den Photomultiplierstrom

$$I_{PM} = I_0 \left(\delta f_{SE} + 2 \int_\Omega \frac{d\eta}{d\Omega} d\Omega \right) \frac{E_{Sz}}{E_p} (1 - \eta_{Sz})\, q_{Sz} (1 - r)\, q_A\, q_{PM}. \qquad (3.35)$$

Die Zahl der pro einfallendes Elektron ausgelösten Photoelektronen wird im wesentlichen durch den Faktor $E_{Sz} q_{Sz} q_A / E_p$ bestimmt. Mit den oben angegebenen Werten folgen also ohne Berücksichtigung der anderen Verluste etwa 1–10 Photoelektronen pro einfallendes Sekundärelektron. Es wird also jedes einfallende Elektron zu einem Spannungsimpuls am Ausgang des Multipliers führen.

Die Zeitkonstante der Kombination wird durch die Laufzeit der Elektronen im Multiplier begrenzt und beträgt ca. 10 ns. Die Kombination stellt daher einen Breitbandverstärker dar, der allen in der Raster-Elektronenmikroskopie auftretenden Frequenzumfängen genügt.

Da die in Abb. 3.14 gezeigte Anordnung bei negativer Kollektorspannung (−30 V bis −100 V) nur die rückgestreuten Elektronen (RE) und bei positiver Spannung +200 V die Summe RE+SE erfaßt, besteht auch ein Interesse, nur die SE zum Signal beitragen zu lassen. Nach Abb. 3.17 ist zwar aufgrund des geringen Raumwinkels bei der Erfassung der RE das RE-Signal bedeutend kleiner als das SE-Signal. Eine völlige Trennung der beiden Signale kann durch eine elektrostatische oder magnetische Ablenkung der langsamen Sekundärelektronen erfolgen, nachdem diese auf einige 100 eV beschleunigt sind. Derartige Ablenkfelder werden von den schnellen RE nahezu unabgelenkt durchlaufen (s. a. Absaugverfahren für SE in Abb. 5.4).

3.4.4. Kanal-Sekundärelektronenvervielfacher

Ein Kanal-Sekundärelektronenvervielfacher (Channeltron) (*Adams* u. *Manley*, 1967; *Hughes* u. a., 1967) besteht aus einem gewundenen Glasrohr mit einem hochohmigen Innenbelag, der gleichzeitig eine hohe Sekundärelektronenausbeute besitzt. Durch eine angelegte Spannung von 2,5–4 keV wird ein Potentialgradient längs des Kanals erzeugt, in dem die ausgelösten SE beschleunigt werden und in einem tieferen Teil des Rohres wieder SE auslösen. Diese Konstruktion stellt also gewissermaßen einen Multiplier mit einer kontinuierlichen Verteilung von Prallelektroden dar.

Für die Anwendung hat dieser Verstärker den Vorteil, daß der Eingang des Kanals in unmittelbarer Nähe der Probe (2–5 mm Abstand) angebracht werden kann. Ein typischer Durchmesser der Innenbohrung ist 1,25 mm. Zwischen der Probe und dem Eingang kann analog wie bei der Szintillator-Photomultiplier-Kombination eine Spannung von 0–250 V liegen. Wegen der Kleinheit des Detektors können auch mehrere angebracht werden, um z. B. Differenzsignale zu registrieren. Eine derartige Miniaturisierung der Szintillator-Multiplier-Kombination ist nicht möglich, da die Szintillatoroberfläche auf einer Spannung von 10 keV liegen muß und bei so geringen Abständen Durchschlagsgefahr besteht.

Nach vergleichenden Untersuchungen mit einer Szintillator-Photomultiplier-Kombination besteht im resultierenden Signal/Rausch-Verhältnis jedoch keine wesentliche Verbesserung (*Hantsche* u. *Schreiber*, 1970). Das Channeltron hat auch nur eine begrenzte Lebensdauer von 10^{12} bis 10^{13} Impulsen. Nach dem augenblicklichen Stand der Technik lohnten die Vorteile des Channeltrons noch nicht den hohen Anschaffungspreis. *Griffiths* u. a. (1972) schlagen die Benutzung einer Kanal-Platte (channel plate) vor, die wie eine Fiber-Optik viele kurze Kanäle mit sehr kleinem Durchmesser besitzt.

3.4.5. Halbleiter-Detektoren

Halbleiterdetektoren mit einer Oberflächensperrschicht sind besonders gut für die Untersuchung von rückgestreuten Elektronen geeignet. Auf p-leitendes Si (ca. 1000 Ωcm) wird ein p-n-Übergang durch epitaktisches Aufwachsen oder Eindiffusion erzeugt (Abb. 3.15). Dieser Detektor kann mit und ohne Metallaufdampfschicht betrieben werden. Die Metallaufdampfschicht hat den Vorteil, von der Probe emittierte Lichtquanten zu reflektieren, die anderenfalls mitgezählt würden. Die Energieverluste rückgestreuter Elektronen in der Metallschicht sind zu vernachlässigen. Die langsamen SE werden jedoch absorbiert. Für deren

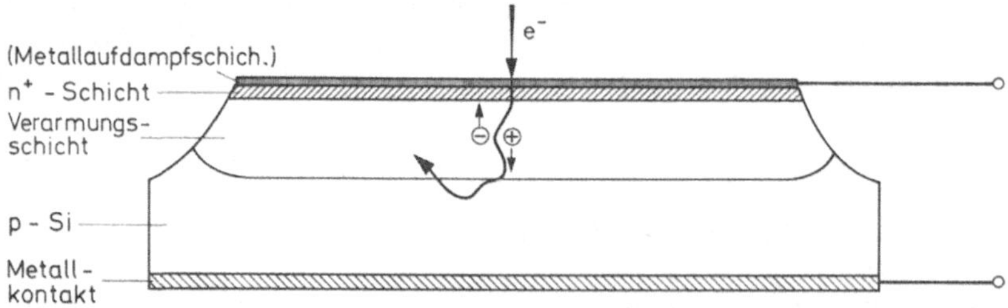

Abb. 3.15. Prinzipieller Aufbau eines Halbleiterdetektors. Erzeugung von Elektron-Loch-Paaren in der Verarmungsrandschicht und Trennung durch Diffusions- oder angelegte Potentiale. Oberflächenkontaktierung durch starke Donatordotierung (n^+-Leitung) und wahlweise Metallaufdampfschicht

Nachweis wäre eine Nachbeschleunigung auf 10 keV erforderlich. Eindringende RE bzw. beschleunigte SE mit 10 keV erzeugen innerhalb des Halbleiters ca. 3000 Elektron-Loch-Paare. Ein Teil wird im ca. 10 µm unterhalb der Oberfläche liegenden Potentialgefälle des p-n-Überganges getrennt. Ein Teil der im p- oder n-Gebiet erzeugten Minoritätsträger können zum Übergang diffundieren. Ein anderer Teil rekombiniert oder wird an der Oberfläche getrappt. Der Elektronenstrom wird also innerhalb des Detektors um ca. einen Faktor 1000 verstärkt. Die geringere Verstärkung gegenüber der Szintillator-Multiplier-Kombination wird dadurch aufgehoben, daß die Si-Detektoren kleine Abmessungen haben und plan sind. Sie können daher in unmittelbarer Nähe der Probe angebracht werden. Speziell oberhalb der Probe wird ein wesentlich größerer Raumwinkel der RE erfaßt. Diese Anordnung ist von besonderem Interesse bei der Abbildung von Channelling-Diagrammen (§ 4.4). Mit 2 Detektoren kann durch Summen- und Differenzbildung der beiden Signale zwischen Material- und Topographiekontrast getrennt werden (§ 4.2.1, Abb. 4.12).

3.4.6. Einfluß der Proben-Detektor-Geometrie

Die Anordnung von Probe und Detektor hat einen entscheidenden Einfluß auf den Bildkontrast. Wenn die rückgestreuten Elektronen (RE) zur Bildentstehung beitragen sollen, ist zu beachten, daß sich diese aufgrund ihrer relativ hohen Energie nahezu geradlinig ausbreiten. Es ist also ein möglichst großer Raumwinkel Ω der RE zu erfassen. Wenn nicht gerade flache Halbleiter-Detektoren oberhalb der Probe benutzt werden, können RE den Detektor geradlinig nur bei gekippter Probe erreichen. Anderenfalls gelangen nur an den Probenkammerwänden mehrfach gestreute Elektronen in den Kollektor.

Der Einfluß der Proben-Detektor-Geometrie auf das SE-Signal kann nur exemplarisch diskutiert werden, da die Geometrie in den einzelnen Geräten und Serien verschieden ist. Das positive Potential des SE-Detektors muß einen hinreichenden Durchgriff zur Probe besitzen. Abb. 3.16 zeigt ein durchgerechnetes Beispiel für eine spezielle Proben-Detektor-Geometrie (s. a. *Everhart*, 1968). An weiter vom Kollektor entfernten Stellen der Probe ausgelöste 4 eV-Elektronen

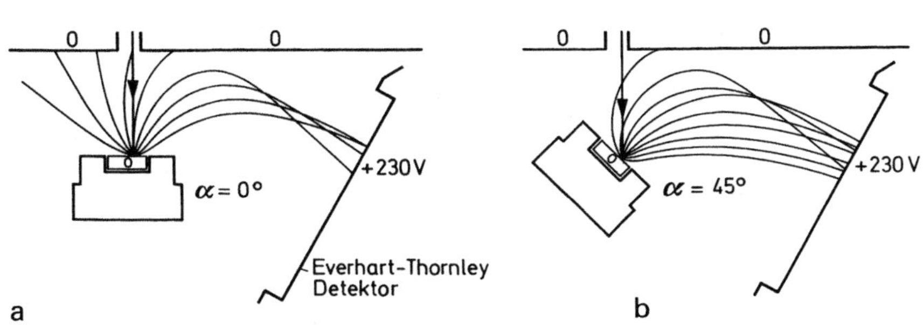

Abb. 3.16a u. b. Berechnungen von Sekundärelektronenbahnen zwischen Probe und Kollektor mit 4 eV Austrittsenergie bei a) Senkrechteinfall und b) unter $\alpha = 45°$ geneigter Probe

und solche mit einer vom Kollektor weggerichteten Austrittsrichtung erreichen nicht den auf einem Potential +230 V liegenden Kollektor, sondern fliegen gegen die obere Begrenzung der Probenkammer. Bei niedrigen Vergrößerungen mit großer abgerasterter Fläche erscheinen daher oft vom Kollektor entfernte Probenorte dunkler. Die „Abschirmung" durch den geringen Durchgriff des Kollektorpotentials wird auch durch eine Neigung der Probennormale um den Winkel α zum Kollektor vermindert.

Es werden daher nicht die in den Abb. 2.18 und 2.24 dargestellten Abhängigkeiten des Rückstreukoeffizienten und der SE-Ausbeute vom Einfallswinkel als Signal beobachtet werden, denn diese Ergebnisse wurden mit der Anordnung von Abb. 2.16 gewonnen, bei der alle emittierten Elektronen erfaßt werden.

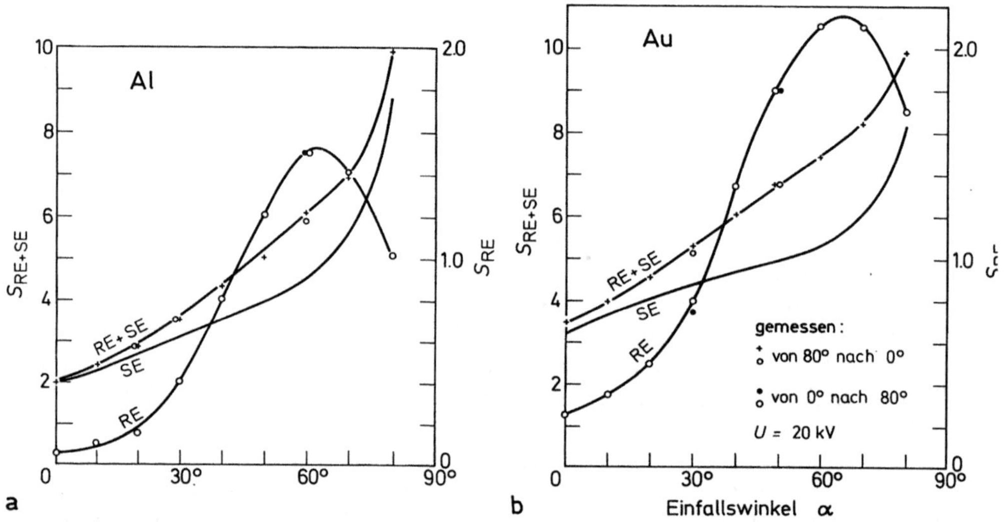

Abb. 3.17a u. b. Das Signal S_{RE} der rückgestreuten Elektronen (Kollektorpotential −50 V) und das Summensignal S_{RE+SE} zuzüglich der Sekundärelektronen (Kollektorpotential +200 V) an ebenen Metallproben als Funktion des Einfallswinkels α der Elektronen zur Oberflächennormalen ($E_0 = 20$ keV, S_{RE} fünffach überhöht, s. linke Ordinate). (Nach *Christenhusz* u. *Reimer*, 1969)

Abb. 3.17 veranschaulicht dies mit Messungen des RE-Signals (Kollektorspannung −50 V) und des (SE+RE)-Signales (+200 V) als Ausgangsspannung des Videoverstärkers. Das Signal der RE ist fünffach überhöht dargestellt. Die SE-Kurven wurden durch Subtraktion dieser beiden Signale erhalten. S_{RE} zeigt ein Maximum bei $\alpha = 60°$, das sich aufgrund der Richtcharakteristik der austretenden RE (Abb. 2.19) dadurch erklären läßt, daß mit wachsendem α die Keule der Richtungsverteilung über den Detektor hinwegstreicht. Mit den Richtcharakteristiken berechnete Kurven sollten jedoch erst bei $\alpha = 30°$ beginnen, da erst dann aufgrund der geometrischen Anordnung von Probe und Detektor rückgestreute Elektronen den Detektor auf geradem Wege erreichen sollten. Der erhebliche Anteil des Signals S_{RE} bei kleinem α muß daher auf eine doppelte Streuung der RE an der Probenkammerwand zurückgeführt werden.

Im Signal $S_{SE} = S_{RE+SE} - S_{RE}$ der reinen Sekundärelektronen ist ebenfalls ein Anteil SE_w vorhanden, der durch die RE an der Kammerwand ausgelöst wird. In Abb. 2.1 sind dies die SE der Gruppe 4. Der eigentliche Probenbeitrag SE_P setzt sich aus den Anteilen der Gruppen 1 und 3 zusammen. Messungen des Verhältnisses $SE_w/(SE_P + SE_w)$ für verschiedene Elemente ergeben Werte von 20–35 % (*Drescher* u.a., 1970). Zusätzlich treten die oben genannten Abschirmungseffekte auf. Bei $\alpha = 0°$ gelangen nicht alle SE zum Kollektor, sondern ein Teil fliegt wie in Abb. 3.16 gegen die Wand. Im Einzelfall ist es daher schwierig, die unter definierten physikalischen Bedingungen erhaltenen Meßwerte von η und δ mit dem Videosignal in einem vorausberechenbaren Zusammenhang zu bringen.

In diesem Zusammenhang sei auch der Probenstrom I_P diskutiert, da er ebenfalls zur Abbildung benutzt werden kann (§ 4.2.2). Wenn bei positiver Kollektorspannung alle SE die Probe verlassen können, sollte

$$I_P = I_0[1 - (\eta + \delta)] \tag{3.36}$$

gelten. Jedoch muß berücksichtigt werden, daß an den Wänden rückgestreute Elektronen und ausgelöste SE teilweise zur Probe zurückgelangen und auch einige SE wieder zur Probe zurückkehren. Parallel zu den in Abb. 3.17 dargestellten Messungen durchgeführte Probenstrommessungen (Abb. 3.18) zeigen jedoch be-

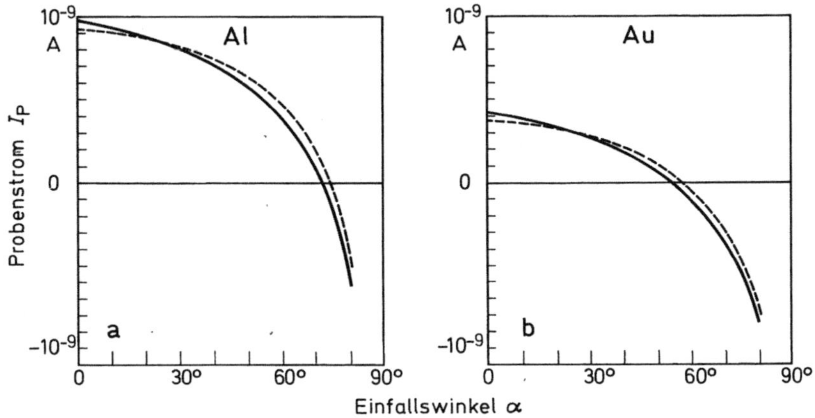

Abb. 3.18 a u. b. Probenstrom als Funktion des Einfallswinkels α der Elektronen zur Objektnormalen ($E_0 = 20$ keV). Gestrichelte Kurven: berechnet nach (3.36) und in der Amplitude angepaßt. Bei kleinen α fließen mehr Elektronen über die Probe ab, als SE und RE das Objekt verlassen. Bei großen α fließen mehr Elektronen zur Probe, da $\sigma = \eta + \delta > 1$. (Nach *Drescher* u.a., 1970)

friedigende Übereinstimmung mit aus den Abb. 2.18 und 2.24 berechneten Kurven (gestrichelt). Die Vorzeichenumkehr des Probenstromes resultiert aus dem starken Anstieg von η und δ mit wachsendem α, so daß bei großem α mehr SE und RE die Probe verlassen, als in der Probe verbleiben.

Von *Schreiber* u. *Schwarz* (1968) wurde speziell die Abhängigkeit des Videosignals, des absorbierten Probenstroms und des auf die Kollektorwand fallenden Elektronenstromes von der Ordnungszahl vermessen. Um aufgrund der Z-Abhängigkeit des Rückstreukoeffizienten (Abb. 2.18) bei ebenen Proben eine Information über die Materialzusammensetzung zu erhalten, erweist es sich als zweckmäßig, bei $\alpha = 0°$ und einer Kollektorspannung von -240 V zu arbeiten.

Die in Abb. 3.14 und 3.16 skizzierte Proben-Detektor-Geometrie kann durch Hilfselektroden modifiziert werden, wodurch unter Umständen leichter vorausberechenbare Elektronenbahnen resultieren und durch eine Richtungsselektion der austretenden SE der Kontrast gesteigert werden kann. Dies kann auch für die Beobachtung des Potentialkontrastes (§ 4.5) und magnetischen Kontrastes (§ 4.6) von Vorteil sein. Abb. 3.19 zeigt als Beispiel eine von *Banbury* u. *Nixon* (1969,

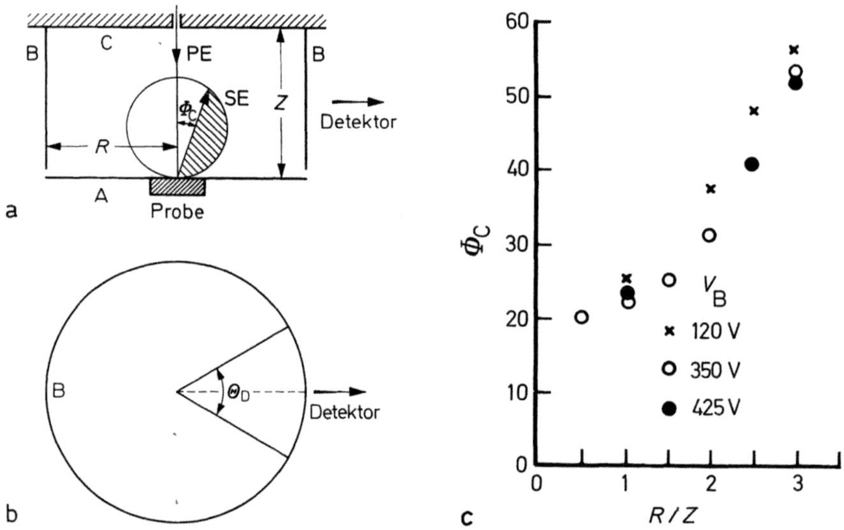

Abb. 3.19a–c. Detektoranordnung mit zylindrischer Hilfselektrode B nach *Ballantyne* u. a. (1971). a) Seitenansicht mit Bruchteil (schraffiert) der austretenden SE-Charakteristik, die mit $\vartheta > \Phi_C$ zum Kollektor gelangt, und b) Aufsicht mit azimutalem Kollektorwinkel Θ_D. c) Abhängigkeit des Kollektorwinkels Φ_C vom Verhältnis R/Z und dem Hilfselektrodenpotential V_B

1970) vorgeschlagene Anordnung mit einer zylinderförmigen Hilfselektrode. Befindet sich diese auf positivem Potential von einigen 100 V, so läßt sich der Austrittswinkel Φ_C der SE berechnen (*Ballantyne* u. a., 1971), unter dem SE die Kollektorelektroden unter einem azimutalen Öffnungswinkel Θ_D durch ein Netz passieren können. Φ_C hängt im wesentlichen von dem Verhältnis R/Z ab. Unter der Annahme einer $\cos\vartheta$-Austrittscharakteristik der SE

$$\frac{d\delta}{d\Omega} = \frac{\delta}{\pi}\cos\vartheta \tag{3.37}$$

kann der Bruchteil δ_C der gesammelten SE leicht berechnet werden:

$$\delta_C = \frac{\delta \Theta_D}{2\pi} \cos^2 \Phi_C . \tag{3.38}$$

Diese Anordnung kann z. B. kleine Differenzen in der Flächenneigung kontrastreicher erfassen als die normale Proben-Detektor-Geometrie ohne Hilfselektrode. Eine kleine Neigung der Fläche um den Winkel $\Delta\alpha$ in Richtung des Kollektors bewirkt eine Vergrößerung des Kollektorwinkels auf $\Phi_C + \Delta\alpha$ und man erhält aus (3.38)

$$\frac{\Delta \delta_C}{\delta_C} = \frac{2\pi}{180} \operatorname{tg} \Phi_C \, \Delta\alpha \qquad (\Delta\alpha \text{ in Grad}). \tag{3.39}$$

Die Schwenkung der Austrittscharakteristik der SE um kleine Winkel kann auch durch magnetische Streufelder erfolgen (§ 4.6.1).

3.5. Elektronik und Bildaufzeichnung

3.5.1. Elektronische Signalverarbeitung

Unabhängig davon, ob das Signal als Ausgang einer Szintillator-Multiplier-Kombination, eines Halbleiterdetektors oder eines Probenstrom-Vorverstärkers vorliegt, können vor der Endverstärkung zur Steuerung der Helligkeit der Bildröhre noch weitere Signalmodifikationen vorgenommen werden. Bis zum Ausgang des Videoverstärkers besteht normalerweise Proportionalität zwischen dem Videosignal und dem Photomultiplier-Ausgangssignal. Signalverzerrungen treten jedoch vom Videosignal bis zur Helligkeit der Bildröhre auf (letztere mit einem Photomultiplier gemessen). Abb. 3.20 zeigt am Beispiel des Stereoscan MK I die Bildhelligkeit als Funktion der Videospannung U_v. Diese gekrümmte Kennlinie führt dazu, daß in den dunklen Bildpartien kleiner Kontrast und in den hellen großer Kontrast auftritt (Abb. 3.21 a). Im Instrument kann analog zur Variation des Gamma-Wertes in der Lichtphotographie diese Übertragungskennlinie variiert werden (Abb. 3.20 und Abb. 3.21). (Die Gamma-Skala läuft in umgekehrter Richtung wie bei der Photographie, Ausgangssignal $\sim U_v^{1/\gamma}$.) Die Kennlinie wird also linearer und im Bild erscheinen die dunklen Partien heller. *Dunger* u. *Schmidt* (1971) schalten einen Operationsverstärker mit logarithmischer Kennlinie ein und erreichen so eine vollständige Linearisierung für $\gamma = 1$ (Abb. 3.20).

Durch Subtraktion einer Gleichspannung am 1. Verstärker kann die Verstärker-Kennlinie verschoben werden (Abb. 3.22). Dieser als „black level" bezeichnete Eingriff erlaubt die Kontrastanhebung sehr kleiner Intensitätsschwankungen des Eingangssignals. Es lassen sich Intensitätsunterschiede $\Delta I/I_0 = 0{,}1$ bis 1 % noch kontrastreich darstellen, während man ohne black level von der Erfahrung aus-

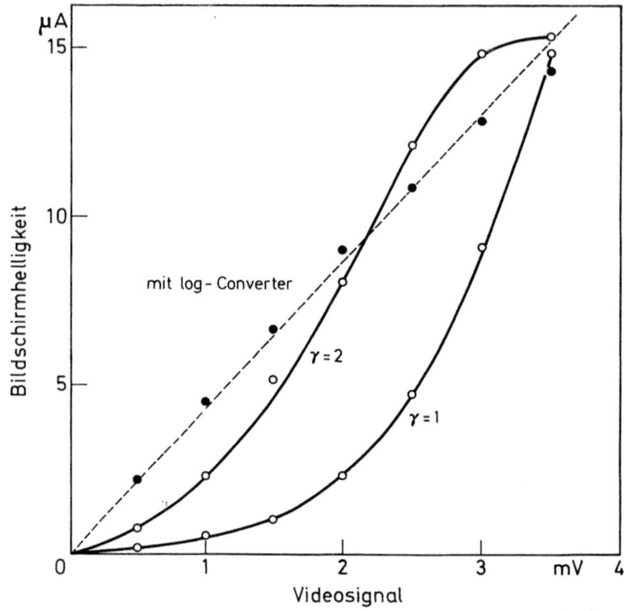

Abb. 3.20. Bildschirmhelligkeit als Funktion der Ausgangsspannung am Videoverstärker für die „Gamma-Werte" 1 und 2 sowie mittels eines logarithmischen Konverters. (Nach *Dunger* u. *Schmidt*, 1971)

geht, daß nur $\Delta I/I_0 \simeq 5\,\%$ noch erkennbar ist. Nur auf diese Weise sind z. B. die geringen Intensitätsunterschiede in Channelling-Diagrammen oder beim Orientierungskontrast abbildbar. Eine Anwendung des black levels setzt jedoch eine homogene Ausleuchtung des gesamten Bildes voraus. Wenn z. B. bei kleinen

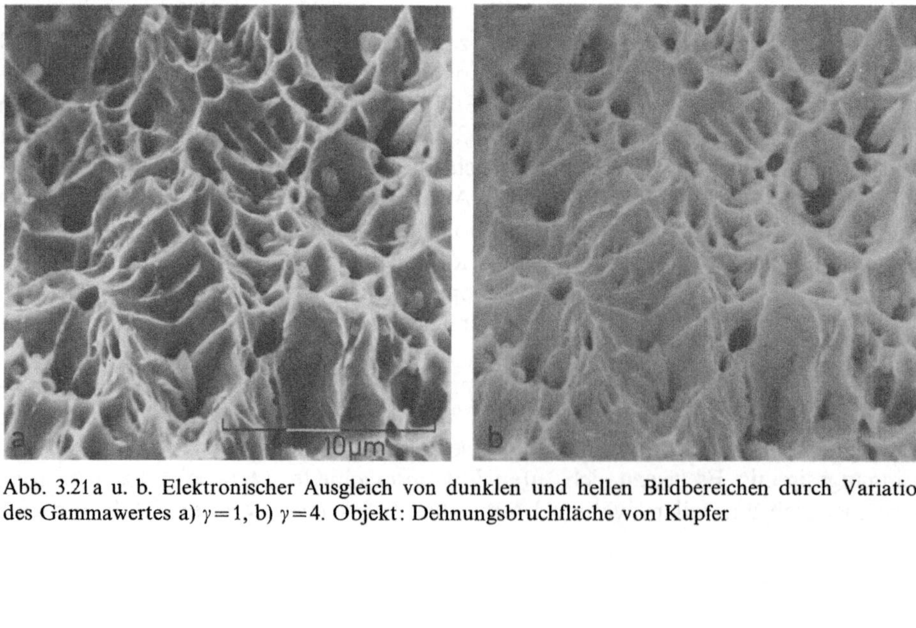

Abb. 3.21 a u. b. Elektronischer Ausgleich von dunklen und hellen Bildbereichen durch Variation des Gammawertes a) $\gamma = 1$, b) $\gamma = 4$. Objekt: Dehnungsbruchfläche von Kupfer

Vergrößerungen vom Detektor weiter entfernt liegende Probenstellen dunkler erscheinen, kann die Gleichspannung nicht genügend erhöht werden, ohne gleichzeitig diese Probestellen vollständig dunkel erscheinen zu lassen.

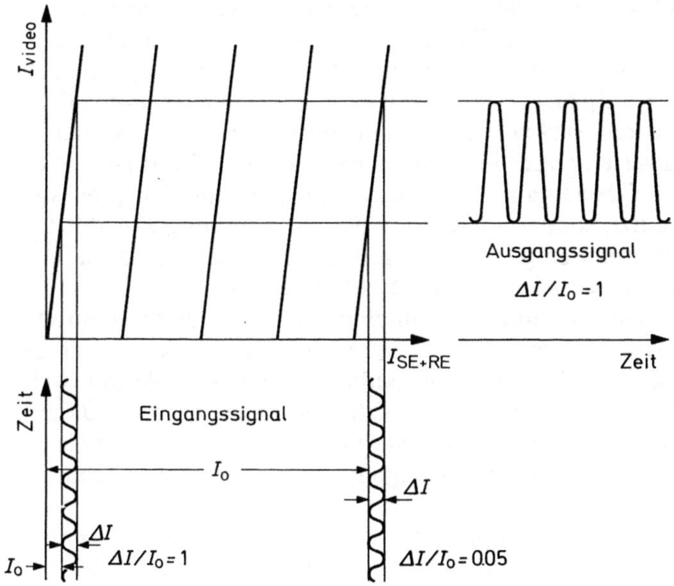

Abb. 3.22. Zur Wirkungsweise des „black levels" durch Verschiebung der Übertragungskennlinie des Videoverstärkers (Nullpunktsunterdrückung). Mit black level liefert eine zeitliche Modulation des SE-Signals mit $\Delta I/I_0 = 0{,}05$ das gleiche stark modulierte Videosignal am Ausgang wie eine Modulation $\Delta I/I_0 = 1$ ohne black level

Bei der Abbildung mit einem differenzierten Signal dU_v/dt wird im Prinzip das Signal über einen Kondensator in den Verstärker gekoppelt. Die niederfrequenten Komponenten des Signals werden unterdrückt und nur die höherfrequenten Signalveränderungen erfaßt. Abb. 4.22 zeigt als Beispiel die Intensitätsverteilung eines Channelling-Diagrammes mit der Standard-Methode (§ 4.4.1) bei großflächiger Abrasterung eines Si-Kristalles mit Verwendung des black levels und Abb. 4.21 a das differenzierte Signal. Die Intensitätsüberhöhung im 111-Pol wird z. B. nicht abgebildet. Dafür erscheinen die Linien des Channelling-Diagrammes schärfer. Speziell eine Feinstruktur innerhalb des 111-Poles läßt sich wesentlich besser abbilden. Auch für andere Objekte ist diese Methode eine wesentliche Bereicherung, wenn z. B. kurzperiodische Signaländerungen durch kleine Objektdetails stärker hervorgehoben werden sollen, als langperiodische Änderungen des Signals. Die sprunghafte Zunahme des Videosignals an einer Kante bewirkt einen positiven, die Abnahme einen negativen Wert von dU_v/dt. Parallel zur Abrasterung laufende Kanten zeigen keinen Kontrast. Daher zeigt dU_v/dt typische Asymmetrien, die einer Schrägbeschattung ähnlich sind. Diese Asymmetrien kann man durch Abbildung mit $|dU_v/dt|$ oder d^2U_v/dt^2 und einer zusätzlichen Abrasterung in horizontaler und vertikaler Richtung vermeiden (*Fiori* u. a., 1974). Kontrastanhebung kleiner Intensitätsänderungen erhält man auch durch Addition von U_v und dU_v/dt.

Es soll ein weiteres Beispiel aufgeführt werden, wie ein Kontrastausgleich erzielt werden kann. Bei rauhen Objekten kann man die Signalfunktion $U_v(t) = u(t) \cdot v(t)$ als Produkt einer langsam veränderlichen Funktion $u(t)$ und einer schnell veränderlichen $v(t)$ auffassen. *Baggett* u. *Glasman* (1974) bilden $\log U_v = \log u + \log v$, trennen die beiden Anteile durch einen Tief- und Hochpaß, verstärken sie getrennt um $1/N$ ($N = 1$–2), bzw. $C = 1$–3 und exponieren deren Summe (Resultat: $U'_v = u^{1/N} \cdot v^C$). D.h. die verschiedenen Signalanteile u und v werden mit verschiedenen Gammawerten abgebildet und es resultiert ein Kontrastausgleich.

Bei der Methode der Y-Modulation wird das Signal nicht zur Helligkeitssteuerung der Bildröhre benutzt, sondern zusätzlich der Y-Ablenkung zugeführt. Bei einer Zeilenabrasterung mit wenigen Zeilen (z. B. 50) läßt sich auf diese Weise ein „Intensitätsgebirge" des Objektes gewinnen (Abb. 4.21 b).

Es ist auch eine Doppelbelichtung der Aufnahme durch ein Bild und anschließend durch eine Y-Modulation mit großem Zeilenabstand bzw. stehender Zeile möglich (s. Abb. 3.9 und 4.4). Die jeweilige Nullinie der Y-Modulation, welche man bei ausgeschaltetem Elektronenstrom registrieren kann, markiert dann die Linie auf dem Objekt, längs der die Abrasterung erfolgte. Bekanntlich wird eine ähnliche Methode mit dem Röntgensignal in der Röntgenmikroanalyse häufig angewandt (Abb. 6.7 h, i).

Eine weitere elektronische Manipulation besteht in der Kontrastumkehr, bei der Stellen mit hohem Signal dunkel und mit geringem hell abgebildet werden. Von Interesse ist diese Methode z. B., wenn man Abdrücke von einer

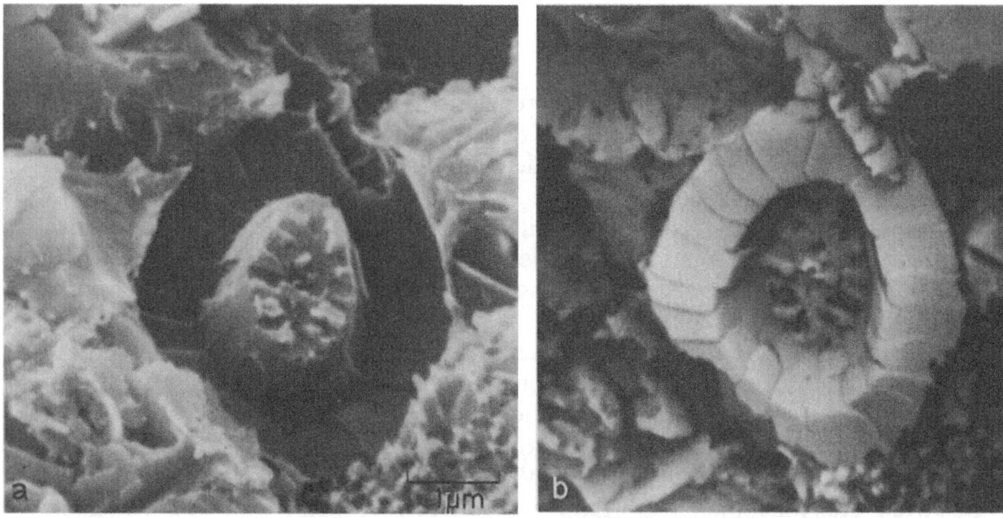

Abb. 3.23 a u. b. Elektronische Kontrastumkehr am Beispiel des „Negativabdruckes" a) eines Coccolithen im Bitumen aus dem Lias ε. Nach Kontrastumkehr b) erscheint ein Bild, das in etwa die ursprüngliche Form vermittelt. (*Blaschke*)

Probe untersucht, auf der Erhebungen als Vertiefungen und umgekehrt erscheinen. Mit der Kontrastumkehr läßt sich dann in etwa der plastische Eindruck des Originals gewinnen. Abb. 3.23 zeigt als Beispiel a) den Negativabdruck eines Coccolithen in Bitumen aus dem Lias ε. Durch die Kontrastumkehr b) gewinnt man einen besseren Eindruck der ursprünglichen Form.

Analog zur Äquidensitenmethode der Photographie kann man nach *Flemming* (1969) und *Thornton* u. a. (1969) eine Signalverarbeitung (contour mapping) anwenden (Abb. 3.24). Es liege das Videosignal (a) vor. Elektronisch wird dieses Signal

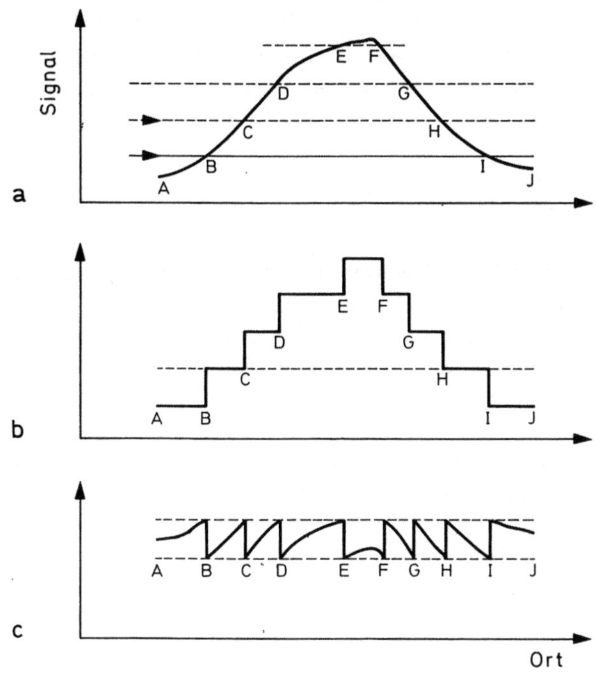

Abb. 3.24a–c. Zur Hervorhebung von Linien gleichen Videosignals a) durch Digitalisierung b) und Subtraktion c) der Signale a und b. (Contour mapping nach *Thornton* u.a., 1969)

in diskrete Graustufen umgewandelt (b). Die elektronische Subtraktion der beiden Signale zeigt (c). Man kann außer dem normalen Bild mit dem Videosignal (a) sowohl (b) als auch (c) zur Helligkeitssteuerung ausnutzen. Mit (b) erscheinen längs der Linien gleichen Videosignals Intensitätsstufen, mit (c) erfolgt ein Intensitätsausgleich bei stark variierender Signalhöhe und die Linien gleicher Signalhöhe erscheinen als Intensitätssprünge. Diese Methode läßt sich speziell bei der Untersuchung des Potentialkontrastes ausnutzen und gestattet unmittelbar Äquipotentiallinien auf der Oberfläche abzubilden.

Für spezielle Anwendungen kann man mittels eines phasenempfindlichen Verstärkers (lock-in) ein periodisches Signal selektiv verstärken, welches bis zu 60 dB (Faktor 1000) kleiner als das Rauschen ist (*Balk* u. *Kubalek*, 1973; *Balk* u. a., 1974). Die Wirkungsweise eines Lock-in-Verstärkers kann man folgendermaßen charakterisieren. Mit einem Referenzsignal der zu analysierenden Frequenz wird die Polarität des Signals umgeschaltet. Eine Sinuswelle in Phase wird damit zu einem gleichgerichteten Halbwellensignal wie in einer Zweiweg-Gleichrichterschaltung. Der zeitliche Mittelwert hinter einem integrierenden Glied ist daher von Null verschieden. Bei einer Phasenschiebung der Sinuswelle um φ gegenüber dem Referenzsignal nimmt der Mittelwert $\sim\cos\varphi$ ab. Signalbeiträge mit einer falschen Frequenz bzw. einem Rauschen ergeben den Mittelwert Null. Im Prinzip läßt sich jedes Signal mit einem Lock-in-Verstärker filtern, wenn der Elektronenstrahl mit Ablenkplatten über einen Impulsgenerator (z. B. 100 kHz) ein- und ausgeschaltet wird. Von besonderem Interesse ist diese Technik z. B. für elektronenstrahlinduzierte Ströme (Ladungstrennungsströme) in Halbleitern (§ 4.7) bei Vorliegen eines permanenten Leckstromes oder bei der Untersuchung der Kathodolumineszenz (§ 6.6.3) bei gleichzeitigem Vorliegen von Kathodenlicht oder einer Elektrolumineszenz. Überlagert man der X-Ablenkung der Abrasterung eine Sinuswelle kleiner Amplitude der Frequenz ω, so kann man das Signal durch eine Taylorentwicklung

$$I(x) = I(x_0) + \frac{dI}{dx} k_1 \sin\omega t + \frac{d^2 I}{dx^2} k_2 \cos 2\omega t + \cdots \tag{3.39a}$$

darstellen. Ein Lock-in-Verstärker mit der Referenzfrequenz ω liefert daher die erste und mit der Frequenz 2ω ($\varphi = 90°$) die zweite Ableitung des Signals.

Die oben beschriebenen elektronischen Signalverarbeitungsmethoden wirken nur auf das zeitabhängige Videosignal der jeweils abgerasterten Zeile. Wenn man auch Korrelationen zu benachbarten Zeilen ausnutzen will, muß man zu einer Bildspeicherung übergehen, welche zusammen mit einer anschließenden Bildverarbeitung am besten digital erfolgt (*Oron* u. *Gilbert*, 1976). Es können u. a. in Erweiterung obiger Signalverarbeitungsverfahren, die nur auf die x-Richtung wirken, zweidimensionale Gradienten, eine Mittelung über nächste Nachbarpunkte zur Rauschunterdrückung oder stereometrische Probleme (s. § 7.2) gelöst werden. Bei letzteren kommt es vor allem darauf an, zu unterscheiden, wann ein Teilchen noch als zusammenhängend gilt. Da an der Grenze des Auflösungsvermögens im Bild die Objektstruktur mit dem Profil des Sondendurchmessers gefaltet ist, kann auch eine rechnerische Entfaltung durchgeführt werden, welche eine Steigerung der Auflösung bis zu einem Faktor zwei ermöglicht (*Herzog* u. a., 1974).

Für einige Zwecke ist ein mehrfarbiges SEM-Bild von Nutzen, z. B. für die Darstellung der Verteilung verschiedener Elemente in der Röntgenmikroanalyse oder der Kathodolumineszenz mit verschiedenen emittierten Wellenlängen. Es bestehen prinzipiell folgende Möglichkeiten:

1. Aufzeichnung einfarbiger Einzelbilder mit einer weißleuchtenden Bildröhre auf Farbfilm mit verschiedenen Farbfiltern (*Heinrich*, 1963; *Ingersol* u. *Derouin*, 1969).
2. Anfertigung einzelner Schwarz-Weiß-Aufnahmen und anschließende photographische Superposition auf Farbfilm mit verschiedenen Filtern (*Jones* u. a., 1966; *Yakowitz* u. *Heinrich*, 1969).
3. Simultane Aufzeichnung durch Benutzung einer Farbbildröhre und Farbfilm (*Ordonez*, 1971; *Pawley* u. *Hayes*, 1976; *Hörl* u. *Buschbeck*, 1976).

3.5.2. Einfluß der Zeilenstruktur auf das Bild

Die Aufzeichnung des rasterelektronenmikroskopischen Bildes erfolgt auf dem Leuchtschirm einer Bildröhre mit normalerweise 10 cm Kantenlänge. Neben einer Röhre zur visuellen Bildbetrachtung besitzen die meisten Geräte eine zweite Röhre für die photographische Bildaufzeichnung. Erstere hat eine gelbgrüne Fluoreszenz, um Emission im Maximum der Augenempfindlichkeit aufzuweisen, und eine lange Nachleuchtdauer. Letztere fluoresziert blau, da alle Filme blauempfindlich sind.

Die Zeilenzahl läßt sich von einer in Y-Richtung beliebig einstellbaren Einzellinie stufenweise bis zu 1000–2500 Zeilen erhöhen. Der Durchmesser des schreibenden Elektronenstrahles liegt in der Größe 0,05–0,1 mm. Die Abrasterzeit kann von 1 s bis zu mehreren Minuten variiert werden. Für die visuelle Beobachtung wird mit 1–5 s Abrasterzeit gearbeitet. Für die Bildaufzeichnung wird eine längere Zeit (ca. 100–500 s) benutzt, um das Signal/Rausch-Verhältnis zu verkleinern (§ 2.5.7).

Aufgrund der Bildschirmkantenlänge von 10 cm und dem Schreibdurchmesser von 0,5 mm ist es am günstigsten mit 2000 Zeilen zu arbeiten, und man spricht davon, daß ca. 10^6 Bildpunkte pro Bild als Information zur Verfügung stehen. Für Abschätzungen des Rauschens (§ 2.5.7) und der daraus resultierenden Diskussion des Auflösungsvermögens (§ 3.1.4) ist diese Zahl recht nützlich. Für die Interpretation der Aufnahmen sollte man sich jedoch darüber im klaren sein, daß nicht nacheinander 10^6 Bildpunkte abgerastert werden, sondern horizontal eine kontinuierliche und vertikal eine sprunghafte Abrasterung erfolgt. Außerdem besitzt der schreibende Elektronenstrahl einen kreisförmigen Querschnitt. Wird eine scharfe Stufe senkrecht zur Abrastrichtung abgebildet, so erscheint diese in einer zu großen Vergrößerung des Leuchtschirmbildes durch Kreisbögen abgeschlossen (*Hantsche*, 1970). Ein kleiner Punkt kann bei der Abrasterung in benachbarten Zeilen als doppelter Punkt erscheinen, wie Modellversuche von *Bahr* u. a. (1970) demonstrieren. Es ist ferner noch zu beachten, daß die Fokussierung des Schreibstrahles und dessen Helligkeitsmodulation nicht vollständig elektronenoptisch entkoppelt werden kann. Die Breite des Schreibstrahles hängt daher noch von dessen Intensität ab (Abb. 3.25).

Für eine optimale Abbildung sollte man ferner verlangen, daß auch auf der Probe der Sondendurchmesser gleich dem Zeilenabstand ist. Ist der Durchmesser kleiner, so kommt es zu einem Informationsverlust, ist er größer, so wird eine zusätzliche Unschärfe hervorgerufen. Die Größenordnung der förderlichen Vergrößerung des Raster-Elektronenmikroskopes berechnet sich daher aus dem Verhältnis

Schreibstrahldurchmesser : Sondendurchmesser = 0,1 mm : 100 Å = 10^4.

Auf diese auflösungsbegrenzenden Faktoren ist zu achten, falls man an der Grenze der Auflösung aus der Bildaufzeichnung Informationen gewinnen will. Die Zeilenstruktur des Bildes kann sich jedoch auch sehr drastisch in wesentlich größeren Dimensionen bemerkbar machen, wenn der Zeilenabstand und eine Objektperiodizität so miteinander interferieren, daß es zu einem Moiré-Effekt kommt (*Schur*, 1970). In Abb. 3.26 rastert ein Elektronenstrahl (Durchmesser < Zeilenabstand) ein Oberflächengitter ab. Es kommt nur dann zu einem großen

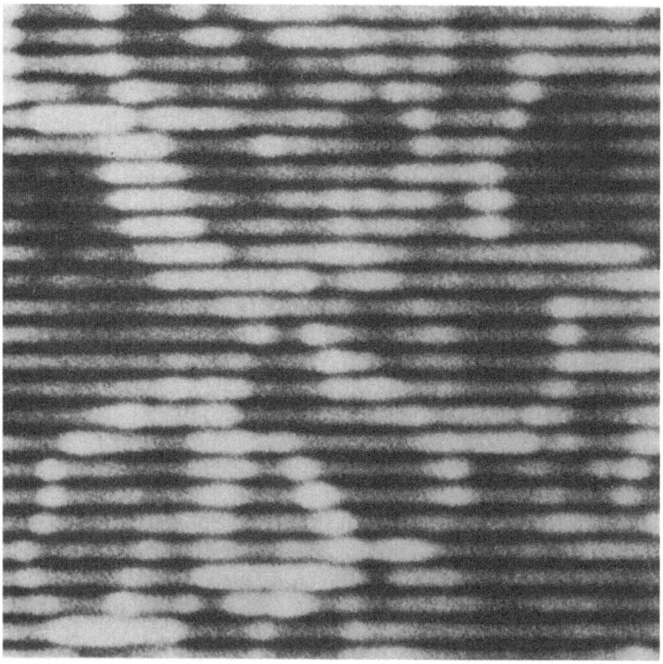

Abb. 3.25. Hohe optische Nachvergrößerung einer rasterelektronenmikroskopischen Aufnahme zur Demonstration der Abhängigkeit der Breite des schreibenden Elektronenstrahles von dessen Intensität. (Nach *Bode*)

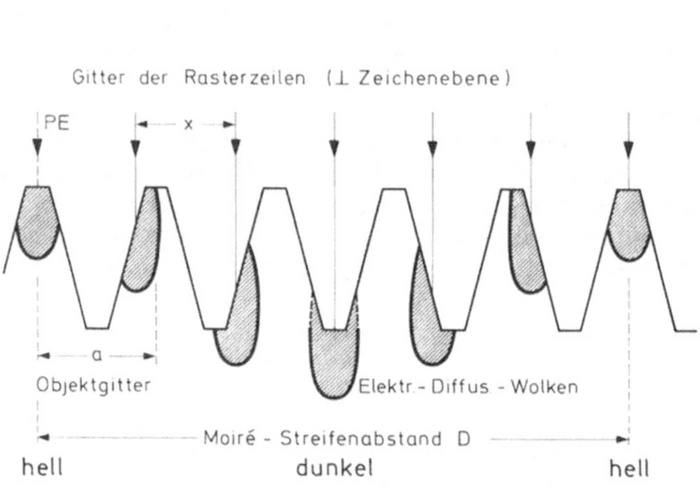

Abb. 3.26. Zur Entstehung des Moiré-Effektes mit Streifenabstand *D*, wenn Zeilenabstand *x* und Periodenabstand *a* auf dem Objekt sich nur wenig unterscheiden. (Nach *Schur*, 1970)

Signal, wenn der Elektronenstrahl die Spitzen des Gitters und die dem Kollektor zugewandten Seiten trifft. Es resultiert daraus eine Helligkeitsmodulation, deren Periodizitätslänge D sich aus dem Gitterabstand a und dem Zeilenabstand x zu

$$D = \frac{a}{(a-x)} \tag{3.40}$$

berechnet und damit um so größer wird, je weniger a und x differieren. Als Beispiel zeigt Abb. 3.27 Aufnahmen von Drehriefen auf einer Kupferprobe. Bei Abrasterung senkrecht zu den Riefen erfolgt normale Abbildung. Bei Drehung der Abrastrichtung um 90° tritt der Moiré-Effekt ein, wobei dieser sowohl vom Abstand der Riefen (3.40) als auch von deren Winkel zur Abrastrichtung abhängt.

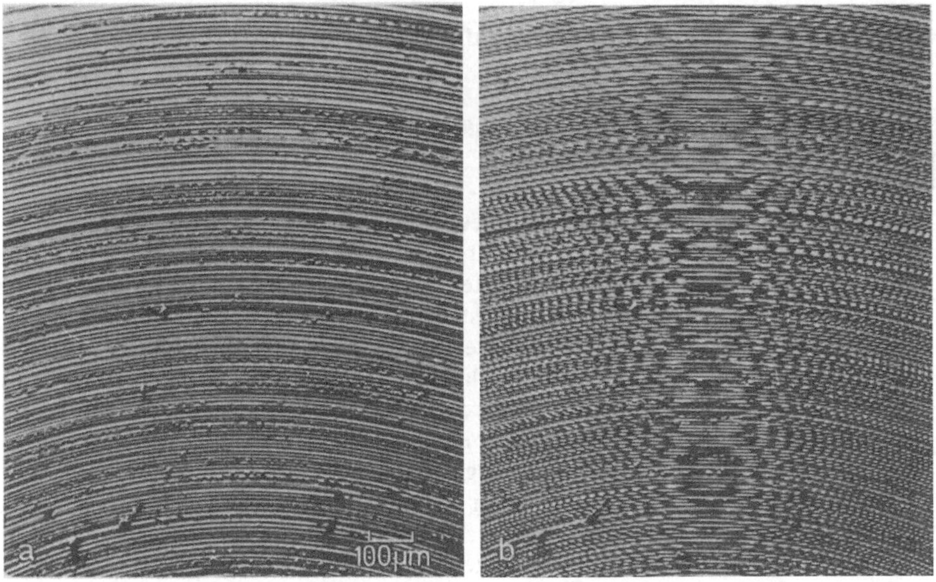

Abb. 3.27a u. b. Abbildung von Drehriefen auf einer Kupferprobe mit 1000 Zeilen pro Bild a) in vertikaler Richtung ohne Moiré-Effekt und b) in horizontaler Richtung mit Moiré-Effekt. (Nach *Schur*, 1970)

3.5.3. Aufzeichnung dynamischer Vorgänge

Auf verschiedene Anwendungsmöglichkeiten einer kinematischen Bildaufzeichnung ist schon in § 3.4.1 hingewiesen worden. Falls der zu registrierende Vorgang unterbrochen werden kann, können nacheinander Einzelaufnahmen angefertigt werden. Der nächste Schritt besteht darin, Öffnung eines Filmkamera-Verschlusses und Abrasterzeit miteinander zu synchronisieren, was bis herunter zu Abrasterzeiten von 1 s keine Schwierigkeiten bereitet (*Hearle* u. a., 1971; *Schmidt* u. *Zaminer*, 1971). Der nächste Schritt ist die unmittelbare Fernsehaufzeichnung auf einem

Bildmonitor und einem Videoband (bezüglich einer Aufzeichnung auf Tonband s. *Drayton* u. *Nixon*, 1969). Um die hierfür bereits technisch existierenden Möglichkeiten auszunutzen, sollte Zeilenzahl und Bildfrequenz auf die Norm dieser Aufnahmegeräte angepaßt werden (*Kimoto* u. a., 1969). Die Anzahl der Bildelemente auf dem Schirm des SEM beträgt etwa $2 \cdot 10^5$ bis $1 \cdot 10^6$ bei Abrastzeiten von 1–10 s. Der Fernsehschirm enthält ca. $1{,}5 \cdot 10^5$ Bildpunkte bei einer Abrastzeit von 1/30 s. Nach (2.25) ist daher ein Strom $I_0 = 2 \cdot 10^{-8}$ A erforderlich, was nach Abb. 3.4 einen Sondendurchmesser auf der Probe von einigen 1000 Å verlangt, falls man nicht den Richtstrahlwert z. B. mittels einer LaB_6- oder Feldemissionskathode erheblich vergrößert. Die höherfrequente Abrasterung verlangt unter Umständen den Austausch der Ablenkspulen gegen solche mit Ferritkernen. Der Videoverstärker muß außerdem eine Bandbreite von 4 MHz zulassen.

3.6. Spezielle Techniken der Raster-Elektronenmikroskopie

3.6.1. Spiegel-Raster-Elektronenmikroskopie

In der normalen Spiegel- oder Auflicht-Elektronenmikroskopie mit Linsenabbildung (Übersicht bei *Bok*, 1970) befindet sich das Objekt auf Kathodenpotential. Die Elektronen laufen gegen das Objektpotential an und kehren kurz vor der Objektoberfläche um, falls das örtliche Potential um Bruchteile eines Volts negativer als das Kathodenpotential ist. Kontrasterscheinungen entstehen durch Oberflächenrauhigkeiten, die zu Potentialverzerrungen führen. Unterschiedliche Potentiale auf der Objektoberfläche, z. B. in planaren Halbleiterschaltungen, können dazu führen, daß die Elektronen entweder absorbiert oder gespiegelt werden. Ferner können auch magnetische Objektfelder einen Kontrast herbeiführen. Durch einen Umlenkmagneten erfolgt eine Trennung des Beleuchtungs- und Abbildungsstrahlenganges. Es bestehen jedoch bei dieser Art der Elektronenmikroskopie zuweilen Schwierigkeiten, aus der komplizierten Ablenkung der Elektronenbahnen eindeutige Rückschlüsse auf das Objekt zu ziehen. Man kann einer spiegel-elektronenmikroskopischen Aufnahme nicht entnehmen, auf welche Objektstelle ein Elektron gefallen ist, welches irgendwo im Bild zu einer erhöhten Helligkeit beiträgt.

Rastert man jedoch das Objekt mit einem feinen Elektronenstrahl ab, so ergeben sich folgende Vorteile. Der Ort des abrasternden Elektronenstrahles und damit der Objektort sind eindeutig einem Punkt auf der Bildröhre zugeordnet. Bildverzerrungen oder Einbußen an Auflösungsvermögen durch den Abbildungsstrahlengang entfallen. Durch die Position des Kollektors besteht eine größere Variationsmöglichkeit, die durch Potentialverzerrungen in der Objektnähe verursachten Richtungsänderungen der Elektronen zu erfassen, wobei auch durch Verwendung von Mehrfachdetektoren sehr kleine Veränderungen in der Richtcharakteristik der gespiegelten Elektronen nachzuweisen sind.

Über Versuche mit einem derartigen Spiegel-Raster-Elektronenmikroskop berichten *Paden* u. *Nixon* (1968) und *Ogilvie* u. a. (1969). Bei einem schwach positiveren Potential als die Kathode besteht außerdem die Möglichkeit, Rastermikroskopie mit sehr langsamen Elektronen (10–1000 eV) zu betreiben. Dieses Gegenfeldverfahren umgeht die Schwierigkeiten, bei derartig kleinen Energien geringe Sondendurchmesser zu erzeugen. Die mit höherer Ausbeute ausgelösten Sekundärelektronen werden beim Durchlaufen des Gegenfeldes bis zum Detektor auf hohe Energie beschleunigt.

Dieses Prinzip kann auch auf Transmissionsexperimente übertragen werden. So gelang es *Paden* u. *Nixon* die Potentialverteilung in einer Netzmasche direkt abzubilden. Mit steigendem negativen Potential des Netzes zieht sich der durchstrahlbare Bereich der Netzmasche zusammen, bis der Potentialdurchhang in der Mitte nicht mehr ausreicht, Elektronen hindurchzulassen.

3.6.2. Mikrominiaturisierung mit einem Raster-Elektronenmikroskop

Der abrasternde Elektronenstrahl läßt sich nicht nur zur analytischen Untersuchung der Oberfläche, sondern auch für Fertigungszwecke verwenden. Es können folgende Effekte ausgenutzt werden: a) ionisierende und vernetzende Wirkung (speziell in Photolack), b) Aufwachsen von Kontaminationsschichten. Für ein Raster-Elektronenmikroskop spielt nach § 3.3.2 die Objekterwärmung eine untergeordnete Rolle. Materialbearbeitungen durch Schmelz- und Verdampfungsvorgänge werden daher in speziellen Elektronenstrahlapparaturen durchgeführt, die bei größeren Sondendurchmessern wesentlich höhere Bestrahlungsleistungen zulassen.

Die Arbeitsbedingungen des Raster-Elektronenmikroskopes können erfolgreich in der Photolacktechnik angewandt werden und erreichen hier ein besseres Auflösungsvermögen als bei der Belichtung mit ultraviolettem Licht (*Matta*, 1968; *Thornhill* u. *Mackintosh*, 1965; *Mackintosh*, 1965; *Thornley* u. a., 1970; *Miyauchi* u. a., 1970). Photolacke haben die Eigenschaft, unter UV-Bestrahlung zu polymerisieren. Die Auflösung wird durch die Wellenlänge des Lichtes (Beugung) und die Herstellungsgenauigkeit der Masken, welche lichtoptisch verkleinert auf das Objekt abgebildet werden, zu ca. 2–5 μm begrenzt. Demgegenüber wird bei einer Vernetzung des Photolackes mit Elektronenstrahlen das Auflösungsvermögen durch den Elektronenstrahldurchmesser begrenzt, kann jedoch nicht kleiner als der Durchmesser des Diffusionshofes werden. Auch wenn die Lackschicht dünner als die Reichweite ist, wird die Auflösung durch die rückgestreuten Elektronen der Unterlage bei 20 keV-Elektronen auf ca. 0,5–1 μm begrenzt.

Als elektronenempfindlicher Photolack dient z. B. ein sensibilisierter Lack auf der Basis von Polymethylmetacrylat (*Haller* u. a., 1968; *Hatzakis*, 1969; *Thompson*, 1974). Für eine Vernetzung sind bei 15 keV etwa 10^{-5} C cm^{-2} erforderlich. Da die Strahlstromdichte ca. 1 A cm^{-2} beträgt, sind 10^{-5} s für die Belichtung eines Bildpunktes von 1 μm Ausdehnung erforderlich. 1 cm^2 besitzt 10^8 Bildpunkte, so daß Belichtungszeiten von über 10 min resultieren können. Gegenüber einer gleichzeitigen Belichtung aller Probenstellen mit UV-Licht hat hier die Raster-Elektronenmikroskopie also einen Nachteil. Dafür besteht aber der Vorteil, die Masken über eine Hell-Dunkel-Steuerung durch einen Computer zu erzeugen und durch die Beobachtung von Probenströmen z. B. eine neue Maske wesentlich genauer über einen schon eindiffundierten pn-Übergang oder die Inversionsschicht eines Feldeffekttransistors zu setzen, als dies mit lichtoptischen Verfahren möglich ist. Hierdurch werden völlig neue Wege der Mikrominiaturisierung planarer Halbleiterschaltungen erschlossen (betreffend auftretender technischer Probleme s. *Thomson*, 1976; *Wilson* u. a., 1976; *Yew*, 1976). Wegen der langen Expositionszeiten ist es bei einer Serienfertigung auch von Interesse, eine Simultanbelichtung der Schaltung z. B. durch eine elektronenoptische Verkleinerung der Maske durchzuführen (*Heritage*, 1975).

Zum Schluß sei noch auf die Möglichkeit hingewiesen, auf dünnen durchstrahlbaren Schichten durch die Bestrahlung von Kollodiumschichten oder durch aufgewachsene Kontaminationsschichten eine Auflösungsgrenze von 100 bis 200 Å zu erreichen (s. Abb. 4.16). Diese Technik wird jedoch mehr in umgebauten Transmissions-Elektronenmikroskopen durchgeführt, da diese am optimalsten eine anschließende Beobachtung ermöglichen (*Boersch* u. a., 1959; *Möllenstedt* u. *Jönsson*, 1959; *Speidel*, 1965; *Möllenstedt* u. a., 1968; *Müller*, 1970, 1971).

Literatur zu § 3

Adams, J., Manley, B. W.: Philips Tech. Rev. **28**, 156 (1967)
Ahmed, H.: Proc. 25th Ann. Meeting of EMAG, p. 30. Bristol-London: Institute of Physics 1971
Ahmed, H., George, D. C.: Micron **3**, 69 (1972)
Bach, H., Blaschke, R., Bode, M., Pfefferkorn, G., Umrath, W.: BEDO **4/2**, 363 (1971)
Baggett, M. C., Glassman, L. H.: IITRI/SEM/1974, 199
Bahr, J., Dunger, B., Schwarz, W.: BEDO **3**, 379 (1970)
Balk, L. J., Kubalek, E.: BEDO **6**, 559 (1973)
Balk, L. J., Kubalek, E., Menzel, E.: BEDO **7**, 245 (1974)
Ballantyne, J. P., Yakowitz, H., Munro, E., Nixon, W. C.: Proc. 25th Ann. Meeting of EMAG, p. 194. Bristol-London: Institute of Physics 1971
Banbury, J. R., Nixon, W. C.: J. Phys. E **2**, 1055 (1969)
Banbury, J. R., Nixon, W. C.: IITRI/SEM/1970, 473
Boersch, H.: Z. Physik **139**, 115 (1954)
Boersch, H., Hamisch, H., Löffler, K. H.: Naturwiss. **46**, 596 (1959)
Bok, A. B.: In *Modern Diffraction and Imaging Techniques in Material Science*, p. 655. Amsterdam-London: North Holland Publ. Co. 1970
Brandis, E. K., Anderson, F. W., Hoover, R.: IITRI/SEM/1971, 505
Broers, A. N.: J. Appl. Phys. **38**, 1991 (1967)
Broers, A. N.: Rev. Sci. Instr. **40**, 1040 (1969a); J. Sci. Instr. **2**, 273 (1969b)
Broers, A. N.: *Microscopie electronique 1970*, Vol. I, p. 239. Grenoble 1970
Buhl, R.: Optik **19**, 122 (1962)
Butler, J. W.: *Electron Microscopy 1966*, Vol. I, p. 191. Kyoto 1966
Castaing, R., Descamps, J.: Compt. Rend. Acad. Sci. Paris **238**, 1506 (1954)
Christenhusz, R., Pfefferkorn, G.: BEDO **1**, 129 (1968)
Christenhusz, R., Reimer, L.: Z. Angew. Phys. **23**, 397 (1967)
Christenhusz, R., Reimer, L.: BEDO **2**, 89 (1969)
Clarke, D. R., Stuart, P. R.: J. Phys. E **3**, 705 (1970)
Cleaver, J. R. A., Smith, K. C. A.: IITRI/SEM/1973, 49
Cosslett, V. E.: Optik **36**, 85 (1972)
Cosslett, V. E., Haine, M. E.: Proc. III. Int. Conf. Electron Microscopy. London 1954, p. 639
Crewe, A. V., Eggenberger, D. N., Wall, J., Welter, L. M.: Rev. Sci. Instr. **39**, 576 (1968)
Dingley, D. J.: Micron **1**, 206 (1969)
Dosse, J.: Z. Physik **115**, 530 (1940)
Drayton, W. B., Nixon, W. C.: Proc. 27th Ann. Meeting EMSA, p. 18, 1969
Drescher, H., Reimer, L., Seidel, H.: Z. Angew. Physik **29**, 331 (1970)
Dudek, H. J.: BEDO **3**, 179 (1970)

Dunger, B., Schmidt, D.: BEDO **4**/2, 381 (1971)
Everhart, T. E.: IITRI/SEM/1968, 1
Everhart, T. E., Thornley, R. F. M.: J. Sci. Instr. **37**, 246 (1960)
Everhart, T. E., Wells, O. C., Matta, R. K.: J. Electrochem. Soc. **111**, 929 (1964)
Finnström, U.: *Electron Microscopy 1974*, Vol. I, p. 164. Canberra 1974
Fiori, C. E., Yakowitz, H., Newbury, D. E.: IITRI/SEM/1974, 167
Flemming, J. P.: J. Phys. E **2**, 93 (1969)
Fourie, J. T.: IITRI/SEM/1976 I, 53
Fulrath, R. M.: IITRI/SEM/1972, 17
Furchert, R., Selzer, H.: BEDO **4**/2, 357 (1971)
Gaukler, K. H., Speidel, R., Vorster, F.: Optik **42**, 391 (1975)
Glaser, W.: *Grundlagen der Elektronenoptik*. Wien: Springer 1952
Green, D., Sandor, J. E., O'Keeffe, T. W., Matta, R. K.: Appl. Phys. Letters **6**, 3 (1965)
Griffiths, B. W., Pollard, P., Venables, J. A.: Proc. 5th European Congr. Electron Microscopy 1972, p. 176. London: Institute of Physics 1972
Griffiths, B. W., Venables, J. A.: Proc. 5th Ann. SEM Symp., p. 9. Chicago 1972
Haller, I., Hatzakis, M., Strinivasan, R.: IBM J. Res. Develop. **12**, 251 (1968)
Hantsche, H.: BEDO **3**, 371 (1970)
Hantsche, H., Schreiber, G.: BEDO **3**, 167 (1970)
Hatzakis, M.: J. Electrochem. Soc. **116**, 1033 (1969)
Hatzakis, M.: Rev. Sci. Instr. **41**, 128 (1970)
Hayes, T. L., Koch, G.: IITRI/SEM/1975, 35
Hearle, J. W. S., Clarke, D. J., Lomas, B., Reeves, D. A., Sparrow, J. T.: Proc. 25th Ann. Meeting of EMAG, p. 210. Bristol-London: Institute of Physics 1971
Heide, H. G.: Z. Angew. Physik **15**, 116 (1963); ebd. **17**, 73 (1964)
Heinrich, K. F. J.: Adv. X-Ray Analysis **7**, 382 (1963)
Heritage, M. B.: J. Vac. Sci. Technol. **12**, 1135 (1975)
Herring, C. P., Goringe, M. J., Joy, D. C.: *Microscopie electronique 1970*, Vol. I, p. 215. Grenoble 1970
Hersener, J., Ricker, Th.: BEDO **5**, 377 (1972)
Herzog, R. F., Lewis, B. L., Everhart, T. E.: IITRI/SEM/1974, 175
Hörl, E. M.: Proc. 5th European Congr. Electron Microscopy, p. 374. London-Bristol: Institute of Physics 1972
Hörl, E. M., Buschbeck, F.: *Electron Microscopy 1976*, Vol. I, p. 331. Jerusalem 1976
Hughes, K. A., Sulway, D. V., Wayte, R. C., Thornton, P. R.: J. Appl. Phys. **38**, 4922 (1967)
Ichinokawa, T., Iiyama, M., Onoguchi, A., Kobayashi, T.: Japan. J. Appl. Phys. **13**, 1272 (1974)
Ingersol, R. M., Derouin, D. H.: Rev. Sci. Instr. **40**, 637 (1969)
Jones, M. P., Gavrilovic, J., Beaven, C. H. J.: Trans. Inst. Min. Met. **75**, B 274 (1966)
Keery, W. J., Leedy, K. O., Galloway, K. F.: IITRI/SEM/1976 I, 507
Kimoto, S., Sato, M., Adachi, T.: IITRI/SEM/1969, 65
Kosuge, T., Hashimoto, H., Sato, M., Kimoto, S.: *Microscopie electronique 1970*, Vol. I, p. 201. Grenoble 1970
Lane, W. C.: IITRI/SEM/1970, 41
Langmuir, D. B.: Proc. IRE **25**, 977 (1937)
Leisegang, S.: Proc. 3rd Intern. Conf. Electron Microscopy, p. 184. London 1954
Lyon, N. C., Gasiecki, E., Parsons, D. F.: IITRI/SEM/1976 I, 101
Ma, T. P., Scoggan, G., Leone, R.: Appl. Phys. Letters **27**, 61 (1975)
Maas, A.: *Electron Microscopy 1974*, Vol. I, p. 162. Canberra 1974
MacDonald, N. C.: IITRI/SEM/1969, 431
MacDonald, N. C., Everhart, T. E.: J. Appl. Phys. **39**, 2433 (1968)
Mackintosh, I. M.: Proc. IEEE **53**, No. 4 (1965)
Marshall, D. C., Stephen, J.: J. Phys. E **5**, 1046 (1972)
Martin, J. P.: BEDO **4**/2, 387 (1971)
Martin, J. P., Speidel, R.: BEDO **4**/2, 345 (1971)
Matta, R. K.: IITRI/SEM/1968, 131
Miyauchi, S., Tanaka, K., Russ, J. C.: IEEE Transact. Electron Devices **17**, 450 (1970)
Möllenstedt, G., Jönsson, C.: Z. Physik **155**, 472 (1959)

Möllenstedt, G., Schief, R., Speidel, R.: Optik **27,** 488 (1968)
Morgan, R. S., Lebiedzik, J., White, E. W.: IITRI/SEM/1973, 205
Morin, P., Pitaval, M., Vicario, E.: Developments in Electron Micr. and Analysis, Proc. EMAG 75, p. 115. London 1976
Müller, K. H.: *Microscopie electronique 1970,* Vol. I, p. 183. Grenoble 1970
Müller, K. H.: Optik **33,** 296+331 (1971)
Ogilvie, R. E., Schippert, M. A., Moll, S. H., Koffman, D. M.: IITRI/SEM/1969, 425
Ordonez, J.: Metallography **4,** 575 (1971)
Oron, M., Gilbert, D.: IITRI/SEM/1976 I, 121
Paden, R. S., Nixon, W. C.: J. Phys. E **1,** 1073 (1968)
Parsons, D. F., Lyon, N. C.: IITRI/SEM/1975, 27
Pawley, J. B.: IITRI/SEM/1974, 27
Pawley, J. B., Hayes, T. L.: IITRI/SEM/1971, 105
Pawley, J. B., Hayes, T., Falk, R. H.: IITRI/SEM/1976 I, 187
Pawley, J. B., Nowell, J. A.: IITRI/SEM/1973, 333
Pfefferkorn, G.: Proc. Sec. Annual Stereoscan Colloquium, Chicago 1969, Engis Equipment Co.
Pfefferkorn, G., Grüter, H., Pfautsch, M.: IITRI/SEM/1972, 147
Reimer, L.: Z. Naturforsch. **15a,** 405 (1960)
Reimer, L.: Z. Naturforsch. **16b,** 166 (1961)
Robinson, V. N. E.: IITRI/SEM/1976 I, 91
Schmidt, D., Zaminer, Ch.: BEDO **4**/2, 373 (1971)
Schreiber, G., Schwarz, W.: BEDO **1,** 107 (1968)
Schulson, E. M.: IITRI/SEM/1971, 489
Schur, K.: BEDO **3,** 143 (1970)
Schwarz, W., Dunger, B., Bahr, J.: BEDO **7,** 149 (1974)
Shaffner, T. J., Hearle, J. W. S.: IITRI/SEM/1976 I, 61
Simons, M., Monteith, L. K., Hauser, J. R.: IEEE Transact. Electron Devices **15,** 966 (1968)
Speidel, R.: Optik **23,** 125 (1965)
Spivak, G. V., Rau, E. I., Lukianov, A. E., Petrov, V. I., Bicov, M. V.: Proc. Fifth European Congr. Electron Microscopy 1972, p. 492. London-Bristol: Institute of Physics 1972
Stabenow, J.: Naturwiss. **54,** 163 (1967)
Stabenow, J.: In *Methodensammlung der Elektronenmikroskopie* (Hrsg. Schimmel, G., Vogell, W.), 1. Lieferung. Stuttgart: Wiss. Verlagsges. 1970
Swann, D. J., Kynaston, D.: IITRI/SEM/1973, 57
Szedon, J. R., Sandor, J. E.: Appl. Phys. Letters **6,** 181 (1965)
Taylor, M. E.: Rev. Sci. Instr. **43,** 1846 (1972)
Thompson, L. F.: Solid State Technol. **17,** 27 (1974)
Thomson, M. G. R.: IITRI/SEM/1976 I, 633
Thornhill, J. W., Mackintosh, I. M.: Microelectronics and Reliability **4,** 97 (1965)
Thornley, R. F. M., Hatzakis, M., Dhaka, V. A.: IEEE Transact. Electron Devices **17,** 961 (1970)
Thornton, P. R.: *Scanning Electron Microscopy. Applications to Materials and Device Science,* p. 179/80. London: Chapman and Hall 1968
Thornton, P. R., Sulway, D. V., Shaw, D. A.: IEEE Transact. Electron Devices **16,** 360 (1969)
Ujiiye, N., Kimoto, S., Kawasaki, Y.: IITRI/SEM/1971, 97
Veld, R. D. van, Shaffner, T. J.: IITRI/SEM/1971, 17
Veneklasen, L. H.: Optik **36,** 410 (1972)
Weitzenkamp, L. A.: J. Phys. E **2,** 561 (1969)
Wilson, A. D., Chang, T. H. P., Speth, A. J., Kern, A.: IITRI/SEM/1976 I, 659
Woolf, R. J., Joy, D. C., Tansley, D. W.: J. Phys. E **5,** 230 (1972)
Yakowitz, H., Heinrich, K. F. J.: J. Res. Nat. Bur. Standards **73A,** 113 (1969)
Yew, N. C.: IITRI/SEM/1971, 33
Yew, N. C.: IITRI/SEM/1976 I, 641
Young, R. D.: Phys. Rev. **113,** 110 (1959)
Young, R. D., Müller, E. W.: Phys. Rev. **113,** 115 (1959)

4. Abbildung mit Sekundär-, Rückstreuelektronen und Probenströmen

4.1. Oberflächentopographie

4.1.1. Kontrast durch Flächenneigung (Reliefkontrast)

Der wichtigste Kontrasteffekt bei der Abbildung der Oberflächentopographie entsteht aus der Abhängigkeit der SE-Ausbeute δ und des Rückstreukoeffizienten η vom Einfallswinkel α des Elektronenstrahles auf das abzubildende Flächenelement df (Abb. 4.1 a). Der plastische Eindruck der rasterelektronenmikroskopischen Bilder resultiert aus einer lichtoptischen Analogie, bei der die Beleuchtung aus der Richtung des Kollektors und die Betrachtung in Richtung der Einfallsrichtung des Elektronenstrahles erfolgt (Abb. 4.1 a u. b). Zusätzlich wird der plastische Eindruck durch Abschattungseffekte (§ 4.1.2) erhöht. Üblicherweise werden rasterelektronenmikroskopische Bilder daher so wiedergegeben, daß die Richtung zum Kollektor nach oben zeigt. Ein aus der Betrachtungsrichtung erscheinendes Flächenelement df hat in Wirklichkeit die Fläche $df/\cos\alpha$. Nimmt man für den Fall der lichtoptischen Analogie (Abb. 4.1 b) eine matte Oberfläche an, welche mit einer Richtcharakteristik proportional $\cos\Theta$ abstrahlt, so wird in Beobachtungsrichtung eine Leuchtdichte proportional $\sin\alpha$ beobachtet. Nach Abb. 4.1 c zeigt auch das Videosignal (s. Abb. 3.17) der RE+SE auf einer ebenen Fläche einen monotonen Anstieg mit α. Es ergibt sich jedoch im SE-Bild auch ein Untergrund bei $\alpha=0°$ und damit eine schwache Bildintensität für $\alpha=0°$, was einer zusätzlichen diffusen Beleuchtung entspricht. Bei α nahe 90° wird die SE-Ausbeute stark erhöht. Stark geneigte Flächen erscheinen daher im rasterelektronenmikroskopischen Bild übertrieben heller als bei einer äquivalenten Lichtbeleuchtung. Der unten beschriebene Kanteneffekt (§ 4.1.3) verstärkt weiterhin diese typische Besonderheit rasterelektronenmikroskopischer Bilder. Der gestrichelt angedeutete Abfall in Abb. 4.1 c erfolgt, weil bei streifendem Einfall $df/\cos\alpha$ nicht beliebig hohe Werte annehmen kann.

Abb. 4.2 a zeigt ein typisches Beispiel für den Flächenneigungskontrast. Bei der Beobachtung von Kugeln auf einer ebenen Unterlage kann z. B. der Fall eintreten, daß die Umgebung durch eine stärkere Neigung heller erscheint als die mittlere Helligkeit der Kugel. Es tritt dann eine Kontrastumkehr auf, indem die Kugel dunkler erscheint als die Umgebung (*Schur* u. a., 1967, 1968) (Abb. 4.3 a).

In den Abb. 4.4 a u. b sind das SE- und RE-Bild der gleichen Kugel verglichen. Das SE-Bild zeigt am Kugelrand aufgrund des großen Einfallswinkels die in den Kurven von Abb. 4.1 c zum Ausdruck kommende Signalüberhöhung,

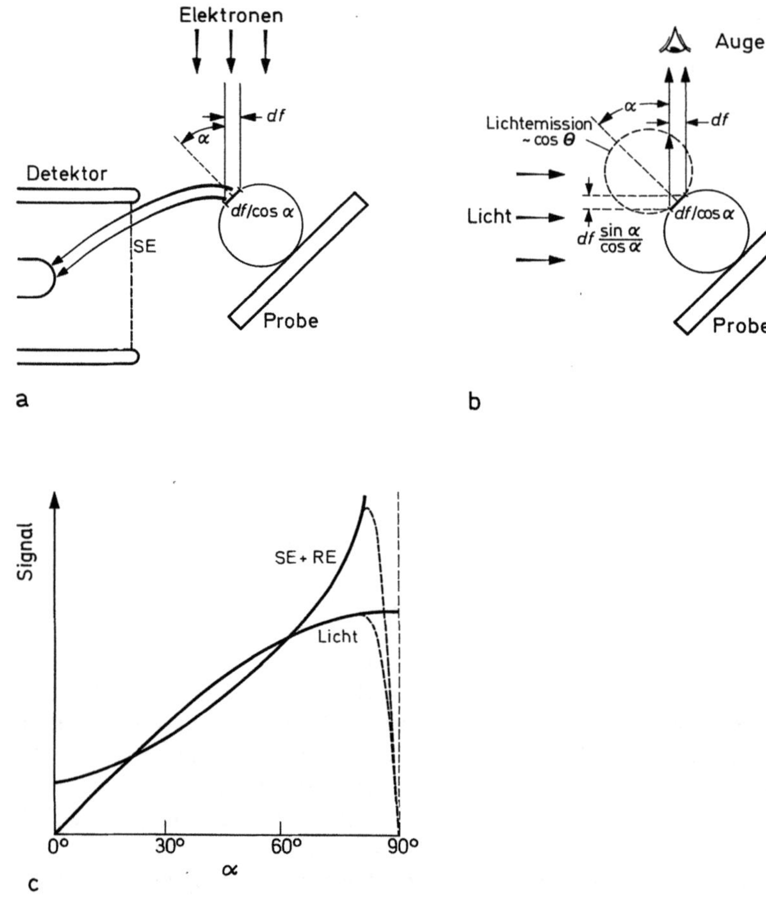

Abb. 4.1 a–c. Analogie zwischen a) dem Flächenneigungskontrast bei der Raster-Elektronenmikroskopie und b) einer seitlichen Beleuchtung bei visueller Beobachtung. c) Signal-Neigungs-Kurven für das Signal der SE+RE nach Abb. 3.17 und für die Lichtintensität bei seitlicher Beleuchtung der diffus streuenden Fläche ($\sim \sin\alpha$)

welche auch mittels Y-Modulation nachgewiesen werden kann (Abb. 4.4c). Im gleichen Bild ist auch mit unveränderter Verstärkung das RE-Signal aufgezeichnet, welches in seiner Intensität wesentlich niedriger liegt (s. a. Abb. 3.17) und nicht die starke relative Überhöhung am Kugelrand zeigt. (Zur weiteren Diskussion der Abschattungseffekte in den Abb. 4.4a u. b siehe § 4.1.2 und zum Y-Modulationsbild der kleinen Kugeln (Abb. 4.4d) siehe § 4.1.3.)

Der Flächenneigungskontrast kann auch dazu führen, daß bei kleinen Vergrößerungen Flächen unterschiedliche Bildhelligkeit zeigen (Abb. 4.5), welche in ihrer Mikrorauhigkeit differieren, die erst bei höheren Vergrößerungen aufgelöst wird.

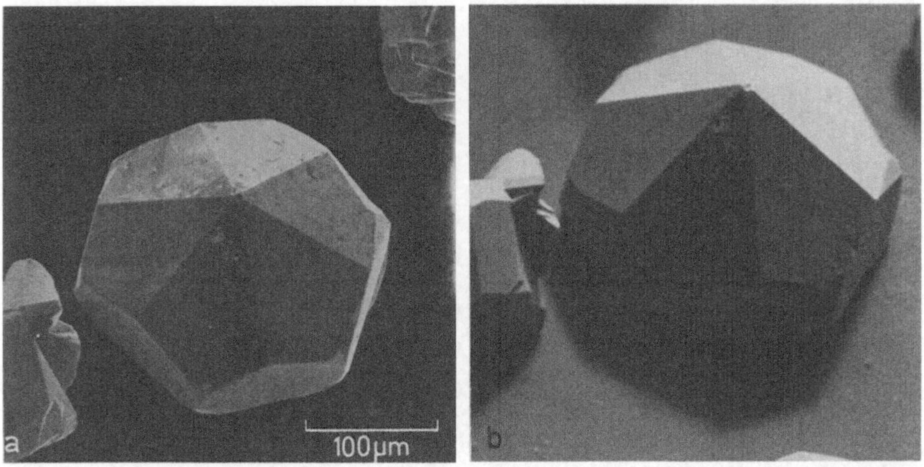

Abb. 4.2a u. b. Demonstration des Flächenneigungskontrastes und der Abschattungseffekte bei der Abbildung mit a) Sekundär- und b) rückgestreuten Elektronen (Objekt: $Ge_{38}P_8J_8$-Kristalle)

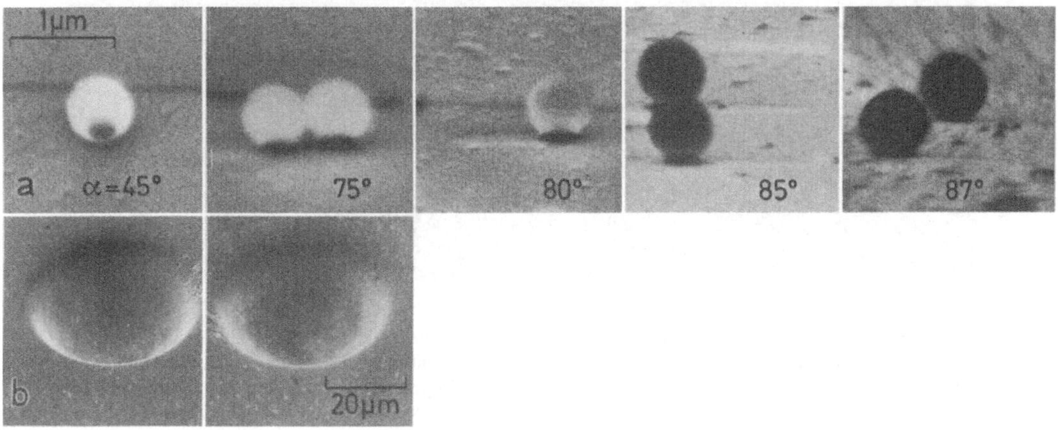

Abb. 4.3. a) Veränderung der Helligkeit von Polystyrol-Kugeln relativ zur Unterlage bei Änderung des Elektroneneinfallswinkels α zur Unterlage (scheinbare Kontrastumkehr für $\alpha = 85$ und 87°, weil der Untergrund auf nahezu gleiche Helligkeit eingestellt wurde). b) Kontrast einer kugelkalottenförmigen Vertiefung in einer Kupferprobe bei Probenneigung um $\alpha = 45°$ und Drehung um 180° um die Probennormale in den beiden Teilaufnahmen. (Nach *Schur* u. a., 1967)

Da es durch Einschalten des black levels ohne weiteres möglich ist, Intensitätsunterschiede im Videosignal von 1% kontrastreich wiederzugeben, entspricht der Abhängigkeit der Steigung von I_{SE+RE} in Abb. 3.17 bzw. 4.1c eine kleinste nachweisbare Winkeldifferenz zwischen benachbarten Flächen von etwa 0,5°. Für die kontrastreiche Wiedergabe kleiner Oberflächenrauhigkeiten auf ebenen

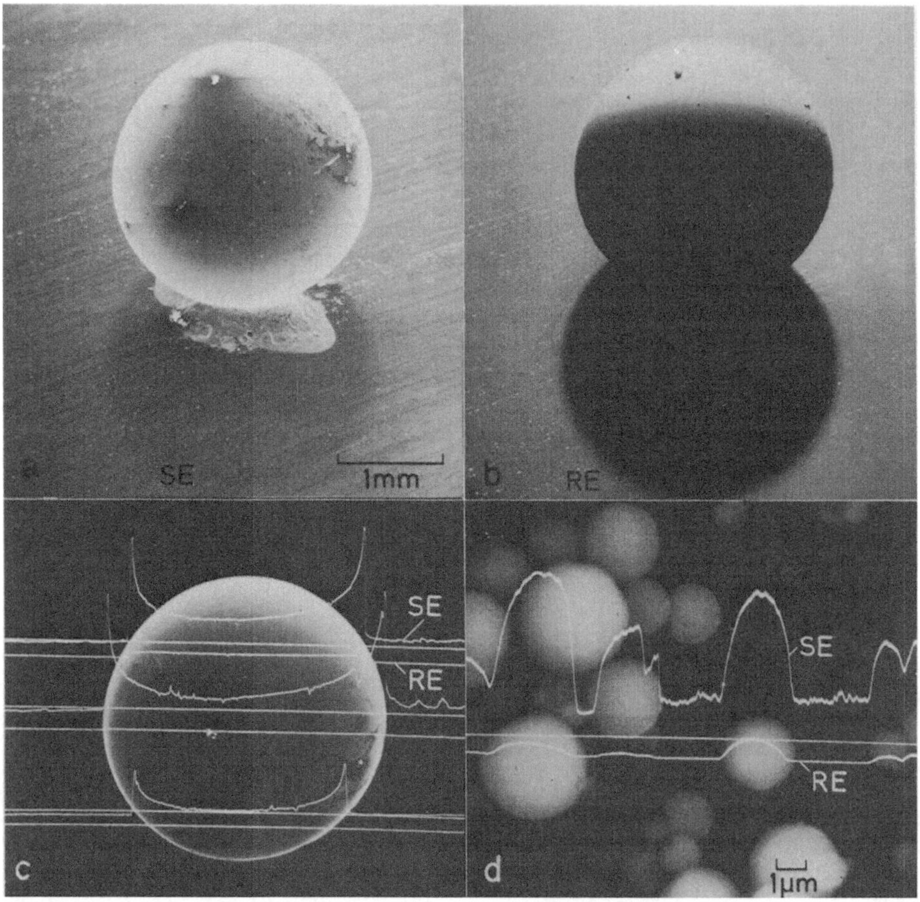

Abb. 4.4a–d. Abbildung einer 3-mm-Stahlkugel im a) SE- und b) RE-Bild (Demonstration der starken Schattenbildung im RE-Bild). c) SE-Bild mit Y-Modulation (Linescan) des SE- und RE-Videosignales (Demonstration der Intensitätsüberhöhung an den Kanten im SE-Bild und des vergleichsweise sehr niedrigen RE-Signals unter gleichen Bestrahlungsbedingungen; Aufnahme b wurde mit höherem Primärstrom erhalten als a). d) Abbildung von kleinen Glaskugeln im SE-Bild und Y-Modulation mit dem SE- und RE-Videosignal (aufgrund der Elektronendiffusion in den kleinen Kugeln tritt ein Maximun der SE-Emission in der Mitte auf; der RE-Anteil ist relativ zum SE-Anteil größer als in c). (*Blaschke*)

Flächen bewähren sich auch die richtungsselektive Detektoranordnung von *Banbury* u. *Nixon* (§ 3.4.6) bei der Abbildung mit SE und die Abbildung mit „Low-loss-Elektronen" durch Energiefilterung der RE (§ 4.3.3).

Das SE- und RE-Signal ist keine umkehrbar eindeutige Funktion der Flächenorientierung. Wenn man jedoch 4 Rückstreudetektoren verwendet, läßt sich die lokale Flächenneigung berechnen (*Lebiedzik* u. *White*, 1975). Durch Aufintegration kann man das Oberflächenprofil erfassen. Diese Methode setzt jedoch eine umfangreiche Überprüfung der Abhängigkeit des Signals vom Normalenvektor der Oberfläche voraus.

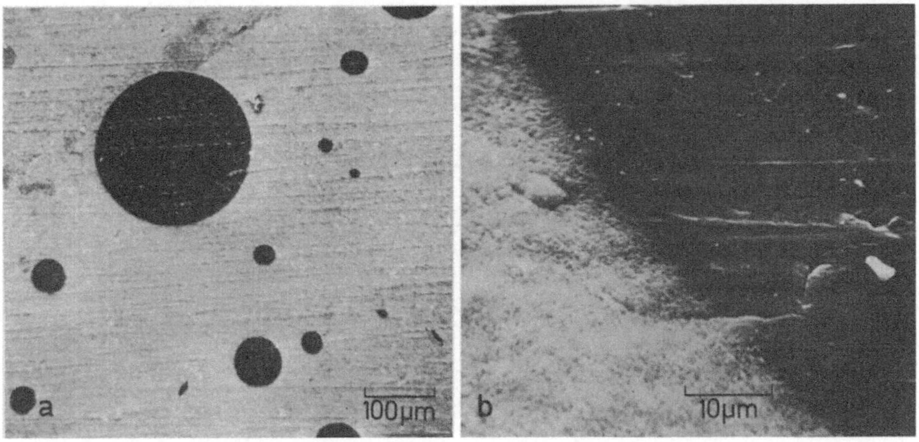

Abb. 4.5 a u. b. Helligkeitsunterschiede auf einer Kunststoff-Oberfläche bei a) kleinerer Vergrößerung, die sich bei b) hoher Vergrößerung als Folge einer Mikrorauhigkeit erweisen

4.1.2. Kontrast durch Abschattung

Während die dem Kollektor zugeneigten Flächen eine Bildhelligkeit aufweisen, die durch den Neigungswinkel α der Flächennormalen zum Elektronenstrahl und die Detektorgeometrie bestimmt ist, hängt bei Flächen, welche im Schatten des Kollektors liegen, die Helligkeit des Bildes stark von der gesamten Objektstruktur ab. Es ergeben sich vor allem charakteristische Unterschiede im SE- und RE-Bild. Im Schatten ausgelöste SE können den Kollektor zum Teil noch erreichen, während RE mit nahezu geradlinigen Bahnen sehr scharfe Schatten im Bild erzeugen. Abb. 4.6 zeigt schematisch den Intensitätsverlauf bei der Beobachtung einer Objekterhebung. Eine schwache Untergrundintensität im Schatten des RE-Bildes resultiert aus der doppelten Rückstreuung der Elektronen an den Probenkammerwänden.

Diese Abschattungseffekte sind in den Abb. 4.2 und 4.4a u. b zu erkennen. Während im SE-Bild (Abb. 4.2a) auch die dem Kollektor abgewandten Flächen relativ hell erscheinen, ist im RE-Bild (b) kein Kontrast auf den im Schatten liegenden Flächen zu erkennen.

Bei niedrigen Vergrößerungen bis zu etwa 1000fach führt dies dazu, daß RE-Bilder einen wesentlich besseren plastischen Eindruck des Objektes vermitteln. Außerdem wird das RE-Bild nicht durch dünne Auflagerungen mit unterschiedlicher SE-Ausbeute gestört, die im SE-Bild dem Flächenneigungskontrast überlagert sind. Abb. 4.7 zeigt zur Demonstration dieser Erscheinung Abbildungen einer Gallensteinoberfläche. Die Überlegenheit des SE-Bildes macht sich erst bei höheren Vergrößerungen bemerkbar, wenn Objekteinzelheiten aufgelöst werden können, die kleiner als der Durchmesser des Diffusionshofes bzw. des Austrittsgebietes der RE sind. Dann kommt das höhere Auflösungsvermögen und das geringere Rauschen des SE-Bildes zum Tragen.

Die Ausbildung der Schatten im RE-Bild und das erhöhte SE-Signal von den dem Kollektor zugeneigten Flächen erlauben in den meisten Fällen die

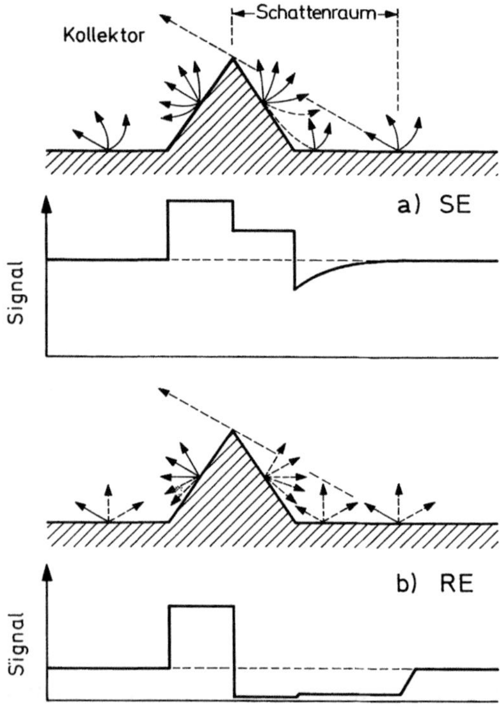

Abb. 4.6a u. b. Schematischer Verlauf des Videosignales bei der Abbildung einer Objekterhebung mit a) SE und b) RE (gestrichelt gezeichnete SE oder RE erreichen nicht den am linken Bildrand liegenden Detektor)

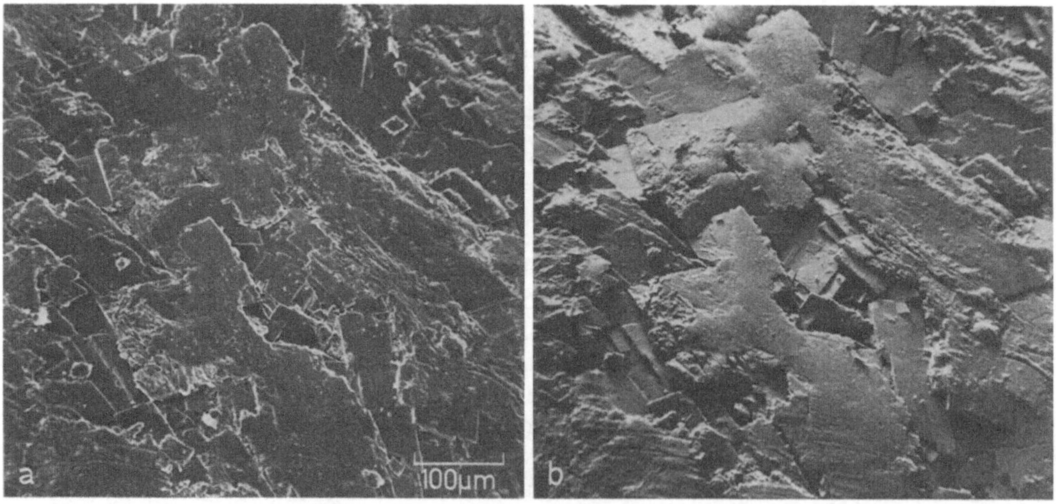

Abb. 4.7a u. b. Demonstration der besseren topographischen Wiedergabe mit b) RE gegenüber a) SE bei niedrigen Vergrößerungen wegen der ausgeprägteren Schattenbildung im RE-Bild (Objekt: Gallenstein-Oberfläche). (*Blaschke*)

Entscheidung, ob Oberflächenstrukturen Erhebungen oder Vertiefungen darstellen. Über entsprechende Modellversuche berichten *Corvin* u. *Johari* (1970). In Zweifelsfällen können zur Klärung Aufnahmen unter verschiedenen Kippwinkeln bzw. Stereobetrachtungen herangezogen werden. Z. B. zeigt Abb. 4.3b die Abbildung einer kugelkalottenförmigen Vertiefung auf einer Kupferprobe unter $\alpha = 45°$. Bei Senkrechteinfall des Elektronenstrahles ($\alpha = 0°$) ist nicht zu entscheiden, ob es sich um eine Vertiefung oder Erhebung handelt. Dies gelingt erst durch Kippung des Präparattisches. In Abb. 4.3b erscheint deutlich die untere Kante heller und scheinbar mit einem kleineren Krümmungsradius. Da die Richtung zum Detektor nach oben weist, ist damit erwiesen, daß es sich um eine Vertiefung handelt. Zwischen den beiden Aufnahmen in Abb. 4.3b bei $\alpha = 45°$ wurde die Probe um eine Achse normal zur Oberfläche um 180° gedreht. Da sich dadurch das Bild nicht ändert, handelt es sich um eine rotationssymmetrische Vertiefung. Der scheinbar unterschiedliche Krümmungsradius der oberen und unteren Kante beruht daher auf der Schrägstellung und auf dem Kanteneffekt (§ 4.1.3).

Abschattungseffekte wirken sich besonders ungünstig bei der Untersuchung tiefer Löcher und Spalten aus. Nach *Hindermann* u. *Davis* (1974) kann man im SE-Bild wesentlich tiefer in diese „hineinsehen“, wenn man unmittelbar über dem Objekt ein Netz auf positivem Potential anbringt, welches das Absaugfeld im Inneren dieser Strukturen erhöht. Eine analoge Wirkung hat ein longitudinales Magnetfeld, bei dem die SE die Vertiefung auf Schraubenbahnen verlassen können (*Lukianov* u.a., 1972) (s.a. Abb. 5.4).

4.1.3. Kontrast durch erhöhte Emission an Kanten und durchstrahlbaren Objektstrukturen

An einer vorspringenden Kante bzw. vorstehenden Objektstruktur tritt eine erhöhte Rückstreuung und Sekundärelektronenausbeute auf, da nach Abb. 4.8 die Diffusionswolke stärker angeschnitten wird und mehr rückgestreute bzw. transmittierte Elektronen die Probe verlassen können (*Christenhusz* u. *Reimer*, 1969). Diese lösen bei ihrem Austritt auch mehr Sekundärelektronen aus, insbesondere weil sie Energie in der Probe verloren haben und die Oberfläche unter einem schrägen Winkel durchdringen (Kanteneffekt).

Der Kanteneffekt bewirkt, daß die Auflösung der genauen Form der Kanten sehr schlecht wird. Es ist in vielen Fällen nicht zu unterscheiden, ob die Kante einen kleinen oder großen Krümmungsradius besitzt. Feinere Strukturen auf der Kante und in unmittelbarer Nähe werden jedoch mit der Auflösung der Größenordnung 100–200 Å abgebildet, sofern der Signalbeitrag der SE der Gruppe 1 genügend variiert. Zwischen Flächen gleicher Helligkeit lassen sich oft nur durch den Kanteneffekt die Kantenverläufe erkennen. Der Kanteneffekt läßt sich nur dadurch verringern, daß die Energie der Primärelektronen herabgesetzt wird.

Dies soll anhand von Bildbeispielen demonstriert werden. In Abb. 4.9a führt der Kanteneffekt zu einem falschen Bildeindruck. Der Schaft des Kristalles erscheint stark abgerundet. Erst durch eine Kippung des Objektes (b und c) kommt zum Ausdruck, daß der Schaft einen rechteckförmigen Querschnitt besitzt, obwohl

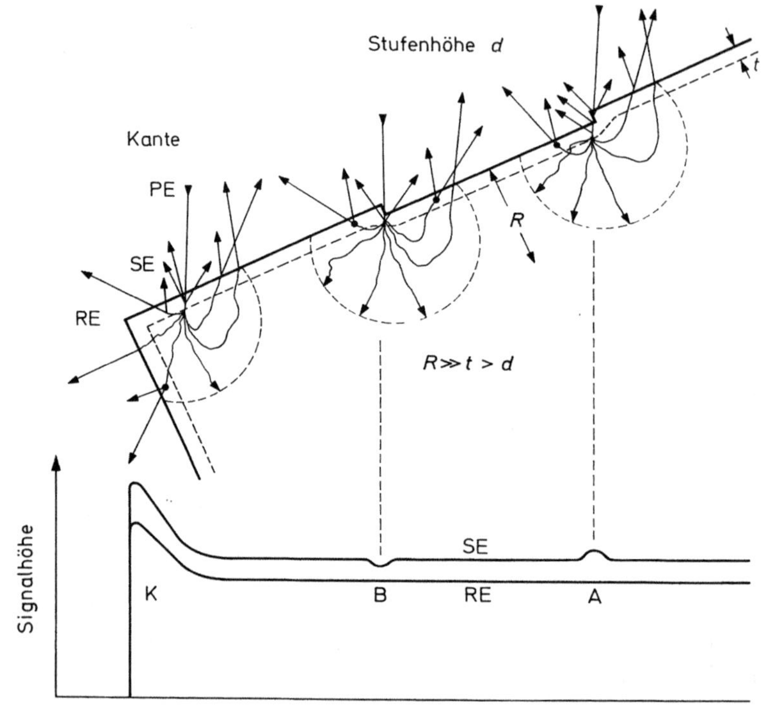

Abb. 4.8. Schematischer Intensitätsverlauf des SE- und RE-Signals bei der Beobachtung einer Kante K (Signalüberhöhung durch den Kanteneffekt) und des SE-Signals bei der Abbildung kleiner Oberflächenstufen in den Anordnungen A und B

Aussagen über den Krümmungsradius an den Kanten nicht erfolgen können. Dieses Beispiel demonstriert auch besonders am Ende des Kristalls, wie eine Serie aus Aufnahmen mit verschiedenen Kippwinkeln die dreidimensionale Form eines Objektes zu erfassen gestattet. Abb. 4.10 zeigt Aufnahmen derselben Objektstelle bei 10 und 30 keV. In b) ist deutlich der verstärkte Kanteneffekt zu erkennen. Da die Ausdehnung des Kanteneffektes proportional mit der Reichweite anwächst, und diese nach § 2.4.1 proportional $E^{5/3}$ ansteigt, soll die Breite der Kantensäume in den Abb. 4.10a und b sich wie $(10:30)^{5/3} \simeq 1:6$ verhalten. Die Abbildungen bestätigen dies. Der mittlere Kristall ist in der Mitte hohl. Bei 30 keV wird der gesamte Kristall durchdrungen und es tritt auch eine SE-Emission an der Unterseite auf, welche die Aufhellung in der Mitte bewirkt. Im unteren Kristall ragt an der rechten unteren Ecke eine freistehende Lamelle heraus, welche bei a) 10 keV teilweise durchstrahlt wird und an den Kanten noch erhöhte Intensität durch den Kanteneffekt aufweist. Bei b) 30 keV wird diese Lamelle stärker durchstrahlt. Sie erscheint heller und die Intensitätserhöhung an den Kanten kommt nicht zum Tragen.

Die Erhöhung der Bildhelligkeit bei durchstrahlbaren Strukturen tritt auch bei dünnen durchstrahlbaren Fasern auf, die sich überkreuzen (*Pfefferkorn* u. *Blaschke*, 1968). An der Überkreuzungsstelle erscheint das Bild heller, weil Primär-

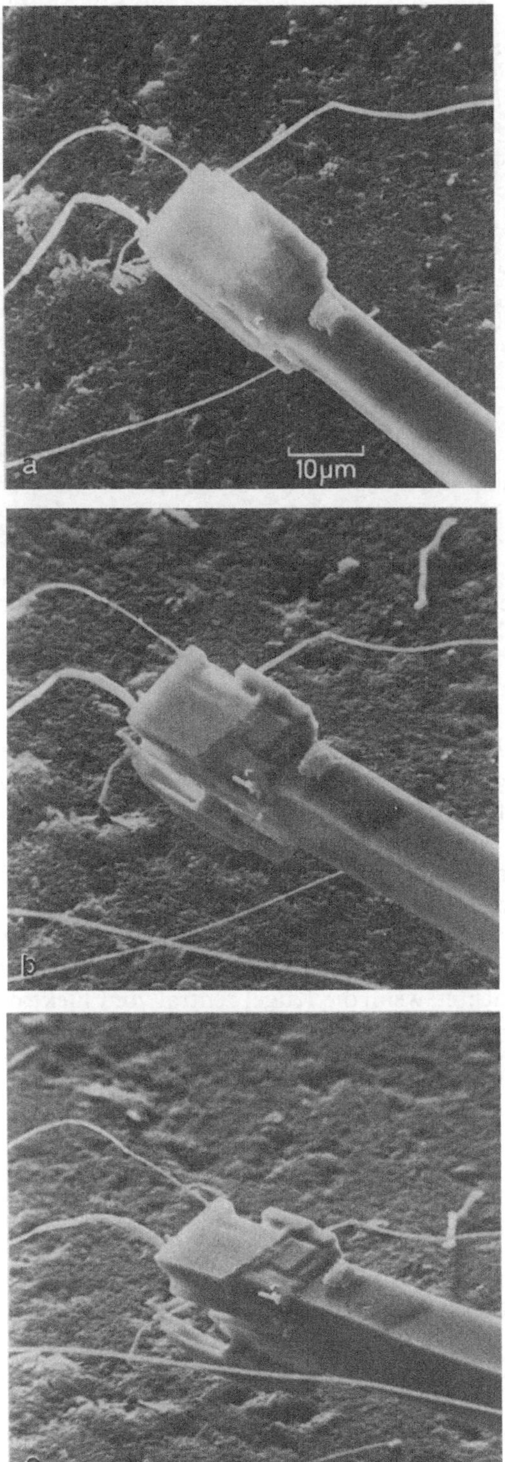

Abb. 4.9 a–c. Abbildung eines KCl-Kristalles mit Whiskern unter verschiedenen Neigungswinkeln des Präparattellers a) 10°, b) 30° und c) 50°. Demonstration des Kanteneffektes am Kristallschaft und besseren Erfassung der dreidimensionalen Form durch eine Objektneigungsserie. (*Blaschke*)

Abb. 4.10a u. b. Tridymit-Kristalle und Hyalit-Kugeln auf einem Goldblech bei einer Energie der Primärelektronen von a) 10 und b) 30 keV. Demonstration des verstärkten Kanteneffektes und der besseren Objektdurchstrahlung bei höheren Elektronenenergien. (*Blaschke*)

elektronen, welche die erste Faser durchdringen, auch an der zweiten weitere Sekundärelektronen auslösen können. Da in der ersten Faser durch Streuung eine Richtungsablenkung der PE auftritt, hängt die Aufhellungszone auch vom Abstand der Fasern ab.

Durch den Kanteneffekt wird der Kontrast kleiner Teilchen (z.B. Kugeln mit einem Radius kleiner oder vergleichbar zur Reichweite) grundlegend gegenüber denjenigen großer Teilchen verändert. Dies zeigt die Y-Modulation eines kleinen Teilchens im SE- und RE-Bild in Abb. 4.4d. Maximale Intensität wird unter diesen Bedingungen dann beobachtet, wenn die Kugel zentral vom Elektronenstrahl getroffen wird. Dann kann eine maximale Zahl von Rückstreuelektronen aus der Kugel diffus nach allen Seiten austreten und liefert dabei auch einen höheren SE-Beitrag.

4.2. Materialkontrast

4.2.1. Kontrast durch Variation des Rückstreukoeffizienten

Im folgenden soll vorausgesetzt werden, daß die Oberfläche des Objektes eben ist und damit keinen topographischen Kontrast zeigt. Nur unter diesen Bedingungen kann der Materialkontrast aufgrund der Z-Abhängigkeit des Rückstreukoeffizienten (Abb. 2.18) eindeutig ausgenutzt werden. Die SE-Ausbeute ist keine eindeutige Funktion des Materials (Abb. 2.23) und außerdem sehr abhängig von Kontaminationsschichten.

Es ist jedoch möglich, das rauschärmere Signal der SE für einen eindeutigen Materialkontrast auszunutzen, wenn man das Objekt mit einer Metallaufdampfschicht (z.B. 100–200 Å Au) überdampft. Bei isolierenden Objekten ist dies zur Objektaufladung sowieso erforderlich. Dann wird die SE-Ausbeute der Goldschicht beobachtet werden, welche so dick ist, daß im darunterliegenden Material ausgelöste SE diese nicht durchdringen können. Aber durch die unterschiedliche Rückstreuung im Objekt wird der Beitrag der RE zur SE-Ausbeute variieren. Die Z-Abhängigkeit des Signals ist dann nicht so groß wie diejenige der RE alleine, aber ausreichend, um genügend Materialdifferenzierung zu erhalten. Dieses Signal der SE berechnet sich nach (2.18), und mit $\beta=2$ erhält man die relative Z-Abhängigkeit des Signals, wenn man in Abb. 2.18 50% zu jedem Wert hinzuaddiert. Dieser zusätzliche Untergrund, hervorgerufen durch die Signalgruppe 1 der SE (s. Abb. 2.1), ist aber ohne weiteres elektronisch durch den black level (§ 3.5.1) zu subtrahieren. Abb. 4.11 demonstriert die Unterschiede

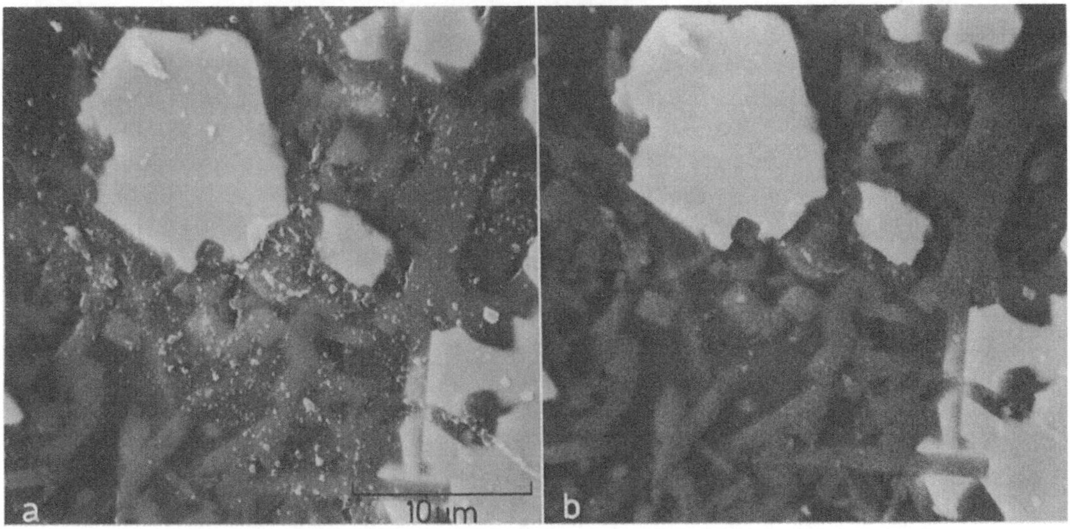

Abb. 4.11 a u. b. Demonstration des Materialkontrastes bei der Abbildung mit a) SE und b) RE. Objekt: Feinkörniger Basalt mit Gold bedampft. Hell: Fe_3O_4 (Magnetit), grau: $MgFeSi_2O_6$ (Pyroxen) und dunkle Matrix: Alkali-Erdalkali-Alumosilikat-Glas (~80% Si, 10% Al, Rest: Alk. u. Erdalk.). Im SE-Bild (a) werden kleinere Oberflächenrauhigkeiten stärker hervorgehoben. Der Materialkontrast resultiert aus dem Beitrag der Gruppe 3 zum SE-Signal. (*Blaschke*)

im a) SE- und b) RE-Bild bei der Abbildung eines feinkörnigen Basalts. Im SE-Bild werden typischerweise kleine Unebenheiten der polierten Oberfläche stärker hervorgehoben als im RE-Bild. Diese für den Materialkontrast störenden Einflüsse sind im RE-Bild unterdrückt, weil bei dieser höheren Vergrößerung die kleinen auf der Oberfläche liegenden Teilchen und Unebenheiten keine Variation des Rückstreukoeffizienten hervorrufen, denn sie sind kleiner als die Ausdehnung des Diffusionshofes. Aber das RE-Bild zeigt auch deutlich ein stärkeres Rauschen. Die Bildhelligkeit wird durch den Rückstreukoeffizienten der 3 Phasen beeinflußt. Bei den hellen Körnern handelt es sich um Magnetit Fe_3O_4, bei den grauen Kristallen um Pyroxen ($MgFeSi_2O_6$) und bei der dunklen Matrix um ein Alumosilikatglas ($\simeq 80\,\%$ Si, $10\,\%$ Al, Rest: Alk.-Erdalk.).

Der nach diesen Gesetzmäßigkeiten auftretende Materialkontrast kann keine Materialanalyse ersetzen. Er stellt aber eine wertvolle Zusatzinformation dar, um verschiedene Phasen mit unterschiedlichen Mittelwerten der Ordnungszahl Z zu trennen und bei größeren Unterschieden in Z auch zu identifizieren (s. a. § 4.2.2). Der Materialkontrast eignet sich besonders für eine stereometrische Auswertung (§ 7.2).

Mittels 2 Halbleiterdetektoren A und B beidseitig der Probe ist in gewissen Grenzen eine Trennung des Materialkontrastes vom topographischen Kontrast durch das Summensignal A + B und umgekehrt der Oberflächentopographie vom Materialkontrast durch das Differenzsignal A − B möglich (*Hashimoto* u. *Kimoto*, 1964; *Kimoto* u. a., 1965; *Munden* u. *Walker*, 1973) (Abb. 4.12 u. 4.13).

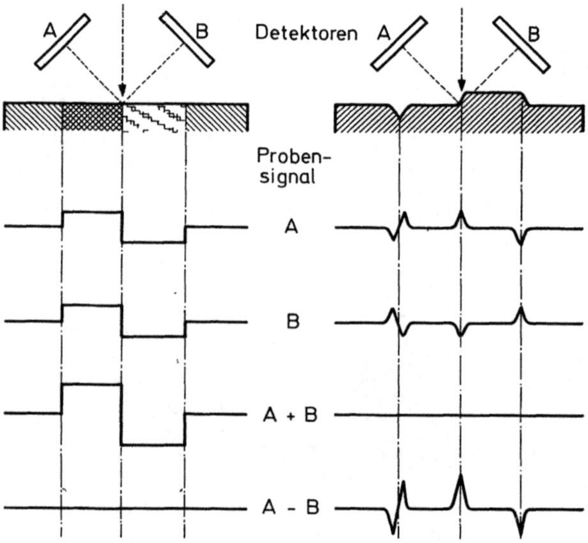

Abb. 4.12. Benutzung von zwei Halbleiterdetektoren A und B zur Verstärkung des Materialkontrastes und Unterdrückung des Topographiekontrastes mit dem Summensignal A + B und umgekehrt mit dem Differenzsignal A − B. (Nach *Kimoto* u. a., 1965)

Der Materialkontrast mittels RE ist nicht nur auf anorganische Objekte beschränkt, sondern kann auch für biologische Objekte ausgenutzt werden. Da der Rückstreukoeffizient von Kohlenstoff gering ist, tragen zum RE-Signal vor allem Anhäufungen von Schwermetallatomen (erzeugt durch Kontrastierung oder histochemische Reaktionen) aus größeren Tiefen bei (§ 8.7.2).

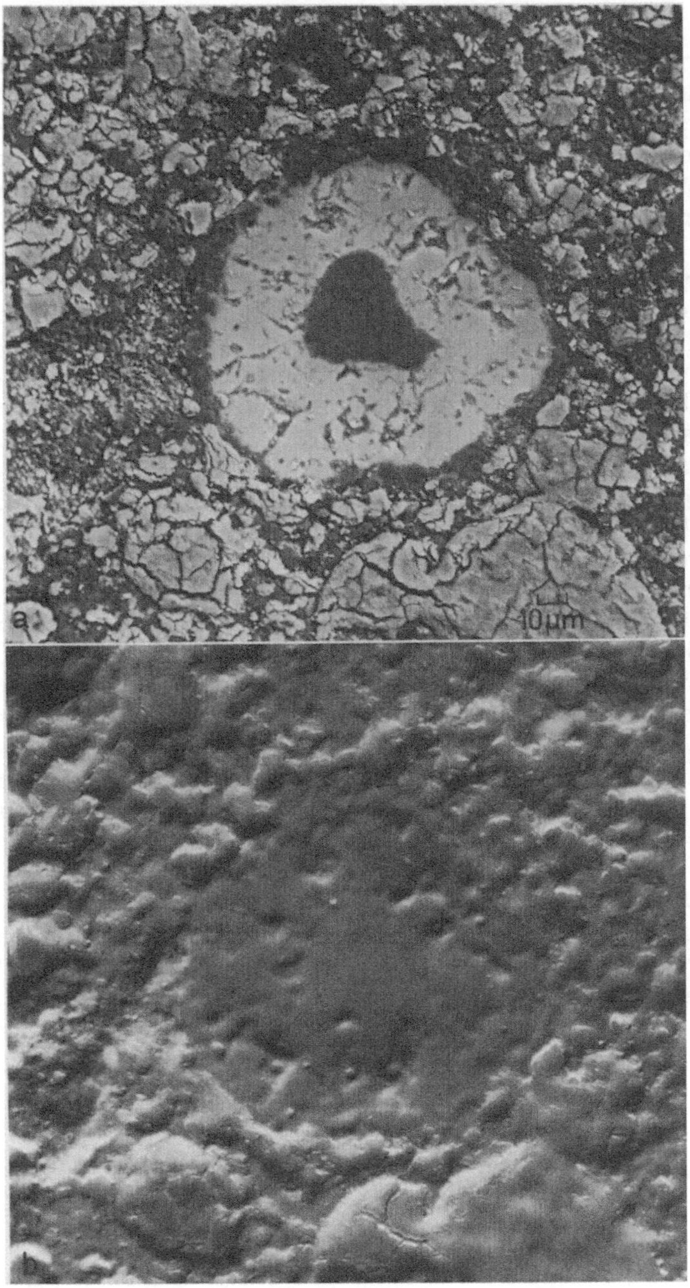

Abb. 4.13 a u. b. Demonstration der in Abb. 4.12 skizzierten Methode an einem Dolomit a) Materialkontrast mit dem Signal A + B, b) Topographie mit A − B

4.2.2. Probenstrombild

Untersuchungen zur Ausnutzung des Probenstrombildes zur Bildinformation und quantitativen Materialanalyse aufgrund des Rückstreukoeffizienten wurden für die Röntgen-Mikroanalysatoren durchgeführt, als diese noch nicht mit modernen SE- und RE-Detektoren ausgerüstet waren. Für die Raster-Elektronenmikroskopie hat das Probenstrombild eine untergeordnete Bedeutung, weil größere Sondenströme benötigt werden als für die Abbildung mit dem SE-Detektor (s. § 3.4.2). Das Probenstrombild kann jedoch für solche Kontraste Vorteile bieten, die auf Änderungen des totalen Rückstreukoeffizienten beruhen: Materialkontrast, magnetischer Kontrast Typ II (§ 4.6.2) und Channelling-Diagramme (§ 4.4). Es hat ferner den Vorteil, von der Detektorgeometrie unabhängiger zu sein (*Newbury*, 1976).

Gullasch (1971) weist darauf hin, daß im Probenstrombild bei einer Absaugelektrode unmittelbar über der Probe kein Abschattungskontrast auftritt, während der Flächenneigungskontrast erhalten bleibt.

Um den Rückstreukoeffizienten als komplementäres Signal $\sim(1-\eta)$ im Probenstrom vorliegen zu haben, muß dafür Sorge getragen werden, daß die SE die Probe nicht verlassen und durch die RE in der Apparatur ausgelöste SE bzw. mehrfach gestreute RE die Probe nicht erreichen. Dies Ziel wurde durch zwei Methoden anzunähern versucht (Übersicht bei *Colby*, 1969). Bei der Netzmethode (*Philibert* u. *Weinryb*, 1963; *Weinryb* u. *Philibert*, 1964) wird ein Netz zwischen Probe und Linse auf negatives Potential gelegt, so daß dieses weder von den SE der Probe noch von den an der Linsenunterseite ausgelösten SE durchdrungen werden kann. Bei der Methode des zusammengesetzten Targets (*Heinrich*, 1964; 1967; *Colby* u. a., 1967) befindet sich eine Probe geringen Durchmessers in der Mitte und ist von einer peripheren, flachen Elektrode in gleicher Höhe umgeben, die auch noch einen kleinen Käfig zur Messung des Primärstromes enthält. Es stellte sich heraus, daß der abgeleitete Strom von der peripheren Elektrode bei positivem Potential gegenüber der zentralen, geerdeten Probe linear mit dem Rückstreukoeffizienten zusammenhängt.

Mit diesen Anordnungen wurden zahlreiche Messungen an Legierungen durchgeführt, um die Möglichkeit einer Analyse zu prüfen. Grundsätzlich ist nach den in § 2 dargelegten Gesetzmäßigkeiten der Elektronendiffusion die Rückdiffusion ein so komplexer Vorgang, daß keine geschlossene Formel für den Rückstreukoeffizienten η_L einer Legierung angegeben werden kann. Am besten bewährt hat sich eine empirische Relation von *Castaing* (1960)

$$\eta_L = c_A \eta_A + (1 - c_A)\eta_B, \tag{4.1}$$

mit η_A, η_B als Rückstreukoeffizienten der beiden Legierungspartner und c_A als Massenkonzentration der Komponente A. Prüfungen dieser Relation erwiesen sich nur für binäre Legierungen als anwendbar (s. Zusammenfass. bei *Colby*, 1969). Die absoluten Fehler in der Konzentrationsbestimmung mittels (4.1) liegen bei ± 10 %, wenn sich die Legierungspartner in der Ordnungszahl stark unterscheiden.

4.3. Auflösungsgrenze und Informationstiefe

4.3.1. Auflösungsgrenze mit Sekundärelektronen

Die Auflösungsgrenze der SE-Bilder ist durch den Durchmesser des abrasternden Elektronenstrahles bedingt. Messungen des Durchmessers können durch die Abbildung einer scharfen Kante erfolgen (*Pease* u. *Nixon*, 1965; *Broers*, 1969; *Simon*, 1969). Die Auflösungsgrenze des SE-Bildes wurde mehrfach als Abstand noch auflösbarer Objekteinzelheiten ermittelt. *Pease* u. *Nixon* (1965) weisen bei einem Sondendurchmesser von 50–75 Å eine Auflösungsgrenze von 100–150 Å nach, *Broers* (1969) mit LaB_6-Kathode bei einem Durchmesser von 30 Å eine Auflösung von 50 Å. Der Abstand zweier benachbarter Objekteinzelheiten ist also etwa gleich dem doppelten Sondendurchmesser, was auch durch Untersuchungen von *Simon* (1969) bei größeren Sondendurchmessern bestätigt wird. Dies schließt nicht aus, daß an durchstrahlbaren Objekten bei günstigen Kontrastverhältnissen auch Auflösungsgrenzen von der Größenordnung des Sondendurchmessers beobachtet werden (*Christenhusz* u. *Bode*, 1968).

Zum Auflösungsvermögen des SEM tragen nur die SE der Gruppe 1 (Abb. 2.1a) bei, die aus einer Tiefe $t = 10$–100 Å die Oberfläche verlassen können. Die RE (Gruppe 2) und die durch sie ausgelösten SE (Gruppe 3) sind in ihren Austrittsorten über ein größeres Gebiet verteilt (s. Abb. 2.14) und zeigen daher ein schlechteres Auflösungsvermögen. Abb. 4.14 zeigt hierzu einen Vergleich der gleichen Objektstelle im SE- und RE-Bild. Die RE rufen den in § 4.1.3 beschriebenen Kanteneffekt hervor. Mit einem Everhart-Thornley-Detektor (Abb.

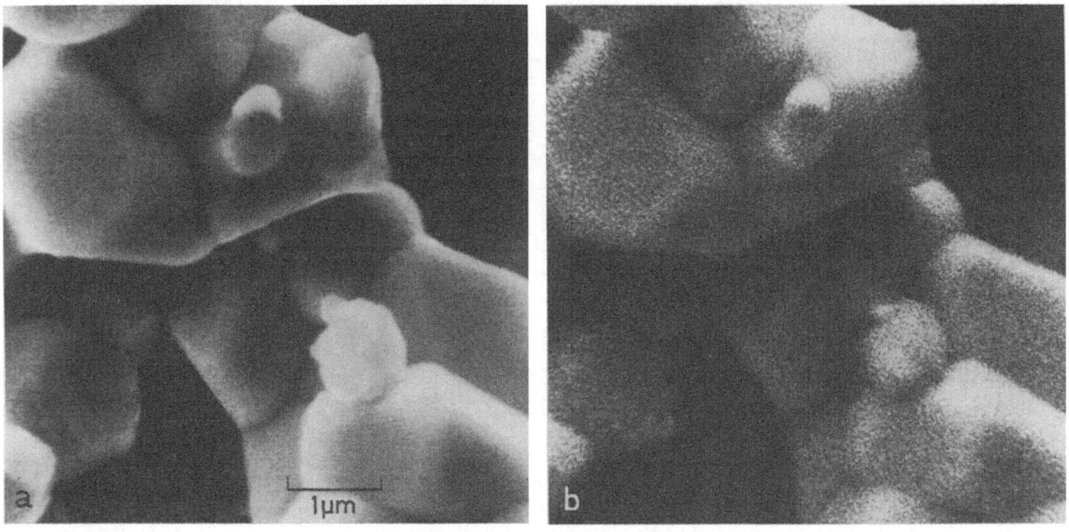

Abb. 4.14a u. b. Abbildung von Wolfram-Kristallen mit a) SE und b) RE. Demonstration der schlechteren Auflösung und des stärkeren Rauschens bei der Abbildung mit RE bei hohen Vergrößerungen. (*Blaschke*)

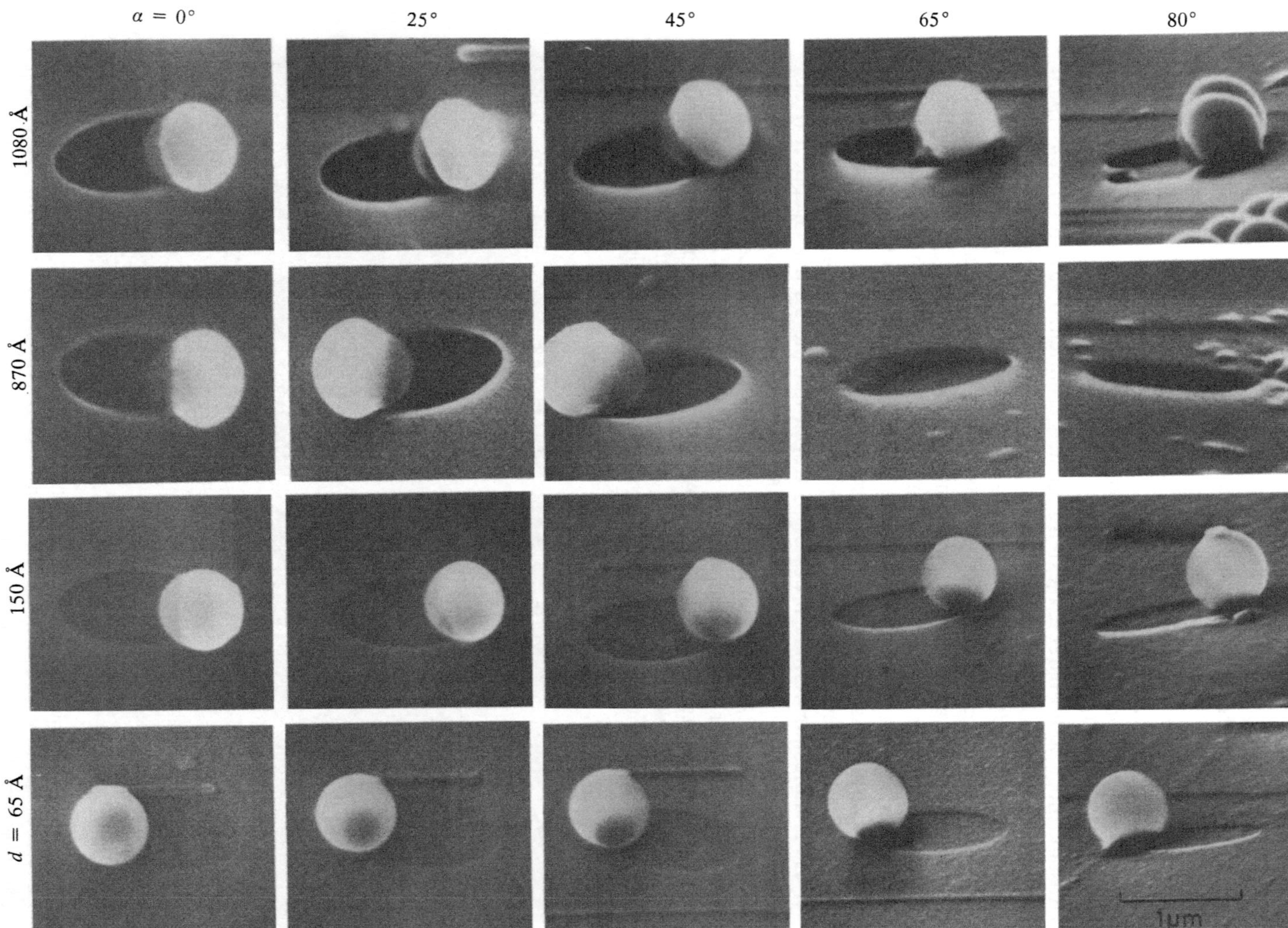

Abb. 4.15. Abbildung von Stufenellipsen als Schatten von Germanium-Aufdampfschichten hinter Polystyrol-Kugeln mit unterschiedlicher Stufenhöhe und variierter Neigung α des Objektes. (Nach *Schur* u. a., 1967)

3.14) wird nur ein kleiner Raumwinkel der emittierten RE erfaßt, und das RE-Bild zeigt bei hohen Vergrößerungen ein stärkeres Rauschen. Am Beispiel einer Oberflächenstufe ist in Abb. 4.8 dargelegt, wie durch eine Stufe geringer Höhe die SE der Gruppe 1 durch die Oberflächentopographie beeinflußt werden, während die RE und SE (Gruppe 3) wegen der geringen Abmessung der Stufe verglichen mit der Größe des Austrittsgebietes unbeeinflußt bleiben. Nach Rechnungen von *Schur* u. a. (1967) sollte z. B. eine 20 Å-Stufe bei einem Sondendurchmesser von 100 Å noch zu einer Intensitätsänderung von 3% führen (s.a. *Catto* u. *Smith*, 1973). Wenn auch die Form der Stufen nicht mehr erkennbar ist, so ist doch ihre Existenz nachweisbar.

Diese Abschätzung wird durch Untersuchung von definierten Stufenhöhen bestätigt. Die Stufen wurden durch Schrägbeschattung von Polystyrolkugeln erzeugt, wobei sich hinter den Kugeln eine Stufenellipse ausbildet (Abb. 4.15). Die Erkennbarkeit von Stufen der Höhe d steigt mit dem Neigungswinkel α der Probe: $\alpha=0°$, $d=70$–80 Å; $\alpha=45°$, $d=40$–50 Å; $\alpha=80°$, $d=20$–25 Å. Diese Testobjekte erlauben auch die laterale Auflösungsgrenze — kleinster noch trennbarer Abstand zweier Stufen — zu untersuchen. Danach werden in die Bildebene projizierte Abstände von 300–400 Å noch abgebildet. Bei geneigter Probe ist dieser Wert mit $1/\cos\alpha$ zu multiplizieren. Hieraus ist zu entnehmen, daß zwar einzeln liegende Stufen geringer Höhe noch aufgelöst werden. Dichter liegende Stufen werden jedoch nicht mehr aufgelöst. Eine Probenstelle mit zahlreichen parallelen Gleitlinien oder Wachstumsstufen würde nur in Anordnung A (Abb. 4.8) heller gegenüber der Umgebung ohne Stufen bzw. dunkler mit Stufen in Anordnung B erscheinen.

Punktförmige Testobjekte wurden von *Speidel* u. a. (1970), *Martin* (1971) mittels eines Elektronenstrahl-Mikroschreibers (s. § 3.6.2) erzeugt. Diese eignen sich auch besonders gut für die Untersuchung des Einflusses der Kontamination auf das Auflösungsvermögen. Bestrahlt man eine Kohle-Trägerfolie mit einer Elektronensonde von 100 Å, so wächst eine Polymerisatschicht auf. Abb. 4.16 zeigt aufgedruckte Punktzeilen verschiedenen Abstandes, Durchmessers und Höhe. Die Präparate wurden unter 30° mit AuPd schrägbeschattet. In a) und b) handelt es sich um Aufnahmen mit einem TEM von der gleichen Bildstelle, welche in c) und d) als SEM-Aufnahme gezeigt ist. Nach dem Aufdampfen einer 3000 Å dicken Goldschicht auf die Unterseite der Kohleschicht verschlechtert sich das Auflösungsvermögen durch den erhöhten Beitrag der rückgestreuten Elektronen. Eine ähnliche Verschlechterung des Auflösungsvermögens beobachtet man z. B. auch, wenn Polystyrolkugeln statt freitragend auf einer Kohlefolie über einem stark rückstreuenden Netzsteg aufgenommen werden.

Ein weiteres Testobjekt mit einer periodischen Struktur wurde aus dem IBM Research Center (*Turner*, W. J.) vorgeschlagen (s. a. *Broers*, 1970). Die Struktur besteht aus alternierenden Schichten aus GaAs und $GaAs_{0,5}P_{0,5}$, die epitaktisch aufgewachsen und im Querschliff angeätzt sind (Abb. 4.17).

Diese Ergebnisse lassen eine Verringerung der Auflösungsgrenze erwarten, wenn der Sondendurchmesser bei Verwendung einer Feldemissionskathode auf ca. 10 Å herabgesetzt wird. Jedoch wird eine Auflösungsgrenze kleiner als die Austrittstiefe t der SE nicht zu erwarten sein. Dies bedeutet vor allem eine Grenze für biologische Objekte, für die mit $t \simeq 100$ Å gerechnet werden muß. Eine Steige-

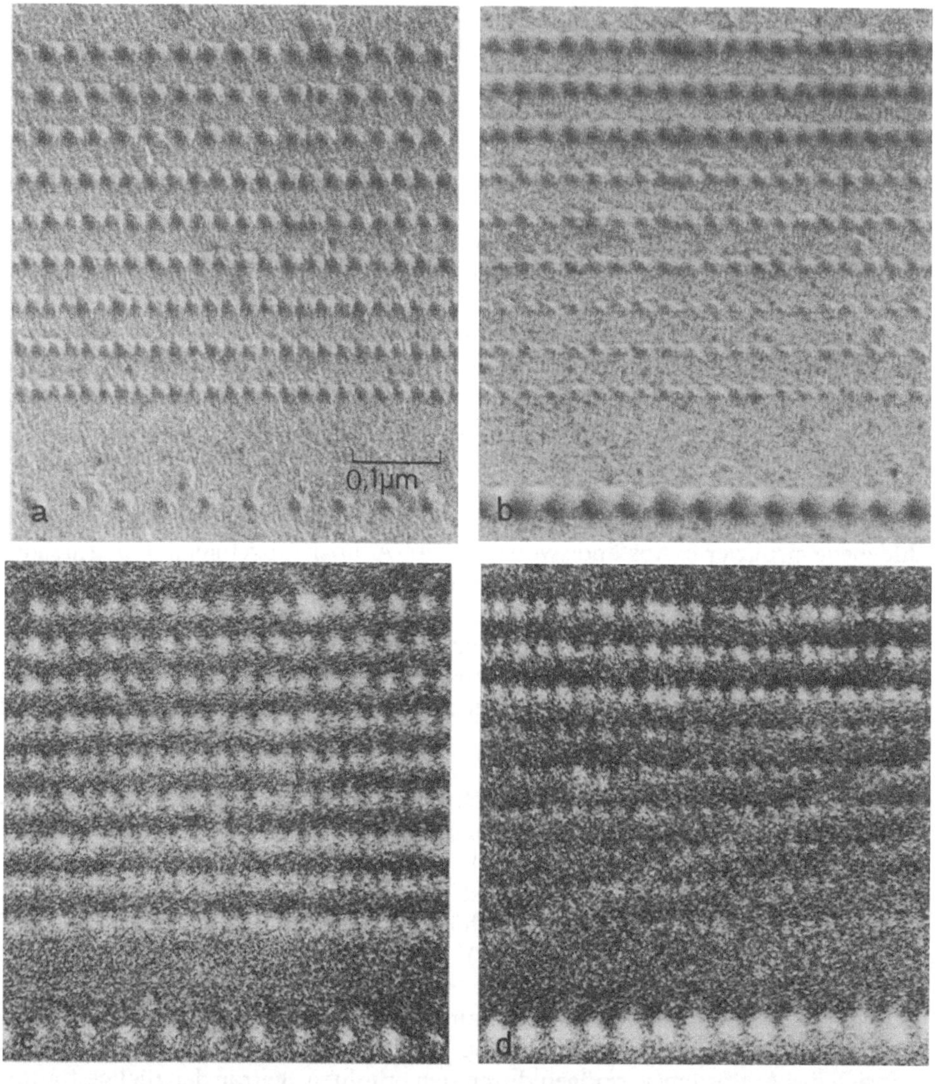

Abb. 4.16a–d. Abbildung von Testobjekten mit Kontaminationspunkten im Transmissions-Elektronenmikroskop (a und b) und Raster-Elektronenmikroskop (c u. d). a, c: Je 3 Zeilen mit Punktabständen von 310, 235 und 200 Å, Höhe und Durchmesser etwa 115 Å. b, d: Punktabstand 235 Å, Höhe und Durchmesser etwa 150, 115 und 80 Å. (Nach *Martin*)

rung des Auflösungsvermögens sollte jedoch mit 10–20 Å Schrägbeschattungsfilmen erreicht werden, wie sie bei Oberflächenabdrücken für das TEM verwandt werden. *Tokunaga* u. a. (1976) konnten schrägbeschattete Ferritinmoleküle mit ca. 20 Å Auflösung abbilden. Ein in Abb. 1.6 zum Ausdruck kommender Unterschied in der Auflösung von Oberflächenabdrücken im TEM und der Direktabbildung im SEM sollte daher verringert werden können. Metallfilme zur Vermeidung von Aufladungen auf organischem Material müssen erfahrungsgemäß Dicken

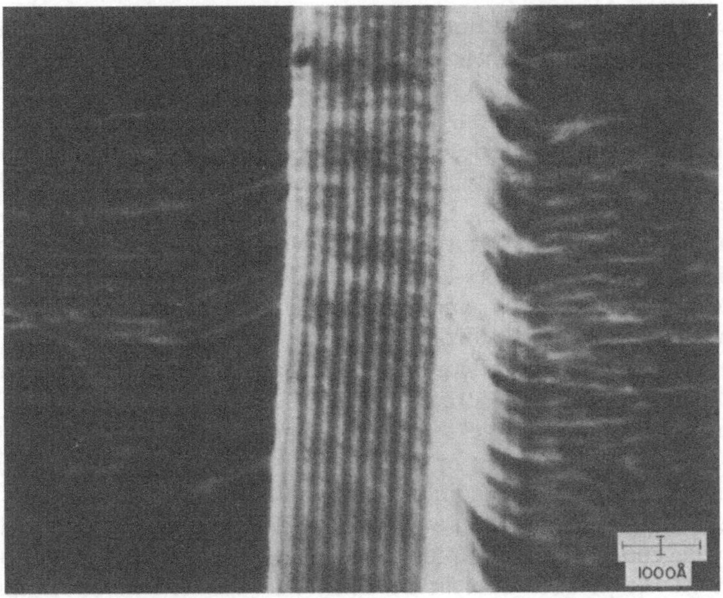

Abb. 4.17. Auflösungstest an Oberflächenstufen hervorgerufen durch Anätzung einer Periode von 250±50 Å in einer Schichtstruktur aus Galliumarsenid und Galliumarsenid-Phosphid. (Nach *Turner*)

von 100–200 Å aufweisen. Diese aufgedampften oder kathodenzerstäubten Schichten sind jedoch bereits zu dick, um eine Verbesserung des Auflösungsvermögens zu erreichen.

4.3.2. Abhängigkeit des Informationsvolumens von der Elektronenenergie

Für die Interpretation rasterelektronenmikroskopischer Aufnahmen und für die Wahl optimaler Aufnahmebedingungen ist es erforderlich, das Informationsvolumen zu kennen.

Die Austrittstiefe T der RE (Tabelle 4.1) gibt die Tiefe an, aus der Objektinhomogenitäten noch einen Beitrag zum Bildkontrast über den Materialkontrast leisten. Die Breite des Informationsvolumens ist ebenfalls von der Größenordnung T, so daß näherungsweise ein Volumen T^3 zum Bildkontrast beiträgt. Der Rück-

Tabelle 4.1. Reichweite R und Austrittstiefen der RE (T) nach (2.15) und der SE (t) (*Seiler*, 1967)

Element	Z	ϱ [g cm^{-3}]	R [µm] $E_0=$ 5	10	20	30	50 keV	T [µm] $E_0=$ 5	10	20	30	50 keV	t [Å]
C	6	1	1,00	2,69	7,25	13,0	26,9	0,33	0,97	2,82	5,27	11,6	100
Al	13	2,7	0,37	1,00	2,69	4,80	9,96	0,12	0,36	1,05	1,95	4,29	12
Cu	29	8,9	0,11	0,30	0,81	1,46	3,02	0,04	0,11	0,32	0,59	1,30	5
Ag	47	10,5	0,10	0,26	0,69	1,23	2,56	0,03	0,09	0,27	0,50	1,10	7–16
Au	79	19,3	0,05	0,14	0,38	0,67	1,39	0,02	0,05	0,15	0,27	0,60	18

streukoeffizient wird dabei durch die mittlere Ordnungszahl beeinflußt. Da sich das SE-Signal zu annähernd 3 gleichen Teilen aus den Signalen der Gruppe 1 und dem durch die RE ausgelösten Gruppen 3 und 4 zusammensetzt (Abb. 2.1), wird auch ca. 2/3 des SE-Signals durch das Rückstreuverhalten dieser Materialschicht beeinflußt, während nur 1/3 des SE-Signals (Gruppe 1) eine Oberflächeninformation sehr geringer Tiefenerstreckung t liefert und damit Information über ein Volumen der Größenordnung $t\,d_{\mathrm{eff}}^2$ (d_{eff} = Sondendurchmesser). In Modellversuchen konnte die Tiefeninformation der RE von *Kuhnle* u.a. (1969) für Senkrechteinfall des Elektronenstrahles demonstriert werden. Sie überdampften in Al eingebettete Golddrähte nach einem Anschliff mit wachsenden Dicken einer Al-Schicht. Da der Rückstreukoeffizient linear mit der Schichtdicke ansteigt (Abb. 2.17), bedeutet dies, daß aus jedem Schichtelement zwischen $0 < z < T$ ein annähernd gleicher Betrag zum Rückstreusignal beiträgt.

Als praktisches Anwendungsbeispiel seien Abbildungen einer Lackoberfläche mit verschiedenen Elektronenenergien erwähnt (*Pfefferkorn* u. *Blaschke*, 1968). Bei 5 keV sind neben der Oberflächeninformation nur die unmittelbar unter der Oberfläche liegenden Pigmentkörner zu erkennen, während bei 20 keV auch wesentlich tiefer liegende Pigmentkörner abgebildet werden. Bei höheren Strahlspannungen ist die erfaßte Schicht so dick, daß die Tiefenerstreckung mittels Stereoaufnahmen erfaßt und vermessen werden kann (*Blaschke* u. *Waltinger*, 1971). Durch die zunehmende Strahlverbreiterung des eindringenden Elektronenstrahles tritt eine mit wachsender Tiefe zunehmende Unschärfe auf.

Im Falle des Materialkontrastes zeigen daher schräg in die Oberfläche einmündende Phasengrenzen eine größere oder geringere Ausdehnung der Phase an und die Phasengrenze erscheint unscharf. Dies kann sich besonders bei Teilchen kleiner als einige µm störend auswirken (s. a. Abb. 8.14), wenn z. B. eine quantitative Teilchenanalyse nach den in § 7.2 beschriebenen stereometrischen Verfahren erfolgen soll. Demgegenüber zeigen mit dem Photoemissions-Elektronenmikroskop gewonnene Bilder auch in diesem Fall scharf begrenzte Phasengrenzen, da bei diesem Instrument die Informationstiefe durch die Austrittstiefe der Photoelektronen auf eine sehr dünne Oberflächenschicht begrenzt wird. Dies wird durch die Bildserie Abb. 4.18 anschaulich belegt. a) zeigt die Oberfläche einer Aluminiumbronze im rasterelektronenmikroskopischen Bild, b) unmittelbar danach im Photoemissions-Elektronenmikroskop aufgenommen. c) und d) wurden nach sukzessiver Ionenätzung der Oberfläche erhalten. An den mit Pfeilen gekennzeichneten Stellen ist deutlich zu erkennen, wie nacheinander die im rasterelektronenmikroskopischen Bild überlagerte Tiefenerstreckung der Phasengrenzen freigelegt wird.

Während man also mit hohen Elektronenenergien relativ tiefe Objektschichten erfassen kann, ist es umgekehrt möglich, mittels niedriger Elektronenenergien dünnere Oberflächenschichten kontrastreich abzubilden, wie z. B. *Fecher* (1971) anhand von Bildserien der gleichen Objektstelle mit 2–30 keV-Elektronen zeigte. Oberflächenstrukturen werden wesentlich kontrastreicher abgebildet bei sehr niedrigen Elektronenenergien. Dies gilt auch für die Abbildung mit Rückstreuelektronen, da die Größe des Diffusionshofes abnimmt. Bei der Untersuchung eines Objektes sollte daher allgemein sowohl der Neigungswinkel als auch die Elektronenenergie variiert werden, um optimale Abbildungsbedingungen herauszufinden. (Raster-Elektronenmikroskopie mit wenigen keV s. a. § 3.1.4 und 3.6.1.)

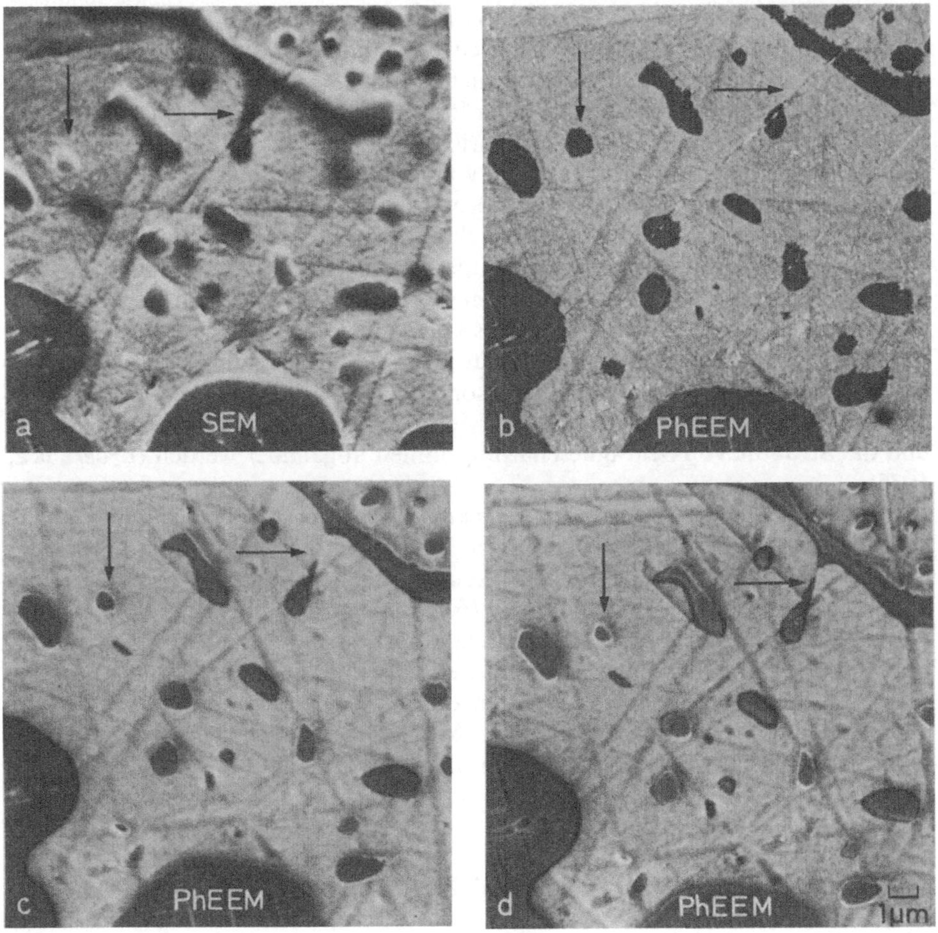

Abb. 4.18a–d. Demonstration der Tiefeninformation einer a) rasterelektronenmikroskopischen Aufnahme anhand von 3 Aufnahmen b–d der gleichen Objektstelle einer Aluminiumbronze im Photoemissions-Elektronenmikroskop (PhEEM) nach von b) bis d) ansteigender Ionenätzung. Das PhEEM erfaßt nur eine Oberflächenschicht von ca. 10 Å Tiefe. (Nach *Bode* u. a., 1972)

4.3.3. Verbesserung der Auflösung mit Rückstreuelektronen

Die Tiefeninformation des RE-Bildes hängt auch stark vom Einfallswinkel α sowie vom Abnahmewinkel Θ zur Oberflächennormalen ab. Mit Szintillatoren und Halbleiterdetektoren werden bevorzugt energiereiche RE abgebildet. Es geht daher auch die Abhängigkeit der Energieverteilung der RE von α und Θ ein. Bei niedrigem Θ ist die Informationstiefe größer als bei Θ nahe 90°. Da ein großer Teil der Orientierungsanisotropie des Rückstreukoeffizienten (§ 2.6.3) in einer dünnen Oberflächenschicht von einigen 100 Å durch direkte Rückstreuung entsteht, und diese für große Streuwinkel nach der Rutherford-Formel (2.1) abfällt, zeigt ein Channelling-Diagramm bzw. der Kristallorientierungskontrast

(§ 4.4) bei Θ nahe 90° einen größeren Kontrast (*Reimer*, 1976). Mit einem schwenkbaren Szintillator als Detektor läßt sich der Abnahmewinkel Θ variieren, um die optimalen Kontrastbedingungen einzustellen (*Schur* u. a., 1973; *Blaschke* u. *Schur*, 1974). Bei stärkerer Neigung α der Probe bildet sich in der Winkelverteilung der RE ein Maximum in „Reflexionsrichtung" aus (Abb. 2.19c). Auch diese RE weisen eine geringere Eintrittstiefe von einigen 100 Å auf.

Eine weitere Verbesserung der Auflösung (< 100 Å) wird durch eine Energiefilterung der RE erreicht, so daß nur Elektronen mit Energieverlusten $\Delta E < 50$–500 eV („Low-Loss-Elektronen") zur Bildentstehung beitragen (*Wells*, 1971, 1972, 1974, 1975). In einem SEM wird zwischen Objekt und Detektor ein Gegenfeldanalysator angebracht (*Wells*, 1971) oder es wird eine Objektivlinse hoher Erregung (Kondensor-Objektiv-Einfeldlinse) benutzt, die auf Grund ihrer kurzen Brennweite und des geringen Öffnungsfehlers besonders kleine Sondendurchmesser erzeugen läßt (*Wells* u. a., 1973). Mit letzterer Methode konnten 20 Å Auflösung erreicht und die Struktur von Schrägbeschattungsfilmen abgebildet werden (*Broers* u. a., 1975).

Die Winkel α und Θ werden zweckmäßig in der Größenordnung 60–80° gewählt. Die Elektronen mit geringem Energieverlust haben nur eine kurze Strecke innerhalb des Objektes zurückgelegt. Es liegt daher auch eine geringe Tiefeninformation vor. Obwohl nur ein Bruchteil von 10^{-3} bis 10^{-4} der einfallenden Elektronen zum Low-loss-Signal beiträgt, ist der Kontrast so groß, daß gute Bilder erhalten werden. Es nimmt der Kristallorientierungskontrast zu und kleine Oberflächenrauhigkeiten werden durch Abschattungseffekte kontrastreicher abgebildet. Naturgemäß ist diese Methode auf ebene Objekte mit nicht zu großer Oberflächenrauhigkeit beschränkt.

4.4. Channelling-Diagramme und Kristallorientierungskontrast

4.4.1. Erzeugung der Channelling-Diagramme

In § 2.6.3 wurden die theoretischen Grundlagen der Orientierungsabhängigkeit des Rückstreukoeffizienten η und der Sekundärelektronenausbeute δ beschrieben. Danach hängen η und δ von der Einfallsrichtung des Elektronenstrahles zu den Netzebenen ab. Sie variieren nur um wenige %. Derartig geringe Intensitätsunterschiede sind jedoch mittels black level (§ 3.5.1) im Kontrast anzuheben. *Coates* (1967) erhielt zum ersten Mal eine Abbildung der Intensitätsabhängigkeit von der Einfallsrichtung, indem ein Einkristall bei niedriger Vergrößerung abgerastert wurde (Abb. 4.19a). Jedem Punkt der abgerasterten Fläche entspricht eine andere Einfallsrichtung des Elektronenstrahles gegenüber den Netzebenen. Bei einer glatten Einkristallfläche ohne Reliefkontrast ist das Signal der RE und/oder SE durch die Orientierungsanisotropie moduliert und auf dem Bildschirm erscheint das sogenannte „Channelling-Diagramm" (s. Abb. 4.22).

Diese Diagramme haben die gleiche Bedeutung wie Elektronenbeugungsdiagramme in der Transmissions-Elektronenmikroskopie erlangt. In der Standard-

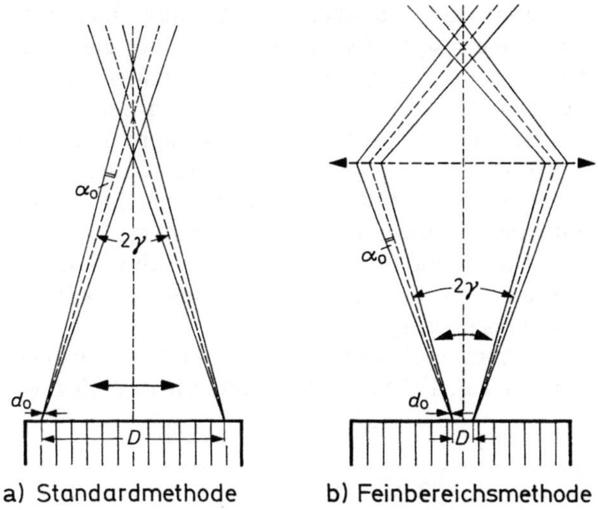

Abb. 4.19a u. b. Erzeugung von Channelling-Diagrammen nach a) der Standard- und b) der Feinbereichsmethode (α_0 = Sondenapertur, 2γ = Schwenkwinkel, d_0 = Durchmesser der Elektronensonde, D = bestrahlter Bereich)

Technik (Abb. 4.19a u. 4.20a) ist es von Nachteil, daß zur Erreichung eines großen Winkelbereiches von $\pm 5°$ eine große Fläche (ca. 1–4 mm Kantenlänge) abgerastert werden muß. Es besteht jedoch die Möglichkeit, durch andere Linsenerregung den Überkreuzungspunkt der Abrasterung auf das Objekt zu verlagern

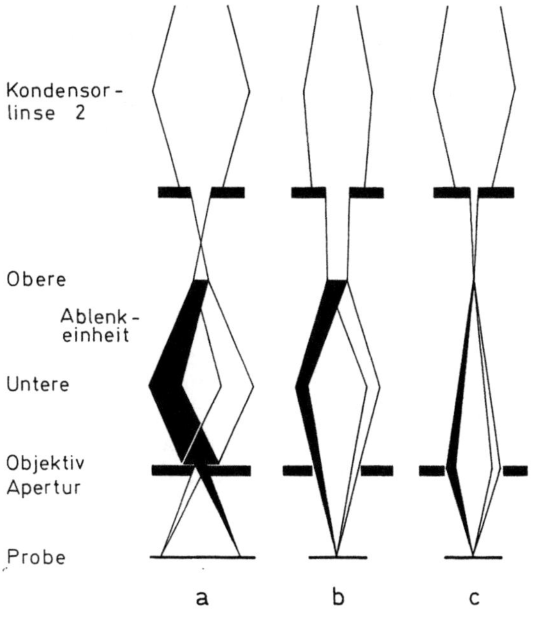

Abb. 4.20a–c. Elektronenstrahlengänge zur Erzeugung von Channelling-Diagrammen nach a) der Standardmethode, b) Feinbereichs-Doppelablenkungsmethode und c) Feinbereichs-Ablenkungs-Fokussierungsmethode. (Nach *Booker*, 1970)

(Abb. 4.19b und 4.20b u. c). Es lassen sich auf diese Weise Channelling-Diagramme von 1–10 μm großen Kristallbereichen erzeugen. Es wird damit eine vergleichbare laterale Auflösung wie bei der Feinbereichsbeugung in der Transmissions-Elektronenmikroskopie erreicht. Wenn die Oberfläche im abgerasterten Bereich eine gewisse Rauhigkeit übersteigt, lassen sich keine Channelling-Diagramme mehr erzeugen. Bei dieser Kleinbereichsabrasterung wird das Präparat nicht mehr zeilenförmig abgerastert, sondern die lokale Abrasterung wird durch die Kaustik verzerrt, wobei aber die zeilenförmige Variation im Einfallswinkel unverzerrt bleibt (*Booker* u. *Stickler*, 1972). Daher findet keine eindeutige Abbildung der Oberfläche statt, während man bei einer großflächigen Abrasterung Reliefkontrast und Channelling-Diagramm eindeutig überlagern kann.

Im folgenden sollen näher die wichtigsten Betriebsparameter und die möglichen Strahlengänge diskutiert werden (*Booker*, 1970a, b). Folgende Größen sind von Bedeutung (s. Abb. 4.19):

Sondendurchmesser	d_0
Sondenapertur	α_0
Elektronenstrom	I_0
Totaler Schwenkwinkel	2γ
Abgerasteter Probenbereich	D

Im Falle einer großflächigen Abrasterung (Standardmethode) liefert d_0 die Auflösungsgrenze für die Topographie. Die Apertur α_0 bestimmt das Winkelauflösungsvermögen des Channelling-Diagrammes. I_0 ist für das Signal/Rausch-Verhältnis verantwortlich. Die Variation des Rückstreukoeffizienten aufgrund der Orientierungsanisotropie beträgt nur 1–5 % (Abb. 2.30). Es ist also mindestens ein Rausch/Signal-Verhältnis $\Delta N/N = 0{,}1$ % erforderlich, was $N = 10^6$ rückgestreuten Elektronen oder mit $\eta = 20\%$ $5 \cdot 10^6$ einfallenden Elektronen pro Bildpunkt entspricht. Bei 10^6 Bildpunkten sind es $5 \cdot 10^{12}$ Elektronen pro Bild. Dies bedeutet $I_0 = 8 \cdot 10^{-7}$ A bei 1 s Abrasterzeit (Schirmbeobachtung) oder $I_0 = 8 \cdot 10^{-9}$ A bei 100 s (photographische Aufnahme). I_0, d_0 und α_0 können jedoch nicht unabhängig voneinander gewählt werden. Sie hängen nach (3.1) und (3.14) über den Richtstrahlwert zusammen.

$$R = 0{,}4 \frac{I_0}{\alpha_0^2 d_0^2}. \tag{4.2}$$

Mit einer Haarnadelkathode läßt sich bei $E_0 = 20$ keV $R = 5 \cdot 10^4$ A cm^{-2} sterad^{-1} erreichen. Man erhält also $\alpha_0^2 d_0^2 \simeq 10^{-5} I_0$. Mit $I_0 \simeq 10^{-8}$ A bei 100 s (s. o.) folgt, daß mit $\alpha_0^2 d_0^2 = 10^{-13}$ cm^2 z. B. die Kombinationen $\alpha_0 = 10^{-4}$ rad, $d_0 = 30$ μm oder $\alpha_0 = 10^{-2}$ rad, $d_0 = 0{,}3$ μm erreicht werden. Die erstere führt zu hoher Winkelauflösung bei sehr schlechter topographischer Auflösung, die letzte umgekehrt zu bei niedriger Vergrößerung guter topographischer, aber für ein Channelling-Diagramm völlig unzureichender Auflösung. $\alpha_0 = 10^{-3}$ ist eine für gute Diagramme übliche Apertur. Gegebenenfalls kann also nur ein Kompromiß auf Kosten beider Auflösungsvermögen getroffen werden. Eine Winkelauflösung von 10^{-4} ist in mehreren Fällen erreicht worden (*Schulson* u. *van Essen*, 1969; *Coates*, 1969; *Wolf* u. *Everhart*, 1969; *Schulson* u.a., 1969).

Der Schwenkwinkel 2γ sollte 5–10° betragen, um für eine schnelle Indizierung das Channelling-Diagramm mit einem genügend großen Ausschnitt aus der stereographischen Projektion vergleichen zu können. In der Standardmethode ist dies mit dem Nachteil einer großen abzurasternden Fläche verbunden.

Für das Schwenken des Strahles auf einer Probenstelle mit elektronenoptischen Hilfsmitteln gibt es die Doppelablenkungsmethode (Abb. 4.20b) (*van Essen* u. *Schulson*, 1969), welche beide Ablenkeinheiten benutzt und das Objektiv mit reduziertem Strom betreibt, damit der Überkreuzungspunkt auf der Probe liegt. Der Elektronenstrahl wird durch Abbildung des Crossovers mit der zweiten Kondensorlinse auf das Objekt fokussiert. Bei der Ablenkungs-Fokussierungs-Methode (Abb. 4.20c) (*van Essen* u.a., s. *Booker*, 1970a, b) wird nur die obere Ablenkeinheit verwendet. Das Objektiv fokussiert den Elektronenstrahl und hält ihn auf derselben Stelle. Für beide Verfahren wird die Objektivaperturblende zwischen Objektiv und Objekt vollständig entfernt. Die Apertur wird durch eine Blende zwischen dem zweiten Kondensor und dem Objektiv bestimmt. Die erste Kondensorlinse dient zur Variation von d_0 und des Probenstromes I_0.

Wenn die Elektronenstrahlen jedoch bei diesen Verfahren das Objektiv nicht mehr in paraxialen Bahnen passieren, führen Linsenfehler zu einer Wanderung der Elektronensonde mit dem Durchmesser d_0, und es wird eine Fläche mit dem Durchmesser $D > d_0$ überstrichen. Dieser Fehler ist um so größer, je größer der Schwenkwinkel γ ist. Bei einer totalen Schwenkung von $2\gamma = 8°$ tritt eine Abweichung von 10^{-1} rad zur optischen Achse auf, welche infolge des Öffnungsfehlers zu $D = 10\,\mu m$ führt. Mit der Doppelablenkungsmethode ist $D = 10\,\mu m$ nur nach Fehlerkorrektion zu erhalten, während die Ablenkungs-Fokussierungs-Methode diesen Wert bereits ohne Korrektur erreicht. Bei letzterer konnte *van Essen* (1970) mit zusätzlichen Ablenkspulen unmittelbar unterhalb der 2. Kondensorlinse diesen Fehler zum großen Teil kompensieren, indem die Spulen synchron mit Korrekturströmen beschickt wurden. Es gelang bei $2\gamma = 8°$ die Sonde auf $D = 2\,\mu m$ konstant zu halten.

Für die Aufzeichnung eines Channelling-Diagrammes wird das Signal der SE mit der Szintillator-Multiplier-Kombination erfaßt. Bei der Standard-Methode ergeben sich dabei insofern Schwierigkeiten, als das Bild aufgrund der großen abgerasterten Fläche nicht gleichmäßig ausgeleuchtet ist. Die dem Detektor ferner liegenden Probenstellen liefern einen geringeren Beitrag zum SE-Signal. Bei Senkrechteinfall des Elektronenstrahles auf die Probe ist der Bruchteil der erfaßten RE mit diesem Detektor sehr gering. Man erreicht nach *Wolf* u. *Everhart* (1969) bessere Resultate bei der Registrierung der RE, wenn ein ringförmiger Halbleiterdetektor über der Probe benutzt wird (s. § 3.4.5). Es kann auch der Probenstrom als Signal herangezogen werden. Es ist jedoch in allen Fällen nötig, den starken Untergrund durch elektronische Maßnahmen (black level, § 3.5.1) zu unterdrücken. Besonders kontrastreiche Bilder werden bei der Modulation mit dem differenzierten Signal erhalten, welche langperiodische Intensitätsvariationen unterdrückt und kurzperiodische hervorhebt (Abb. 4.21) (*Coates*, 1969; *Schulson* u.a., 1969; *Shaw* u.a., 1969). Die Methode der Y-Ablenkung (Abb.

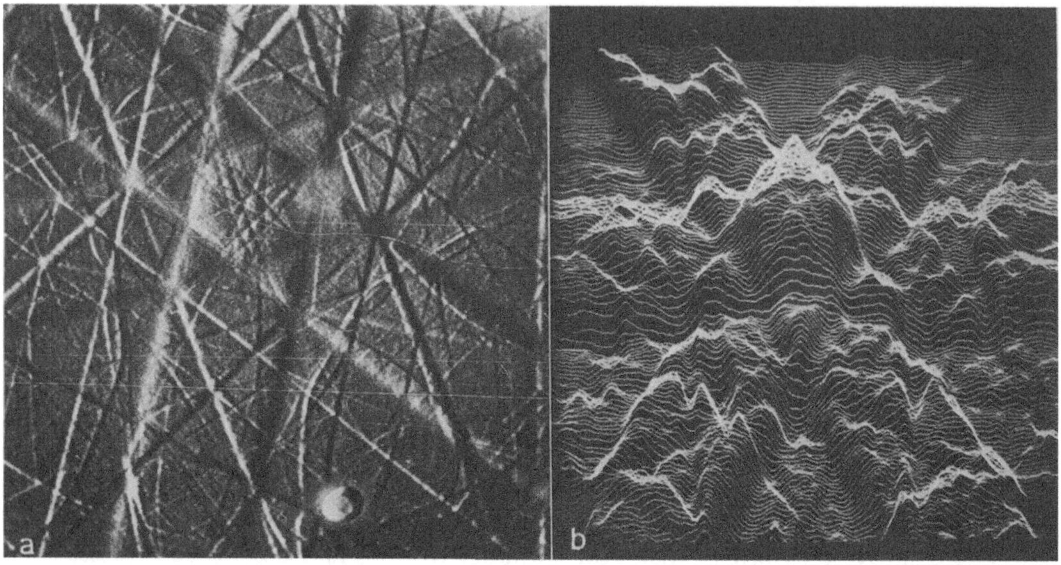

Abb. 4.21. a) Differenziertes Channelling-Diagramm eines Si-Einkristalles (nach *Stewart*, 1968) und b) Y-Modulationsbild (*Reimer*, 1971)

4.21) bewährt sich besonders, falls man einen Vergleich mit berechneten Intensitätsverteilungen (Abb. 2.29) anstrebt.

Da die Anisotropie des Rückstreukoeffizienten nach § 2.6.3 durch die unterschiedliche Ausbreitung des Wellenfeldes in einer relativ dünnen Oberflächenschicht erfolgt (Tabelle 2.3), sind auch die aus dieser Schicht direkt rückgestreuten Elektronen mit geringem Energieverlust stärker durchmoduliert. Man hat also einen stärkeren Kontrast des Channelling-Diagrammes zu erwarten, wenn man bevorzugt rückgestreute Elektronen mit geringem Energieverlust zur Erzeugung des Channelling-Diagrammes heranzieht. Dies geschieht z. B. bei Verwendung eines Halbleiterdetektors, da dieser für schnelle RE ein größeres Signal liefert (*Wolf*, *Coane* u. *Everhart*, 1970) oder indem man zwischen Probe und Detektor eine Energiefilterung vornimmt (*Wells*, 1971) (§ 4.3.3). Der Modulationsgrad des RE-Signals steigt auch mit wachsendem Abnahmewinkel Θ zur Oberflächennormalen, da es ebenfalls relativ mehr direkt rückgestreute Elektronen enthält (*Reimer*, 1976).

4.4.2. Geometrie und Intensität der Channelling-Diagramme

Die geometrische Lage der Linien ergibt sich aus der Braggschen Reflexionsbedingung (2.27). Die möglichen Einfallsrichtungen eines Elektronenstrahles zur Erfüllung der Reflexionsbedingung liegen nach § 2.6.1 (Abb. 2.27) auf einem Kegel mit dem Öffnungswinkel $90 \pm \Theta_B$ und der Netzebenennormalen als Achse (Kossel-Kegel). In einer stereographischen Projektion erhält man die Spur der Netzebenen als Großkreise und den Durchstoßpunkten der Netzebenennormalen als deren Pole (Abb. 4.23). Die Richtungen, unter denen Bragg-Reflexion erfolgt, liegen in den Winkelabständen $\pm\Theta_B$, $\pm 2\,\Theta_B, \ldots$ von diesen Linien.

Falls daher ein Linienpaar oder Liniensystem indiziert ist, besteht die Möglichkeit, den Abstand auf der Aufnahme in Winkeln bzw. reziproken Netzebenenabständen zu eichen. Eventuell empfiehlt es sich, unter den gleichen elektronenoptischen Bedingungen das Channelling-Diagramm eines Vergleichskristalles, z.B. einer 111-Si-Fläche, aufzunehmen. In §2.6.3 (Abb. 2.26d) wurde darauf hingewiesen, daß bei Verkippungen aus der Bragg-Lage auf der einen Seite die Rückstreuung erhöht und auf der anderen Seite erniedrigt ist. Die Erhöhung liegt stets vor, wenn der Reflex außerhalb der Ewald-Kugel liegt. Bei niedrig indizierten Reflexen führt dies dazu, daß zwischen den Reflexen 1. Ordnung ein helles Band beobachtet wird. Bei den hierzu parallelen Linien der Reflexe höherer Ordnung nimmt mit wachsender Ordnung die Breite der Linie ab, so daß Linien höherer Ordnung schmaler, aber auch intensitätsärmer erscheinen. Bei der Vermessung von Abständen ist daher zu beachten, daß die wahre Bragg-Lage nicht im Punkte höchster Helligkeit liegt. Wenn Flächen im Channelling-Diagramm von 3, 4 oder mehreren Linien berandet werden und alle außerhalb der Ewaldkugel liegen, so überlagern sich die positiven Beiträge aller Linien innerhalb dieser Fläche und sie erscheint gegenüber der Umgebung aufgehellt. Das umgekehrte gilt, falls alle Reflexpunkte innerhalb der Kugel liegen. Neben der Anordnung der Bänder und Linien erleichtert diese charakteristische Anordnung heller und dunkler Flächen die Indizierung und Orientierungsbestimmung (s. §4.4.3).

Es ist von besonderer Bedeutung, daß das Channelling-Diagramm kristallfest ist, d.h. bei einer Kippung des Kristalls dreht sich das Diagramm mit. Bei Elektronenbeugungs-Diagrammen in Durchstrahlung ist dies mit Reflexen nicht der Fall. Sie bleiben in ihrer Lage erhalten und ändern nur die Intensität. Wenn dagegen die Objektschicht so dick ist, daß stärkere unelastische Streuung auftritt und Kikuchi-Linien erscheinen, so gilt auch für diese, daß sie kristallfest sind und bei einer Kippung des Kristalles ihre Lage verändern.

Mit wachsender Elektronenenergie E_0 tritt eine Verringerung der Wellenlänge (2.26) auf. Bei gleichem γ wird daher nach (2.27) der Winkel $2\,\Theta_B \simeq \lambda/d$ mit wachsendem E_0 verringert und damit auch der Abstand der Linien auf dem Bild. Soweit es sich bei den Linien um intensive Reflexe in der Nähe eines Poles hoher Symmetrie handelt, wird das Channelling-Diagramm bei Variation von E_0 scheinbar verkleinert oder vergrößert, wobei sich die relative Lage der Linien nicht verändert, so daß das Diagramm auf den ersten Blick hinsichtlich der intensiven Linien unverändert bleibt (Abb. 4.22a u. b). Dies gilt jedoch nicht für höher indizierte Reflexe, deren relative Lage sich mit der Elektronenenergie sehr empfindlich ändert, so daß Energieänderungen in der Größenordnung 1% schon die Struktur des Channelling-Diagrammes verändern können (*Wolf*, *Coane* u. *Everhart*, 1970; *Reimer*, 1971).

Aus dieser Veränderung der Struktur eines Channelling-Diagrammes mit der Elektronenenergie läßt sich entnehmen, daß bei der Herstellung eines Panoramas (Abb. 4.23) aus sukzessiven Aufnahmen in verschiedenen Orientierungen (*Coates*, 1969; *Schulson* u.a., 1969) darauf zu achten ist, daß es nur bei der gleichen Elektronenenergie und der gleichen Gitterkonstanten zu benutzen ist.

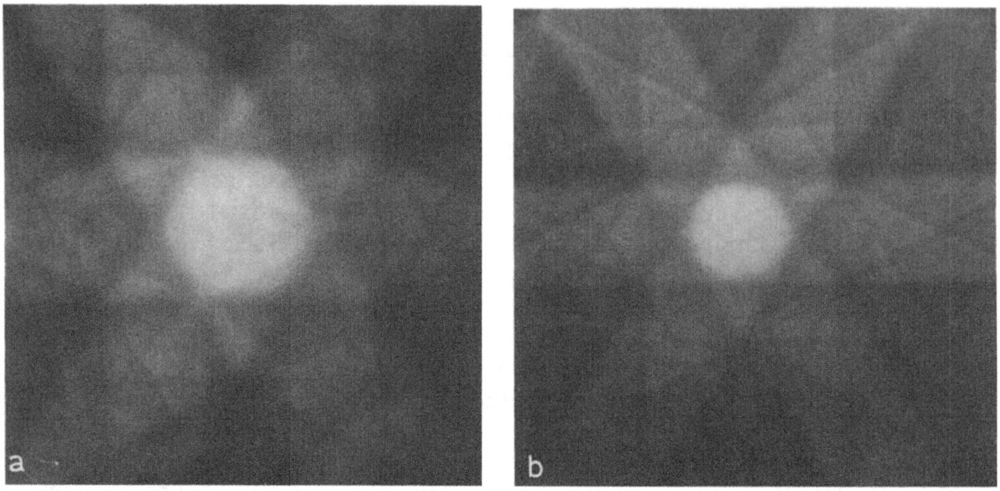

Abb. 4.22a u. b. Channelling-Diagramme von Si-Einkristallen (111-Pol) bei Elektronenenergien von a) 10 und b) 20 keV

In kubischen Kristallen genügt es bekanntlich, dieses Panorama-Diagramm für das Orientierungsdreieck zwischen den 100-, 110- und 111-Richtungen zu erstellen.

Es ist ferner zu beachten, daß bei einer Neigung der Probennormalen zum einfallenden Elektronenstrahl Asymmetrien der Channelling-Linien auftreten können (*Spencer* u. *Humphreys*, 1971), welche eine Kontrastumkehr bewirken.

4.4.3. Anwendung von Channelling-Diagrammen

a) Kristallanalyse

Die Diagramme können auf folgende Weise zur analytischen Bestimmung der Kristallart ausgenutzt werden. Man stellt ein Panorama-Diagramm aus mehreren Aufnahmen unter verschiedenen Kippwinkeln zusammen (Abb. 4.23). Aus diesen lassen sich Aussagen über die Kristallsymmetrie ableiten. Aus der Breite auftretender Bänder bzw. Linienpaare lassen sich die Netzebenenabstände ermitteln, wobei die Benutzung eines Eichpräparates zu empfehlen ist. Diese Netzebenenabstände können z. B. mit der ASTM-Kartei verglichen werden. Aus dem Satz von Netzebenenabständen lassen sich auch die Auslöschungsregeln erkennen. Die Genauigkeit im Netzebenenabstand liegt allerdings nur bei etwa 1 %. Die Ungenauigkeit resultiert aus möglichen Verzerrungen des Rasters beim Abrastern und auf dem Bildschirm, Verzerrungen der Channelling-Diagramme bei gekippten Proben, und der Unkenntnis der genauen Lage, wo die Bragg-Bedingung erfüllt ist (s. o.). Denn letztere liegt nach berechneten Intensitätskurven (Abb. 2.29) gerade an der Grenze der Aufhellung und Erniedrigung des Rückstreukoeffizienten, wobei gerade Mehrstrahleinflüsse diese Lage verschieben können (vgl. Lage der eingezeichneten Reflexe in Abb. 2.29 mit der Kurve).

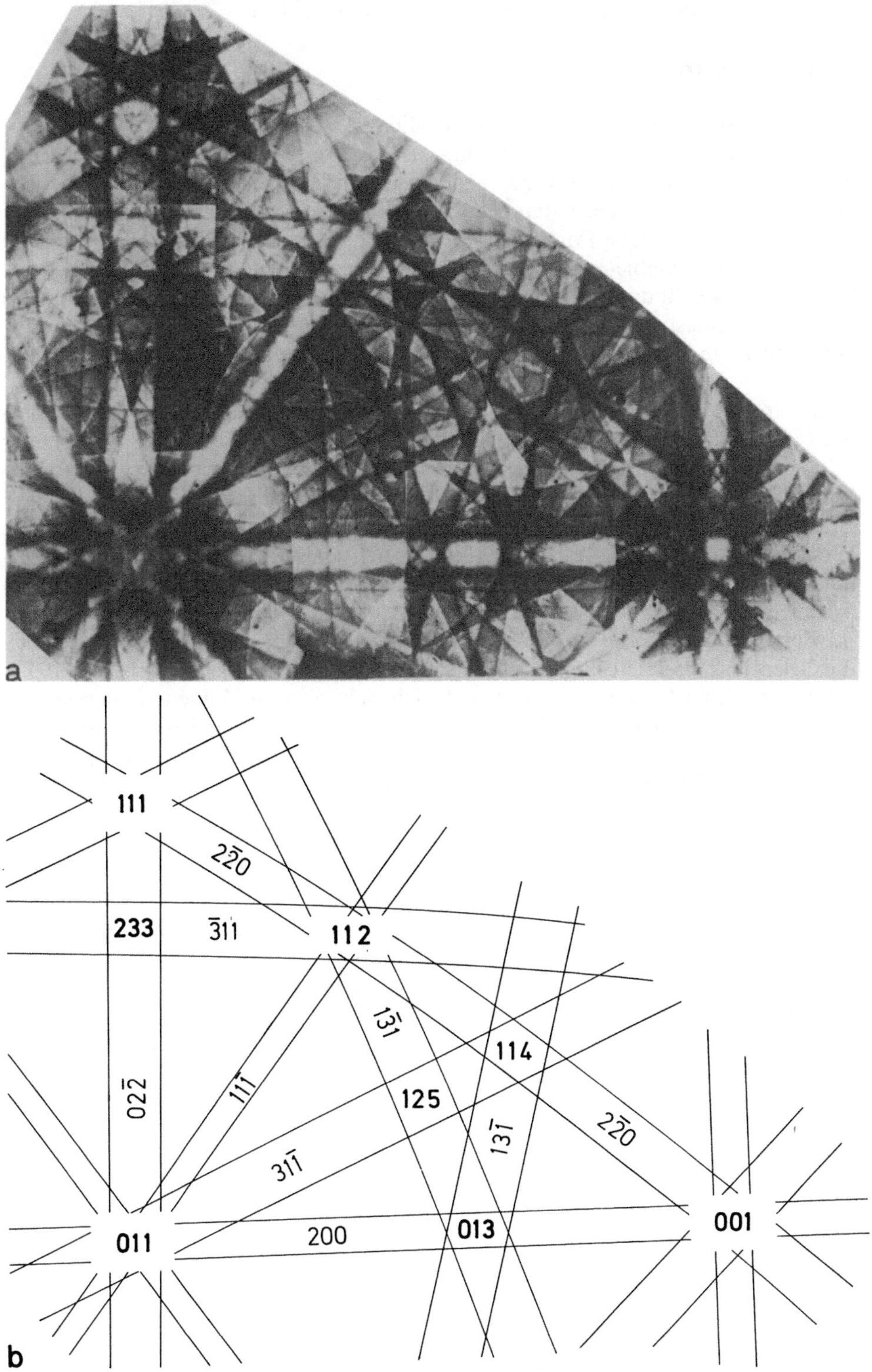

Abb. 4.23. a) Panorama-Diagramm für Kupfer ($E_0 = 20$ keV) zusammengesetzt aus mehreren Einzelaufnahmen, b) Spuren der niedrig indizierten Kossel-Kegel. (Nach *van Essen* u. a., 1971)

b) Kristallorientierung

Wenn der Abstand auf einem Channelling-Diagramm mit Hilfe eines Eichpräparates in $Å^{-1}$ geeicht ist, gelingt es leicht, aus der Breite heller Bänder bzw. Linien höherer Reflexe die dazugehörigen Millerschen Indices zu ermitteln. Die Orientierungsbestimmung ist besonders einfach, wenn die Orientierung in der Nähe eines niedrig indizierten Poles liegt. Sie wird schwieriger, wenn die Orientierung innerhalb eines Gebietes mit nur wenigen Linien liegt. Es sind daher große Schwenkwinkel für das Aufsuchen einer Orientierung günstiger. Für eine genauere Orientierungsbestimmung kann auf einen geringeren Schwenkwinkel übergegangen werden, da in dem dann vergrößerten Diagramm die Meßgenauigkeit größer ist.

In einem Panorama-Diagramm (Abb. 4.23) kann man dann längs des indizierten Bandes wandern bzw. unmittelbar die Schnittpunkte zweier sich kreuzender Bänder aufsuchen, bis man Übereinstimmung mit dem beobachteten Diagramm findet. Es wird dann deckungsgleich im Orientierungsdreieck ausgerichtet. Auf einem transparenten Deckblatt läßt sich die Mitte des Diagrammes einzeichnen. Wenn diese bei Senkrechteinfall des Elektronenstrahles mit der Oberflächennormalen übereinstimmt, ist damit die Normale im Orientierungsdreieck bereits festgelegt.

Bei umfangreicheren Anwendungen der Orientierungsbestimmung lohnt sich die Orientierungsermittlung über ein Computerprogramm (*Newbury* u. *Joy*, 1971). Im Channelling-Diagramm werden 3 sich schneidende Linien aufgenommen und die Koordinaten des Schnittdreiecks gemessen. Das gleiche geschieht mit einer zweiten Aufnahme der gleichen Objektstelle mit veränderter Strahlspannung (z. B. 15 und 20 keV). Aus der Verlagerung der Linien sind deren Millersche Indices *hkl* zu berechnen.

Die so zu gewinnende Genauigkeit in der Orientierungsbestimmung beträgt $\pm 0{,}5$–$1°$ und hängt auch noch wesentlich von der Genauigkeit ab, mit der die Probe orientiert wurde (z. B. Oberflächennormale in Richtung der Mikroskopachse). Bei Orientierungsunterschieden an Korngrenzen kann die Topographie mit abgebildet werden. Beiderseits der Grenze erhält man dann unterschiedliche Diagramme, deren relative Orientierung mit einer Genauigkeit von ca. $\pm 0{,}1°$ ermittelt werden kann. In Verbindung mit der Möglichkeit, Channelling-Diagramme auch von kleinen Objektbereichen, 1–10 µm ∅ zu erhalten, kann die Orientierungsbestimmung z. B. ausgenutzt werden, um die gegenseitige Orientierung von Zwillingslamellen oder Ausscheidungen gegenüber der Kristallmatrix zu erhalten (Abb. 4.24). Bei der Methode in Abb. 4.20c kann durch eine Defokussierung vom Channelling-Diagramm zur Abbildung der Umgebung übergegangen werden (*Joy* u. *Booker*, 1971). Zwischen Abbildung und Channelling-Diagramm können auch Verdrehungen auftreten (s. *Davidson*, 1976). Bei der Abrasterung eines größeren Objektbereiches lassen sich auch örtliche Variationen der Orientierung aus der Verbiegung von Channelling-Diagrammen ablesen, z. B. in der Nähe stark gestörter Gebiete durch Härteeindrücke oder lokalen Ionenbeschuß. Bei Erholungsvorgängen können die Orientierungsänderungen der Körner erfaßt werden. Durch Aufzeichnen der Orientierung von mehreren Körnern in einem Orientierungsdreieck ist eine Textur zu erkennen.

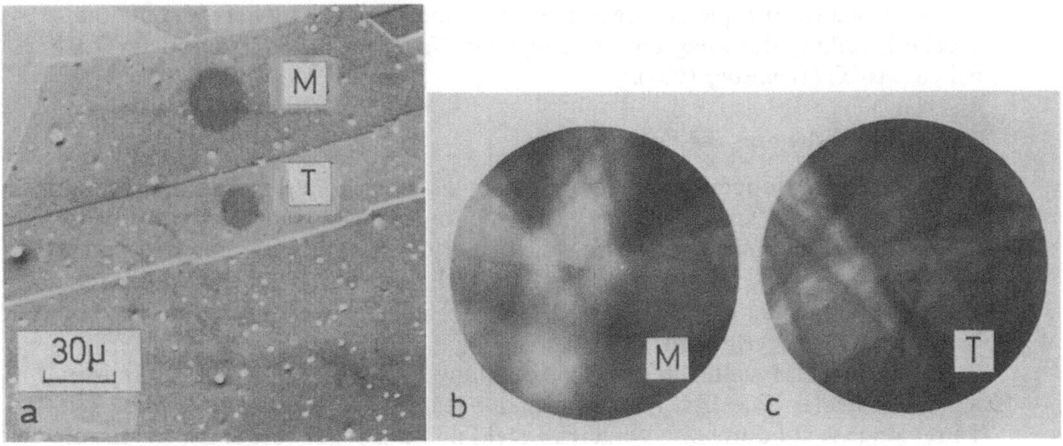

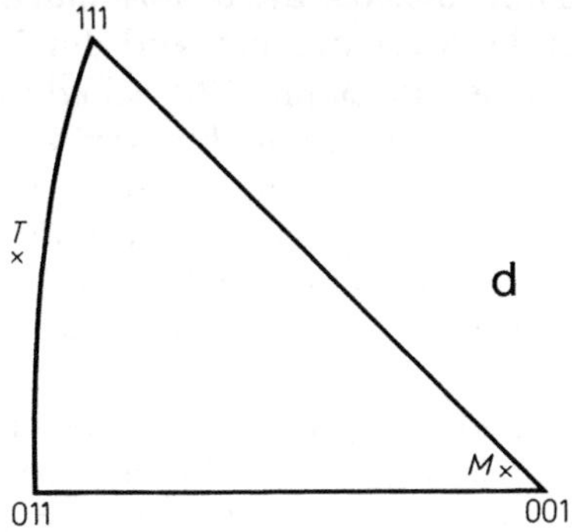

Abb. 4.24a–d. Beispiel zur Anwendung von Feinbereichs-Channelling-Diagrammen. Die abgerasterten Bereiche auf der Matrix (M) und einem Zwilling (T) einer Stahlprobe sind durch Kontamination im a) SE-Bild zu erkennen, b) und c) die zugehörigen Channelling-Diagramme. d) ermittelte Orientierung im Orientierungsdreieck. (*Booker*, 1970)

c) Kristallschädigung

Nach der Theorie der Orientierungsabhängigkeit des Rückstreukoeffizienten (§ 2.6.3) entsteht das Channelling-Diagramm nur in einer dünnen Oberflächenschicht von der Größenordnung der Eindringtiefen $z_0^{(1,2)}$ (Tabelle 2.3). Es läßt sich daher eine Kristallschädigung in derartig dünnen Oberflächenschichten nachweisen, wie sie z. B. durch Ionenbestrahlung entsteht. Neben der Breite der Linien wird deren Intensität beeinflußt (*Wolf* u. *Hunsperger*, 1970a u. b). Es können die erforderlichen Bestrahlungsdosen für eine Schädigung ermittelt werden. Durch sukzessives Abätzen ist die Tiefe der geschädigten Zone zu erhalten (*Davidson* u. *Booker*, 1970a). Erholungsexperimente geben Auskunft über den Abbau der Kristallbaufehler.

Eine Intensitätsabnahme und Linienverbreiterung der Channelling-Diagramme erfolgt auch durch amorphe Deckschichten (s. § 4.4.4), wie sie z.B. durch Kontamination entstehen oder auf Halbleiterschaltungen als Oxidschichten vorliegen (*Wolf* u. a., 1969; *Davidson* u. *Booker*, 1970b).

Von Alkalihalogeniden lassen sich nur kurzzeitig Channelling-Diagramme erzeugen. Aufladungseffekte führen zu Deformationen der Channelling-Linien und elektronenstrahl-induzierte Defektcluster rufen eine Intensitätsabnahme der

Orientierungsanisotropie analog wie bei der Ionenbestrahlung hervor. Eine thermische Erholung der Diagramme erfolgt für NaCl bei ca. 300° C und für KCl bei ca. 210° C (*Schulson*, 1971).

d) Plastische Verformung und Versetzungen

Bei gleichzeitiger topographischer Auflösung lassen sich aus einem Channelling-Diagramm aus der Verbiegung der Linien die Änderungen in der Kristallorientierung ablesen. Bei hohen Versetzungsdichten tritt eine Verbreiterung der Linien auf (*Joy* u. *Newbury*, 1971; *Stickler* u. a., 1971). Es wurde z. B. für die Linienbreite w der Zusammenhang $w = 3\log D - 24$ [mrad] mit der Versetzungsdichte D in Versetzungen/cm^2 gefunden.

In einem TEM stellt die direkte Abbildung von Versetzungen und anderer Kristallbaufehler eine der Hauptanwendungen in der Metallphysik dar. Die Versetzungen sind durch ihr Verzerrungsfeld und die damit verbundenen Abweichungen von der Bragg-Lage sichtbar und werden mit 10–200 Å Breite abgebildet. Auch die Ausbildung des Wellenfeldes und damit die Rückstreuung wird durch Versetzungen beeinflußt. Für die Abbildung von Versetzungen im SEM bei kompaktem Material ist eine Apertur von 10^{-3} rad und ein Sondendurchmesser von 200 Å erforderlich (*Spencer* u. a., 1972). Wegen des reduzierten Untergrundes liegen die Verhältnisse bei durchstrahlbaren Schichten günstiger und es konnten Versetzungen und Stapelfehler im Rückstreubild abgebildet werden (*Clarke*, 1971; *Stern* u. a., 1972; *Kuypers* u. a., 1973; *Thompson*, 1973) sowie in Rastertransmission (§ 5.3.3).

Es sei erwähnt, daß man Versetzungen auch mittels Ladungstrennungsströmen in der Nähe von p-n-Übergängen (§ 4.7.3) und mittels der Kathodolumineszenz (§ 6.6.3) abbilden kann, da sich die Rekombination der Ladungsträger in der Nähe von Versetzungen ändert.

e) Magnetische Einkristalle

Durch die magnetischen Streufelder von magnetischen Kristallen werden die schnellen Primärelektronen zwar nur wenig abgelenkt, andererseits genügen schon kleine Änderungen des Einfallswinkels auf die Netzebenen, um die Ausbildung des Wellenfeldes zu verändern. Es ergibt sich daher die Möglichkeit, aus diesen Diagrammen Richtung und Stärke des entmagnetisierenden Feldes über der einkristallinen Probe zu entnehmen (*Joy* u. a., 1969).

Wenn die Orientierungsbestimmung durch Magnetfelder zu stark behindert wird, kann auch auf die Röntgen-Kosseltechnik (§ 6.4.1) zurückgegriffen werden.

4.4.4. Kristallorientierungskontrast

Die Orientierungsanisotropie der RE und SE führt dazu, daß auf einer ebenen Oberfläche (z. B. elektrolytisch poliert) einzelne Kristalle je nach ihrer Orientierung unterschiedliche Helligkeit zeigen (*Christenhusz*, 1968; *Philibert* u. *Tixier*, 1969) (Abb. 4.25). Auf kleinen Kristallen ändert sich der Einfallswinkel der Elektronen auf die Netzebenen nur unwesentlich, so daß diese mit konstanter Helligkeit

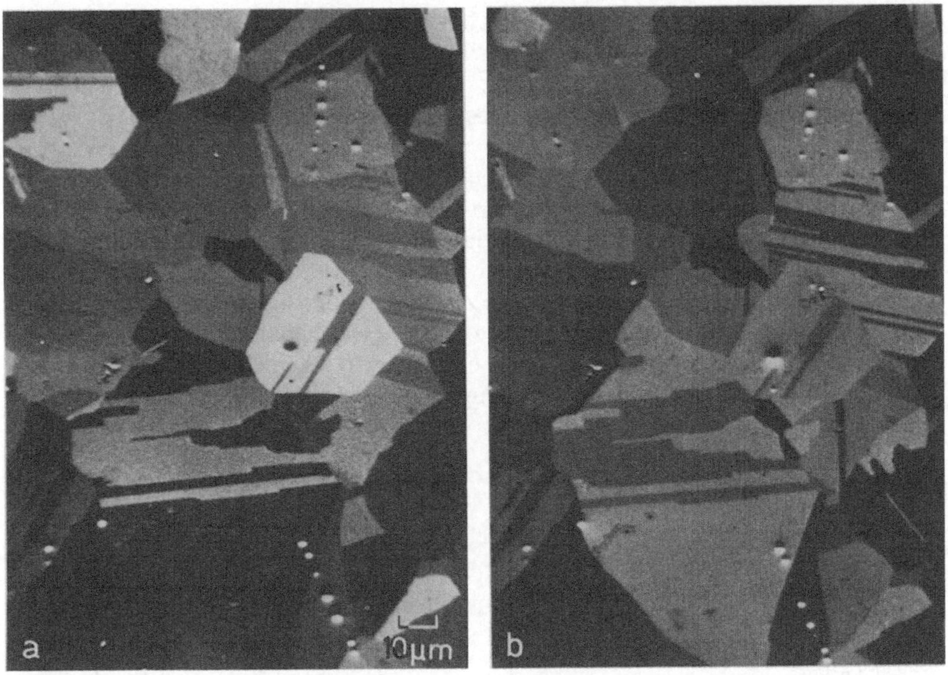

Abb. 4.25 a u. b. Orientierungskontrast im RE-Bild einer elektrolytisch polierten Kupferprobe. Änderungen der Kontraste einzelner Kristallite durch Änderung der Probenneigung um 1°. (Nach *Christenhusz*, 1968)

erscheinen. Geringe Kippungen der Probe, teilweise um Bruchteile eines Winkelgrades, können den Kontrast verändern. Es werden nacheinander die verschiedenen Helligkeitsgrade des Channelling-Diagrammes durchlaufen. Wird ein helles Band niedrig indizierter Reflexe oder ein niedrig indizierter Pol überstrichen, so ist ein reflexartiges Aufleuchten des betreffenden Kristalls zu beobachten. Bei plastisch verformten Kristallen können auch Gitterverzerrungen durch Aufnahmeserien mit kleinen Kippwinkeln nachgewiesen werden (*Christenhusz*, 1968; *Joy* u. a., 1972). Es treten verbogene Extinktionskonturen analog zur Abbildung im TEM auf.

Da der Absolutbetrag der Orientierungsanisotropie der Sekundärelektronen durch Kontaminationsschichten stärker beeinflußt wird, ergeben sich im Rückstreubild zeitlich stationärere Kontraste zwischen unterschiedlich orientierten Kristallen. Bei einer Dicke der Kontaminationsschicht von einigen 100 Å geht jedoch auch die Anisotropie des Rückstreusignals zurück, weil durch Streuung in der amorphen Schicht eine Intensitätsabnahme des Primärstrahles mit kleinem Öffnungswinkel erfolgt (Nullstrahlschwächung (2.6)). Die gestreuten Elektronen weisen eine breite Streuverteilung auf und fallen daher schon so diffus auf die Netzebenen des darunterliegenden Kristalles, daß die Linien im Channelling-Diagramm stark verbreitert und in ihrer Intensität geschwächt werden. Dies äußert sich analog beim Kristallorientierungskontrast in einer Abnahme der relativen Intensität zwischen unterschiedlich orientierten Kristallen.

4.5. Abbildung und Messung elektrischer Potentiale

4.5.1. Entstehung des Potentialkontrastes im Sekundärelektronenbild

Änderungen des Potentials des gesamten Objektes oder kleinerer Objektbereiche ändern die Potentialverteilung zwischen Objekt und Kollektor und damit auch die Bahnen der SE (Abb. 3.16). Potentialänderungen des Objektes rufen daher Änderungen des Videosignals hervor.

Zur Deutung des Zusammenhanges zwischen Videosignal und Potential wird ein idealisierter Fall behandelt (Abb. 4.26a). Zwischen dem Objekt auf dem Potential U_P und dem Kollektor liegt ein Gitter (Gegenfeldelektrode) auf dem Potential U_G. Von der Energieverteilung $N(E)$ der SE (Abb. 2.21a und 4.26b)

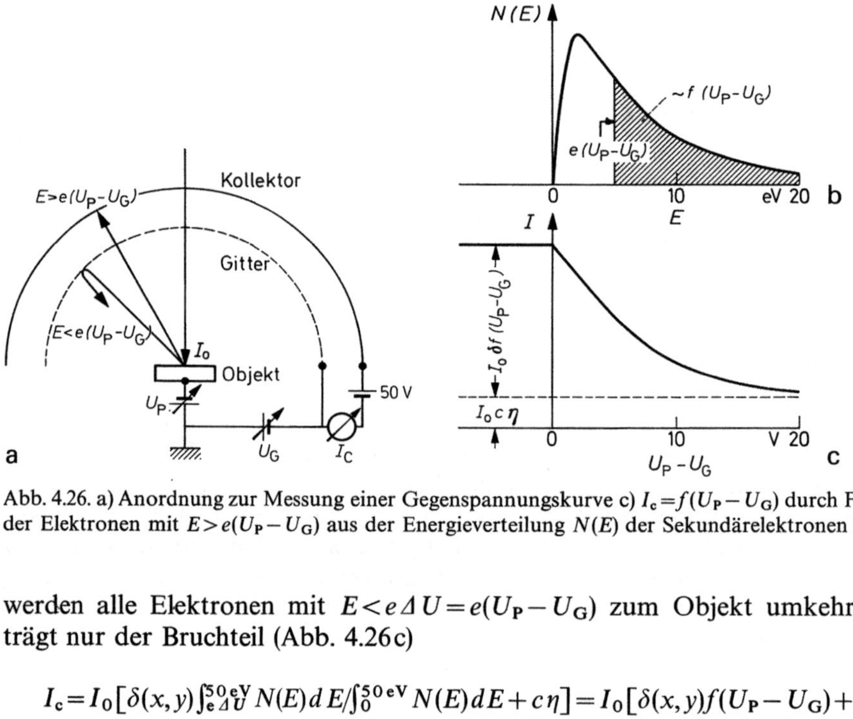

Abb. 4.26. a) Anordnung zur Messung einer Gegenspannungskurve c) $I_c = f(U_P - U_G)$ durch Filterung der Elektronen mit $E > e(U_P - U_G)$ aus der Energieverteilung $N(E)$ der Sekundärelektronen b)

werden alle Elektronen mit $E < e\Delta U = e(U_P - U_G)$ zum Objekt umkehren. Es trägt nur der Bruchteil (Abb. 4.26c)

$$I_c = I_0 \left[\delta(x,y) \int_{e\Delta U}^{50\,\mathrm{eV}} N(E)\,dE \Big/ \int_0^{50\,\mathrm{eV}} N(E)\,dE + c\eta\right] = I_0\left[\delta(x,y) f(U_P - U_G) + c\eta\right] \tag{4.3}$$

zum Kollektorstrom (bzw. Videosignal) bei (I_0 = Sondenstrom, $\delta(x,y)$ = ortsabhängige SE-Ausbeute, c = Bruchteil der erfaßten RE mit $E > 50$ eV). (4.3) ist die Grundlage für eine quantitative Potentialmessung (§ 4.5.2).

Die aus (4.3) folgende Abnahme des Videosignals bei positivem (bzw. Zunahme bei negativem) Objektpotential wird ohne Hilfselektroden zwischen Objekt und Kollektor stark modifiziert und hängt von der speziellen Objekt-Kollektor-Geometrie ab. Es tritt aber auch eine Beeinflussung durch die Streufelder von benachbarten Objektpotentialen auf, so daß die Änderung des Videosignals nicht eindeutig von dem lokalen Potential abhängt. Dadurch wird die Deutung und Vorausberechnung des Kontrastes erschwert. Im Einzelfall sind daher Modellversuche zu empfehlen (s. z.B. *Kimoto* u.a., 1968; *Wells*, 1969; *Banbury* u. *Nixon*, 1970).

Es soll im folgenden das Ergebnis eines derartigen Modellversuches (*Gentsch*, 1970) gezeigt werden. Als Objekt diente eine 1 cm^2 große Glasscheibe, auf der zwei flächenförmige Goldkontakte aufgedampft wurden, die durch einen 50 μm schmalen Spalt getrennt waren (s. Nebenskizze in den Abb. 4.27). In Abb. 4.27a ist das Videosignal der dem Kollektor zugewandten Fläche in der Nähe des Spaltes als Funktion ihres Potentiales U_{var} bei konstantem Potential U_c der anderen Fläche aufgetragen. Das Diagramm demonstriert, wie sich die *Signal-Potential-Kurven* durch die Änderung von U_c modifizieren. Abb. 4.27b zeigt entsprechende Messungen auf der dem Kollektor abgewandten Fläche. Liest man diese Diagramme in Richtung der U_c-Achse, so kann man die Beeinflussung des Videosignals auf einer Fläche konstanten Potentials U_{var} durch das Nachbarpotential U_c entnehmen. Im Prinzip resultiert das gleiche Resultat wie bei den Versuchen von *Kimoto* u.a. (1968). Im einzelnen zeigen sich folgende für den Potentialkontrast typischen Effekte. Bei negativem U_{var} auf der dem Detektor zugewandten Fläche (Abb. 4.27a) ruft ein negatives Potential U_c der abgewandten Fläche ein höheres

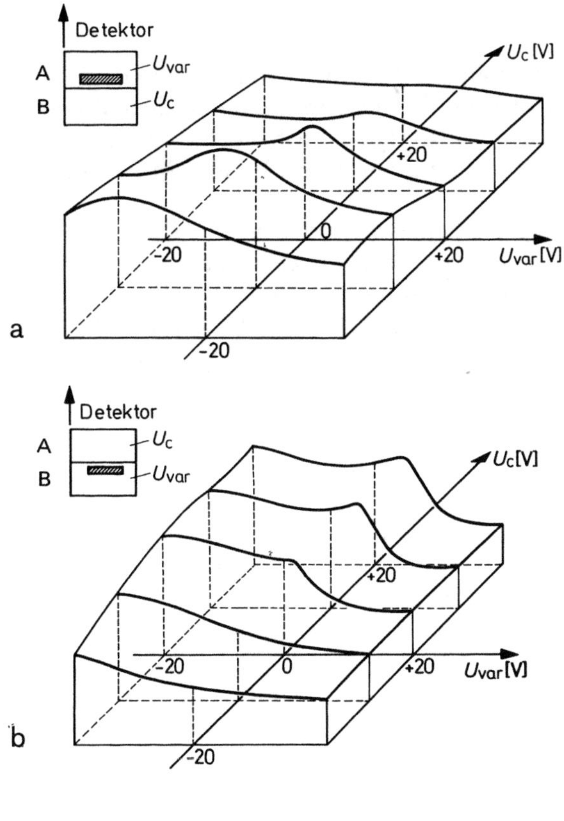

Abb. 4.27a u. b. Signal-Potential-Kurven an der Grenze von 2 flächenförmigen Elektroden A und B (Goldaufdampfschichten auf Glas durch 50 μm-Spalt getrennt) bei a) Abrasterung der Elektrode A und b) der Elektrode B. (Nach *Gentsch*)

Videosignal hervor. Das negative Potential U_c sorgt dafür, daß die Elektronenbahnen in Richtung des Detektors gedrückt werden. Auf der dem Detektor abgewandten Fläche wird bei negativem U_{var} gerade ein Maximum des Videosignales beobachtet, wenn das Potential der vorderen Elektrode positiv ist (Abb. 4.27b). Dies ist damit zu erklären, daß das positive Potential Elektronen, welche sonst gegen die Kammerwand oder neben den Kollektor fliegen, in Richtung auf die positive Elektrode ablenkt und diese dadurch den Kollektor treffen. Gegenüber dem idealisierten Kurvenverlauf in Abb. 4.26b wird auch ein starker Untergrund beobachtet, welcher durch die an den Kammerwandungen ausgelösten SE (Gruppe 4 in Abb. 2.1) verursacht wird. Auch die Bahnen dieser Elektronen können durch die Probenpotentiale beeinflußt werden. Eine quantitative Klärung der einzelnen Signal-Potential-Kurven kann jedenfalls nicht gegeben werden.

Ein eindeutigerer Zusammenhang zwischen Signal und Potential wird mit den in Abb. 3.19 gezeigten Hilfselektroden erreicht (*Banbury* u. *Nixon*, 1970; *Yakowitz* u. a., 1972). Neben einer besseren Wiedergabe von Oberflächendetails auch bei Senkrechteinfall des Elektronenstrahles ist die Signal-Potentialkurve streufeldunabhängig. Die Charakteristik ist symmetrisch bei Änderung von 8 %/Volt für das Potential 0. Sie kann auf 13 %/Volt für positive oder negative Potentiale erhöht werden, wenn man eine Verminderung der Empfindlichkeit für die anderen Potentiale in Kauf nimmt.

4.5.2. Quantitative Potentialmessung

Neben den genannten Einflüssen des Objektstreufeldes (Nahfeld) und dem Potentialverlauf zwischen Objekt und Kollektor (Fernfeld) ist das durch einen Potentialunterschied $\Delta U = U_P - U_G$ entstehende SE-Signal auch noch von der lokalen SE-Ausbeute $\delta(x, y)$ in (4.3) abhängig. Eine quantitative Potentialmessung sollte alle Einflüsse eliminieren.

Man kann u. a. die 273 eV-Augerelektronen des Kohlenstoffs (Kontamination) heranziehen (*MacDonald*, 1970). Sie besitzen eine ausreichende Energie, um Objektstreufelder ohne nennenswerte Beeinflussung zu überwinden. Das Objektpotential ruft eine Verschiebung des Augerpeak um $\Delta E = -e\,U_P$ hervor. Da jedoch die AE-Ausbeute bedeutend kleiner als die SE-Ausbeute ist (§ 6.5.2), sind Methoden effektiver, welche die Verschiebung der Energieverteilung der SE ausnutzen.

Ein Elektronenspektrometer mit einem Zylinderkondensator zwischen Objekt und Kollektor (*Wells* u. *Bremer*, 1968, 1969) hat neben der Beeinflußbarkeit durch Nahfelder auch den Nachteil, daß bei den langsamen SE für eine gute magnetische Abschirmung gesorgt werden muß. Man arbeitet daher besser mit einer Beschleunigung der Elektronen (bis zu 1 keV/cm an der Objektoberfläche) und anschließender Energieanalyse durch ein Gegenfeld. Dies wurde durch kugelförmige Netze (Abb. 4.28a) (*Driver*, 1969; *Flemming* u. *Ward*, 1970; *Fentem* u. *Gopinath*, 1974; *Hardy* u.a., 1975; *Tee* u. *Gopinath*, 1976) oder ein Extraktionsfeld, Ablenkung in einem Zylinderkondensator und ein Gegenfeld (Abb. 2.28b) (*Balk* u.a., 1976) erreicht. Bei der letzten Methode ist der Beitrag der RE in (4.3) zu vernachlässigen. Man erhält eine um das Objektpotential verschobene Gegenspannungskurve (Abb. 4.26c). Um eine lineare Signal-Potential-Charakteristik zu erhalten, wird durch eine elektronische Rückkopplung das SE-Signal auf dem steilsten Teil der Gegenspannungskurve konstant gehalten, entweder durch Variation der Spannung an der Gegenelektrode (*Gopinath* u. *Sanger*, 1971) oder durch eine Potentialanhebung des gesamten Objektes gegenüber dem Detektor (*Fleming* u. *Ward*, 1970; *Feuerbaum* u. a., 1975; *Balk* u. a., 1976). Die Spannungsvariation ist ein Maß für das lokale Objektpotential U_P. Damit dieses Signal unabhängig von der Oberflächentopographie wird, erfassen *Tee* u. *Gopinath* (1976) das totale δ als Summe der Kollektor- und Gitterströme und kompensieren in der Gegenkopplungsschaltung gegen einen festen Bruchteil dieses Signals.

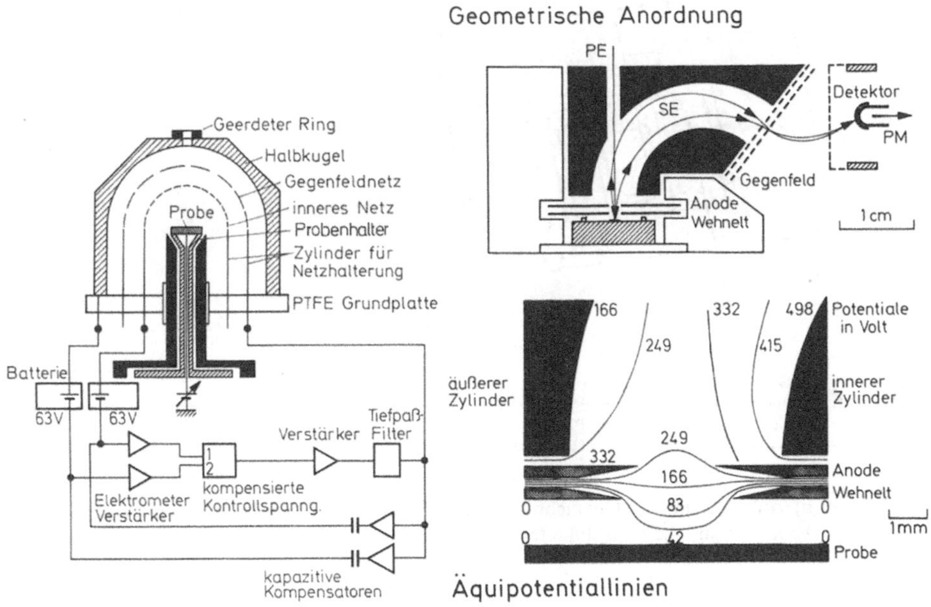

a b

Abb. 4.28 a u. b. Anordnungen zur quantitativen Messung des Probenpotentials: a) Gegenfeldanordnung nach *Tee* u. *Gopinath* (1976) mit kugelförmigen Netzen. b) Spektrometeranordnung mit Gegenfeldfilter (oben) und Absaugfeld (unten) nach *Balk* u. a. (1976)

In der Anordnung von *Balk* u. a. (1976) wird ungeachtet der Variation von δ auf ein konstantes Videosignal eingestellt. Die Variation des Objektpotentials enthält daher auch die Variation von δ. Bei Ein- und Ausschalten des Objektpotentials verschiebt sich die gleiche Kurve um denselben Potentialbetrag. Bei einer Änderung des Objektpotentials mit 10 kHz kann daher über einen Lock-in-Verstärker diese dem Potential proportionale Verschiebung herausgefiltert werden.

Die kleinste nachweisbare Spannungsdifferenz wird durch das Rauschen begrenzt. Zum Nachweis kleiner Spannungsänderungen ΔU muß man daher mit größeren Sondenströmen und -durchmessern d arbeiten (z. B. $\Delta U = 10$–40 mV bei $d = 0{,}3$–$0{,}5$ µm).

4.5.3. Potentialkontrast integrierter Halbleiterschaltungen

Das SEM läßt sich bei der Inspektion planarer Halbleiterschaltungen einsetzen (*Everhart* u. a., 1964b; *Thornhill* u. *Mackintosh*, 1965; *te Gude*, 1965; *Matta*, 1968; *Thornton* u. a., 1969) und hat neben der besseren Auflösung durch die Ausnutzung des Potentialkontrastes und der Abbildung von Probenströmen bzw. elektromotorischen Kräften (§ 4.7) Vorteile gegenüber einer lichtoptischen Inspektion.

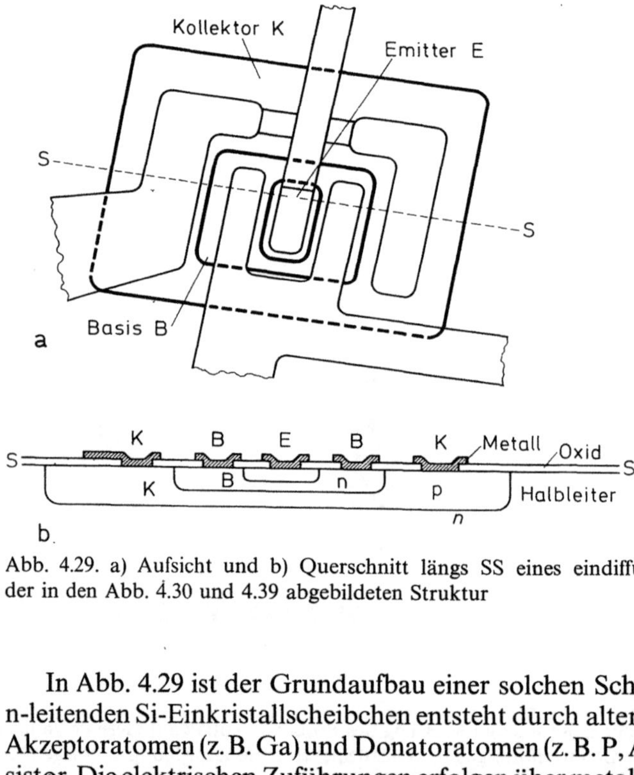

Abb. 4.29. a) Aufsicht und b) Querschnitt längs SS eines eindiffundierten Planartransistors mit der in den Abb. 4.30 und 4.39 abgebildeten Struktur

In Abb. 4.29 ist der Grundaufbau einer solchen Schaltung skizziert. In einem n-leitenden Si-Einkristallscheibchen entsteht durch alternierende Eindiffusion von Akzeptoratomen (z. B. Ga) und Donatoratomen (z. B. P, As) ein planarer pnp-Transistor. Die elektrischen Zuführungen erfolgen über metallische Aufdampfschichten, welche durch thermisch erzeugte Oxid-, Nitridschichten oder isolierende Aufdampfschichten vom Halbleiter bzw. untereinander getrennt werden (MOS- oder MIS-Struktur, M = metal, O = oxide, I = insulator, S = semiconductor). Mittels Photolack und lichtoptisch verkleinerter Masken kann das Oxid geschützt und an ungeschützten Stellen abgeätzt werden, um Kontakt zu den darunterliegenden Transistorelektroden herzustellen bzw. Fenster für die Eindiffusion zu erzeugen.

Im Sekundärelektronenbild zeigen die metallischen Aufdampfschichten gegenüber dem Halbleiter genügenden Kontrast. Auch die durch weggeätztes Oxid entstehenden Kanten von einigen 1000 Å Höhe werden abgebildet, so daß die herausgeätzten Fenster zu erkennen sind (Abb. 4.30 u. 4.31). Hierdurch ist eine Kontrolle der Fertigungsgenauigkeit möglich und Kratzer bzw. andere Rauhigkeiten der Oberfläche erkennbar.

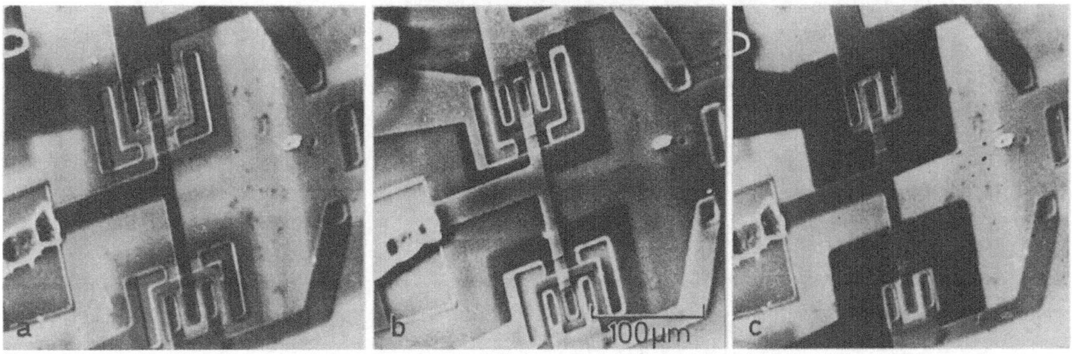

Abb. 4.30a–c. Sekundärelektronenbild eines integrierten Schaltkreises (s. Abb. 4.29) bei a) 25 und b) 45 keV (dunklere Abbildung der Kollektorzone bei höherer Strahlspannung), c) Abbildung der Kollektorzone durch Potentialkontrast bei einem angelegten Potential von +3 V. (Nach *Raith*, 1968; a, b)

Durch den Potentialkontrast erscheint bei einer von außen angelegten Spannung die gesamte Leiterbahn je nach negativem oder positivem Potential heller oder dunkler als die Umgebung (Abb. 4.30c u. 4.31). Längs dünner Widerstandsschichten (aufgedampft oder eindiffundiert) ist der Potentialabfall als eine homogene Helligkeitsabnahme zu erkennen. Es sind noch Potentialunterschiede in der Größenordnung 0,1 V als Helligkeitsunterschiede wahrzunehmen. Unterbrechungen der Leiterbahnen durch mechanische Beschädigung oder durch unzureichende Dicke an zu steilen Kanten der Oxidschicht sind auf diese Weise zu lokalisieren.

Auch ohne anliegende Spannung ist die an pn-Übergängen auftretende Potentialdifferenz durch Potentialkontrast zu beobachten. Sie besteht aus der Diffusionsspannung des Überganges von der Größenordnung des Bandabstandes und der zusätzlich durch den Ladungstrennungsstrom auftretenden Spannung. Bereits im normalen Sekundärelektronenbild erkennt man daher an oxidfreien und oxidbedeckten Stellen (s. u.) die Ausdehnung der einzelnen Emitter-, Basis- oder Kollektorbereiche durch einen mehr oder weniger schwachen Potentialkontrast. In Abb. 4.30b erscheint dieser Kontrast des Kollektors bei 45 keV ausgeprägter als in a) bei 25 keV. Durch eine von außen angelegte Spannung von +3 V erscheinen in c) auch bei 25 keV die Leiterbahn und das gesamte Kollektorgebiet dunkel.

Der Potentialkontrast ist auch durch Oxidschichten von einigen 1000 Å hindurch zu beobachten. Wenn nämlich der Elektronenstrahl so energiereich ist, um die Oxid- oder eine andere Isolatorschicht zu durchdringen, nimmt durch die strahlungsinduzierte Leitfähigkeit die Oberfläche der Oxidschicht das gleiche Potential wie die darunterliegende Metallschicht an. Bei niedrigen Elektronenenergien in der Größenordnung 2–5 keV, wenn die isolierenden Schichten nicht mehr durchdrungen werden, laden sich diese auf. Dies kann für die Erkennbarkeit von Defekten der Isolatorschicht (pinholes) ausgenutzt werden.

An der Oberfläche kann auch beobachtet werden, wieweit die Eindiffusion unter der stehengebliebenen Oxidschicht des weggeätzten Fensters erfolgte, da die Kante der Oxidschicht durch topographischen Kontrast (erhöhte oder vermin-

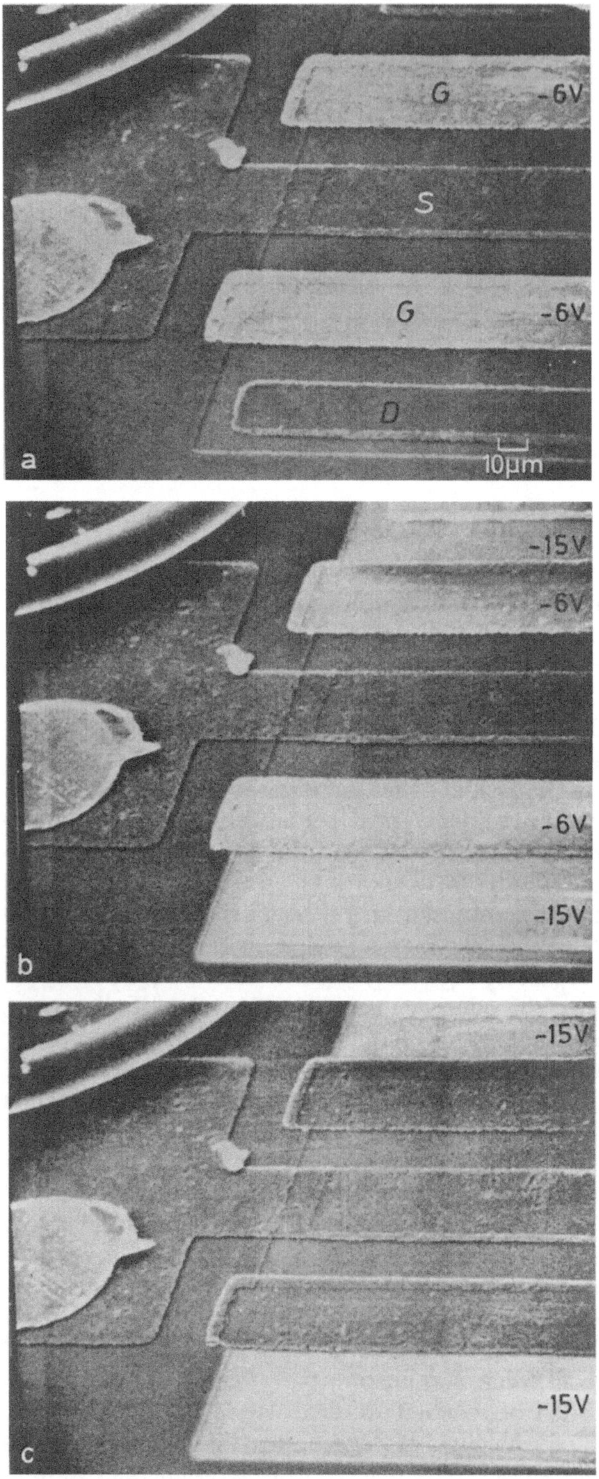

Abb. 4.31 a–c. Potentialkontrast mit negativen Potentialen an einem MOS-Feldeffekt-Transistor (S = Quelle (source), G = Tor (gate) und D = Senke (drain)). a) $V_D = 0$, $V_G = -6$ V; b) $V_D = -15$ V, $V_G = -6$ V; c) $V_D = -15$ V, $V_G = 0$). (Cambridge Instruments Ltd.)

derte SE-Ausbeute) und die Ausdehnung der eindiffundierten Zone durch einen flächenförmigen Potentialkontrast zu erkennen ist. Wenn man das Verhältnis der waagerechten zur senkrechten Diffusionsgeschwindigkeit kennt, läßt sich die Tiefe des Überganges angeben.

Wenn man die Tiefenerstreckung der Übergänge direkt erfassen will, besteht neben der Registrierung der internen Probenströme (§ 4.7.2) auch die Möglichkeit, die Oberfläche schräg anzuschleifen oder senkrecht zur Oberfläche zu spalten. In den Mesa-Transistoren liegt dies von der Konstruktion her vor. Auf diese Weise ist das Profil des eindiffundierten Überganges mit einer Genauigkeit von 0,1 μm abbildbar (*MacDonald* u. *Everhart*, 1967). Hier wirkt sich die bessere Auflösung des SEM aus. Bei einer lichtoptischen Untersuchung nach der Ätzung der freigelegten Oberfläche sind sehr flache Anschliffe erforderlich (Winkel von 5° zur Oberfläche). Auf derartigen Aufnahmen läßt sich auch die Verbreiterung der Randschicht mit wachsender äußerer Sperrspannung verfolgen (*MacDonald* u. *Everhart*, 1965).

Über die Anwendungsmöglichkeiten der Ladungstrennung durch pn-Übergänge wird in § 4.7.2 berichtet. *Everhart* u. a. (1964 b) überlagerten das SE-Bild des Potentialkontrastes mit dem Strombild der pn-Übergänge, um so in einer Aufnahme die gesamte Information über eine zu testende planare Halbleiterschaltung vorliegen zu haben.

4.5.4. Stroboskopische Methoden

Stroboskopische Verfahren sind nicht allein auf die Untersuchung des Potentialkontrastes beschränkt. Da sie jedoch vorwiegend hierauf abgewandt werden, sollen sie an dieser Stelle besprochen werden.

Zur Untersuchung der Funktion integrierter Halbleiterschaltungen oder CdS-Ultraschall- und Gunneffektoszillatoren (*MacDonald* u. a., 1969; *Gopinath* u. *Hill*, 1973) ist es von Interesse, die Potentiale innerhalb der Schaltungen bzw. auf der Probe zu verfolgen. Bei niedrigen Frequenzen $\nu <$ ca. 100fache Zeilenfrequenz ν_Z kann eine sehr einfache Technik benutzt werden, die keiner zusätzlichen Veränderung bedarf (*Lukianoff* u. *Touw*, 1975). Bei Verwendung von Rechteck- oder Sinusspannungen treten während der Abrasterung Signaländerungen durch den Potentialkontrast auf. Dem SE-Signal einer Leiterbahn ist daher ein Streifenmuster überlagert (vertikal für $\nu > \nu_Z$ und horizontal für $\nu < \nu_Z$). Eine Synchronisation von ν und ν_Z ist nicht erforderlich. Falls $\nu \neq n\nu_Z$ ist das Streifenmuster nur geneigt. Phasenverschiebungen rufen eine Versetzung des Streifenmusters hervor. Mit TV-Bildfrequenzen (20 Bilder s^{-1} und $\nu_Z = 20$ kHz) liegt die Grenze in der Größenordnung MHz.

Für schnellere stroboskopische Untersuchungen kann entweder die Nachweiselektronik oder der Elektronenstrahl periodisch getastet werden. Elektronische Schalter weisen schnelle Ein- und Ausschaltzeiten auf. Es ist jedoch erforderlich, daß auch der Vorverstärker eine entsprechend große Bandbreite aufweist, während hinter dem Schalter eine normale Verstärkerelektronik benutzt werden kann. Bei einem SE-Signal ist auch die Flugzeit von einigen ns zwischen Probe und Kollektor und die Ansprechzeit des Photomultipliers in der Größenordnung 10 ns zu berücksichtigen. Es wird daher der Unterbrechung des Elektronenstrahles der Vorzug gegeben, da dies keiner Veränderung der Nachweiselektronik bedarf. Die gebräuchlichste Methode besteht darin, den Elektronenstrahl mit einem Plattenkondensator über eine Lochblende abzulenken (*Plows* u. *Nixon*, 1968). Eine sinusförmige Ablenkspannung erzeugt zwei Impulse pro Periode. Mit einem gekreuzten Plattenpaar läßt sich auch erreichen, daß der Strahl während eines Durchganges so abgelenkt wird, daß er nicht die Blende passiert (*Thomas* u. a., 1976). Durch die Amplitude der Ablenkspannung läßt sich die Impulsdauer variieren. Durch eine Phasenschiebung der Ablenkspannung oder Triggerung eines Ablenkimpulses (*Thomas* u. a., 1976) gegenüber dem auf der Probe vorliegenden Potential lassen sich die Potentiale während verschiedener Phasen abtasten bzw. bei ruhender Sonde die Signalform registrieren. Im GHz-Bereich ändert sich bereits die Feldstärke während der Flugzeit im Kondensator, und dessen Kapazität macht sich störend bemerkbar. Man muß dann zu einem Wanderwellen-Ablenksystem übergehen (*Yamada* u. *Takagi*, 1972; *Gopinath* u. *Hill*, 1973). Bei der Ablenkung über die Blende ändert sich die Lage des Crossovers und damit auch die Position auf der Probe, was eine Auflösungsverschlechterung bewirkt. Durch eine günstige Position des Ablenksystems in der Mikroskopsäule kann dieser Einfluß verringert werden (*Gopinath* u. *Hill*, 1974).

4.5.5. Potentialkontrast von piezoelektrischen und ferroelektrischen Kristallen

Nach *Gerdes* u. *Wagner* (1970, 1971) lassen sich mit 2 keV-Elektronen Ladungsverteilungen auf schwingenden Quarzkristallen im normalen SE-Emissionsbetrieb abbilden. Die stehenden Wellen des Oszillators bestehen aus Schwingungsbäuchen und örtlich festliegenden Schwingungsknoten. An den Knoten liegt die normale Elektronenemission vor. An den Schwingungsbäuchen ändert sich die Polarisation durch den piezoelektrischen Effekt periodisch mit der anliegenden Oszillatorfrequenz in der Größenordnung MHz. Die dunklere Abbildung dieser Gebiete kann so gedeutet werden, daß in den ersten negativen Maxima der Polarisation mehr Elektronen emittiert werden, als am Ort der Schwingungsknoten. Dadurch resultiert an diesen Stellen ein Defizit an Elektronen, positive Aufladung dieser Gebiete und daher ein niedrigeres Signal relativ zu den Schwingungsknoten. Dieser Kontrastunterschied läßt sich daher stationär beobachten und es bedarf keiner stroboskopischen Technik. Kontaminationsschichten erhöhen jedoch die Leitfähigkeit der Quarzoberfläche soweit, daß die beobachteten Ladungsverteilungen bei längerer Beobachtungszeit verschwinden.

Analoge Verhältnisse liegen bei der Abbildung von Ferroelektrika vor. Während *Robinson* u. *White* (1967) bei $BaTiO_3$ reinen Topographie-Kontrast fanden, da die kristallographischen Orientierungsunterschiede zwischen Domänen unterschiedlicher Polarisation zu einem Oberflächenrelief führen, fanden *Coates* u. *Shaw* (1970) sowie *Bihan* u. *Maussion* (1972) in TGS (Triglycinsulfat) eindeutig einen Einfluß der Oberflächenladung (Abb. 4.32). Auch bei diesen Versuchen wurde mit Beschleunigungsspannungen kleiner als 2 kV gearbeitet, da höhere Energien zu hohe Aufladungen der Probe bewirken. Zusätzlich wurde die Probe über die Probenhalterung auf ein negatives Potential (bis zu −300 V) gelegt, um Aufladungen zu unterdrücken. Bei einer Kippung der Probe wurden bevorzugt Domänengrenzen abgebildet. Bei einer Erwärmung der Probe oder Bestrahlung

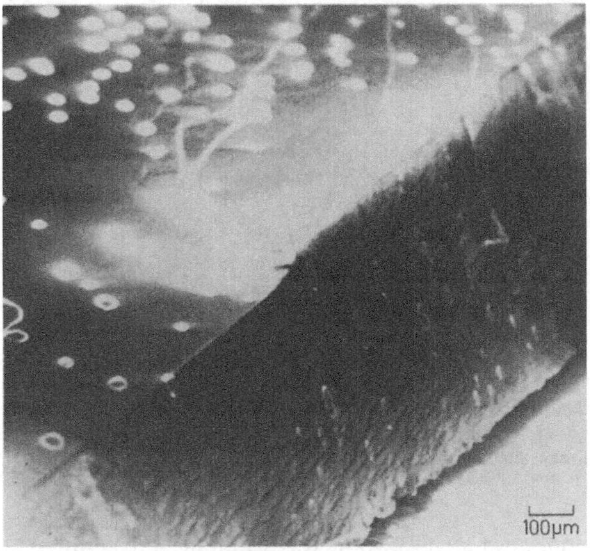

Abb. 4.32. Abbildung ferroelektrischer Domänen in Triglycinsulfat (TGS) auf einer (010)-Fläche und einem um 70° hierzu geneigten Querschnitt. (Nach *Coates* u. *Shaw*, 1970)

unter senkrechtem Einfall mit größerer Wärmeerzeugung konnten auch ganze Domänen und nicht nur Domänengrenzen abgebildet werden. Offenbar spielt auch der pyroelektrische Effekt eine Rolle. Bei einer Erhitzung über den Curiepunkt verschwanden alle den Domänen zuzuordnenden Kontraste und kehrten bei Abkühlung zurück. Eine metallische Aufdampfschicht bringt den Kontrast zum Verschwinden. Diese Beobachtungen können als Beweis angesehen werden, daß tatsächlich Ladungseffekte abgebildet werden. Die genaue Erklärung der Kontrasterscheinungen bedarf jedoch noch weiterer Untersuchungen.

4.6. Abbildung und Messung magnetischer Objektfelder

4.6.1. Beeinflussung der Sekundärelektronen durch magnetische Streufelder (magnetischer Kontrast Typ I)

Die energiearmen SE werden durch magnetische Streufelder außerhalb des Objektes beeinflußt, während die energiereichen RE diese schwachen Streufelder unabgelenkt passieren und nur durch die inneren Felder beeinflußt werden (§4.6.2). Derartige Streufelder liegen über Tonbändern, vom Strom durchflossenen Leiterbahnen in integrierten Schaltungen (*Wardly*, 1971) und Ferromagnetika mit nicht abgeschlossener Domänenstruktur (vorwiegend einachsig anisotrope Ferrite und Kobalt-Legierungen) vor (*Banbury* u. *Nixon*, 1967; *Joy* u. *Jakubovics*, 1968).

Am wirksamsten ist eine Streufeldkomponente B_y parallel zur Oberfläche und senkrecht zur Verbindungslinie Objekt-Kollektor. Durch die Lorentzkraft $\boldsymbol{K} = -e\boldsymbol{v} \times \boldsymbol{B}$, welche auf $\boldsymbol{v}$ und $\boldsymbol{B}$ senkrecht steht, werden die mit der Geschwindigkeit $v = (2E_{SE}/m)^{1/2}$ austretenden SE je nach Feldrichtung eine vom Kollektor

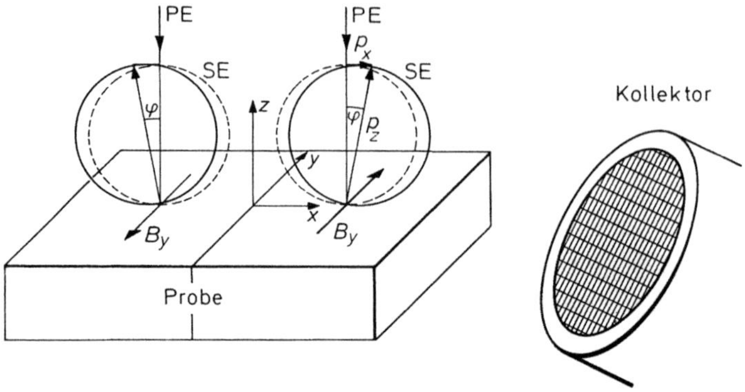

Abb. 4.33. Beeinflussung der Austrittscharakteristik der SE durch magnetische Objektfelder. Schwenkung um den Winkel φ in Richtung oder Gegenrichtung zum Kollektor je nach Richtung von B_y führt zu einer geringeren bzw. höheren Ausbeute des SE-Signals

weg- oder hinweisende Geschwindigkeitskomponente erhalten. Dies führt zu einer Drehung der Austrittscharakteristik $I(\Theta) \sim \cos\Theta\, d\Omega$ um einen kleinen Winkel φ (Abb. 4.33), der sich mit dem durch die Lorentzkraft übertragenen Impuls $p_x = \int K\, dt$ zu

$$\varphi = \frac{p_x}{p_z} = \frac{\int_0^\infty e v B\, dt}{m v} = \frac{\int_0^\infty e B\, dz}{m v} = \left[\frac{e^2}{2 m E_{SE}}\right]^{1/2} \int_0^\infty B\, dz \tag{4.4}$$

berechnet. Zahlenbeispiel für ein Magnettonband mit einer bespielten Periodenlänge von 0,1 mm und einem $B = 10^{-2}$ Vsm^{-2} an der Oberfläche, d.h. $\int B\, dz \simeq 10^{-5}$ Vsm^{-1}, und $E_{SE} = 4$ eV ergibt $\varphi = 0{,}024$ rad $= 1{,}4°$.

Um diese geringe Beeinflussung der Austrittscharakteristik nachzuweisen, bedarf es einer richtungsselektiven Kollektoranordnung. Unter der Annahme, daß die Hälfte der emittierten SE den Kollektor erreichen, beträgt der relative Intensitätsunterschied zwischen entgegengesetzt magnetisierten Bereichen $\Delta I/I = 2\varphi$, in obigem Zahlenbeispiel also etwa 5 %. Abb. 4.34 demonstriert eine derartige Abbildung eines Tonbandes, welches mit einem Rechtecksignal von 400 Hz bespielt wurde (*Gentsch* u. *Reimer*, 1972). Eine Rotation der Probe (s. eingezeichnete Detektorrichtung) zeigt die zu erwartende Kontrastumkehr. Um eine derartige Richtungsselektivität zu optimieren, kann die in Abb. 3.19 dargestellte Anordnung mit Hilfselektroden benutzt werden. Eine optimale Ausnutzung erhält man nach *Wardly* (1971) mit zwei beidseitig des Objektes angebrachten Kollektoren, welche nur unter kleinen Winkeln zur Oberfläche austretende SE erfassen und noch mit einem elektrostatischen Filter selektiert werden. Die Nachweisempfindlichkeit liegt in der Größenordnung 10^{-8} Vsm^{-1}. Dies reicht nicht aus, um z.B. die Streufelder über magnetischen Domänengrenzen nachzuweisen.

Wie *Banbury* u. *Nixon* (1967, 1968) anhand der Abbildung eines Abnehmerkopfes eines Tonbandgerätes zeigten, können bei geeigneter Detektorgeometrie auch Normalkomponenten des magnetischen Feldes abgebildet werden.

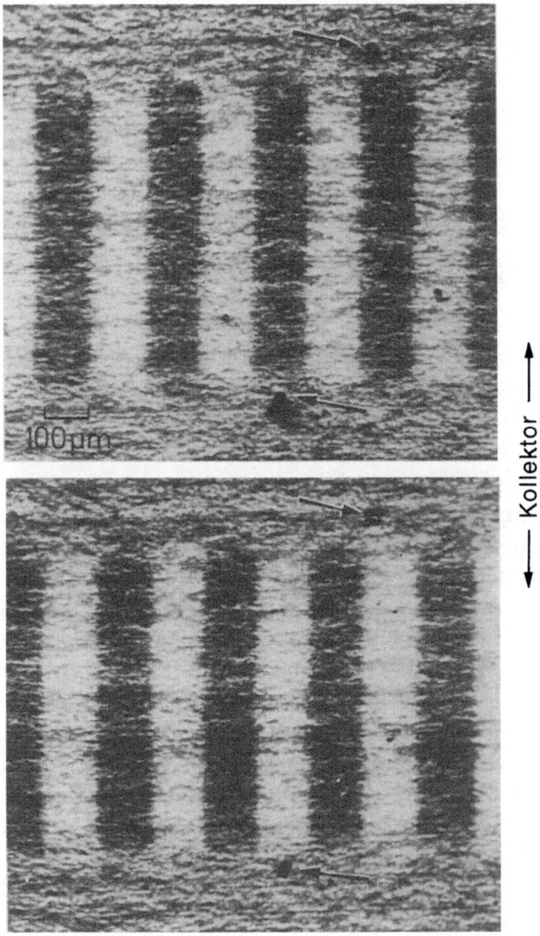

Abb. 4.34. Abbildung der Magnetisierungsverteilung eines Tonbandes (bespielt mit einer Rechteckspannung von 400 Hz), welches zur Verminderung der Oberflächenrauhigkeit mit Kollodium überzogen und mit Gold bedampft wurde. Demonstration des Kontrastwechsels bei Drehung der Probe um 180°. (*Gentsch*)

Es ist ein Nachteil der Methode, daß keine äußeren Magnetfelder angewandt werden können, da diese die Elektronenbahnen zu stark beeinflussen würden. Dies ist z. B. bei der Untersuchung mit Hilfe des lichtoptischen Kerreffektes ohne weiteres möglich. Die Objekttemperatur läßt sich jedoch variieren.

4.6.2 Beeinflussung der Rückstreuelektronen durch interne Magnetfelder (magnetischer Kontrast Typ II)

Abb. 4.35a zeigt, wie RE durch das innere Magnetfeld von der Größe der Sättigungsinduktion B_s ($=2{,}16\,\mathrm{Vsm}^{-2}$ für Eisen) beeinflußt werden. Je nach Richtung von B_s werden die Elektronen auf den freien Weglängen zwischen zwei Streuungen durch die Lorentzkraft auf Kreisbahnen abgelenkt, so daß

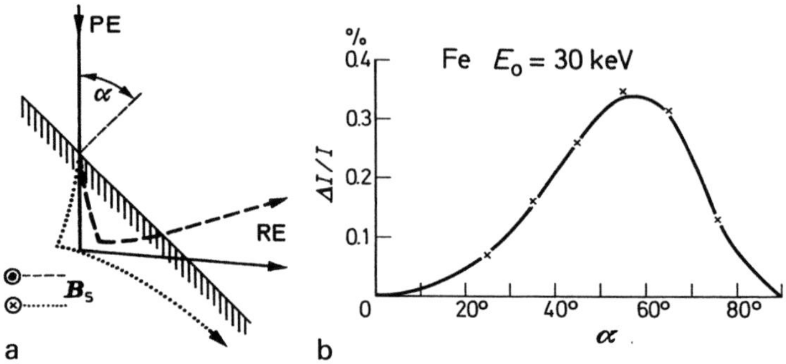

Abb. 4.35. a) Schematische Darstellung der Entstehung des magnetischen Kontrastes Typ II durch Rückstreuelektronen. b) Abhängigkeit der Variation $\Delta I/I$ des Probenstromes bei entgegengesetzten Magnetisierungsrichtungen vom Einfallswinkel α der PE. (Nach *Fathers* u. a., 1974)

sie im Mittel einen kürzeren oder längeren Weg im Material zurücklegen. Hieraus resultiert eine größere bzw. geringere Wahrscheinlichkeit für eine Rückstreuung. Der Rückstreukoeffizient η wird daher geringfügig um $\pm\Delta\eta$ verändert. Dieser Einfluß des Magnetfeldes wurde erstmals von *Philibert* u. *Tixier* (1969) nachgewiesen und von *Fathers* u. a. (1973a, b, 1974) und *Newbury* u. a. (1973) quantitativ untersucht. Es ergibt sich ein Maximum in der Variation $\Delta I/I$ des Probenstromes bei Einfallswinkeln $\alpha = 50$–$60°$ (Abb. 4.35b), welches sich qualitativ folgendermaßen erklärt. Bei Senkrechteinfall ($\alpha = 0°$) ist aus Symmetriegründen kein Effekt zu erwarten, wenn alle RE erfaßt werden (mit einem einseitig angebrachten RE-Detektor kann jedoch auch hier ein Effekt beobachtet werden). Bei großen Einfallswinkeln legen die Elektronen nur eine kurze Strecke im Material zurück und werden durch die Lorentzkraft daher nur wenig beeinflußt. Da mit wachsender Elektronenenergie E_0 die Elektronen längere Bahnen ($\sim$ Reichweite) im Material zurücklegen und der Bahnradius im Magnetfeld nur $\sim E^{1/2}$ zunimmt, resultiert eine Zunahme des Kontrastes $\sim E_0^{1,44}$. Daher sind auch besonders gute Kontraste mit einem 200 keV-TEM mit Rasterzusatz erzielt worden (*Shimizu* u. a., 1974).

Dieser Magnetkontrast Typ II ist daher auch auf Fe, Ni und ihren Legierungen anwendbar, welche an der Oberfläche streufeldfreie Abschlußdomänen ausbilden und deshalb mit dem magnetischen Kontrast Typ I nicht abgebildet werden können.

4.6.3. Ablenkung der Primärelektronen in magnetischen Feldern

Die schnellen Primärelektronen benötigen ein größeres $\int B dz$, um eine beobachtbare Ablenkung zu erreichen. In durchstrahlbaren Schichten liegen die Ablenkwinkel in der Größenordnung 10^{-4} rad. In dem TEM wird dies in der sogenannten Lorentzmikroskopie zur Abbildung ferromagnetischer Domänen ausgenutzt (s. Zusammenf. von *Grundy* u. *Tebble*, 1968). Man unterscheidet zwischen der Schneiden-(Foucault)-Methode, bei der eine Magnetisierungsrichtung durch eine Schneide ausgeblendet wird, und der Defokussierungs-(Fresnel)-Methode, bei der die Bilder unterschiedlicher Domänen je nach den Magnetisierungsrichtungen an den Grenzen sich überlappen oder auseinanderklaffen. Beide Techniken können auch im Rastertransmissions-Betrieb ausgenutzt werden (*Chapman* u. *Darlington*, 1974).

Zurückgehend auf Arbeiten von *Marton* (1948), *Marton* u. *Lachenbruch* (1949) und *Schwinck* (1955) können auch die Streufelder an Oberflächen abgebildet werden, wenn der Elektronenstrahl parallel an der Oberfläche vorbeifliegt. Voraussetzung dieses Verfahrens sind parallele Domänenkonfigurationen oder Aufzeichnungen auf Tonbändern. In einem TEM führt die Ablenkung bei einer defokussierten Abbildung der Ebene z_0 unterhalb des Objektes zu einer komplizierten Intensitätsmodulation des Bildes. Man kann dies nach *Marton* vermeiden, wenn man den Elektronenstrahl oberhalb des Objektes ein Gitter passieren läßt. Aus der Deformation des Gitterbildes unterhalb des Objektes lassen sich eindeutige Schlüsse ziehen, weil aus der Verlagerung eines Gitterpunktes Betrag und Richtung der Ablenkung zu entnehmen sind. In der SEM läßt sich ein einfacheres Verfahren anwenden, bei dem im Abstand z_0 unterhalb des Objektes eine Platte mit einem eingeritzten Kreuzgitter benutzt wird, deren Sekundärelektronenbild zur Abbildung gelangt (*Thornley* u. *Hutchison*, 1968; *Coutts* u. *Levin*, 1970).

4.7. Abbildung mit internen Probenströmen und elektromotorischen Kräften

4.7.1. Erzeugung und Trennung von Ladungsträgern in Halbleitern

Durch Ionisation werden innerhalb eines Halbleiters zahlreiche Ladungsträgerpaare erzeugt. Durch Diffusion oder Drift der Minoritätsträger in internen oder durch äußere Potentiale erzeugten elektrischen Feldern entstehen elektromotorische Kräfte bzw. Probenströme. Da vorwiegend die Diffusion und Drift eindimensional senkrecht zur Oberfläche betrachtet wird, ist primär die Kenntnis der Tiefenverteilung $N(z)$ der erzeugten Elektron-Loch-Paare erforderlich. Aus Experimenten und Theorien zur Elektronendiffusion ist die Verteilung als sogenannte Tiefendosiskurve (§ 2.4.3) bekannt. Bei einem Probenstrom I_0 und einer Energie $E_0 = eU_0$ der Primärelektronen fällt die Leistung $I_0 U_0$ auf die Probe. Die Zahl der erzeugten Ladungsträgerpaare pro Sekunde erhält man durch Division mit der für die Erzeugung eines Paares erforderlichen mittleren Bildungsenergie E_i. Diese beträgt z. B. für Si: 3,6 eV, Ge: 2,85 eV, GaAs: 4,6 eV, InSb: 0,42 eV, CdS: 7,3 eV. E_i ist größer als der Bandabstand, weil nicht nur Elektronen vom oberen Rand des Valenzbandes auf die Unterkante des Leitungsbandes gehoben werden, sondern auch aus tieferen in höhere Niveaus. Man hat ferner zu berücksichtigen, daß der Bruchteil der rückgestreuten Elektronen mit einer mittleren Austrittsenergie $\bar{E}$ einen Teil der Leistung $I_0 E_0/e$ entführt. Für die Tiefenverteilung $N(z)$ muß daher folgende Normierungsbedingung gelten:

$$\int_0^\infty N(z)dz = \frac{I_0 E_0}{e E_i}\left(1 - \eta \frac{\bar{E}}{E_0}\right) = G I_0. \qquad (4.5)$$

Nach Abb. 2.15 und 4.36b steigt $N(z)$ zunächst mit wachsendem z bis zu einem Maximum bei z_m an, um dann bis zur Reichweite R mit einem über diese hinausgehenden Ausläufer abzufallen. Um diesen Verlauf in speziellen Rechnungen zu berücksichtigen, können verschiedene Näherungsansätze benutzt werden: Approximation durch linearen Anstieg bis z_m und linearen Abfall zwischen z_m und R (*Reimer* u. *Senss*, 1970), durch eine Gauß-Kurve (*Kyser* u. *Wittry*, 1967)

$$N(z) = N_0 \exp(-a(z-z_m)^2) \tag{4.6}$$

oder durch eine Potenzreihe (*Everhart* u. *Hoff*, 1971) für Si ($R = 0{,}4\,E_0^{1,5}$)

$$N\left(\frac{z}{R}\right) = N_0\left[0{,}6 + 6{,}21\,\frac{z}{R} - 12{,}4\left(\frac{z}{R}\right)^2 + 5{,}69\left(\frac{z}{R}\right)^3\right]. \tag{4.7}$$

Um in theoretischen Ansätzen nicht nur die Tiefenverteilung $N(z)$, sondern auch die dreidimensionale Erzeugung von Ladungsträgerpaaren zu berücksichtigen, kann man in erster Näherung (*Bresse*, 1972) eine homogene Erzeugung innerhalb einer Kugel mit dem Radius $R/2$ ansetzen, deren Mittelpunkt in der „Diffusionstiefe" z_d (*Archard*, 1961) liegt.

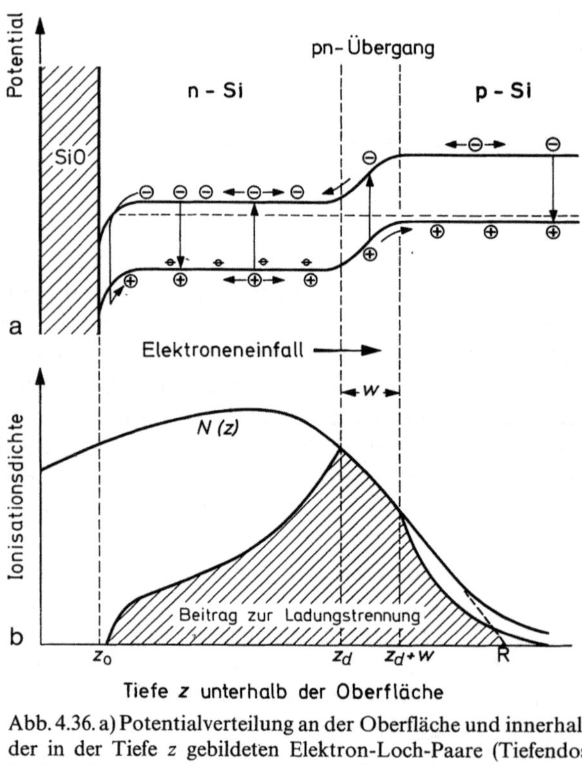

Abb. 4.36. a) Potentialverteilung an der Oberfläche und innerhalb des pn-Überganges, b) $N(z)$ = Anzahl der in der Tiefe z gebildeten Elektron-Loch-Paare (Tiefendosiskurve) und der Bruchteil der zum Ladungstrennungsstrom beitragenden Paare (schraffiert) unter der Annahme vollständiger Trennung im Übergang und einem exponentiellen Abfall nach außen aufgrund der Diffusion der Minoritätsträger zum pn-Übergang

Abb. 4.36a zeigt von links nach rechts die Verbiegung des Bändermodells am Halbleiterrand bzw. der Grenzfläche Halbleiter-Oxid sowie innerhalb des pn-Überganges. Innerhalb der Sperrschicht erzeugte Elektronen-Loch-Paare werden sofort durch die im Raumladungsgebiet des Überganges herrschende hohe elektrische Feldstärke getrennt. Beiderseitig des Überganges kann ein Teil der Minoritätsträger vor der Rekombination den Übergang durch Diffusion oder Drift in einem elektrischen Feld E erreichen und auf diese Weise zum Ladungstrennungsstrom beitragen (Abb. 4.36b) (*Czaja*, 1966). Ein elektrisches Feld zwischen Oberfläche und pn-Übergang kann durch einen Konzentrationsgradienten der Dotierung erzeugt sein. Die Lösung der Diffusionsgleichung für allgemeine Fälle erfolgte von *Hoff* u. *Everhart* (1970). *Kyser* u. *Wittry* (1967) führten Berechnungen der Defektelektronen-Konzentration unter Berücksichtigung der Oberflächenrekombination für $E=0$ durch. Unter Vernachlässigung der Oberflächenrekombination und $E=0$ außerhalb des Überganges kann man mit dem Laufweg L (Diffusionslänge) einen exponentiellen Abfall $\sim \exp(-z/L)$ der zum Ladungstrennungsstrom beitragenden Ladungsträger mit wachsendem Abstand z vom Übergang ansetzen (Abb. 4.36b). Der Ladungstrennungsstrom hängt daher von der Lage der pn-Schicht im Vergleich zur Reichweite ab ($R=0{,}4$–$7\,\mu m$ für $E_0=5$–$25\,keV$ in Si) und kann durch eine angelegte Sperrspannung erhöht werden, da diese bekanntlich die Breite w (4.14) des pn-Überganges erhöht. Der volle zu erwartende Ladungstrennungsstrom kann mit einer Oberflächensperrschicht (z.B. aufgedampfte Au-Schicht auf Si, Schottky-Diode) erreicht werden, deren Breite durch eine angelegte Sperrspannung die Reichweite überschreitet. Dies kann zur Messung von E_i ausgenutzt werden (*Miyazaki* u. *Miyaji*, 1963; *Miyazaki* u.a., 1966).

Die bisher dargelegten Gesetzmäßigkeiten für den Ladungstrennungsstrom gelten für den Fall eines kleinen Außenwiderstandes $R_a \ll R_d$ (R_d = dynamischer Widerstand der Diode) und damit bei Erfassung des Kurzschlußstromes. Diese Betriebsart wird mit EBIC (electron beam induced current) bezeichnet und ist die am häufigsten angewandte Methode. Im Falle $R_a \gg R_d$ erfaßt man die Leerlaufspannung (EBIV, electron beam induced voltage). Da die im Übergang getrennten Ladungen nicht abfließen können, erzeugen sie eine Gegenspannung, welche das induzierte Feld im Übergang abbaut. Diese an den äußeren Elektroden meßbare Spannung U_{ind} steigt mit wachsender Erzeugungsrate der Ladungsträgerpaare und damit wachsendem Sondenstrom (*Kalibjian* u. *Mayeda*, 1971; *Balk* u. a., 1974, 1975). Sie erreicht jedoch einen Sättigungswert, der gleich der Diffusionsspannung U_d des Überganges ist und damit nicht größer als der Bandabstand sein kann. Demgegenüber bleibt im EBIC-Betrieb das induzierte Feld im Übergang unverändert. Analytische Ausdrücke für die vollständige I-U-Charakteristik wurden von *Pfann* u. *Roosbroeck* (1954) aufgestellt.

4.7.2. Abbildung von pn-Übergängen

Durch die Ladungsträgererzeugung und ihre Trennung wird bereits eine interne Stromverstärkung in der Größenordnung 10^3 erreicht. Abb. 4.37 zeigt Messungen der Stromverstärkung nach *Everhart* u. a. (1964a) in Abhängigkeit von der Elektronenenergie (s. a. *Czaja*, 1966). Die aufgedampften Al-Kontaktschichten zur Basis

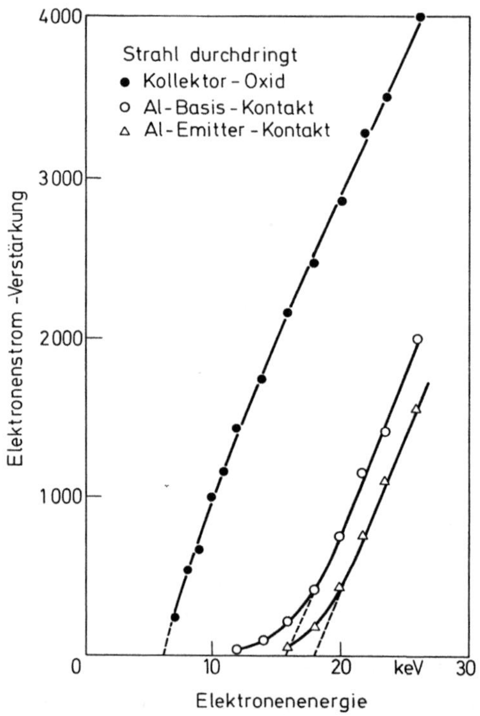

Abb. 4.37. Stromverstärkung in einem unterhalb der Oberfläche liegenden pn-Übergang als Funktion der Energie E_0 der Primärelektronen und deren Beeinflussung durch kontaktierende Leiterbahnen zum Kollektor und Emitter. (Nach *Everhart* u. a., 1964a)

und zum Emitter führen zu einer Verringerung der effektiven Reichweite im Halbleiter. Die Stromverstärkung setzt unter diesen Kontakten daher erst bei höheren Schwellwertenergien ein als unter der weniger stark streuenden Oxidschicht. Das an den Elektroden der Halbleiter-Diode abzugreifende Signal (mit oder ohne äußerer Spannung in Sperrichtung) kann mit einem Operationsverstärker weiter verstärkt und der Helligkeitssteuerung der Bildröhre zugeführt werden. Dabei ist folgendes Ersatzschaltbild zu beachten (Abb. 4.38). Die pn-Sperrschicht besitzt eine Kapazität C_s und einen parallel geschalteten Leckwiderstand R_L.

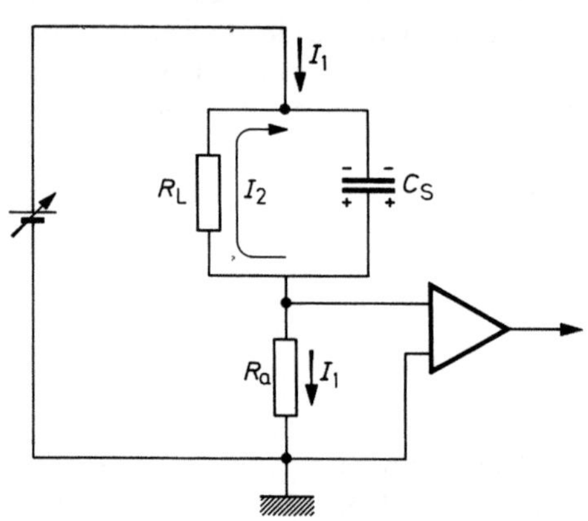

Abb. 4.38. Ersatzschaltbild für die durch Ladungstrennung in pn-Übergängen erzeugten Ströme

Durch die Ladungstrennung innerhalb der Sperrschicht wird der Kondensator aufgeladen und es kann ein interner Strom I_2 über den Leckwiderstand fließen, bzw. ein äußerer Strom I_1 über den Außenwiderstand R_a, an dem der Spannungsabfall für den Verstärker abgegriffen wird. Wird eine Ladung Q getrennt, so berechnet sich I_1 zu

$$I_1 = \frac{Q}{C_s R_a} \exp\left(-\frac{t}{R_{eff} C_s}\right) \quad \text{mit} \quad R_{eff} = \frac{R_L R_a}{R_L + R_a}. \tag{4.8}$$

Damit $I_1 \gg I_2$ und die Zeitkonstante $R_{eff} C_s$ klein ist, muß gelten $R_a \ll R_L$. Da das zu verstärkende Spannungssignal $R_a I_1$ beträgt, ergeben sich Schwierigkeiten, wenn der Leckwiderstand R_L der Sperrschicht klein ist. Die Zeitkonstante wird auch durch die Lebensdauer der Minoritätsträger beeinflußt (*Miyazaki* u. a., 1966; *Abraham* u. a., 1966). Auftretende Signalverzerrungen durch eine zu große Zeitkonstante können durch Veränderung der Zeilengeschwindigkeit erkannt werden.

Senkrecht zur Oberfläche liegende pn-Übergänge verursachen ein besonders hohes Stromsignal, so daß man bei einem eindiffundierten Übergang diese bevorzugt im EMK-Bild wahrnimmt. Die Auflösung wird durch die laterale Ausdehnung der Diffusionswolke von der Größenordnung der Reichweite R, nach obigen Ausführungen aber auch durch die Diffusionslängen L_p und L_n bestimmt und liegt in der Größenordnung 1–10 µm.

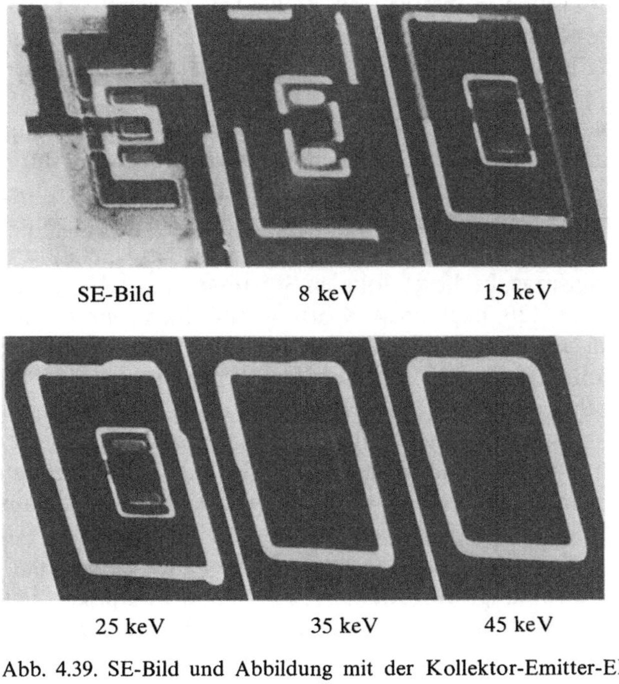

Abb. 4.39. SE-Bild und Abbildung mit der Kollektor-Emitter-EMK bei wachsender Energie der Primärelektronen (Aufbau der integrierten Schaltung s. Abb. 4.28). (Nach *Raith*, 1968; a, b)

Abb. 4.39 zeigt als Beispiel Abbildungen mit der Kollektor-Emitter-EMK einer planaren Halbleiterschaltung, deren Aufbau aus Abb. 4.29 und dem SE-Bild (Abb. 4.30) zu entnehmen ist. Bei letzterem erscheint das Kollektorgebiet etwas dunkler gegenüber der Umgebung, weil der Potentialkontrast die Oxidschicht durchdringt (s.a. §4.5.3 u. Abb. 4.30). Bei einer Elektronenenergie von 5 keV wird noch kein EMK-Bild erhalten, weil die Oxidschicht nicht durchstrahlt wird. Bei 8 keV wird außen die Grenze zwischen Substrat und Kollektor abgebildet, während die aufgedampften Leiterbahnen noch nicht durchdrungen werden können. Bei 15 keV werden diese durchstrahlt, aber führen noch zu einer geringen Bildintensität. Mit wachsender Elektronenenergie nimmt der relative Einfluß der Leiterbahnen ab. Innen markiert sich die Grenze zwischen Kollektor und Basis, welche ebenfalls durch Absorption in den Leiterbahnen unterbrochen erscheint. Interessant sind bei 8 keV die hellen Flächen innerhalb dieser Begrenzung. Es handelt sich um die Kontaktierungsstellen für die Basis. Hier befindet sich keine Oxidschicht, sondern nur eine Leiterbahn, die von den Elektronen besser durchdrungen werden kann. Die Elektronen können dadurch bis auf den Boden der Basis gelangen und dort besonders viele Elektron-Loch-Paare erzeugen. Die Grenze zwischen Basis und Emitter markiert sich als dunkler Rand, da dort der Strom in umgekehrter Richtung fließt. Mit wachsender Elektronenenergie nimmt der Kontrast an der Kollektor-Basis-Grenze ab, weil offenbar zu beiden Seiten der Grenzschicht so viele Ladungsträger erzeugt werden, daß die Grenzpotentiale aufgehoben werden. Mit wachsender Elektronenenergie wird auch die äußere Berandung zwischen Substrat und Kollektor breiter abgebildet, was auf die Verbreiterung der Diffusionswolke zurückgeführt werden kann. Daß bei 45 keV nur die Grenze zwischen Substrat und Kollektor zu sehen ist, läßt darauf schließen, daß die Elektronen noch nicht auf den Boden des Kollektors gelangen, der dann offensichtlich tiefer als die Reichweite von ca. 10 µm liegen muß.

Mit wachsender Sperrspannung treten bekanntlich elektrische Durchschläge in pn-Übergängen auf. Beim sogenannten Lawinendurchbruch werden durch das starke elektrische Feld innerhalb des Überganges die Elektronen so hoch beschleunigt, daß die Bildungsenergie für ein neues Elektron-Loch-Paar erreicht wird. Lawinendurchbrüche sind in der Regel örtlich begrenzt und es kommt zur Ausbildung eines Mikroplasmas. In diesen lokalen Störungen des Überganges besteht eine höhere Feldstärke. Oft liegt diese Störung unterhalb der Grenze der lichtoptischen Auflösung, so daß gerade für das Studium dieser Fehler in Halbleiterdioden das SEM mit Erfolg eingesetzt werden kann (*Neve* u.a., 1966; *Gaylord*, 1966; *Varker* u. *Ehlenberger*, 1971; *Resz* u. *Resz*, 1973). Die Sperrspannung wird um Bruchteile eines Volts kurz unterhalb der Einsatzspannung für den Lawinendurchbruch gewählt. Durch den abrasternden Elektronenstrahl erzeugte Ladungsträger können dann in einer Lawine verstärkt werden und es kommt an den Stellen erhöhter Feldstärke zu einer Verstärkung des Stromsignals. Auf diese Weise kann nachgewiesen werden, ob das Durchbruchsgebiet durch lokale Risse, Oberflächendefekte, Versetzungsanordnungen oder Ausscheidungen hervorgerufen ist. Es können sowohl Mikroplasmen in planaren Halbleiterdioden, bei denen der Übergang mehrere µm unter der Oberfläche liegt, als auch in Mesa-Strukturen an der Oberfläche untersucht werden.

4.7.3. Abbildung von Kristallbaufehlern

Kristallbaufehler in Form von Versetzungen, Stapelfehlern und Gleitebenen zwischen der Oberfläche und einem zu dieser parallelen pn-Übergang können aufgrund ihrer höheren Rekombinationswahrscheinlichkeit abgebildet werden (*Lander* u. a., 1963; *Czaja* u. a., 1964, 1965; *Czaja*, 1966; *Ravi* u. a., 1973), indem sie gewissermaßen auf den Übergang „projiziert" werden. Dies ist für die Halbleitertechnologie von besonderer Bedeutung, da in anfangs fehlerfreien Kristallen durch Oxidation und Eindiffusion Versetzungen und Stapelfehler entstehen können. *Ravi* u. a. (1973) konnten zwischen aktiven und inaktiven Stapelfehlern unterscheiden. Mit wachsender Sperrspannung zeigen aktive Stapelfehler Schwellwertspannungen zwischen 4–50 V, bei denen der Kontrast, anfangs dunkel durch erhöhte Rekombination, durch Ladungsträgervervielfachung umkehrt (Aufhellung). Verschlechterungen im Sperrstrom der *I-U*-Charakteristik sind mit der Zahl der aktivierbaren Stapelfehler und ihren Schwellwertspannungen korrelierbar. Bei dieser Untersuchung wurde der an einem Außenwiderstand auftretende Spannungsabfall des Sperrstromes kapazitiv ausgekoppelt.

Da die Kristallbaufehler teilweise durch die Eindiffusion der Dotierung für den pn-Übergang entstehen, besteht ein Interesse, den Kristall auch ohne eindiffundierten Übergang zu untersuchen. Dies gelingt durch Abbildung mit dem Ladungstrennungsstrom in einer Schottkyschen Sperrschicht, z. B. durch Aufdampfen einer 200–400 Å dicken Au-Schicht auf Si (*de Kock* u. a., 1975; *Kawado* u. a., 1975; *Leamy* u. a., 1976). Die Dicke z_D der Verarmungsrandschicht wächst mit wachsender Sperrspannung V:

$$z_D\,[\mathrm{cm}] = 5{,}3 \cdot 10^{-5} (\sigma(V+V_c))^{1/2}, \tag{4.9}$$

σ = elektrische Leitfähigkeit in Ωcm, V_c = Kontaktspannung von 0,5–0,8 V. Die elektrische Feldstärke für die Trennung der erzeugten Ladungsträger fällt linear von der Oberfläche bis zum Wert Null bei $z = z_D$ ab. Für $\sigma = 1000\,\Omega$cm und $V + V_c = 1$ V resultiert $z_D = 16\,\mu$m und liegt daher in der Größenordnung der Reichweite $R \simeq 10\,\mu$m für $E_0 = 30$ keV in Si. Für $0 < z < z_D$ erfolgt direkte Ladungsträgertrennung, aus dem Gebiet $z > z_D$ können Minoritätsträger in die Randschicht diffundieren. Die Breite der Versetzungsbilder nimmt mit wachsender Tiefe der Versetzungslinie aufgrund der Strahlverbreiterung der Elektronensonde zu. Da nach (4.9) z_D auch von σ abhängt, kann diese Methode auch Dotierungsschwankungen abbilden. Der Ladungstrennungsstrom ist proportional zu z_D falls $z_D < R$.

4.7.4. Messung von Halbleiterkonstanten

Bei pn-Übergängen parallel zur Oberfläche sind die Signalbeiträge durch die Diffusion der Minoritätsträger und durch die direkte Ladungsträgertrennung im Übergang nicht zu unterscheiden. Die Abrasterung eines pn-Überganges, der die Oberfläche senkrecht durchdringt, kann im EBIC-Betrieb (§ 4.7.1) dazu dienen, die Diffusionslänge L, die Rekombinationszeit τ und die Verbreiterung des Überganges durch eine Sperrspannung quantitativ zu erfassen. L und τ hängen gemäß

$$L^2 = D\tau = \frac{kT}{e}\mu\tau \tag{4.10}$$

mit der Diffusionskonstanten D bzw. Beweglichkeit μ der Minoritätsträger zusammen. Bei einer Ausdehnung der Diffusionswolke $R \ll L$ (punktförmige Quelle) beträgt der durch Diffusion den pn-Übergang erreichende Minoritätsträgerstrom (*Kyser* u. *Wittry*, 1964; *Wittry* u. *Kyser*, 1965)

$$I(x) = G I_0 \exp[-x/L], \tag{4.11}$$

x = Abstand der Sonde vom Übergang, G = Erzeugungsrate aus (4.5). Bei Halbleitern ist etwa $L = 1$–$100\,\mu\text{m}$, so daß eventuell die Reichweite R durch Erniedrigung von E_0 angepaßt werden kann. Bei einer Auftragung von $\log I$ gegen x ist L aus der Steigung zu ermitteln. Für GaAs fanden *Wittry* u. *Kyser* (1965) und *Holt* u. *Chase* (1973), daß auf der n-leitenden Seite $I(x)$ durch eine Summe von zwei Exponentialtermen dargestellt werden kann. Der Ausläufer im n-Gebiet mit großem L ist darauf zurückzuführen, daß durch Kathodolumineszenz erregte Photonen im p-leitenden Gebiet und damit nahe am Übergang stärker absorbiert werden, so daß die erzeugten Minoritätsträger den Übergang durch Diffusion erreichen. Diese Methode zur Bestimmung von L läßt sich auch auf komplexer aufgebaute GaAlAs-Elektrolumineszenzdioden anwenden, welche Übergänge verschiedener Polarität aufweisen, und ermöglicht auch die Messung der Temperaturabhängigkeit von L (*Balk* u. a., 1974, 1975). Messungen an GaP-Dioden (*Holt* u. a., 1973) zeigten eine ungeklärte Abhängigkeit von der Elektronenenergie.

Im EBIV-Betrieb (§ 4.7.1) erhält man die induzierte Spannung U_{ind} aus der Diodenkennlinie

$$I = I_s(\exp[eU_{\text{ind}}/kT] - 1), \tag{4.12}$$

I_s = Sättigungsstrom der Diode. Einsetzen von $I(x)$ aus (4.11) für I und Auflösung nach U_{ind} ergibt (*Balk* u. a., 1974)

$$U_{\text{ind}} = \frac{kT}{e}\ln\left[1 + \frac{G I_0}{I_s}e^{-x/L}\right]. \tag{4.13}$$

Gegenüber dem rein exponentiellen Zusammenhang (4.11) des EBIC-Betriebes ist diese Gesetzmäßigkeit komplizierter. In der Nähe des pn-Überganges tritt ferner noch eine Erniedrigung des U_{ind}-Signals gegenüber (4.13) auf, weil der dynamische Widerstand der Diode abnimmt. Daher ist die $U_{\text{ind}}(x)$-Kurve im Maximum abgeflacht und erreicht eine geringere Auflösung für benachbarte Übergänge als der EBIC-Betrieb.

Bresse u. *Lafeuille* (1971) berücksichtigen theoretisch den Einfluß einer zusätzlichen Oberflächenrekombinationsgeschwindigkeit S, die einen steileren Abfall und eine Krümmung der $\log I$-x-Kurve bewirkt. Eine Bestätigung erfolgte von

Bresse (1972) mittels einer Schottky-Diode mit Schutzring, durch welchen S beeinflußt werden kann. Um den Einfluß der Oberflächenrekombination zu eliminieren, benutzte *Hackett* (1971) einen Schräganschliff eines pn-Überganges, so daß dieser unter einem kleinen Winkel zur Oberfläche liegt, für eine Abrasterung also in verschiedenen Tiefen. *Zimmermann* (1972) weist darauf hin, daß die Konzentration der Minoritätsträger besonders in der Nähe des Überganges durch die verminderte Konzentration im Übergang beeinflußt werden kann, so daß auch dadurch Abweichungen im exponentiellen Gesetz (4.11) auftreten können. Demgegenüber soll der zeitliche Abfall $I(t) = I(0)\exp[-t/\tau]$ nicht beeinflußt werden. Derartige Messungen von τ können mit fester Sonde und periodischem Ein- und Ausschalten des Strahles erfolgen, da bei Halbleitern $\tau = 10\,\text{ns}$–$100\,\mu\text{s}$. *Hunter* u. a. (1973) haben L und τ an der gleichen Si-Probe gemessen (Genauigkeit 10–20 %) und erhalten Beweglichkeiten nach (4.10), welche mit Werten aus anderen Methoden übereinstimmen.

Eine Sperrspannung U verbreitert bekanntlich die Breite w der Raumladungsschicht des pn-Überganges. Für den Fall, daß das p-leitende Material einen höheren Widerstand als das n-leitende besitzt, ist

$$w = \left[\frac{2\varepsilon\varepsilon_0}{e\,N_A}(U + U_d)\right]^{1/2}, \tag{4.14}$$

$\varepsilon\varepsilon_0$ = Dielektrizitätskonstante, U_d = Diffusionsspannung $\simeq$ Breite der verbotenen Zone, N_A = Akzeptorkonzentration im p-Leiter. Da mit Spannungen von 10 V schon mehrere µm erreicht werden können, ist $R \ll w$ zu realisieren, und bei der Abrasterung eines derartigen Überganges ist das Signal des Ladungstrennungsstromes innerhalb der Raumladungsschicht konstant. Die Messung von w als Funktion von U erlaubt damit die Bestimmung der Akzeptorkonzentration N_A (*MacDonald* u. *Everhart*, 1965; *Aven* u. a., 1972).

Es sei darauf hingewiesen, daß die Messung des Kathodolumineszenzsignals an pn-Übergängen eine wesentliche Ergänzung zur Messung des Ladungstrennungsstromes darstellt (§ 6.6.3).

4.7.5. Abbildung von Widerstandsinhomogenitäten

Wenn in einem Halbleiter Dichteschwankungen der Ladungsträger (z. B. durch Unterschiede in der Dotierung) auftreten, so führt dies zu lokalen Widerstandsinhomogenitäten und Potentialänderungen (Unterschiede im Niveau des Bändermodells). Da die Potentialänderung der Dichteänderung proportional ist, herrscht innerhalb des Halbleiters eine örtlich variierende elektrische Feldstärke proportional zum Widerstandsgradienten $d\varrho/dx$. Erzeugte Ladungsträgerpaare werden in diesen elektrischen Feldern getrennt und haben eine elektrische Spannung an den Enden des Halbleiters zur Folge. Zur Ausnutzung dieses Effektes wird vielfach eine schmale Lichtsonde zur Erzeugung der Ladungsträgerpaare benutzt. Es ist naheliegend, daß die Verwendung eines Elektronenstrahles Vorteile hinsichtlich der Auflösung und Abrastermöglichkeit bietet (*Munakata*, 1967, 1968, 1969; *McAvoy* u. a., 1969). Im Falle einer konstanten Spannungsquelle ergibt sich für kleine Ströme ein Spannungsabfall (*Munakata*, 1968) zwischen den Ohmschen Kontakten (x-Richtung) von

$$U=\sum_{i=1}^{3} U_i \sim \left[I_0 R_1 + \Delta\sigma \Delta x \varrho^2 j + \Delta\sigma \Delta x \frac{kT}{e} \frac{2}{b+1} \frac{d\varrho(x)}{dx} \right] \tag{4.15}$$

mit $\Delta\sigma$ = Variation der Leitfähigkeit im bestrahlten Volumen mit dem Durchmesser $\Delta x = 2L$, in dem überschüssige Ladungsträgerpaare um den Einstrahlpunkt auftreten. $\Delta\sigma\Delta x$ wird als konstant über die gesamte Probe angesetzt und fällt nur in der Nähe der Ohmschen Kontakte ab. Der erste Term U_1 beschreibt den Spannungsabfall durch den Probenstrom I_0 (R_1 = Widerstand zwischen bestrahltem Ort und geerdetem Kontakt). U_2 beschreibt den Beitrag durch die erhöhte Ladungsträgerkonzentration (j = Stromdichte) und U_3 die Dember-Spannung, welche auch ohne Strom auftritt (*Munakata*, 1967) und durch die asymmetrische Drift der Ladungsträger bei Vorliegen eines Dotierungs-(Widerstands)-Gradienten $d\varrho/dx$ verursacht wird ($b = \mu_n/\mu_p$ Beweglichkeitsverhältnis). *Gopinath* (1970) und *Gopinath* u. *Monts de Savasse* (1971) betrachten den Fall einer konstanten Spannungsquelle und Benutzung der Stromänderung als Signal. *Munakata* (1972) erhöhte die örtliche Auflösung durch impulsförmige Elektronenbestrahlung im kHz-Bereich und Benutzung eines Lock-in-Verstärkers.

Literatur zu § 4

Abraham, J. M., Wolfgang, L. G., Inskeep, C. N.: Adv. Electron. Electron Phys. (ed. L. Marton) **22B**, 671 (1966)
Archard, G. D.: J. Appl. Phys. **32**, 1505 (1961)
Aven, M., Devine, J. Z., Bolon, R. B., Ludwig, G. W.: J. Appl. Phys. **43**, 4136 (1972)
Balk, L. J., Feuerbaum, H. P., Kubalek, E., Menzel, E.: IITRI/SEM/1976 I, 615
Balk, L. J., Kubalek, E., Menzel, E.: BEDO **7**, 245 (1974)
Balk, L. J., Kubalek, E., Menzel, E.: IITRI/SEM/1975, 447
Banbury, J. R., Nixon, W. C.: J. Sci. Instr. **44**, 889 (1967)
Banbury, J. R., Nixon, W. C.: *Electron Microscopy*, Vol. I, p. 93. Rom 1968
Banbury, J. R., Nixon, W. C.: J. Phys. E **2**, 1055 (1969)
Banbury, J. R., Nixon, W. C.: IITRI/SEM/1970, 473
Bihan, R., le, Maussion, M.: Proc. Fifth Europ. Congr. Electr. Micr. 1972, p. 488. London: Institute of Physics 1972
Blaschke, R., Waltinger, H.: BEDO **4**/2, 425 (1971)
Blaschke, R., Schur, K.: BEDO **7**, 33 (1974)
Bode, M., Pfefferkorn, G., Schur, K., Wegmann, L.: J. Micr. **95**, 323 (1972)
Booker, G. R.: IITRI/SEM/1970, 489
Booker, G. R.: In *Modern Diffraction and Imaging Techniques in Material Science* (eds. S. Amelinckx et al.). Amsterdam-London: North Holland Publ. Comp. 1970b
Booker, G. R., Stickler, R.: IITRI/SEM/1972, 225
Bresse, J. F.: IITRI/SEM/1972, 105
Bresse, J. F., Lafeuille, D.: Proc. 25th Ann. Meeting EMAG, p. 220. London-Bristol: Institute of Physics 1971
Broers, A. N.: Rev. Sci. Instr. **40**, 1040 (1969)
Broers, A. N.: *Microscopie electronique 1970*, Vol. I, p. 239. Grenoble 1970
Broers, A. N., Panessa, B. J., Gennaro, J. F.: IITRI/SEM/1975, 233
Castaing, R.: Advan. Electron. Electron Phys. **13**, 317 (1960)
Catto, L. J. D., Smith, K. C. A.: J. Micr. **98**, 417 (1973)

Chapman, J. N., Darlington, E. H.: J. Phys. E **7,** 181 (1974)
Christenhusz, R.: BEDO **1,** 67 (1968)
Christenhusz, R., Bode, M.: BEDO **1,** 177 (1968)
Christenhusz, R., Reimer, L.: BEDO **2,** 89 (1969)
Clarke, D. R.: Phil. Mag. **24,** 973 (1971)
Coates, D. G.: Phil. Mag. **16,** 1179 (1967)
Coates, D. G.: IITRI/SEM/1969, 27
Coates, D. G., Shaw, N.: *Microscopie electronique 1970*, Vol. I, p. 259. Grenoble 1970
Colby, J. W.: *Electron Probe Microanalysis* (eds. Tousimis, Marton), p. 177. New York-London: Academic Press 1969
Colby, J. W., Wise, W. N., Conley, D. K.: Adv. X-Ray Analysis **10,** 447 (1966)
Corvin, I., Johari, O.: IITRI/SEM/1970, 73
Coutts, M. D., Levin, E. R.: *Microscopie Electronique 1970*, Vol. I, p. 261. Grenoble 1970
Czaja, W.: J. Appl. Phys. **37,** 918 + 4236 (1966)
Czaja, W., Patel, J. R.: J. Appl. Phys. **36,** 1476 (1965)
Czaja, W., Wheatley, G. H.: J. Appl. Phys. **35,** 2782 (1964)
Davidson, D. L.: J. Phys. E **9,** 341 (1976)
Davidson, S. M., Booker, G. R.: Radiation Effects **6,** 33 (1970a)
Davidson, S. M., Booker, G. R.: *Microscopie electronique 1970*, Vol. I, p. 235. Grenoble 1970b
Driver, M. C.: IITRI/SEM/1969, 403
Essen, C. G., van: *Microscopie electronique 1970*, Vol. I, p. 237. Grenoble 1970
Essen, C. G., van, Schulson, E. M.: J. Mater. Sci. **4,** 336 (1969)
Essen, C. G., van, Schulson, E. M., Donaghay, R. H.: J. Mater. Sci. **6,** 213 (1971)
Everhart, T. E., Hoff, P. H.: J. Appl. Phys. **42,** 5837 (1971)
Everhart, T. E., Wells, O. C., Matta, R. K.: Proc. IEEE **52,** 1642 (1964a)
Everhart, T. E., Wells, O. C., Matta, R. K.: J. Electrochem. Soc. **111,** 929 (1964b)
Fathers, D. J., Jakubovics, J. P., Joy, D. C.: Phil. Mag. **27,** 765 (1973a)
Fathers, D. J., Jakubovics, J. P., Joy, D. C., Newbury, D. E., Yakowitz, H.: phys. stat. sol. (a) **20,** 535 (1973b); **22,** 609 (1974)
Fecher, K.: BEDO **4**/2, 399 (1971)
Fentem, P. J., Gopinath, A.: J. Phys. E **7,** 930 (1974)
Flemming, J. P., Ward, E. W.: IITRI/SEM/1970, 465
Gaylord, J. W.: J. Electrochem. Soc. **113,** 753 (1966)
Gentsch, P.: Diplomarbeit. Münster 1970
Gentsch, P., Reimer, L.: BEDO **5,** 299 (1972)
Gerdes, R. J., Wagner, C. E.: IITRI/SEM/1970, 441
Gerdes, R. J., Wagner, C. E.: Appl. Phys. Letters **18,** 39 (1971)
Gopinath, A.: J. Phys. D **3,** 467 (1970)
Gopinath, A., Hill, M. S.: IITRI/SEM/1973, 197
Gopinath, A., Hill, M. S.: IITRI/SEM/1974, 235
Gopinath, A., Monts de Savasse, T., de: J. Phys. D **4,** 2031 (1971)
Gopinath, A., Sanger, C. C.: J. Phys. E **4,** 334 (1971)
Grundy, P. J., Tebble, R. S.: Advan. Phys. **17,** 153 (1968)
Gude, H., te: Internat. Elektr. Rundschau **19,** 479 u. 567 (1965)
Gullasch, J.: BEDO **4**/2, 311 (1971)
Hackett, W. H.: J. Appl. Phys. **42,** 3249 (1971)
Hardy, W. R., Behera, S. K., Cavan, D.: J. Phys. E **8,** 789 (1975)
Hashimoto, H., Kimoto, S.: *The Electron Microprobe*, p. 480. New York: Wiley 1964
Heinrich, K. F. J.: Advan. X-Ray Anal. **7,** 325 (1964)
Heinrich, K. F. J.: *X-Ray Optics and Microanalysis*, p. 159. Paris: Hermann 1967
Hindermann, D. K., Davis, R. H.: IITRI/SEM/1974, 183
Hoff, P., Everhart, T. E.: IEEE Transact. Electron Devices **17,** 458 (1970)
Holt, D. B., Chase, B. D.: phys. stat. sol. (a) **20,** 135 (1973)
Holt, D. B., Chase, B. D., Censlive, M.: phys. stat. sol. (a) **20,** 459 (1973)
Hunter, D. R., Paxman, D. H., Burgess, M., Booker, G. R.: *Scanning Electron Microscopy: Systems and Applications*, p. 208. London-Bristol: Institute of Physics 1973
Joy, D. C., Booker, G. R.: J. Phys. E **4,** 837 (1971)

Joy, D. C., Jakubovics, J. P.: *Electron Microscopy 1968*, Vol. I, p. 85. Rom 1968
Joy, D. C., Newbury, D. E.: IITRI/SEM/1971, 113
Joy, D. C., Newbury, D. E., Hazzledine, P. M.: IITRI/SEM/1972, 97
Joy, D. C., Schulson, E. M., Jakubovics, J. P., Essen, C. G., van: Phil. Mag. **20,** 843 (1969)
Kalibjian, R., Mayeda, K.: Solid State Electron. **14,** 529 (1971)
Kawado, S., Hayafuji, H., Adachi, T.: Japan. J. Appl. Phys. **14,** 407 (1975)
Kimoto, S., Hashimoto, H., Kosuge, T., Hert, W.: Microchim. Acta, 471 (1965)
Kimoto, S., Hashimoto, H., Mase, K.: *Electron Microscopy 1968*, Vol. I, p. 83. Rom 1968
Kock, A. J. R., de, Ferris, S. D., Kimerling, L. C., Leamey, H. J.: Appl. Phys. Letters **27,** 313 (1975)
Kuhnle, G., Martin, J. P., Seiler, H.: BEDO **2,** 101 (1969)
Kuypers, W., Thompson, M. N., Andersen, W. H. J.: IITRI/SEM/1973, 9
Kyser, D. F., Wittry, D. B.: *The Electron Microprobe*, p. 691. New York: John Wiley & Sons 1966
Kyser, D. F., Wittry, D. B.: Proc. IEEE **55,** 733 (1967)
Lander, J. J., Schreiber, H., Buck, T. M., Mathews, J. R.: Appl. Phys. Letters **3,** 206 (1963)
Leamy, H. J., Kimerling, L. C., Ferris, S. D.: IITRI/SEM/1976 I, 529
Lebiedzik, J., White, E. W.: IITRI/SEM/1975, 181
Lukianoff, G. V., Touw, T. R.: IITRI/SEM/1975, 465
Lukianov, A. E., Spivak, G. V., Rau, E. I., Gorodsky, D. D.: Proc. 5th European Congr. Electron Microscopy, p. 186. London-Bristol: Institute of Physics 1972
MacDonald, N. C.: Appl. Phys. Letters **16,** 76 (1970)
MacDonald, N. C., Everhart, T. E.: Appl. Phys. Letters **7,** 267 (1965)
MacDonald, N. C., Everhart, T. E.: J. Appl. Phys. **38,** 3685 (1967)
MacDonald, N. C., Robinson, G. Y., White, R. M.: J. Appl. Phys. **40,** 4516 (1969)
Martin, J. P.: BEDO **4**/2, 387 (1971)
Marton, L.: J. Appl. Phys. **19,** 863 (1948)
Marton, L., Lachenbruch, S. H.: J. Appl. Phys. **20,** 1171 (1949)
Matta, R. K.: IITRI/SEM/1968, 131
McAvoy, B. R., Green, D., Ing, D. W., Ure, R. W.: Appl. Phys. Letters **14,** 16 (1969)
Miyazaki, E., Maeda, H., Miyaji, K.: Adv. Electron. Electron Phys. **22A,** 331 (1966)
Miyazaki, E., Miyaji, K.: Japan. J. Appl. Phys. **2,** 129 (1963)
Munakata, C.: Japan. J. Appl. Phys. **6,** 548 (1967)
Munakata, C.: Japan. J. Appl. Phys. **7,** 1051 (1968)
Munakata, C.: J. Phys. E **2,** 738 (1969)
Munakata, C.: J. Phys. D **5,** 1000 (1972)
Munden, A. B., Walker, D. E. Y.: J. Phys. E **6,** 916 (1973)
Neve, N. F. B., Hughes, K. A., Thornton, P. R.: J. Appl. Phys. **37,** 1704 (1966)
Newbury, D. E.: IITRI/SEM/1976 I, 111
Newbury, D. E., Joy, D. C.: Proc. 25th Ann. Meeting of EMAG, p. 306. London: Institute of Physics 1971
Newbury, D. E., Yakowitz, H., Myklebust, R. L.: Appl. Phys. Letters **23,** 488 (1973)
Pease, R. F. W., Nixon, W. C.: J. Sci. Instr. **42,** 81 (1965)
Pfann, W. G., Roosbroeck, W., van: J. Appl. Phys. **25,** 1422 (1954)
Pfefferkorn, G., Blaschke, R.: BEDO **1,** 1 (1968)
Philibert, J., Tixier, R.: Micron **1,** 174 (1969)
Philibert, J., Weinryb, E.: *X-Ray Optics and X-Ray Microanalysis* (eds. Pattee, Cosslett, Engstroem), p. 451. New York: Academic Press 1963
Plows, G. S., Nixon, W. C.: J. Phys. E **1,** 595 (1968)
Raith, H.: Microchim. Acta, Suppl. **III,** 179 (1968a)
Raith, H.: BEDO **1**, 275 (1968b)
Ravi, K. V., Varker, C. J., Volk, C. E.: J. Electrochem. Soc. **120,** 533 (1973)
Reimer, L.: BEDO **4**/2, 275 (1971)
Reimer, L.: *Developments in Electron Microscopy and Analysis*, p. 83. London: Academic Press 1976
Reimer, L., Senss, J.: phys. stat. sol. (a) **2,** 809 (1970)
Resz, E., Resz, G.: BEDO **6,** 363 (1973)
Robinson, G. Y., White, R. M.: Appl. Phys. Letters **10,** 320 (1967)

Schulson, E. M.: IITRI/SEM/1971, 489
Schulson, E. M., Essen, C. G., van: J. Phys. E **2,** 247 (1969)
Schulson, E. M., Essen, C. G., van, Joy, D. C.: IITRI/SEM/1969, 45
Schur, K., Blaschke, R., Pfefferkorn, G.: BEDO **6,** 181 (1973)
Schur, K., Blaschke, R., Uelhoff, W., Fehmer, H.: BEDO **1,** 79 (1968)
Schur, K., Schulte, Chr., Reimer, L.: Z. Angew. Phys. **23,** 405 (1967)
Schwinck, Ch.: Optik **12,** 481 (1955)
Seiler, H.: Z. Angew. Phys. **22,** 249 (1967)
Shaw, A. M. B., Booker, G. R., Coates, D. G.: J. Phys. E **2,** 243 (1969)
Shimizu, R., Ikuta, T., Yamamoto, T., Kinoshita, M., Murayama, T.: phys. stat. sol. (a) **26,** K 87 (1974)
Simon, R.: J. Appl. Phys. **40,** 2851 (1969)
Speidel, R., Martin, J. P., Bauer, B.: *Microscopie electronique 1970*, Vol. I, p. 227. Grenoble 1970
Spencer, J. P., Humphreys, C. J.: Proc. 25th Ann. Meeting EMAG, p. 310. London-Bristol: Institute of Physics 1971
Spencer, J. P., Humphreys, C. J., Hirsch, P. B.: Phil. Mag. **26,** 193 (1972)
Stern, R. M., Ichinokawa, T., Takashima, S., Hashimoto, H., Kimoto, S.: Phil. Mag. **26,** 1495 (1972)
Stewart, A. D. G.: BEDO **1,** 283 (1968)
Stickler, R., Hughes, C. W., Booker, G. R.: IITRI/SEM/1971, 473
Tee, W. J., Gopinath, A.: IITRI/SEM/1976 I, 595
Thomas, P. R., Gopinathan, K. G., Gopinath, A., Owens, A. R.: IITRI/SEM/1976 I, 609
Thompson, M. N.: Scanning Electron Microscopy; Systems and Applications, p. 176. London-Bristol: Institute of Physics 1973
Thornhill, J. W., Mackintosh, I. M.: Microelectronics and Reliability **4,** 97 (1965)
Thornley, R. F. M., Hutchinson, J. D.: Appl. Phys. Letters **13,** 249 (1968)
Thornton, P. R., Sulway, D. V., Shaw, D. A.: IEEE Transact. Electron Devices **15,** 966 (1968) und **16,** 360 (1969)
Tokunaga, J., Fujita, T., Hattori, A., Müller, J.: IITRI/SEM/1976 I, 301
Varker, C. J., Ehlenberger, G.: IITRI/SEM/1971, 441
Wardly, G. A.: J. Appl. Phys. **42,** 376 (1971)
Weinryb, E., Philibert, J.: Compt. Rend. Acad. Sci. Paris **258,** 4535 (1964)
Wells, O. C.: IITRI/SEM/1969, 397
Wells, O. C.: Appl. Phys. Letters **19,** 232 (1971)
Wells, O. C.: IITRI/SEM/1972, 169
Wells, O. C.: Proc. Fifth European Regional Congr. Electron Microscopy 1972, p. 484. London: Institute of Physics 1972b
Wells, O. C.: IITRI/SEM/1974, 1
Wells, O. C.: IITRI/SEM/1975, 43
Wells, O. C., Bremer, C. G.: J. Phys. E **1,** 902 (1968)
Wells, O. C., Bremer, C. G.: J. Phys. E **2,** 1120 (1969)
Wells, O. C., Broers, A. N., Bremer, C. G.: Appl. Phys. Letters **23,** 353 (1973)
Wittry, D. B., Kyser, D. F.: J. Appl. Phys. **36,** 1387 (1965)
Wolf, E. D., Braunstein, M., Braunstein, A. I.: Appl. Phys. Letters **15,** 389 (1969)
Wolf, E. D., Coane, P. J., Everhart, T. E.: *Microscopie electronique 1970*, Vol. II, p. 595. Grenoble 1970
Wolf, E. D., Everhart, T. E.: Appl. Phys. Letters **14,** 299 (1969)
Wolf, E. D., Hunsperger, R. G.: IITRI/SEM/1970, 457
Wolf, E. D., Hunsperger, R. G.: Appl. Phys. Letters **16,** 526 (1970b)
Yakowitz, H., Ballantyne, J. R., Munro, E., Nixon, W. C.: IITRI/SEM/1972, 33
Yamada, I., Takagi, T.: IEEE Trans. Electron Devices ED **19,** 204 (1972)
Zimmermann, W.: phys. stat. sol. (a) **12,** 671 (1972)

5. Raster-Transmissions-Elektronenmikroskopie

5.1. Spezielle Eigenschaften der Rastertransmission

5.1.1. Das Reziprozitätsprinzip

Zwischen dem konventionellen Transmissions-Elektronenmikroskop (TEM) und dem Raster-Transmissions-Elektronenmikroskop (STEM) besteht eine für das Verständnis des Kontrastes interessante Reziprozitätsbeziehung (*Cowley*, 1969).

Beim TEM liegt die Objektivlinse unterhalb des Objektes, beim STEM die letzte Kondensor-(Objektiv-)Linse oberhalb (Abb. 5.1a u. b). Um die Verwandtschaft der beiden Geräte deutlicher zu demonstrieren, ist die Abbildung des Strahlenganges im STEM um 180° gedreht (Abb. 5.1b). Beim TEM befinden sich zwischen der Kathode und dem Bild des Crossovers noch weitere Kondensorlinsen, welche am im folgenden beschriebenen Prinzip nichts ändern und daher

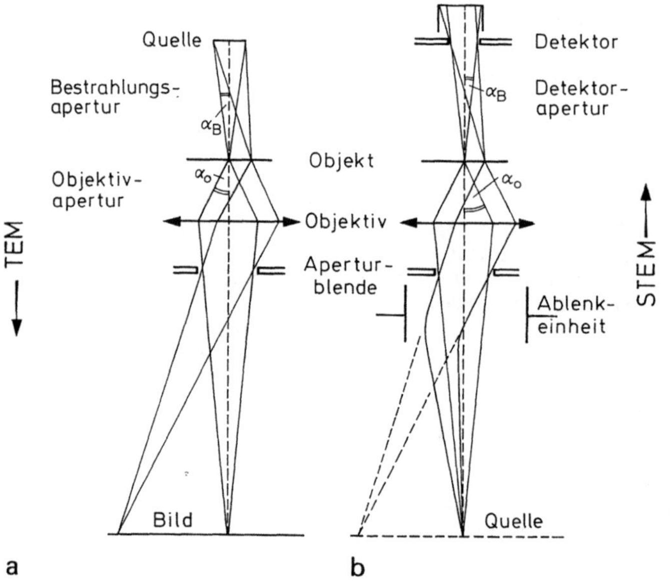

Abb. 5.1a u. b. Schematischer Strahlengang im a) Transmissions-Elektronenmikroskop (TEM) und b) Raster-Transmissions-Elektronenmikroskop (STEM) (um 180° gedreht) zur Erläuterung des Reziprozitätsprinzips

weggelassen sind. Das gleiche gilt für die der letzten Kondensorlinse (Objektiv) im STEM vorausgehenden Kondensorlinsen. Die „Quellen" stellen also schon das ein- oder zweimal verkleinerte Bild des engsten Strahlquerschnittes dar.

Man erkennt in a und b die Reziprozität zwischen Bestrahlungsapertur α_B und Beobachtungs- oder Objektivapertur α_0, deren Bezeichnungen in beiden Typen beibehalten wurden. In dem TEM pflegt man mit kleinen Bestrahlungsaperturen $\alpha_B \simeq 10^{-3}$ bis 10^{-4} rad und großen Beobachtungsaperturen $\alpha_0 = 5 \cdot 10^{-3}$ bis $2 \cdot 10^{-2}$ rad zu arbeiten. Man erhält nach Abb. 5.1 b völlig analoge Kontrastverhältnisse, wenn man beim STEM die Detektorblende bei großem Objektabstand entsprechend klein wählt. Es sei darauf hingewiesen, daß man auch im TEM gleiche Kontraste erhält, wenn man α_B und α_0 in der Größe vertauscht (s. hierzu § 5.3.1).

Folgender Punkt ist bei dieser Reziprozitätsbetrachtung noch interessant. Man sieht, daß die Bildebene des TEM mit der Quellenebene des STEM korrespondiert. Durch die zusätzliche Ablenkeinheit beim STEM bewegt sich der virtuelle Quellenpunkt in dieser Ebene. Die getrennte Bildröhre des STEM dient gewissermaßen dazu, die Ablenkung in dieser virtuellen Ebene auf deren Bildschirm zu übertragen und das Bild gleichzeitig mit dem Detektorsignal in der Helligkeit zu modulieren.

Auf die Reziprozität im Streukontrast wurde schon oben hingewiesen, wenn man korrespondierende Werte von α_B und α_0 benutzt. Es ist ferner leicht einzusehen, daß auch Bragg-Kontraste (Extinktionskonturen) in kristallinen Objekten in gleicher Weise abgebildet werden (s. a. § 5.3.3). Beim TEM erfolgt die Ablenkung um den doppelten Braggwinkel $2\Theta_B > \alpha_0$ und die abgebeugten Strahlen werden von der Aperturblende zurückgehalten. Auch beim STEM ist $2\Theta_B > \alpha_0 > \alpha_B$ und die abgebeugten Strahlen fallen neben die Detektorblende. Durch eine Verschiebung der Detektorblende läßt sich auch im STEM eine Dunkelfeldaufnahme realisieren. Aufgrund des Reziprozitätsprinzips ist dies im TEM einer Verschiebung des Bildes des Crossovers als Quelle analog.

Der interessanteste Punkt des Reziprozitätsprinzipes liegt jedoch darin, daß auch alle Phasenkontrasterscheinungen, die man bei einem TEM kennt, im STEM auftreten. Dies sind z. B. die Fresnelsäume bei der defokussierten Abbildung einer Kante oder die durch Phasenkontrast hervorgerufenen Defokussierungsstrukturen in einer Kohleschicht. Auch der Öffnungsfehler der Linsen wirkt sich entsprechend aus. Im TEM führt er zusammen mit dem Beugungsfehler zu einem Fehlerscheibchen in der Bildebene. Beim STEM beeinflussen beide Fehler die Größe der Elektronensonde in der Objektebene. Es wurde schon in § 3.1.4 gezeigt, daß für den kleinsten Strahldurchmesser die gleiche Formel wie für die Auflösungsgrenze im TEM gilt.

Das Beispiel der Fresnelsäume an einer Kante soll näher ausgeführt werden, wobei zur einfacheren Erläuterung des Prinzips angenommen wird, daß Quelle und Bildpunkt beide im Unendlichen liegen. Im TEM (Strahlengang von links nach rechts in Abb. 5.2) ist bis zur Kante die Ebene gleicher Phase senkrecht zur Wellenausbreitung. Nach dem Huygensschen Prinzip treffen in der Kantenebene ausgehende Elementarwellen in einem Punkt der Fokalebene mit unterschiedlicher Phase — hervorgerufen durch die optischen Wegunterschiede — ein. Bekanntlich treten von der Fokalebene bis zum Bildpunkt bei einer idealen

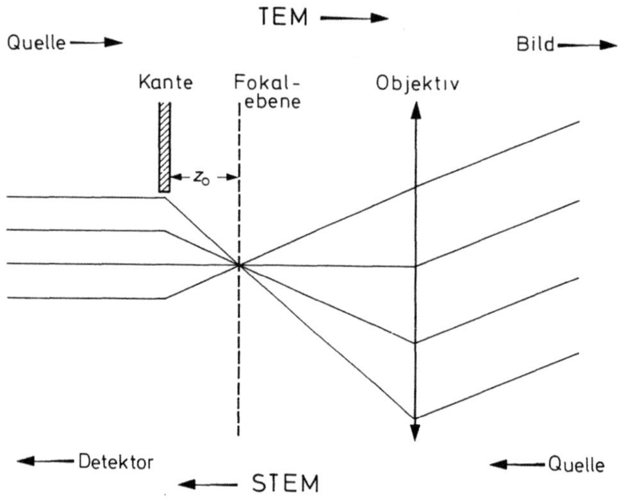

Abb. 5.2. Zur Reziprozität der Abbildung von Fresnelsäumen im TEM und STEM

Linse keine weiteren Phasenschiebungen auf. Die phasenrichtige Amplitudenüberlagerung in der Bildebene führt dann zum Fresnelschen Beugungsbild der Kante. Da durch die Linse keine weiteren Phasenschiebungen hervorgerufen werden, ist die Intensitätsverteilung im Bild auch gleichzeitig die Intensitätsverteilung im Abstand z_0 von der Kante. Beim STEM (Strahlengang von rechts nach links in Abb. 5.2) treffen die Elektronen in der Fokalebene gleichphasig ein. In der Kantenebene wird wieder das Huygenssche Prinzip ausgenutzt. Das parallele Strahlenbündel, welches sich in der Detektorebene vereinigt, weist die gleichen optischen Gangunterschiede auf. Wenn durch die Ablenkeinheit der Elektronenstrahl über die Fokalebene rastert, werden nacheinander reziprok alle Strahlengänge durchlaufen, welche beim TEM simultan auftreten. Bekanntlich führt im TEM eine endliche Quellenausdehnung zu einer Bestrahlungsapertur α_B. Das Fresnelsche Beugungsbild wird um $\pm z_0 \alpha_B$ verwaschen. Die Zahl der beobachtbaren Fresnelsäume nimmt daher mit wachsender Apertur α_B ab. Das korrespondierende tritt im STEM auf, wenn man die Öffnung der Detektorblende vergrößert.

Diese Ausführungen sollen genügen, um das Reziprozitätsprinzip zu erläutern. Eine ausführliche Diskussion auf wellenoptischer Grundlage ist von *Zeitler* u. *Thomson* (1970) veröffentlicht.

5.1.2. Vorteile des Rasterprinzips in der Transmission

Das STEM hat gegenüber dem TEM folgende Vorteile:

1. Hohe Vergrößerungen werden lediglich durch Verminderung des Stromes durch die Ablenkspulen erreicht. Es werden keine weiteren Linsen unterhalb des Objektivs benötigt.

2. Der chromatische Fehler — hervorgerufen durch die Energieverluste innerhalb des Objektes — tritt nur bei dem TEM auf. Für diesen Fehler gilt also

nicht das Reziprozitätsprinzip. Es sind also mit dem STEM dickere Objektschichten mit besserem Auflösungsvermögen zu durchstrahlen, soweit die Auflösungsverschlechterung im TEM infolge starker Energieverluste innerhalb des Objektes durch den chromatischen Fehler verursacht wird. Es sei jedoch nachdrücklich auch auf die Grenzen hingewiesen, welche im STEM durch die Verbreiterung des Elektronenstrahles infolge Mehrfachstreuung auftreten (§ 2.3.3 u. 5.3.1).

3. Für die Bildaufzeichnung mittels einer Photoemulsion im TEM und mittels einer Szintillator-Multiplier-Kombination und einem Bildschirm im STEM stellt das Rauschen in der Zahl der pro Bildelement benötigten Elektronen eine gemeinsame Grenze dar. Beide Verfahren führen daher zu nahezu der gleichen Objektschädigung. Die Gesamtschädigung des Präparates wird bei der Abrasterung jedoch auf ein Minimum reduziert, da benachbarte Objektgebiete nicht geschädigt werden und ferner durch das Rasterprinzip eine längere Vorbestrahlung vermieden wird. Eine automatische Fokussierung könnte z. B. schon nach dem Durchlaufen weniger Zeilen erfolgen. Die Kontamination kann stark vermindert werden, da die kleinere elektronenoptische Einheit leichter in einem Ultrahochvakuum-Rezipienten unterzubringen ist (s. § 5.2.3).

4. Der Kontrastentstehung durch die Wechselwirkung Elektron-Objekt ist das Rasterprinzip mit anschließender elektronischer Signalverarbeitung (§ 3.5.1) besser angepaßt als die Verwendung der Photoemulsion als integrierender bildaufzeichnender Speicher in einem TEM. Allerdings besteht im TEM bei Verwendung einer Fernsehkette eine analoge Möglichkeit. Ferner eröffnet sich die Möglichkeit, das zeitabhängige Signal einem Computer zuzuführen und Bildfehler (durch Öffnungsfehler oder Defokussierung) zu kompensieren. Bei all diesen Vorzügen einer elektronischen Signalverarbeitung und eventuell Bildspeicherung auf Band sollte man jedoch auch bedenken, daß eine Photoemulsion eine besonders hohe Informationsdichte besitzt und in einem Archiv ein Minimum an Platz einnimmt. Es liegt daher näher, die Exposition der Emulsion unmittelbar durch den Elektronenstrahl durchzuführen, wenn laufend auf frühere Aufnahmen zurückgegriffen werden muß. Bei dem gegenwärtigen Stand wird das STEM daher nicht das konventionelle TEM verdrängen, sondern nur für spezielle Fragestellungen ergänzen.

5. Durch eine Energieselektion der Elektronen zwischen Objekt und Detektor lassen sich die in einem Objekt auftretenden Energieverluste zur Abbildung ausnutzen. Entsprechende Versuche im TEM sind mit erheblich größerem Aufwand verbunden (*Watanabe* u. *Uyeda*, 1962; *Castaing*, 1969; *Metherell*, 1971), da die Energieselektion eines kompletten Bildes mit Bildverzerrungen verknüpft ist. Die Kombination einer Energie- und Richtungsselektion eröffnet bessere Möglichkeiten, die Gesetze der Elektronenstreuung für die Bildinformation auszunutzen.

6. Diese Möglichkeiten werden noch dadurch erweitert, daß mehrere verschiedenartige Detektoren gleichzeitig betrieben und die Signale addiert, subtrahiert und dividiert werden können, bevor das Signal auf einer Bildröhre aufgezeichnet wird (s. § 5.2.3).

7. Die Bestrahlung des Objektes mit einer Sonde kleinen Durchmessers ermöglicht Elektronenbeugung von kleinen Bereichen und bei Erhöhung der Bestrahlungsapertur die Methode der konvergenten Beugung und der K-Liniendiagram-

me (§ 5.3.2). Die Erzeugung von Sondendurchmessern < 1 µm ist auch für die Röntgenmikroanalyse dünner Schichten und kleiner Teilchen auf einer Trägerfolie von Interesse.

5.2. Realisierung des Transmissionsbetriebes

5.2.1. Transmission in einem Raster-Elektronenmikroskop

Im folgenden sollen die Möglichkeiten zur Untersuchung durchstrahlbarer Objekte in einem herkömmlichen Raster-Elektronenmikroskop aufgeführt werden. Es gibt

1. mit der normalen Detektoranordnung die Möglichkeit, auf der Oberseite ausgelöste SE und RE zur Bildinformation heranzuziehen. Es ist erforderlich, die Schicht freitragend über eine hinreichend tiefe Bohrung zu spannen, so daß am Boden nur geringe Rückstreuung auftritt;

2. können die an der Unterseite ausgelösten SE und in große Winkel gestreuten transmittierten Elektronen (TE) als Bildsignal dienen, wobei die auf der Oberseite austretenden durch einen engen Kanal zurückgehalten werden. Bei dieser Anordnung tragen die ungestreuten und in kleine Winkel gestreuten TE nicht zur Bildhelligkeit bei, es sei denn, sie treffen auf Teile der Objektkammer, von der Elektronen in den Detektor gelangen können. Diese beiden Möglichkeiten sind mit einem von *Blaschke* (1970) vorgeschlagenen Objekthalter zu realisieren (Abb. 5.3a);

3. können mittels verschiedener Anordnungen TE direkt erfaßt werden, indem nach *Swift* u.a. (1969) ein Lichtleiter mit einem aufgeklebten Szintillator mit der normalen Szintillatorhalterung ausgetauscht wird (Abb. 5.3c) oder nach *Crawford* u. *Liley* (1970) an einer schrägen Platte erhöhte SE- und RE-Emission entsteht bzw. die TE hinter diese fallen, was einer Dunkelfeldabbildung entspricht (Abb. 5.3b) und

4. kann ein Detektor in großer Entfernung (10–20 cm) von unten an die Objektkammer geflanscht werden, so daß TE direkt den Szintillator treffen (Abb. 5.3d). Diese Anordnung arbeitet mit relativ kleinen Aperturen und kommt dadurch den Verhältnissen in einem TEM näher. Sie erlaubt auch Beugungsaufnahmen durch zusätzliche Ablenkspulen zu registrieren, bzw. eine Energiefilterung durchzuführen (*Nixon*, 1968).

Für Schichten dünner als 1000 Å ist das TEM nicht zu übertreffen. Wenn mit den unter 1. und 2. genannten Anordnungen gearbeitet wird, gestattet das SEM jedoch zusätzliche Aussagen über die Oberflächenstruktur der Schicht, welche mit dem TEM nur über den Umweg eines Oberflächenabdruckes gewonnen werden kann (*Christenhuss* u.a., 1968). Durch die Tiefeninformation der Rückstreu- und Sekundärelektronen (§ 4.3.2) lassen sich z.B. in Folien aus Metallegierungen Ausscheidungen auch in Schichtdicken untersuchen, die im TEM nicht mehr abbildbar sind (*Furrer*, 1971). An Abbruchkanten von Schichten lassen sich unterstützt durch günstige Kippung Querschnitte der Schicht abbilden,

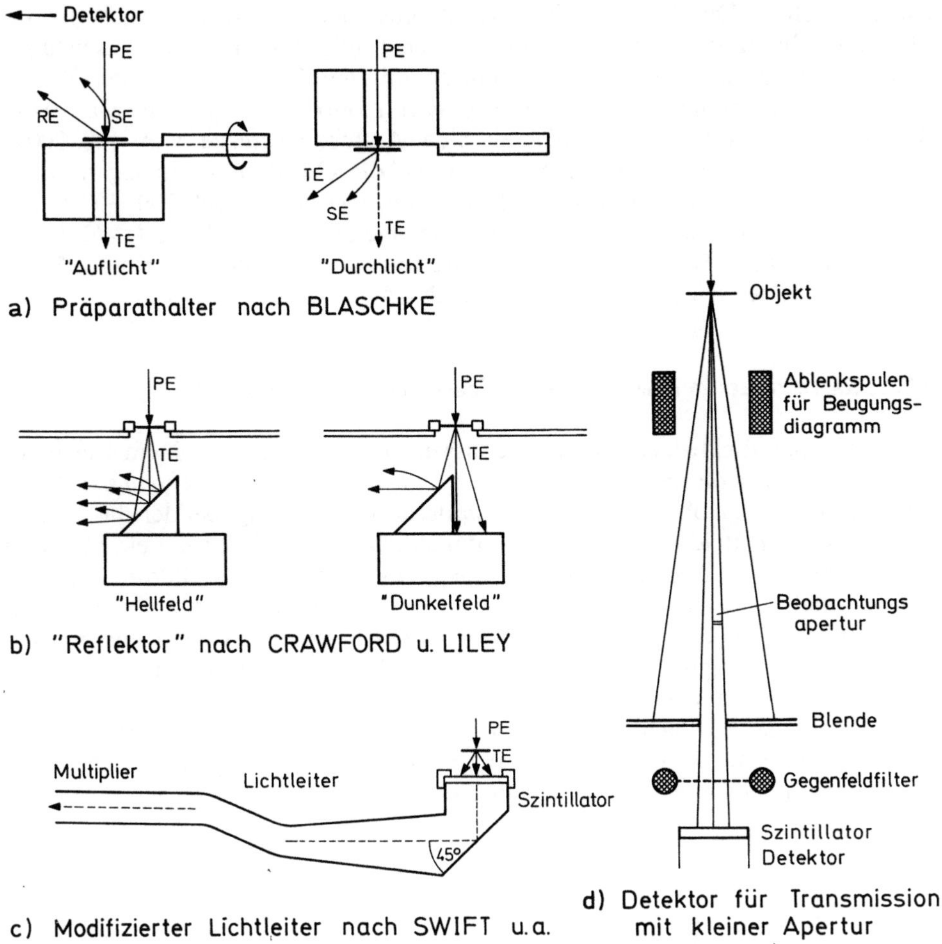

Abb. 5.3a–d. Verschiedene Probenhalterungen für den Transmissionsbetrieb eines SEM

aus denen die Schichtdicke mit einer Genauigkeit von 200 Å entnommen werden kann (*Blaschke*, 1970).

Bei der Betrachtung der wahren Transmission mit den unter 3. und 4. genannten Anordnungen ist zu beachten, daß das SEM im Gegensatz zum TEM keine Auflösungsverschlechterung durch den chromatischen Fehler zeigt, welcher bei dicken Schichten im TEM dominiert. Dies wäre mit der im TEM üblichen kleinen Beobachtungsapertur kein großer Gewinn, da die Intensität stark herabgesetzt wird und dadurch das Signal/Rausch-Verhältnis ungünstig wird (*Kimoto* u. a., 1969). Mit dem SEM läßt sich jedoch auch mit extrem großen Aperturen arbeiten, bei denen auch in dicken Schichten noch genügend Transmission auftritt. Es läßt sich unter diesen Bedingungen eine Transmissionskurve wie in Abb. 2.10 zur Dickenmessung relativ dicker Schichten ausnutzen (*Weise*, 1971). Der Verwendung derartig großer Aperturen im TEM würde der Öffnungsfehler entgegenstehen. Durch die geringe Elektronenenergie von 10–20 keV ist im SEM auch bei diesen hohen Aperturen noch genügender Kontrast erreichbar. Untersuchungen an biologischen Schnitten mit der 3. Anordnung bei 20 keV zeigten mit Aufnahmen im TEM vergleichbare Kontraste (*Swift* u. *Brown*, 1970). Sie beobachten für dünne Schichten eine Auflösungsgrenze von 100–200 Å und konnten, wenn auch mit geringem Kontrast, die 87 Å-Perioden in negativ-kontrastierter Katalase nachweisen. In 0,5 µm-Schnitten wurde noch 200–300 Å und in 1 µm-Schnitten 500 Å erreicht. Nach Messungen von *Gentsch* u. a. (1974) (Abb. 2.6b) beträgt bei 20 keV die Strahlverbreiterung an der Unterseite einer 0,5 µm-Kohleschicht der Dichte 1 g cm^{-3} bereits 200 Å.

5.2.2. Rasterzusatz in einem Transmissions-Elektronenmikroskop

Transmissions-Elektronenmikroskope lassen sich ebenfalls mit einem Rasterzusatz in Transmission betreiben (*Koike* u. a., 1971 a, b; *Nauta* u. *Thompson*, 1972; *Thieringer*, 1972). Abb. 5.4 zeigt eine technische Realisierung, bei der das Objekt tief in das Magnetfeld des Objektives eintaucht. Dadurch wirkt das Feld oberhalb des Objektes als 3. Kondensorlinse für die Verkleinerung des Strahldurchmessers auf minimal 20 Å. An der Oberfläche emittierte langsame Sekundärelektronen durchlaufen in dem starken axialen Magnetfeld Schraubenbahnen und werden außerhalb des Magnetfeldes durch einen seitlichen Detektor abgesaugt. Mit einem Objektgoniometer können sowohl durchstrahlbare als auch massive Objekte während der Beobachtung gekippt werden, um so die damit verbundenen Vorteile der Raster-Elektronenmikroskopie voll auszunutzen. Die so erhaltenen SE-Bilder rauher Objekte unterscheiden sich deutlich von denjenigen mit einem

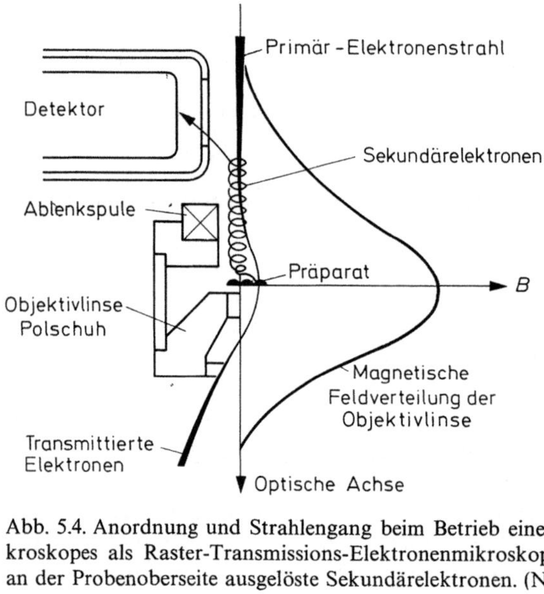

Abb. 5.4. Anordnung und Strahlengang beim Betrieb eines normalen Transmissions-Elektronenmikroskopes als Raster-Transmissions-Elektronenmikroskop mit Detektoren für transmittierte und an der Probenoberseite ausgelöste Sekundärelektronen. (Nach *Koike* u. a., 1971)

normalen SEM, da die SE zunächst nach oben und nicht nach der Seite abgesaugt werden, wodurch der Eindruck einer seitlichen „Beleuchtung“ (s. § 4.1.1) nicht auftritt. Alle Flächen mit gleicher Neigung zum Elektronenstrahl erscheinen daher z. B. gleich hell. Die schnellen RE gelangen nicht in den Detektor. Sie können jedoch in dieser Anordnung mit einem Halbleiterdetektor oder Szintillator oberhalb des Objektes erfaßt werden.

Die transmittierten Elektronen werden mit einer Szintillator-Multiplier-Kombination in der normalen Bildebene des TEM oder einer Zwischenebene nachgewiesen. An dünnen Testobjekten mit aufgedampften Pt-Pd-Teilchen konnten *Koike* u. a. (1971) eine Auflösungsgrenze von 20 Å nachweisen. An dünnen, im herkömmlichen TEM durchstrahlbaren Objekten bietet das Rasterprinzip die Möglichkeit einer stärkeren Kontrastanhebung durch Untergrund-Unterdrükkung (black level), so daß z. B. auch unkontrastierte biologische Dünnschnitte untersucht werden können. Wie schon in § 5.1.2 erwähnt, kann dies im Prinzip auch ein herkömmliches TEM mit Fernsehkette. Dabei wird z. B. durch eine Faseroptik ein Leuchtschirmbild auf die lichtempfindliche Schicht einer Fernsehaufnahmeröhre abgebildet, die auch von einem Elektronenstrahl abgerastert wird. Das Signal eines Bildpunktes ist dabei abhängig von der Zahl der während der gesamten Abrastzeit im Punkt erzeugten Lichtquanten. D. h. die lichtempfindliche Schicht der Aufnahmeröhre wirkt integrierend. Es werden alle Bildpunkte simultan bestrahlt, aber auf der lichtempfindlichen Schicht nacheinander abgerastert. Im Vergleich hierzu ist das Prinzip des STEM direkt, indem die Objektpunkte nacheinander abgerastert werden.

5.2.3. Das Raster-Transmissions-Elektronenmikroskop nach *Crewe*

Crewe, *Wall* u. *Welter* (1968) haben ein STEM mit 25 keV konstruiert, welches eine Auflösungsgrenze von einigen Å gestattet und mit dem aufgrund der günstigen elektronischen Verarbeitung der Rastersignale die Abbildung einzelner Schwermetallatome gelungen ist. Bei Steigerung auf 100 keV ist eine Auflösungsgrenze von 3 Å zu erwarten. Über die Theorie des kleinsten erreichbaren Sondendurchmessers wurde bereits in § 3.1.4 berichtet.

Im Vergleich zu einem konventionellen TEM ist der Aufbau der eigentlichen Mikroskopsäule sehr einfach (Abb. 5.5). Als Elektronenquelle dient eine Spitzenkathode im Feldemissionsbetrieb. Bei geeigneter Formgebung der Beschleunigungselektroden (Abb. 3.1 b) gelingt eine gute Bündelung des Elektronenstrahles, so daß nur noch eine Linse benötigt wird, um den Strahldurchmesser auf 3–5 Å zu verringern. Selbst ohne Linse lassen sich 100 Å bei einem Strahlstrom von 10^{-10} A erreichen (*Crewe* u. a., 1970 a). Das Objektiv besitzt auch einen Stigmator. Vor dem Objektiv liegen die Ablenkeinheiten für die Abrasterung. Hinter dem Objektiv befindet sich der Detektor. Da die Spitzenkathode im Feldemissionsbetrieb ein Ultrahochvakuum besser als 10^{-7} Pa benötigt, ist die ganze Mikroskopeinheit in einem ausheizbaren Ultrahochvakuum-Rezipienten untergebracht.

Mit dem Spektrometer in Abb. 5.5 läßt sich eine Energiefilterung des Bildes und eine Abbildung mit diskreten Energieverlusten leicht realisieren (*Crewe* u. *Wall*, 1970) oder es kann lokal das gesamte Energieverlust-Spektrum registriert

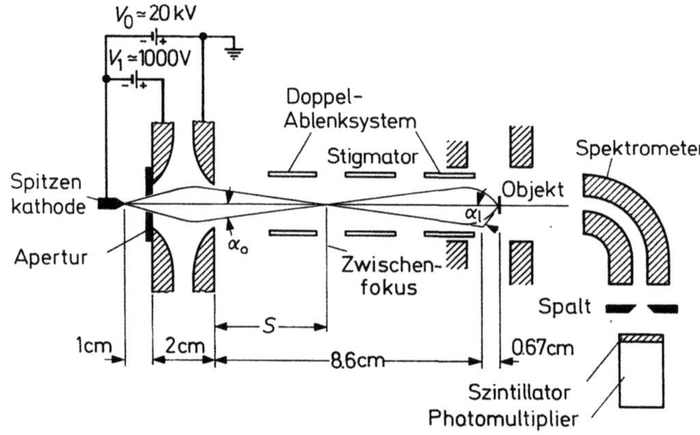

Abb. 5.5. Strahlengang im Raster-Transmissions-Elektronenmikroskop nach *Crewe* mit Energiefilterung

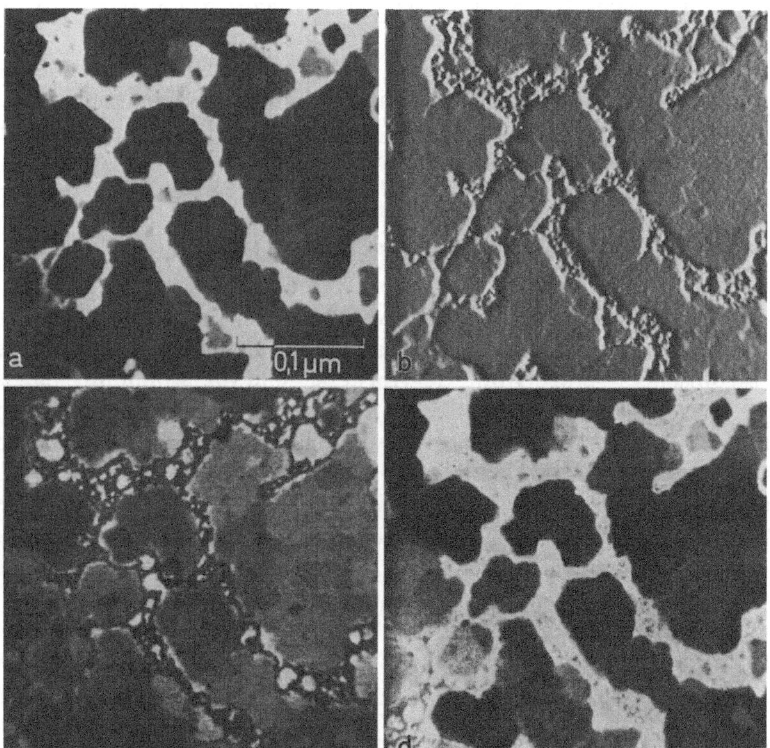

Abb. 5.6a–d. Abbildung der gleichen Stelle einer Aluminium-Aufdampfschicht mit Inselstruktur mittels des Raster-Elektronenmikroskopes nach *Crewe*, a) mit rein elastisch gestreuten Elektronen ($\Delta E = 0$), b) nach Differenzierung des Signals, c) mit Elektronen, die einen Energieverlust $\Delta E = 15$ eV (Plasmaverlust des Al) erlitten haben, und d) mit $\Delta E = 22$ eV (breiter Energieverlust des Oxides). (Nach *Crewe* u. *Wall*, 1970)

werden (*Crewe* u.a., 1970a). Abb. 5.6a zeigt die Abbildung einer Al-Aufdampfschicht mit elastisch gestreuten Elektronen ohne Energieverlust. Das Bild korrespondiert mit einer Aufnahme in einem herkömmlichen TEM. In Abb. 5.6c sind die Elektronen mit $\Delta E = 15\,\text{eV}$ zur Abbildung herangezogen. Diese Energie entspricht dem ersten Plasma-Verlust des Aluminiums. Man erkennt in den Zwischenräumen der größeren Kristallite kleine hellere Al-Inseln. Daß die dickeren Kristallite dunkler erscheinen, obwohl sie eine größere Massendicke an Al aufweisen, liegt daran, daß in ihnen schon unelastische Mehrfachstreuung auftritt und die Energieverluste nach einer Poisson-Verteilung auf Vielfache von 15 eV verteilt sind (s. Abb. 2.3a). Ein Energieverlust von 22 eV (Abb. 5.6d) entspricht keinem Plasmaverlust des Al, sondern einem diffusen Energieverlust des Aluminium-Oxids. Es erscheint daher das Oxid zwischen den Kristalliten hell. Die Abrasterung des Objektes erlaubt das Signal elektronisch zu verarbeiten und z.B. in Abb. 5.6b das differenzierte Signal aufzuzeichnen. Speziell Bilddetails in den Zwischenräumen der Kristalle werden dadurch kontrastreich hervorgehoben.

Es besteht die Möglichkeit durch mehrere Detektoren verschiedene Informationen über das Objekt zu erhalten und optimale Bedingungen für die Abbildung von Einzelatomen zu schaffen (*Crewe* u.a., 1970b, 1975; *Crewe*, 1974). Hierzu wird die Intensität der elastisch gestreuten Elektronen (I_e), unelastisch gestreuten (I_i) und ungestreuten Elektronen (I_u) erfaßt. Für I_e benutzt man einen ringförmigen Detektor. Durch das Loch fallen neben den ungestreuten die vorwiegend in kleine Winkel unelastisch gestreuten Elektronen und können mittels eines Elektronenspektrometers von den ungestreuten getrennt werden. Abgesehen von einem Einfluß der benutzten Apertur gelten folgende Abschätzungen für die einzelnen Beiträge (*Crewe* u.a., 1975):

$$\begin{aligned} I_i &\sim n Z^{1/2} \simeq n = \text{Zahl der Atome} \\ I_e &\sim n Z^{3/2} \simeq {}^1/_2\ \text{Masse der Atome} \\ I_e/I_i &\sim Z \quad \simeq \text{effektive Ordnungszahl der Atome.} \end{aligned} \tag{5.1}$$

Ein Bild mit dem Signal I_i weist eine schlechte Auflösung auf, weil eine unelastische Streuung nicht scharf lokalisiert ist. Dies wirkt sich auch in der Konzentration der Streuung auf kleinere Streuwinkel (Abb. 2.3c) aus. Für eine hochauflösende Abbildung fehlen genügend Elektronen in größeren Streuwinkeln. Man kann jedoch I_i ausnutzen, um bei der Abbildung von Einzelatomen die Eigenstruktur der Trägerfolie zu reduzieren, indem die Helligkeit der Bildröhre entweder mit dem Verhältnis I_e/I_i oder der Differenz $I_e - k I_i/I_0$ ausgesteuert wird.

Als Beispiel für den Massenkontrast zeigt Abb. 5.7 die Abbildung von eingebauten Thorium-Einzelatomen in einem BTCA-Kettenmolekül mit dem Signal I_e. Es ist zu erwarten, daß längs einer Kette Th-Atome in Abständen von 13, 23, 33 Å angeordnet sind.

Die gleichen Kontrastverhältnisse ließen sich in einem TEM durch eine Abbildung im Dunkelfeld mit ringförmiger Aperturblende erreichen. Man hat hierbei aber die Schwierigkeit, den Astigmatismus durch Aufladung der Blenden zu beseitigen und das Objekt kontaminationsfrei zu halten. Trotzdem ist es

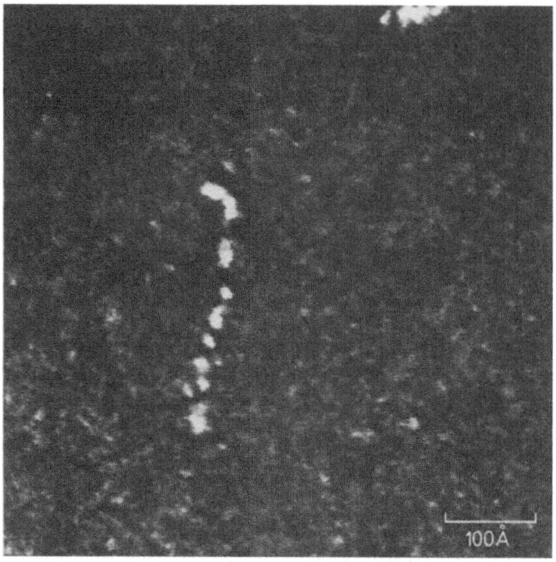

Abb. 5.7. Thorium-BTCA-Kette auf einer 25 Å Kohle-Aufdampfschicht als Trägerfolie. Die hellen Punkte entlang der Kette stellen mit hoher Wahrscheinlichkeit einzelne Thoriumatome dar. (Nach *Crewe* u. a., 1970c)

gelungen, auch im TEM im Hellfeld Einzelatome abzubilden (*Hashimoto* u. a., 1971; *Formanek* u. a., 1971).

5.2.4. Raster-Elektronenmikroskopie mit hohen Spannungen

Es besteht zur Zeit kein Grund, ein normales Oberflächen-SEM mit Strahlspannungen höher als 20–50 keV zu betreiben. Mit wachsender Strahlspannung steigt zwar der Richtstrahlwert (3.2), was einen kleineren Sondendurchmesser bei gleichem Objektstrom erlaubt, aber auch die SE-Ausbeute nimmt mit wachsender Energie ab. Für die rückgestreuten Elektronen nimmt sogar die Größe des Diffusionshofes und damit die Austrittsverteilung der rückgestreuten Elektronen zu. Eine Steigerung von 20 auf 50 keV ist daher nur insofern interessant, als ein größerer Spielraum hinsichtlich der Eindringtiefe der Elektronen und der damit verbundenen Anwendungsmöglichkeiten geschaffen wird. Von *Cowley* u. a. (1970) wurde zwar auch vorgeschlagen, einen hochenergetischen Elektronenstrahl durch ein elektronendurchlässiges Fenster an Luft oder eine Gasatmosphäre austreten zu lassen, um so ein Objekt in Luft oder z. B. einem reaktiven Gas beobachten zu können. Das gleiche Prinzip könnte auch auf durchstrahlbare Objekte angewandt werden. Da im Gasraum nur schnelle hochenergetische Elektronen z. B. mit Halbleiterdetektoren oder Szintillationszählern nachgewiesen werden können und auch die Strahlverbreiterung in der Gasatmosphäre nicht vernachlässigt werden darf, ist die Frage offen, ob sich für diese Technik der apparative Aufwand lohnt.

Beim STEM nach *Crewe* besteht zwar die Möglichkeit durch höhere Beschleunigungsspannungen den Beugungsfehler zu verringern und somit das Auflösungsvermögen zu verbessern. Auch im TEM mit Spannungen im Bereich

100 bis 2000 keV besteht die theoretische Möglichkeit, die Auflösungsgrenze herabzusetzen, aber der bisher ausgenutzte Vorteil liegt in der höheren Durchstrahlungsfähigkeit dickerer Objektschichten, wobei durch Ausnutzung der Bragg-Kontraste insbesondere Untersuchungen an kristallinen Objekten große Vorteile bieten. Versuche mit einem STEM im Bereich 100 bis 1000 keV sind daher zur Zeit nur für Transmission im Hochvakuum interessant. Der Vorteil liegt mit den in § 5.1.2 aufgeführten Punkten auf der Hand.

Über Konstruktion und Anwendung eines Hochspannungs-STEM bis 600 keV berichten *Smith* u. *Considine* (1968), *Cowley* u. *Strojnik* (1968, 1969), *Cowley* u. a. (1970), *Cowley* (1970). Es besteht gegenüber einem Hochspannungs-TEM ein geringer Aufwand darin, daß nur 2 Kondensorlinsen gegenüber sonst 5 benötigt werden.

5.3. Anwendung der Raster-Transmissions-Elektronenmikroskopie

5.3.1. Durchstrahlung dicker Objektschichten

Bei der Hellfeldabbildung amorpher Objekte wird der Kontrast (verminderte Transmission) dadurch verursacht, daß eine Objektstruktur mehr Elektronen in Winkel größer als die Objektiv- bzw. Detektorapertur streut. Im TEM hängt die Transmission nur von der Objektivapertur α_0 ab (§ 2.3.2), solange die Bestrahlungsapertur $\alpha_B \ll \alpha_0$. Um eine Sonde kleinen Durchmessers zu erhalten, ist nach § 3.1.4 eine relativ große Sondenapertur ($\alpha_0 \simeq 10^{-2}$ rad) erforderlich. Wenn die Detektorapertur $\alpha_B \ll \alpha_0$ ist, erhält man nach dem Reziprozitätsprinzip die gleiche Transmission $T(\alpha_0) = I/I_0$ wie im TEM-Betrieb, falls man mit I_0 die Intensität bezeichnet, welche ohne Präparat in die Detektorblende fällt. I_0 ist dann jedoch um den Faktor α_B^2/α_0^2 kleiner als der Sondenstrom. Daher ist es für den Raster-Transmissionsbetrieb günstiger, mit $\alpha_0 \simeq \alpha_B$ zu arbeiten, damit ohne Präparat der gesamte Sondenstrom in den Detektor fällt. Zur Abhängigkeit $T(\alpha_0, \alpha_B)$ von beiden Aperturen s. *Thomson* u. *Zeitler* (1970), *Reimer* u. a. (1975).

Der Raster-Transmissionsbetrieb erlaubt vor allem bei dickeren Schichten die Benutzung größerer Aperturen und damit eine höhere Transmission, während im TEM der chromatische Fehler mit wachsender Apertur ansteigt und nur kleine Aperturen zuläßt. Durch die nichtlineare Übertragung des Videosignals auf die Bildschirmhelligkeit ist ein Kontrastausgleich möglich, s. z. B. In-Kristallite auf der Trägerfolie und unter einer 1 µm-Polystyrolkugel in Abb. 2.7. Als weiteres Anwendungsbeispiel zeigt Abb. 5.8 die Abbildung eines 1 µm dicken biologischen Schnittes. Während das TEM-Bild auf Grund des chromatischen Fehlers verwaschen erscheint, ist im STEM-Betrieb ein besseres Auflösungsvermögen erreicht. Man hat jedoch zu beachten, daß nur Strukturen an der Schnittoberseite schärfer abgebildet werden (Abb. 2.7) (Top-Bottom-Effekt). Es hängt daher von der Objektstruktur ab, ob die Untersuchung dicker Objekte im Rasterbetrieb Vorteile aufweist. Der Raster-Transmissionsbetrieb bei 100 keV kann nach den bisherigen Erfahrungen nicht die Untersuchung dicker Schnitte

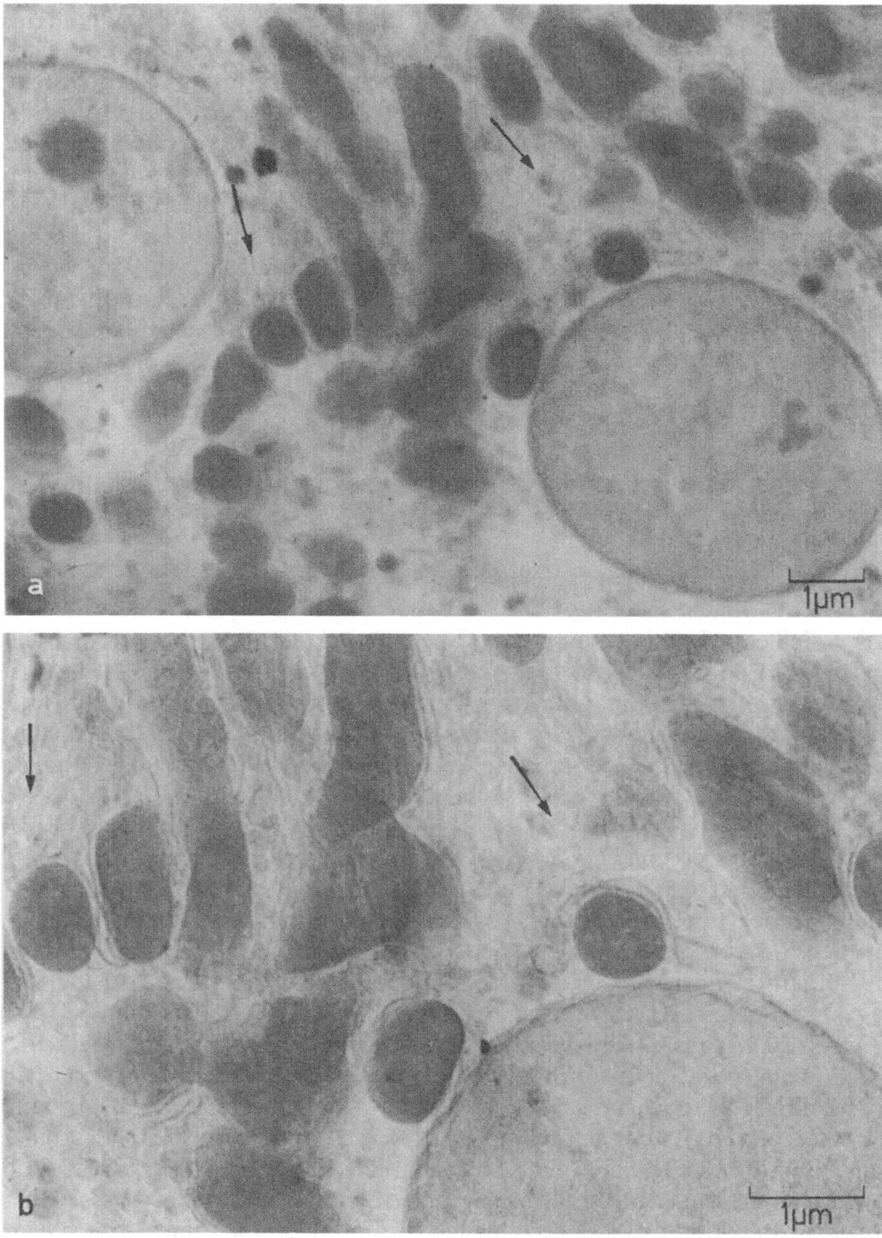

Abb. 5.8a u. b. Abbildung eines 1 µm dicken biologischen Dünnschnittes mit a) einem TEM im normalen Betrieb (Auflösungs- und Kontrastbegrenzung durch den chromatischen Fehler) und b) einem TEM mit Raster-Transmissions-Zusatz. (Die Pfeile weisen auf identische Mitochondrien.) (*Jeol*, Kontron München)

mit einem Hochspannungs-Elektronenmikroskop (1 MeV) ersetzen, da dieses einen stark verminderten chromatischen Fehler zeigt.

Da bis zu relativ dicken Schnitten die Transmission nach einem Exponentialgesetz (2.6) abfällt, kann man mit einem logarithmischen Verstärker ein Signal erhalten, welches der Massendicke proportional ist, und damit z. B. in Y-Modulation Massendickeprofile aufzeichnen. Durch Integration des Signals kann auch eine „Wägung" von Teilchen durchgeführt werden, wobei Polystyrolkugeln bekannten Durchmessers zur Eichung dienen (*Reimer* u. a., 1975).

5.3.2. Elektronenbeugung im Raster-Transmissionsbetrieb

In § 2.6.2 wurden die Unterschiede zwischen einem Punktdiagramm, der konvergenten Beugung und einem K-Liniendiagramm dargelegt. Stationäre Diagramme sind auf einem Leuchtschirm unterhalb der Probe zu beobachten (bei einem TEM mit Rasterzusatz auf dem Endbildschirm). Die unterschiedlichen Diagramme (Abb. 2.28) sind durch Variation der Bestrahlungsapertur zu erhalten (Abb. 5.9 a–c). Auf Grund des Zusammenhanges zwischen Sondendurchmesser und

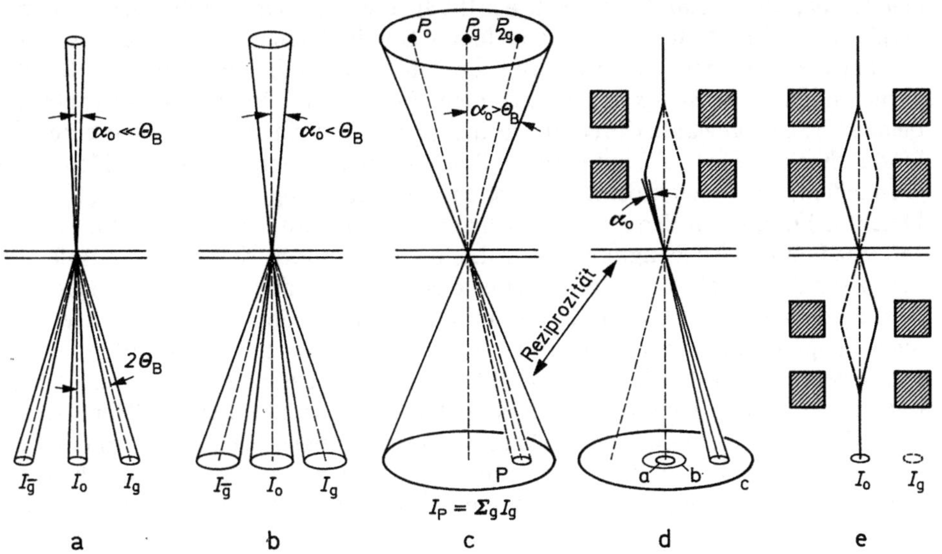

Abb. 5.9 a–e. Schematische Darstellung der Elektronenbeugungstechniken im Rasterbetrieb: a)–c) Beugung mit stationärer Sonde bei wachsender Bestrahlungsapertur α_0, (a) Beugungsdiagramm mit Reflexen, (b) konvergente Beugung, Kossel-Möllenstedt-Diagramm, (c) Weitwinkel-Beugungsdiagramm (K-Liniendiagramm). d) Realisierung der Techniken a)–c) mit einer pendelnden Abrasterung (rocking beam) durch Wahl verschieden großer Detektoraperturen. e) Doppelablenkungsmethode nach *Möllenstedt* u. *Meyer*

Apertur (§ 3.1.4) ist der kleinstmögliche Sondendurchmesser nur bei einer Optimalapertur erreichbar, die in der Regel einem Übergang zwischen konvergentem und K-Linien-Diagramm entspricht (Abb. 5.9 b, c). Für ein Punktdiagramm mit kleinem α_0 sind Sondendurchmesser von 100–200 Å erreichbar (*Riecke*, 1969; *Maher*, 1974; *Geiss*, 1975, 1976).

Eine Registrierung der Intensität dieser Beugungsdiagramme erfolgt durch Auswahl eines kleinen Raumwinkels, der durch das Auflösungsvermögen des Leuchtschirmes, der Photoplatte oder die Größe eines Photometerspaltes bestimmt ist. Analoge Beugungsdiagramme können auf dem Bildschirm eines Rasterzusatzes erhalten werden, wenn man das Reziprozitätsprinzip anwendet (Abb. 5.9d) und mit einer Sonde kleiner Apertur (korrespondierend zum kleinen Detektor-Raumwinkel) pendelnd bestrahlt wird. Der Typ des beobachteten Diagramms hängt nur von der Größe der Detektorblende ab (Punktdiagramm bei kleiner und K-Liniendiagramm bei sehr großer Detektoröffnung).

Mit einer Doppelablenkungsmethode nach *Möllenstedt* u. *Meyer* (1975) (Abb. 5.9e) fällt z. B. nur der Primärstrahl in den Detektor. Es wird dessen Intensitätsänderung bei Variation des Einfallswinkels registriert (konvergentes Beugungsbild) mit dem Unterschied, daß kein Überlappen der Reflexintensitäten auftritt wie bei einem K-Linien-Diagramm. Durch Verschiebung der Detektorblende in eine Reflexposition läßt sich auch die konvergente Beugung eines Reflexes ohne Störung durch den Primärstrahl über größere Kippwinkel verfolgen.

In einem TEM mit Rasterzusatz kann auch folgende Technik betrieben werden (*Thompson*, 1973; *van Oostrum* u.a., 1973), die mit der Feinbereichsbeugung vergleichbar ist. Anstelle der pendelnden Sonde kleinen Durchmessers (s.o.) werden die Rasterspulen ausgenutzt, um die Probe mit einem breiten Bündel variierenden Einfallswinkels zu bestrahlen. Es wird eine kleine Objektivaperturblende ($\simeq 5\,\mu m$) gewählt, durch die nacheinander der Primärstrahl und die Reflexe hindurchgehen. Das Bild auf dem Endbildschirm wechselt dabei vom Hell- zum Dunkelfeld. Der Detektor registriert ein Beugungsdiagramm. Die Größe der Detektoröffnung legt den zu untersuchenden Bereich im Endbild fest. Im Gegensatz zur Feinbereichsbeugung entfällt bei dieser Methode der Zuordnungsfehler, hervorgerufen durch den Öffnungsfehler des Objektivs, da nur Strahlen registriert werden, die auf der Mikroskopachse verlaufen. Daher können mit dieser Methode auch Beugungsdiagramme von 100 Å großen Bereichen erhalten werden. Durch Registrierung der Intensität auf dem Bildschirm des Rasterzusatzes mittels Y-Modulation können z. B. ein Zweistrahlfall mit gleichen Amplituden des Primärstrahles und des Reflexes oder andere Anregungsbedingungen leichter eingestellt werden. Außerdem wird dieses Diagramm nur durch zusätzliches Einschalten der Ablenkspulen erhalten und benötigt keine Änderung in der Stärke der Zwischenlinse wie bei der Feinbereichsbeugung.

5.3.3. Abbildung kristalliner Objekte

Da in der Ebene der Detektorblende ein Beugungsdiagramm vorliegt, kann bei kleinen Sondenaperturen $\alpha_0 \ll \Theta_B$ (Abb. 5.10a) der gleiche Kontrast wie im TEM erreicht werden. (Eine Verschiebung der Detektorblende auf die Reflexe ermöglicht eine Dunkelfeldabbildung). Bei größerem $\alpha_0 < \Theta_B$ (Abb. 5.10b) entsprechen den verschiedenen Einfallsrichtungen des konvergenten Bündels verschiedene Anregungsfehler. Da die Extinktionslänge nach (2.28) vom Anregungsfehler abhängt, nimmt der Kontrast von Extinktionskonturen an durchgebogenen und von Dickenkonturen an keilförmigen Kristallen mit wachsendem α_0 ab. Man

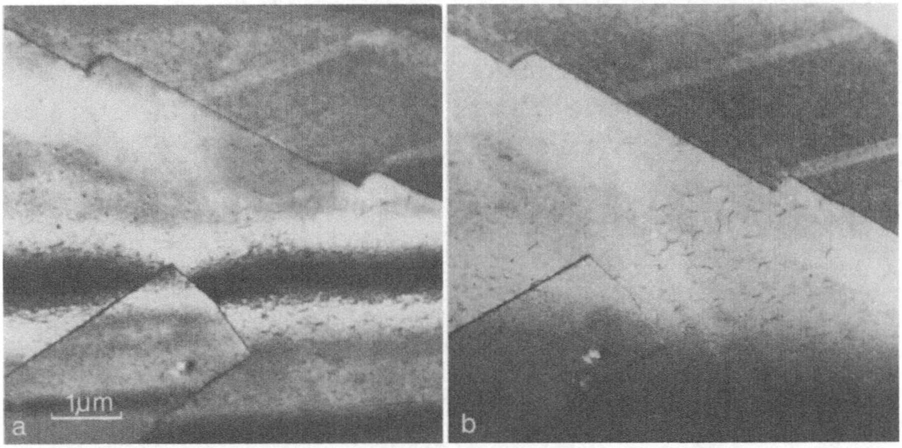

Abb. 5.10a u. b. Abbildung einer dünnpolierten Cu-Folie mit 100 keV-Elektronen im STEM-Betrieb bei a) kleiner Sondenapertur $\alpha_0 \ll \Theta_B$ und b) $\alpha_0 < \Theta_B$: Abnahme des Kontrastes durch Extinktionskonturen, Erhaltung des Kontrastes von Versetzungen

kann mit einer großen Apertur α_0 die Extinktionskonturen nahezu völlig zum Verschwinden bringen, während Kristallbaufehler noch einen Kontrast zeigen und weiterhin Kontrastunterschiede zwischen verschieden orientierten Kristallen auftreten (Abb. 5.10b) (*Reimer*, 1973; *Thompson*, 1973; *Booker* u.a., 1974).

Im Rasterbetrieb kann die Detektorblende auch so groß gewählt werden, daß der Primärstrahl und ein oder mehrere Reflexe zum Bild beitragen (multi-beam imaging, MBI) (*Yamamoto* u. *Nishizawa*, 1975; *Reimer* u. *Hagemann*, 1976). Diese Abbildungstechnik ist mit einem 100 keV-TEM im Normalbetrieb nicht möglich, da wegen des Öffnungsfehlers des Objektivs die Bilder des Primärstrahles und der Reflexe nicht gleichzeitig zur Deckung zu bringen sind. MBI ist dagegen in der Hochspannungs-Elektronenmikroskopie möglich (*Hashimoto*, 1974). Es werden mittels MBI nur Nichtkomplementaritäten zwischen Hell- und Dunkelfeldabbildung abgebildet, die durch die anomale Transmission verursacht werden. Abb. 5.11 demonstriert dies am Beispiel eines Stapelfehlers in einer Cu-7% Al-Legierung. Im Hellfeld (a) beginnt das Bild an der Folienoberseite (links) mit einem dunklen und endet unten (rechts) mit einem hellen Streifen. Das Dunkelfeld (b) zeigt auf beiden Seiten dunkle Streifen. Daher werden im MBI-Bild (Überlagerung von Dunkel- und Hellfeld) die Streifen an der Unterseite ausgelöscht und an der Oberseite verstärkt (c). An Versetzungen werden ähnliche Kontrasterscheinungen beobachtet. Man kann daher einer MBI-Aufnahme sofort ansehen, wo der Kristallbaufehler die Oberseite der Folie durchstößt, während man in normaler TEM-Abbildung Hell- und Dunkelfeldabbildungen vergleichen muß. Bei großem α_0 wird auch eine MBI-Aufnahme verwaschen. Bei sehr großem α_0 (K-Liniendiagramm) wird wegen der Reziprozität auch bei einer kleinen Detektorapertur MBI beobachtet. Bei sehr dicken Objekten, wenn eine Auffächerung des Strahles durch interne Streuung erfolgt, liegt nur MBI vor (*Reimer* u. *Hagemann*, 1976).

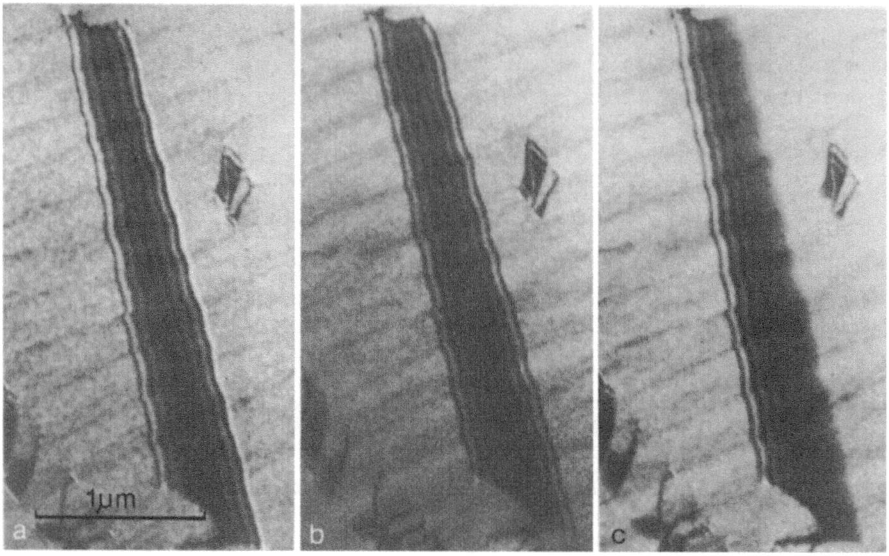

Abb. 5.11 a–c. Abbildung eines Stapelfehlers in einer Cu-7 % Al-Legierung im 100 keV-STEM-Betrieb mit a) Hellfeld, b) Dunkelfeld und c) multi beam image (MBI) (Überlagerung von Hell- und Dunkelfeld)

Bei dicken polykristallinen Objekten werden die starken Kontrastunterschiede zwischen unterschiedlich orientierten Kristallen ausgeglichen und die Korngrenzen erscheinen schärfer als im TEM-Bild (*Easterling*, 1974; *Fraser* u. *Jones*, 1975). Das gleiche gilt für Ausscheidungen in Legierungen (*Koike* u.a., 1971; *Thieringer*, 1972). Eine Verbesserung in der Abbildung von Kristallbaufehlern wird jedoch nicht erreicht, da das primäre Wellenfeld in einer dickeren Schicht durch Mehrfachstreuung abgebaut ist. Im unteren Teil der Schicht entsteht zwar durch die diffuse Streuung ein K-Liniendiagramm. In Bildern dicker Objekte sind daher Versetzungen zu erkennen, die aber durch die Strahlverbreiterung in einer dicken Schicht sehr diffus abgebildet sind.

Literatur zu § 5

Blaschke, R.: BEDO **3,** 161 (1970)
Booker, G. R., Joy, D. C., Spencer, J. P., Harrach, H., von, Thompson, M. N.: IITRI/SEM/1974, 225
Castaing, R.: Z. Angew. Physik **27,** 171 (1969)
Christenhusz, R., Pfefferkorn, G., Eismann, J., Grewe, H. G., Kappler, E.: BEDO **1,** 157 (1968)
Cowley, J. M.: Appl. Phys. Letters **15,** 58 (1969)
Cowley, J. M.: J. Appl. Cryst. **3,** 49 (1970)
Cowley, J. M., Smith, D. J., Sussex, G. A.: IITRI/SEM/1970, 9
Cowley, J. M., Strojnik, A.: *Electron Microscopy 1968*, Vol. I, p. 71. Rom 1968
Cowley, J. M., Strojnik, A.: IITRI/SEM/1969, 13
Crawford, B. J., Liley, C. R. W.: J. Phys. E **3,** 461 (1970)
Crewe, A. V.: J. Microscopy **100,** 247 (1974)
Crewe, A. V., Isaacson, M., Johnson, D.: *Microscopie electronique 1970*, Vol. I, p. 209. Grenoble 1970a

Crewe, A. V., Langmore, J. P., Isaacson, M. S.: *Physical Aspects of Electron Microscopy and Microbeam Analysis*, p. 47. New York: John Wiley & Sons 1975
Crewe, A. V., Wall, J.: Optik **30,** 461 (1970)
Crewe, A. V., Wall, J., Langmore, J.: *Microscopie electronique 1970*, Vol. I, pp. 467 + 485. Grenoble 1970b
Crewe, A. V., Wall, J., Langmore, J.: Science **168,** 1338 (1970c)
Crewe, A. V., Wall, J., Welter, L. M.: J. Appl. Phys. **39,** 5861 (1968)
Easterling, K. E.: *Electron Microscopy 1974*, Vol. I, p. 288. Canberra 1974
Formanek, H., Müller, M., Hahn, M. H., Koller, Th.: Naturwiss. **58,** 339 (1971)
Fraser, H. L., Jones, I. P.: Phil. Mag. **31,** 225 (1975)
Furrer, P.: BEDO **4**/2, 463 (1971)
Geiss, R. H.: Appl. Phys. Letters **27,** 174 (1975)
Geiss, R. H.: IITRI/SEM/1976 I, 337
Gentsch, P., Gilde, H., Reimer, L.: J. Microscopy **100,** 81 (1974)
Hashimoto, H.: *High Voltage Electron Microscopy*, p. 9. London-New York: Academic Press 1974
Hashimoto, H., Kumao, A., Hino, K., Yotsumoto, H., Ono, A.: JEOL News **9e,** No. 3, 3 (1971)
Kimoto, S., Hashimoto, H., Takashima, S.: IITRI/SEM/1969, p. 81
Koike, H., Uenou, K., Suzuki, M., Matsuo, T., Aita, S., Shibatomi, K.: JEOL News **9e,** 20 (1971 a)
Koike, H., Uenou, K., Suzuki, M.: Proc. 29th Ann. EMSA Meeting, p. 28. Baton Rouge: Claitor's Publishing Division 1971 b
Maher, D. M.: IITRI/SEM/1974, 215
Metherell, A. J. F.: Advan. Optics and Electron Microscopy **4,** 263, New York-London: Academic Press 1971
Möllenstedt, G., Meyer, H. R.: Optik **42,** 487 (1975)
Nauta, R., Thompson, M. N.: Proc. 5th European Congr. Electron Microscopy, p. 46. London-Bristol: Institute of Physics 1972
Nixon, W. C.: Proc. 1st Ann. Workshop for Stereoscan Users, p. 1. Chicago 1968
Oostrum, K. J., van, Leenhouts, A., Jore, A.: Appl. Phys. Letters **23,** 283 (1973)
Reimer, L.: Scanning Electron Microscopy: Systems and Applications, p. 120. London-Bristol: Institute of Physics 1973
Reimer, L., Gentsch, P., Hagemann, P.: Optik **43,** 431 (1975)
Reimer, L., Hagemann, P.: IITRI/SEM/1976 I, 321
Riecke, W. D.: Z. Angew. Phys. **27,** 155 (1969)
Smith, K. C. A., Considine, K.: *Electron Microscopy 1968*, Vol. I, p. 73, Rom 1968
Swift, J. A., Brown, A. C.: IITRI/SEM/1970, 113
Swift, J. A., Brown, A. C., Saxton, C. A.: J. Phys. E **2,** 744 (1969)
Thieringer, H. M.: Proc. 5th European Congr. Electron Microscopy, p. 196. London-Bristol: Institute of Physics 1972
Thompson, M. N.: *Scanning Electron Microscopy: Systems and Applications*, p. 176. London-Bristol: Institute of Physics 1973
Watanabe, H., Uyeda, R.: J. Phys. Soc. Japan **17,** 569 (1962)
Weise, J.: BEDO **4**/2, 477 (1971)
Yamamoto, T., Nishizawa, H.: phys. stat. sol. (a) **28,** 237 (1975)
Zeitler, E., Thomson, M. G. R.: Optik **31,** 258 + 359 (1970)

6. Elementanalyse und Abbildung mit emittierten Quanten und Augerelektronen

6.1. Grundlagen der Röntgenemission

Das emittierte Röntgenspektrum (Beispiel s. Abb. 6.7 a) besteht aus einer Überlagerung der Bremsstrahlung (Kontinuum) und des Linienspektrums (charakteristische Strahlung) (ausführliche Diskussion von Theorie und Experiment s. *Dyson*, 1973). Zwischen Wellenlänge λ und Quantenenergie $E_x = h\nu$ besteht die Beziehung

$$\lambda\,[\mathrm{nm}] = hc/E_x = 1{,}2398/E_x\,[\mathrm{keV}]\ . \tag{6.1}$$

Da in der Raster-Elektronenmikroskopie die Analyse vorwiegend mit energiedispersiven Detektoren erfolgt, werden im folgenden die Gesetze in Abhängigkeit von der Quantenenergie E_x betrachtet.

6.1.1. Die Röntgenbremsstrahlung

Das Kontinuum entsteht durch die negative Beschleunigung der Elektronen im Coulombfeld eines Target-Atomkernes. Nach den Gesetzen der Elektrodynamik führt die Beschleunigung einer Ladung zur Emission elektromagnetischer Strahlung. Nach der Quantenmechanik kann die maximal auftretende Quantenenergie $E_{x,\max}$ nicht größer als die einfallende Elektronenenergie $E_0 = eU$ sein. In einer dünnen Schicht der Massendicke dx mit $N_\mathrm{L}\,dx/A$ Atomen pro Flächeneinheit beträgt die pro einfallendes Elektron erzeugte Intensitätsverteilung (*Kramers*, 1923)

$$I(E_x)\,dx\,dE_x = \frac{1}{12\pi\sqrt{3}\,h\varepsilon_0^3}\,\frac{Z^2 e^6}{mc^3 E_0}\,\frac{N_\mathrm{L}}{A}\,dx\,dE_x \quad \text{für} \quad E_x < E_0 \tag{6.2}$$

und $I(E_x) = 0$ für $E_x > E_0$. Danach ist die Intensität konstant, unabhängig von der Quantenenergie E_x und proportional zu Z^2/E_0. Um die Zahl $N(E_x)dE_x$ der Quanten im Energieintervall E_x bis $E_x + dE_x$ zu erhalten, muß $I(E_x)$ noch durch $E_x = h\nu$ dividiert werden. Die Kramerssche Formel ist für hohe Werte von Z^2/E_0 geeignet, bei niedrigen treten Abweichungen auf (*Kirkpatrick* u. *Wiedmann*, 1945; *Amrehn* u. *Kulenkampff*, 1955).

Die Emissionsrichtung des Kontinuums einer dünnen Schicht zeigt bei niedrigen E_0 ein Maximum senkrecht zum Elektroneneinfall und geringe Emission in Vor- und Rückwärtsrichtung analog einem strahlenden Dipol. Mit wachsendem

E_0 wird durch relativistische Effekte das Maximum in Richtung kleinerer Winkel zur Einfallsrichtung verschoben. In dickeren Schichten treten Abweichungen durch Mehrfachstreuung auf (*Honerjäger*, 1940; *Kerscher* u. *Kulenkampff*, 1955; *Doffin* u. *Kulenkampff*, 1957).

Bei kompaktem Material nimmt die Intensitätsverteilung pro einfallendes Elektron mit abnehmender Quantenenergie linear zu:

$$I(E_x)dE_x = kZ(E_0 - E_x)dE_x, \tag{6.3}$$

da auch Elektronen mit größeren Energieverlusten zum Kontinuum beitragen. Aus der Betheschen Abbremsformel (2.2) folgt $dx \sim EdE/Z$, wenn man den langsam veränderlichen logarithmischen Term vernachlässigt. Substitution in (6.2) und Integration über E von E_0 bis $E = E_x$ liefert in erster Näherung die Formel (6.3). Man muß jedoch berücksichtigen, daß auch Korrekturen durch Rückstreuung, Absorption und Fluoreszenz erforderlich sind (s. § 6.3.2).

Die Anzahl der Quanten im Energieintervall E_x bis $E_x + dE_x$ erhält man aus (6.3) (*Green* u. *Cosslett*, 1961)

$$N(E_x)dE_x = KZ\frac{E_0 - E_x}{E_x}dE_x. \tag{6.4}$$

Die Konstante K ist Z-abhängig und variiert zwischen $3 \cdot 10^{-6}$ und $1{,}5 \cdot 10^{-6}$ (*Dyson*, 1973, S. 47). $K = 2{,}2 \cdot 10^{-6}$ ist ein guter Mittelwert zur Abschätzung des kontinuierlichen Untergrundes von kompaktem Material (s. a. *Albert*, 1972).

6.1.2. Das Linienspektrum

Zur Erzeugung von charakteristischen Röntgenlinien muß primär ein Elektron aus einer tieferen Schale (K, L oder M) herausgeschlagen werden (Abb. 6.1 a, oben). Die hierzu erforderliche Energie E_0 der Primärelektronen muß größer als die Ionisationsenergie $E_I = E_{nl}$ sein. Der atomare Wirkungsquerschnitt für eine Ionisation in der Unterschale mit den Quantenzahlen n,l beträgt nach *Mott* u. *Massey* (1949)

$$\sigma_{nl} = \frac{e^4 Z_{nl}}{16\pi\varepsilon_0^2 E_0 |E_{nl}|} b_{nl} \ln\frac{4E_0}{B_{nl}} \tag{6.5}$$

mit $b_K = 0{,}35$, $B_K = 1{,}65\,E_K$ für die K-Schale (*Burhop*, 1940), Z_{nl} = Elektronenzahl in der Unterschale. Eine empirische Modifikation von *Worthington* u. *Tomlin* (1956) berücksichtigt durch ein variables B, daß $\sigma_K = 0$ für $E_0 = E_K$ sein muß, d. h. $B = 4\,E_K$

$$\sigma_K = \frac{e^4}{8\pi\varepsilon_0^2 E_0 E_K} b_K \ln\frac{4E_0}{B} = \frac{e^4}{8\pi\varepsilon_0^2 u E_K^2} b_K \ln\frac{4uE_K}{B} \tag{6.6}$$

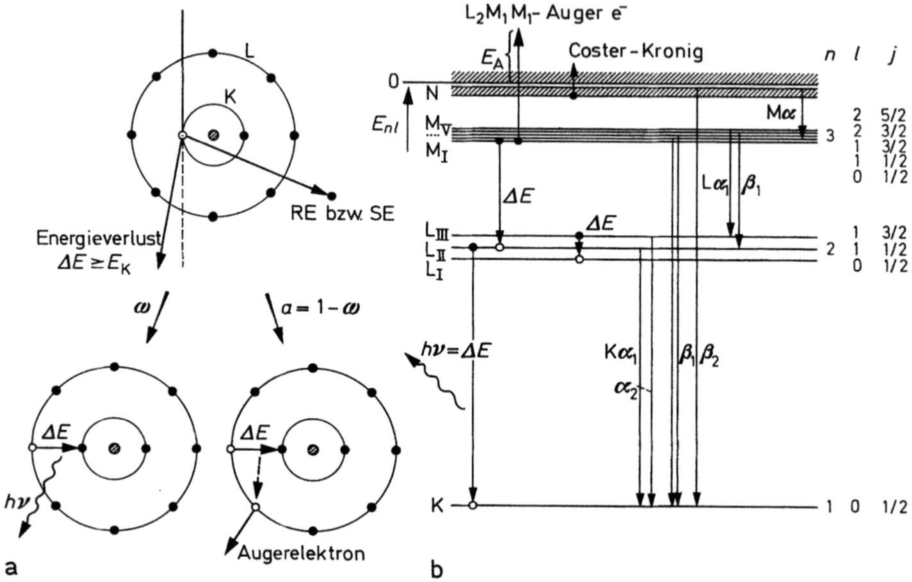

Abb. 6.1a u. b. a) Ionisation in einer tieferen Schale und Erzeugung eines Röntgenquants $h\nu$ mit der Röntgenfluoreszenzausbeute ω oder eines Augerelektrons. b) Quantensprünge zwischen den Schalen und Bezeichnungen der emittierten Röntgenlinien

mit $B = [1{,}65 + 2{,}35 \exp(1-u)]\, E_K$ und $u = E_0/E_K$ als „Überspannungsverhältnis". Danach ist $\sigma_K E_K^2$ eine universelle Funktion von u (s. Abb. 6.2 für Ni, $E_K = 8.33$ keV und Ag, $E_K = 25{,}5$ keV). Bei größeren Ordnungszahlen und Elektronenenergien treten Abweichungen auf (*Arthurs* u. *Moiseiwitsch*, 1958; *Motz* u. *Placious*, 1964; *Hansen* u. a., 1964; *Perlman*, 1960).

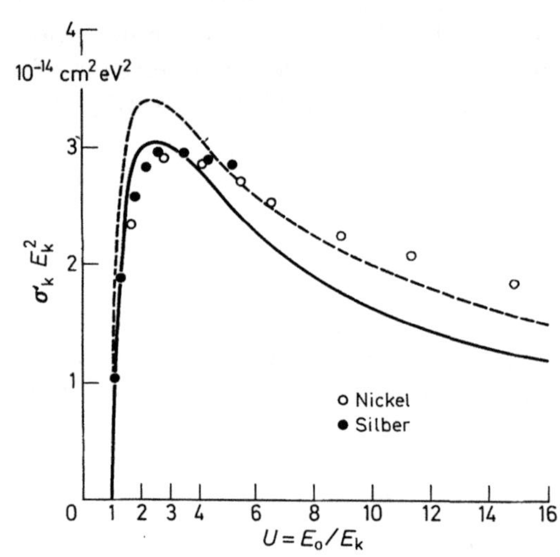

Abb. 6.2. Abhängigkeit des Ionisationsquerschnittes σ_K der K-Schale mit der Ionisationsenergie E_K (aufgetragen als $\sigma_K E_K^2$) vom Überspannungsverhältnis $u = E_0/E_K$ für Ni und Ag

Die durch Ionisation entstandene Elektronenlücke wird durch Elektronen aus höheren Schalen aufgefüllt (Abb. 6.1 a, unten). Die dabei freiwerdende Energie wird mit der Wahrscheinlichkeit ω (Röntgenfluoreszenzausbeute) in einem strahlenden Übergang als Röntgenquant emittiert, wobei die Auswahlregeln $\Delta l = \pm 1$ und $\Delta j = 0, \pm 1$ gelten. Abb. 6.1 b zeigt die häufigsten Übergänge in einem Energieschema mit der üblichen Nomenklatur. Die Quantenenergie E_x läßt sich aus den Energietermen des Atomes berechnen. Näherungsweise gilt das Moseleysche Gesetz

$$E_{x,\mathrm{K}} = E_n - E_1 = -R(Z-1)^2\left(\frac{1}{n^2} - \frac{1}{1^2}\right); \quad n=2:\mathrm{K}\alpha; \quad n=3:\mathrm{K}\beta \tag{6.7}$$

für die E_x der K-Serie und

$$E_{x,\mathrm{L}} = E_n - E_2 = -R(Z-7{,}4)^2\left(\frac{1}{n^2} - \frac{1}{2^2}\right); \quad n=3,4,\ldots \tag{6.8}$$

der L-Serie. Die letzten Terme von (6.7) und (6.8) stellen die Ionisationsenergien E_I der betreffenden Schalen dar, deren Z-Abhängigkeit in Abb. 6.3 dargestellt

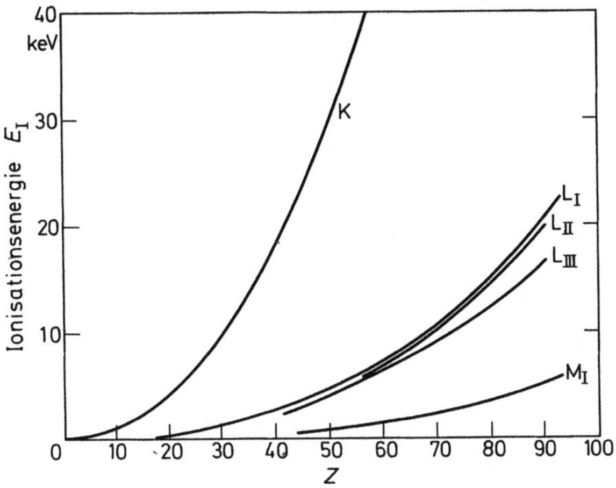

Abb. 6.3. Abhängigkeit der Ionisationsenergien E_I (I = K, L, M) von der Ordnungszahl Z

ist. Diesem Diagramm ist zu entnehmen, welche Elektronenenergie $E_0 = E_\mathrm{I}$ mindestens nötig ist, um die betreffende Schale zu ionisieren. Für die Praxis ist es günstig, mit einem Überspannungsverhältnis $u = E_0/E_\mathrm{I} = 2$–3 zu arbeiten.

Bei kompaktem Material steigt die Zahl der emittierten Röntgenquanten näherungsweise nach einem Potenzgesetz

$$N(E_x) \sim (E_0 - E_\mathrm{I})^n \sim (u-1)^n \tag{6.9}$$

($n = 1{,}7$) mit wachsender Elektronenenergie E_0 an (*Green* u. *Cosslett*, 1968; *Metchnik* u. *Tomlin*, 1963). Zur Z-Abhängigkeit der Intensität der K-, L- und M-Strahlung wurden Messungen bei $E_0 = 25\,\text{keV}$ von *Muster* (1974) durchgeführt. In § 6.3.2 ist skizziert, wie man die Zahl der emittierten Quanten mittels des Wirkungsquerschnittes σ_{nl} (6.5) und der Betheschen Abbremsformel (2.2) gewinnt. Die Emission der charakteristischen Röntgenquanten erfolgt isotrop in alle Raumrichtungen.

Mit der Wahrscheinlichkeit $a = 1 - \omega$ wird die beim Elektronenübergang freiwerdende Energie direkt in einem strahlungslosen Übergang an ein anderes Elektron des gleichen Atoms übertragen (Abb. 6.1 a), welches als Augerelektron das Atom verläßt (s. § 6.5.2). Zwischen Unterschalen kann ein weiterer strahlungsloser „Coster-Kronig-Übergang“ erfolgen (Abb. 6.1 b), welcher z. B. in der L-Schale die Elektronen vor einer Röntgen- oder Augerelektronenemission umverteilt, indem L_{III}-Elektronen in Lücken von L_{II}- oder L_I-Schalen bzw. L_{II}-Elektronen in die L_I-Schale springen. Das Atom wird dadurch in einer äußeren Schale ionisiert, für welche die freiwerdende Energie ausreicht. Dies hat zur Folge, daß abhängig von Z die Intensität der L-Linien aus der L_{III}-Schale auf Kosten der Linien aus der L_{II}- und L_I-Schalen ansteigt, während sich die Röntgenfluoreszenzausbeute ω_K der K-Linien unabhängig von Z im Verhältnis $K\alpha_1 : K\alpha_2 : K\beta = 100 : 50 : 20$ auf die K-Linien verteilt.

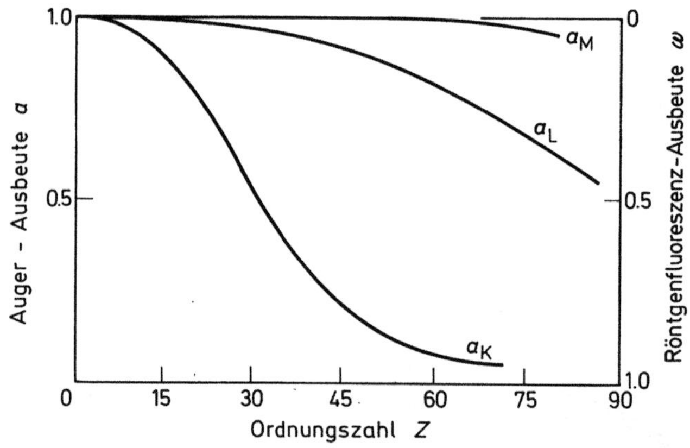

Abb. 6.4. Augerelektronenausbeute a (= Wahrscheinlichkeit, daß bei einem Übergang in eine tiefere Schale kein Röntgenquant, sondern ein Augerelektron emittiert wird) als Funktion der Ordnungszahl für verschiedene Schalen (K, L, M) als tiefsten Energiezustand. Die Röntgenfluoreszenzausbeute ω ist komplementär ($\omega + a = 1$)

Die Fluoreszenzausbeute ω_K ist nahe 1 für hohe Z und fällt bei niedrigen Z stark ab (Abb. 6.4). Nach *Burhop* (1952) gilt die Näherungsformel

$$\omega = \frac{1}{1 + cZ^{-4}} \quad \text{mit} \quad \begin{array}{l} c_K = 1{,}12 \cdot 10^6 \\ c_L = 6{,}4 \cdot 10^7 \end{array} . \tag{6.10}$$

Für niedrige Z und Ionisation in höheren Schalen überwiegt daher der Prozeß der Augerelektronenemission.

6.1.3. Absorption der Röntgenstrahlung

Die Absorption der Röntgenstrahlen erfolgt nach einem exponentiellen Schwächungsgesetz

$$I = I_0 e^{-\alpha x} \tag{6.11}$$

mit α [cm^{-1}] als „Schwächungskoeffizient“ $= \dfrac{\text{Streuquerschnitt [cm}^2]}{\text{Volumen [cm}^3]}$. Oft wird der „Massenschwächungskoeffizient“

$$\alpha/\varrho\ [\text{cm}^2\,\text{g}^{-1}] = \frac{\text{Streuquerschnitt [cm}^2]}{\text{Masse [g]}}$$

benutzt. Dieser hat den Vorteil, vom Aggregatzustand unabhängig zu sein. $\alpha = \mu + \sigma$ spaltet in eine Schwächung durch den Photoeffekt (μ) und durch Streuung (σ) auf. Erstere überwiegt bei weitem für $\lambda > 0{,}1$ Å. Letztere beinhaltet die elastische Streuung, welche kohärent zur einfallenden Welle ist und die Gitterinterferenzen hervorruft, und die unelastische Streuung durch den Compton-Effekt.

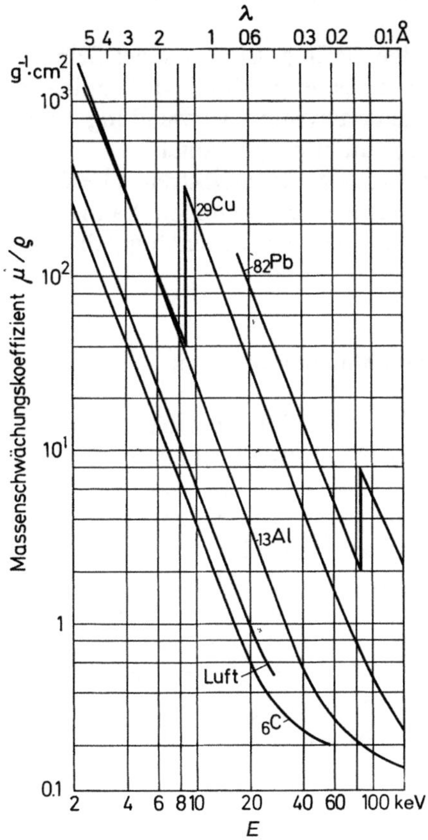

Abb. 6.5. Abhängigkeit des Massenschwächungskoeffizienten von der Energie (untere Skala) bzw. Wellenlänge (obere) der Röntgenquanten. Die Diskontinuitäten entstehen beim Überschreiten der Anregungsenergie E_K der K-Schale bzw. anderer Anregungsenergien höherer Schalen

Der Schwächungskoeffizient μ verläuft diskontinuierlich und zeigt Sprünge (Absorptionskanten) bei allen Wellenlängen λ_I, die den Energien E_I für die Ionisation der K-, L- oder M-Schale entsprechen (Abb. 6.5). Eine Feinstruktur der Kanten resultiert aus der Aufspaltung in Unterschalen. Bei einer doppelt logarithmischen Auftragung von μ gegen λ ergeben sich mit guter Näherung Geradenstükke, d.h. der Zusammenhang von μ und λ ist durch ein Potenzgesetz darstellbar. Der Exponent liegt zwischen 2,5 und 3,5. Zahlenwerte sind den International Tables for X-Ray Crystallography, Bd. III, Kynoch Press, Birmingham 1968 zu entnehmen (s.a. *Theisen*, 1965; *Kelly*, 1966; *Preuss*, 1972).

6.2. Wellenlängen- und energiedispersive Röntgenanalyse

Bei der wellenlängendispersiven Methode wird die Röntgenstrahlung mit einem Kristallmonochromator analysiert. Sie findet vor allem in einem Röntgen-Mikroanalysator (RMA) Anwendung und zeichnet sich durch eine hohe spektrale Auflösung aus. Moderne RMA sind mit mehreren Monochromatoren ausgerüstet, die simultan betrieben werden und je auf eine bestimmte Wellenlänge der zu analysierenden Substanz eingestellt sind.

Bei den energiedispersiven Methoden werden die Impulshöhen eines Szintillationszählers oder Halbleiterdetektors mittels eines Impulshöhendiskriminators ausgewertet, wobei als Endglied ein Vielkanalanalysator Verwendung findet. Die Impulshöhe ist der Energie der Röntgenquanten proportional.

Beide Methoden erlauben die Aufnahme von Röntgenspektren. Die früher benutzte Aufteilung in dispersive und nichtdispersive Methoden kann daher irreführen. Man geht daher dazu über, die Bezeichnungen wellenlängendispersiv bzw. energiedispersiv zu benutzen.

6.2.1. Wellenlängendispersive Methode mit Kristallmonochromator

Bei der wellenlängendispersiven Methode erfolgt die Monochromatisierung der zu untersuchenden Röntgenstrahlung mit einem Kristall unter Ausnutzung der Braggschen Reflexionsbedingung $2d\sin\Theta = n\lambda$ (d = Netzebenenabstand, Θ = Glanzwinkel). Am Kristall werden bei Einhaltung des Glanzwinkels Θ also eine Wellenlänge λ bzw. ihre ganzzahligen Vielfachen reflektiert. Bei Benutzung eines ebenen Monochromatorkristalles wird nur ein sehr kleiner Raumwinkel der emittierten Röntgenstrahlung die Reflexionsbedingung erfüllen. Man kann einen wesentlich größeren Raumwinkel durch Fokussierung ausnutzen, wenn man den Kristall biegt und schleift sowie Quelle, Monochromator und Detektor auf einem Kreis anordnet (Abb. 6.6). Mit D als Abstand Quelle (Probe)-Kristall, r_d als Krümmungsradius der Netzebenen und r_f als Krümmungsradius des Fokussierungskreises müssen die Bedingungen

$$D = r_d \sin\Theta \quad \text{und} \quad 2r_f = r_d \tag{6.12}$$

erfüllt sein. Der Kristall wird nach dem Biegen so geschliffen, daß sein Krümmungsradius an der Oberfläche r_f beträgt. Über einen gekoppelten Hebelmechanismus können Kristall und Detektor innerhalb eines Monochromators so in ihrer Lage verändert werden, daß ein bestimmter Wellenlängenbereich überstrichen werden kann. Um den gesamten Wellenlängenbereich der charakteristischen Strahlung von leichten bis zu schweren Elementen zu überstreichen, ist ein Wechsel der Monochromatorkristalle (Veränderung von d) erforderlich.

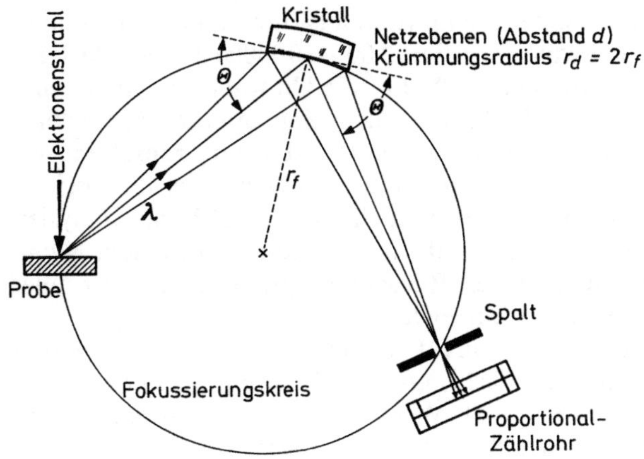

Abb. 6.6. Anordnung von Probe, Monochromatorkristall und Ausgangsspalt auf einem Fokussierungskreis in einer wellenlängendispersiven Anordnung

Die Objektlage muß genau eingehalten und deren Höhe z. B. mittels eines Lichtmikroskopes justiert werden, da sonst die Fokussierungsbedingung (6.12) verletzt wird. Geringe Höhenänderungen rufen schon große Änderungen der Ausbeute hervor (*Sutfin* u. *Ogilvie*, 1970). Diese im RMA bevorzugte Methode ist daher auf ebene Oberflächen (z. B. Metallanschliffe) angewiesen.

Der Nachweis der vom Monochromator reflektierten Strahlung erfolgt vorwiegend mit einem Proportionalzählrohr.

6.2.2. Proportionalzählrohr für wellenlängen- und energiedispersive Analyse

Die für den Röntgennachweis benutzten Proportionalzählrohre besitzen den üblichen Zählrohraufbau. Sie bestehen aus einem zentralen Draht auf einem Potential von einigen 100 bis 1000 V und dem geerdeten Zählrohrmantel. Der Eintritt der Röntgenstrahlen erfolgt durch ein Fenster in radialer oder axialer Richtung. Letztere wird bevorzugt, da dadurch ein längerer Absorptionsweg möglich ist. Dies ist besonders für hohe Quantenenergien erforderlich, um diese vollständig im Zählrohr zu absorbieren. Da die untere energetische Nachweisgrenze der Quanten durch Absorption im Zählrohrfenster begrenzt ist, wird dieses möglichst dünn aus Kunststoffolie ausgeführt. Mit einer 2 µm Mylarfolie läßt sich z. B. bis herunter zu Mg Kα arbeiten. Durch ultradünne Zählrohrfenster (*Henke*, 1964) ist jedoch im Vakuum-Spektrographen auch ein Nachweis bis herunter zu Be Kα ($\lambda = 116$ Å) möglich. Da dünne Fenster eine nicht zu vernachlässigende Leckrate aufweisen, werden für den Nachweis energiearmer Quanten Durchfluß-Zählrohre benutzt.

Jedes Röntgenquant erzeugt eine der Energie proportionale Zahl von Elektron-Ion-Paaren. Die Elektronen werden in Richtung des Drahtes, die Ionen zur Wand beschleunigt. Dabei gewinnen die einzelnen Elektronen zwischen Zusammenstößen mit den Atomen des Füllgases (z. B. Argon-Methan-Gemisch) soviel kinetische Energie, daß sie weitere Ionisation auslösen können. Es kommt zur Ausbildung von Elektronenlawinen mit einer 1000–10000fachen Verstärkung. Das Proportionalzählrohr erreicht daher nicht nur die Umwandlung in ein energieproportionales Signal, sondern gleichzeitig auch eine interne Verstärkung. Bis auf eine zu vernachlässigende Nullrate ist die Verstärkung rauschfrei. Für die wellenlängendispersive Analyse wird nur die Impulsrate gezählt, bei der energiedispersiven Methode wird zusätzlich noch die Impulshöhe analysiert. Eine Impulshöhenanalyse des Zählrohrsignals in Verbindung mit einem Monochromator kann zur Unterdrückung des Rauschuntergrundes und der unerwünschten Vielfachen einer Wellenlänge dienen.

Wenn man ein Proportionalzählrohr direkt zum energiedispersiven Nachweis verwendet, ist bei Kα-Linien eine Trennung bei Ordnungszahldifferenzen $\Delta Z \geq 3$ möglich (s. u. a. *Weihrauch*, 1968). Wenn jedoch eine schwache neben einer starken Linie getrennt werden soll, reicht $\Delta Z = 3$ nicht aus.

Im Zählrohr treten schwache „Escape-Linien" auf, die dadurch entstehen, daß bei einer Photoionisation in der K-Schale des Zählrohrgases (z. B. Argon) emittierte Röntgenquanten der K-Serie unter Umständen entweichen können, ohne weitere Photoionisation zu erzeugen. Die Escape-Linien liegen daher um eine konstante Energiedifferenz — gleich der Energie der Kα-Strahlung des Zählrohrgases — niedriger als die Hauptlinie.

6.2.3. Si(Li)-Detektor für energiedispersive Analyse

Für die Registrierung von Röntgenquanten im Energiebereich von 1 bis 50 keV hat sich der Lithium-gedriftete Silizium-Detektor bewährt (*Russ* u. *Kabaya*, 1969; *Ogilvie*, 1969; *Sutfin* u. *Ogilvie*, 1970; *Russ*, 1971). Durch Eindriften von Li-Atomen (Eindiffusion unter der Wirkung eines elektrischen Feldes) in p-Silizium wird ein p-i-n-Übergang mit sehr breiter und hochohmiger Eigenleitungszone von 3–5 mm erzeugt. An den Übergang wird eine Sperrspannung von einigen 100 V gelegt. Diese Halbleiterdetektoren haben den Vorteil einer geringen mittleren Bildungsenergie E_i für ein Elektron-Loch-Paar. Gegenüber dem Proportionalzählrohr findet keine interne Verstärkung statt. Diese erfolgt durch einen Feldeffekt-Transistor in unmittelbarer Nähe des Si(Li)-Detektors. Beide werden während des Betriebes in einem Vakuum-Kryostaten mit flüssigem N_2 gekühlt. Die Kühlung des Si(Li)-Detektors ist insbesondere deshalb erforderlich, weil dadurch eine weitere Drift der Lithium-Ionen bei angelegtem Feld unterbunden wird. Es ist daher eine permanente Kühlung zu empfehlen. Die Kühlung erfordert einen völligen Abschluß zum Vakuum des SEM, da anderenfalls der gekühlte Detektor kontaminieren würde. Als röntgendurchlässige Fenster werden Beryllium-Folien benutzt. Die Impulshöhen werden auf einen Vielkanalanalysator gegeben, auf dessen Leuchtschirm unmittelbar das Spektrum erscheint (horizontal: Quantenenergie E_x, vertikal: Zahl der Impulse im Intervall $E_x \pm \Delta E_D/2$, ΔE_D= Kanalbreite) und der Zählvorgang beobachtet werden kann.

Gegenüber Proportionalzählrohr und Szintillationszähler hat der Si(Li)-Detektor den Vorteil einer guten Energieauflösung, deren volle Halbwertsbreite (engl.: FWHM = full width at half maximum) bei diesem Typ zur Zeit in der Größenordnung $\Delta E_H = 150$–200 eV liegt. Die Energieauflösung als Halbwertsbreite des Intensitätsprofils, welches annähernd eine Gaußkurve darstellt, wird für 5,9 keV-Strahlung (Kα-Linie des Mangan) angegeben. Die Breite nimmt mit abnehmender Röntgenenergie leicht ab, von $\Delta E_H = 160$ eV bei $E_x = 5{,}9$ keV z.B. auf $\Delta E_H = 116$ eV bei $E_x = 1{,}49$ keV (Al). Dadurch wird eine Trennung bei leichten Elementen begünstigt. Die Mg- und Na-Kα-Linien sind z.B. um $\Delta E = 233$ eV getrennt.

Allgemein setzt sich die Halbwertsbreite aus zwei Anteilen zusammen: a) dem von der nachzuweisenden Quantenenergie unabhängigen Beitrag ΔE_0 des Verstärkerrauschens und b) dem durch die statistische Ladungsträgererzeugung bedingten Rauschen ΔE_s. Die mittlere Anzahl der erzeugten Ladungsträgerpaare beträgt $N = E_x/E_i$ ($E_i = 3{,}6$ eV für Si) mit der mittleren Schwankung $\Delta N = \sqrt{NF}$ (F = Fano-Faktor, der die Abweichung vom normalen statistischen Rauschen $\sim\sqrt{N}$ beschreibt und eine Materialkonstante darstellt, $F = 0{,}05$ für Si). Die Halbwertsbreite berechnet sich zu $\Delta E_s = 2{,}35\ \sqrt{E_x E_i F}$. ΔE_0 und ΔE_s überlagern sich quadratisch zu $\Delta E_H^2 = \Delta E_0^2 + \Delta E_s^2$.

Bei der Diskussion der Energieauflösung ist jedoch zu beachten, daß auch die relativen Höhen der aufzulösenden Peaks berücksichtigt werden müssen. Bei höheren Quantenenergien kann eine Trennung der Linien Schwierigkeiten bereiten, wenn sich die Kα-Linien leichter Elemente mit der L- und M-Strahlung von schweren überlagern. Wenn man mittels eines Computer-Programms benachbarte Linien trennen will, ist auch zu beachten, daß kurz oberhalb der Quantenenergie durch den Absorptionssprung der betreffenden Schale (Abb. 6.5) auch eine Änderung in der Höhe des kontinuierlichen Untergrundes auftritt.

Bei Zählraten größer 10^4 Impulsen/s steigt ΔE_H durch das sogenannte Pulse-Pile-Up, der Addition zeitlich innerhalb der Totzeit aufeinanderfolgender Impulse, sowie eventuell daraus resultierender Gleichspannungspotentiale im Verstärkersystem.

Für die Zahl der durch den Vielkanalanalysator erfaßten Röntgenquanten gilt:

Totale Ansprechwahrscheinlichkeit proportional

$$\text{Raumwinkelfaktor} \cdot \text{Fenstertransmission} \cdot (1-\eta)$$

(η = elektronischer Totzeitverlust).

Der erfaßte Raumwinkel Ω der emittierten Röntgenquanten wird durch die Größe der Detektorfläche F und den Abstand Probe-Detektor a bestimmt ($\Omega = F/a^2$). Z.B. beträgt zur Zeit der Durchmesser des Detektors 4 mm und beim Anflanschen an die Objektkammer eines Rastermikroskopes $a = 90$ mm. Es wird damit ein Raumwinkel von $1{,}5 \cdot 10^{-3}$ sterad erreicht. Es sind jedoch auch schon

Versuche unternommen, den Detektor bis auf ca. 10 mm an die Probe heranzuführen, was eine Erhöhung des Raumwinkelfaktors um 2 Zehnerpotenzen bedeutet. Zum Vergleich mit der wellenlängendispersiven Methode sei angegeben, daß der Raumwinkel dort durch den ca. 4 cm^2 großen Monochromatorkristall und einen zwischen ca. 10 bis 30 cm variierenden Abstand Probe-Kristall bestimmt wird.

Die Be-Fenster begrenzen durch Absorption die kleinste nachweisbare Röntgenenergie. Dadurch ist die 1,04 keV-Linie des Na zur Zeit die unterste Grenze für Routineuntersuchungen. Ein 25 µm-Fenster läßt hiervon nur 14,5 %, ein 7,5 µm-Fenster 56 % hindurch. Ein fensterloser Detektor erlaubt Analysen bis herunter zu $E_x = 200$ eV (*Barbi* u. a., 1974). Das Fenster wird entfernt, sobald das nötige Hochvakuum im Mikroskop erreicht ist. Ein Magnetfeld sorgt dafür, daß keine Elektronen den Detektor treffen. Unterhalb $E_x = 1$ keV treten jedoch starke Überlappungen der K-Linien und L-Linien für $Z = 16$–30 auf. Die K-Linien von C, N, O können z. B. nicht getrennt werden. (Die wellenlängendispersive Methode ist ebenfalls bis herunter zu $E_x = 100$ eV anwendbar und erlaubt eine schärfere Trennung der Linien.) Bei hohen Quantenenergien kann ein Teil der Röntgenquanten den aktiven Teil des Detektors von ca. 3 mm Dicke ungehindert passieren. Ein dadurch verursachter Abfall setzt jedoch erst oberhalb Quantenenergien von 20 keV ein und ist daher für die Anwendung im SEM ohne Bedeutung.

Die Ansprechwahrscheinlichkeit wird ferner durch die Totzeitverluste in den Verstärkern und dem Vielkanalanalysator beeinflußt. Es ist daher von Wichtigkeit, bei einer Erhöhung des Raumwinkelfaktors durch Abstandsverringerung auch einen schnellen Vielkanalanalysator zu verwenden. Bei 10^4 Impulsen/s betragen

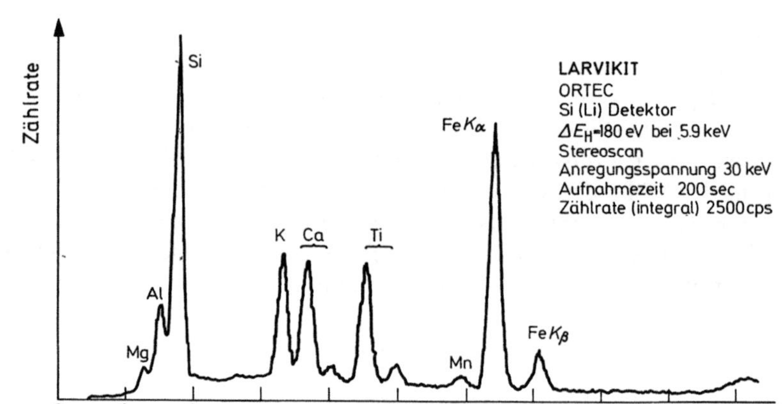

Abb. 6.7a

Abb. 6.7a–i. Larvikit-Gestein mit Fe-Ti-Oxideinschlüssen. a) Gesamtspektrum der Probe, b) Rückstreubild eines Oxidkornes mit Umgebung aus Feldspat und Glimmer, Abbildung der Elementverteilung mittels der c) Si-, d) K-, e) Fe-, f) Ti- und g) Ca-Röntgenlinie. h) und i) Entmischungslamellen des Oxidkornes aus einer Fe- und Ti-reichen Phase mit den Verteilungen des Fe und Ti längs der geraden Abtastlinie. (Nach *Plattner* u. *Schünemann*, 1971)

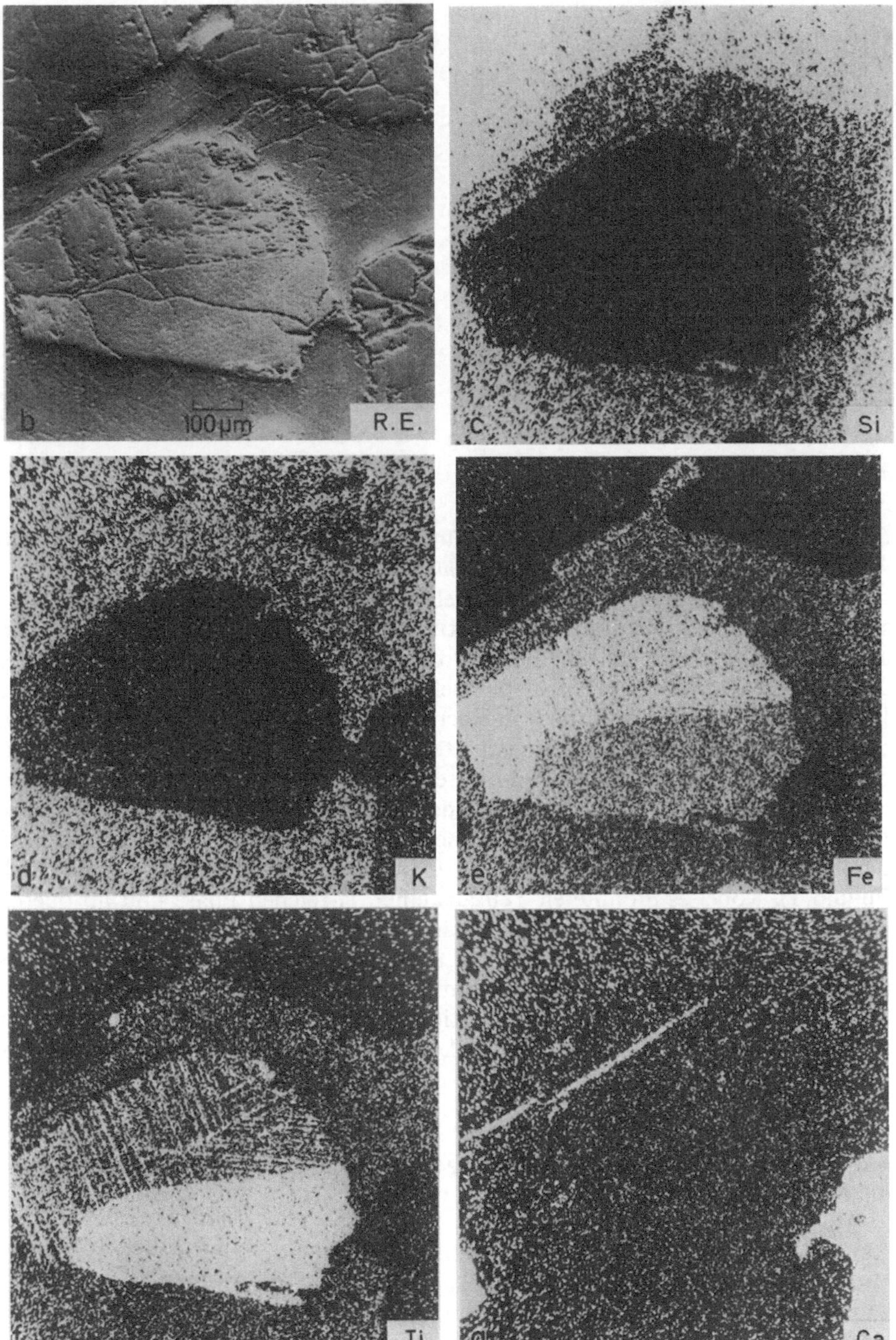

Abb. 6.7b–g

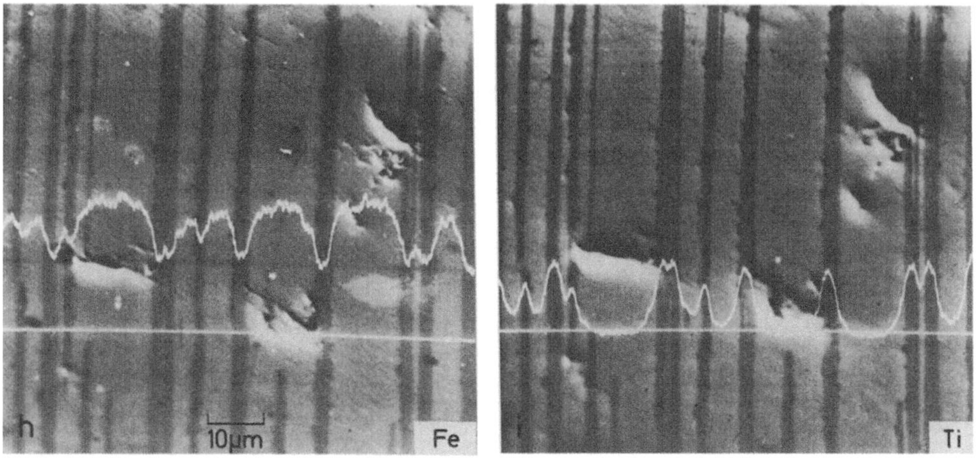

Abb. 6.7h u. i

die Zählverluste bei einem 50 MHz-Analog-Digital-Converter ca. 15 %, bei einem 4 MHz-ADC aber 66 % (*Plattner* u. *Schünemann*, 1971).

Abb. 6.7 soll ein Anwendungsbeispiel des Si(Li)-Detektors im SEM demonstrieren. Es handelt sich um ein Larvikit-Gestein mit Fe-Ti-Oxid-Einschlüssen. a) zeigt das totale Spektrum dieser Probe, wie es bei der Abrasterung eines größeren Probenbereiches auf dem Vielkanalanalysator erscheint und b) das Rückstreubild eines Oxidkornes mit einer Umgebung aus Feldspat und Glimmer. c)–g) sind Abbildungen der Elementverteilung, bei denen während der Abrasterung der Elektronenstrahl der Bildröhre impulsartig hell gesteuert wird, wenn ein Röntgenquant mit der entsprechenden Quantenenergie nachgewiesen wird. In dunklen Bildteilen können einzelne helle Punkte auch durch den Untergrund der Bremsstrahlung erzeugt sein. Das Oxidkorn enthält danach vornehmlich Fe und Ti, wobei es im unteren Teil aus einer Ti-reichen Phase und im oberen aus Entmischungslamellen mit gegenläufigem Gehalt an Ti und Fe besteht. Diese Lamellen sind in h) und i) im Rückstreubild stärker aufgelöst. Längs der geraden hellen Linie wurde langsam abgerastert und die Röntgenintensität der Fe- bzw. Ti-Strahlung als Y-Modulation aufgezeichnet. Hieraus ist unmittelbar zu entnehmen, daß Ti in den dünnen Lamellen vorhanden ist, wo andererseits die Fe-Konzentration absinkt.

6.2.4. Vor- und Nachteile der wellenlängen- und energiedispersiven Methoden für die Raster-Elektronenmikroskopie

Ein wellenlängendispersives Spektrometer (WDS) ist jeweils auf eine Spektrallinie einzustellen und ermöglicht, deren genaue Intensität zu ermitteln, während ein energiedispersives Spektrometer (EDS) simultan das gesamte Röntgenspektrum erfaßt und eine schnelle Übersicht der auftretenden Linien gestattet.

In § 6.2.1 wurde darauf hingewiesen, daß ein WDS eine genaue Einhaltung der Fokussierungsbedingung verlangt. Es sind daher ebene Proben erforderlich.

Auch die in § 6.3.2 aufgeführten Korrekturmethoden gelten für ebene Objekte bei Senkrechteinfall des Elektronenstrahles. Es ist gerade ein Vorteil des EDS, daß es auch bei rauhen Objekten und größeren abgerasterten Flächen ohne Intensitätsabnahme und Verringerung der Auflösung verwandt werden kann. Bei rauhen Oberflächen sind die Analysen jedoch nur qualitativ, wenn man sich nicht der Mühe unterzieht, aus Stereoaufnahmen die Neigung der Objektfläche zum Elektronenstrahl und zum Detektor zu ermitteln.

In einem WDS werden durch den Analysatorkristall nur die Röntgenquanten eines engen Energieintervalles herausgefiltert. Ferner läßt das Proportionalzählrohr Impulsraten von 10^6 s^{-1} zu. Der erfaßte Raumwinkel beträgt ca. 10^{-3} sterad. In Röntgenmikrosonden arbeitet man daher mit höheren Sondenströmen von 10^{-6} bis 10^{-8} A, was nach (3.16) minimale Sondendurchmesser von 0,5–1 µm bedingt. Unter diesen Bedingungen wäre ein EDS völlig übersteuert. Im SEM liegen bei 100 Å Sondendurchmesser 10^{-11} bis 10^{-12} A vor. Durch Vergrößerung des Sondendurchmessers sind 10^{-8} A erreichbar, was auch die sinnvolle Anwendung eines WDS ermöglicht. Die Zahl der Impulse in einem EDS sollte $10^4\,s^{-1}$ nicht überschreiten. Der erfaßte Raumwinkel beträgt 10^{-3} bis 10^{-2} sterad. Es können unter diesen Bedingungen alle Impulse simultan erfaßt werden.

Die hohe spektrale Auflösung des WDS (< 10 eV) erlaubt es, die natürliche Linienbreite der Röntgenlinien (2–10 eV) auszunutzen, um engbenachbarte Linien zu trennen und das Linien/Untergrund-Verhältnis zu verbessern, da nur ca. $^1/_{10}$ des kontinuierlichen Untergrundes unter einer Linie erfaßt wird wie bei einem EDS. Bei der Auflösung von nur 150 eV im EDS können häufiger Überlappungen von Linien auftreten, speziell M- und L-Linien höherer Ordnungszahlen mit den K-Linien niedriger Z.

Bei der Analyse dünner freitragender Schichten und kleiner Teilchen auf einer Trägerfolie ist es sinnvoll, den Sondendurchmesser zu verringern, da dies eine Verbesserung des lateralen Auflösungsvermögens verspricht, solange der Elektronenstrahl nicht durch Mehrfachstreuung verbreitert wird. Unter diesen Bedingungen liegt eine geringe Zählrate vor, und solange keine Überlappungen stören, weist das EDS Vorteile auf, da alle Quanten simultan erfaßt werden.

6.3. Grundlagen der Röntgenmikroanalyse

6.3.1. Auflösung und Tiefeninformation

Zur charakteristischen Strahlung trägt das Probengebiet bei, in welches Elektronen mit Energien größer als die Ionisationsenergie E_I vordringen können. Für die Erzeugungstiefe gilt daher die Relation $R_K < R_L < R$. Da die Reichweite R der Elektronen in Einheiten der Massendicke nahezu elementunabhängig ist (2.13), kann auch ein Potenzgesetz für die Erzeugungstiefen aufgestellt werden (z. B. *Andersen* u. *Hasler*, 1966)

$$R_I\ [\mu g\ cm^{-2}] = 6{,}4(E_0^{1,68} - E_I^{1,68}), \quad E \text{ in keV}, \quad I = K, L, M. \tag{6.13}$$

Die laterale Auflösungsgrenze ist von der gleichen Größenordnung. Zur Verbesserung des Auflösungsvermögens kann bei der Analyse von Elementen mit niedrigem Z mit $E_0 = 10\,\text{keV}$ gearbeitet werden, wobei $E_0 > 2E_I$ sein sollte. Eine Verringerung der Auflösungsgrenze unter 0,1 µm ist nur für durchstrahlbare Objekte möglich. Es sei auf die Beziehung (3.17) zwischen Sondenstrom I_0 und Sondendurchmesser d_{eff} hingewiesen. Sowohl im Röntgenmikroanalysator als auch im SEM kann stets die Bedingung $d_{eff} < R_I$ eingehalten werden, so daß die Auflösung durch R_I allein bestimmt wird.

Die Tiefenverteilung $n(x)$ der Röntgenemission hat analog zur Tiefendosiskurve (§ 2.4.3, Abb. 2.15) ein Maximum unterhalb der Oberfläche. Sie kann mit einer Methode von *Castaing* u. *Descamps* (1955) direkt gemessen werden, indem durch Aufdampfen mehrerer Schichten eine Sandwich-Probe wie in Abb. 6.8

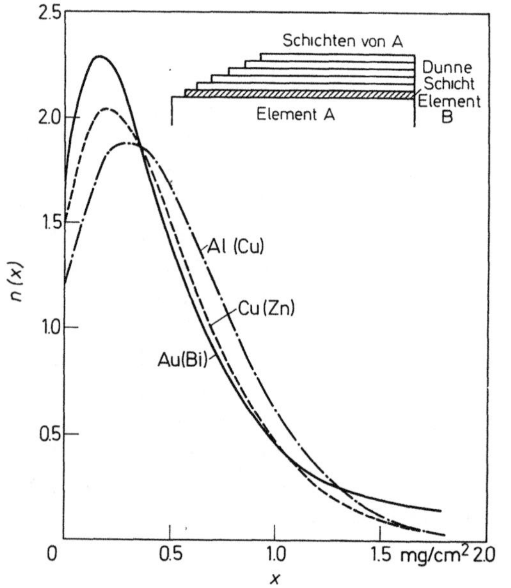

Abb. 6.8. Tiefenverteilung $n(x)$ der emittierten Röntgenquanten gemessen nach der Sandwich-Methode von *Castaing* u. *Descamps* (s. Nebenskizze) mit 29 keV-Elektronen für die folgenden Kombinationen A(B): —— Au(Bi), --- Cu(Zn), —·— Al(Cu). (Nach *Brown*, 1969)

hergestellt wird (s. a. *Castaing* u. *Henoc*, 1966; *Vignes* u. *Dez*, 1968). Wenn sich das Element A nur um eine Einheit in der Ordnungszahl von B unterscheidet, ergeben sich nur geringfügige Unterschiede in der Elektronendiffusion gegenüber einer Probe aus dem reinen Element A. Die unter einem Abnahmewinkel Θ gemessene Röntgenintensität ist noch einer Absorptionskorrektur (s. § 6.3.2) zu unterwerfen.

Außer der direkten Anregung durch den Elektronenstrahl erfolgt auch eine indirekte Anregung durch die erzeugten Röntgenquanten (Röntgenfluoreszenz) sowohl durch die charakteristischen Quanten mit Energien $E_x > E_I$ als auch durch den energiereichen Teil des Kontinuums. Das Erregungsgebiet dieses indirekten Anteils ist durch die Absorption der betreffenden primären und sekundären Röntgenstrahlung bestimmt und daher bedeutend größer (bis zu einigen 10 µm) als dasjenige des direkten Anteils ($\simeq 1$ µm). Mit einer Registrierung normal zum Anschliff einer künstlichen Grenzfläche aus zwei Metallen kann dieser Fluoreszenzanteil experimentell erfaßt werden (*Reed* u. *Long*, 1963; *Goldstein* u. *Ogilvie*, 1966; *Maurice* u. a., 1966).

6.3.2. Methoden der quantitativen Röntgenmikroanalyse

Die Bestimmung von Konzentrationen erfolgt soweit wie möglich durch eine Reihe von Eichstandards (s. a. hyberbolische Approximation in (6.20)). Dies ist besonders für binäre Legierungen zu empfehlen. Wenn die Herstellung geeigneter Eichstandards nicht möglich bzw. zu zeitraubend ist, bedient man sich der ZAF-Korrektur (Z = Ordnungszahl, A = Absorption, F = Fluoreszenz). Es soll z. B. die Konzentration c_a (Gewichts-%) eines Elementes a in einer Legierung aus dem Verhältnis $k = N_a/N_s$ der registrierten Quanten einer a-Linie von der Legierung und von einem Eichstandard (s) aus dem Reinmetall a ermittelt werden. Die Zahl der Atome pro Volumeneinheit beträgt

$$n_a = \frac{c_a N_L}{A}. \tag{6.14}$$

Mit dem Ionisationsquerschnitt σ_a der Atome a werden pro einfallendes Elektron

$$d N_a = \omega_a p_a \sigma_a n_a ds = \omega_a p_a \frac{c_a N_L}{A} \frac{\sigma_a}{dE/d(\varrho s)} dE \tag{6.15}$$

Röntgenquanten längs des Wegelementes ds bzw. der Massendicke $dx = d(\varrho s)$ erzeugt (p_a = Intensität der beobachteten Linie relativ zu allen Linien der ionisierten Schale). Das Bremsvermögen $S = dE/dx$ berechnet sich aus der Betheschen Abbremsformel (2.2). Die Zahl N_a der insgesamt erzeugten Quanten erhält man durch Integration über E von der Anregungsenergie E_K bis zur Primärenergie E_0. Durch Rückstreuung können aber Elektronen bereits mit einer Energie E ($E_0 > E > E_K$) die Probe verlassen. Daher berechnet sich N_a als Mittelwert über alle Elektronenbahnen zu

$$N_a = \omega_a p_a c_a \frac{N_L}{A} \overline{\int_{E \geq E_K}^{E_0} \frac{\sigma_a}{S} dE} = \omega_a p_a c_a \frac{N_L}{A} R \int_{E_K}^{E_0} \frac{\sigma_a}{S} dE. \tag{6.16}$$

Materialunterschiede in dem formalen Rückstreufaktor R und dem Bremsvermögen S bilden die Z-Korrektur (Berechnungen s. *Duncumb* u. *Reed*, 1968; *Philibert* u. *Tixier*, 1968; *Preuss*, 1973).

Durch die Absorptionskorrektur wird berücksichtigt, daß die Röntgenemission eine Tiefenverteilung $n(z)$ aufweist (Abb. 6.8) und ein in der Tiefe z erzeugtes Quant auf dem Wege $z/\sin\Theta$ (Θ = Abnahmewinkel zwischen Beobachtungsrichtung und Probenoberfläche) absorbiert werden kann. Mit dem Parameter

$\chi = \mu/\varrho \sin\Theta$ wird daher nur der Bruchteil

$$f(\chi) = \frac{\int_0^\infty n(z)\exp[-\chi z]\,dz}{\int_0^\infty n(z)\,dz} \tag{6.17}$$

vom Detektor erfaßt (Berechnungen und Näherungsformeln s. *Philibert*, 1963; *Duncumb* u. *Shields*, 1966; *Heinrich*, 1969; *Heinrich* u.a., 1972; *Büchner*, 1973). $f(\chi)$ fällt mit wachsender Elektronenenergie E_0 ab (Abb. 6.9), weil die Röntgenquanten in zunehmender Tiefe erzeugt werden. Der dadurch hervorgerufene längere Absorptionsweg wirkt sich besonders stark bei kleinen Abnahmewinkeln (hohe χ-Werte) aus.

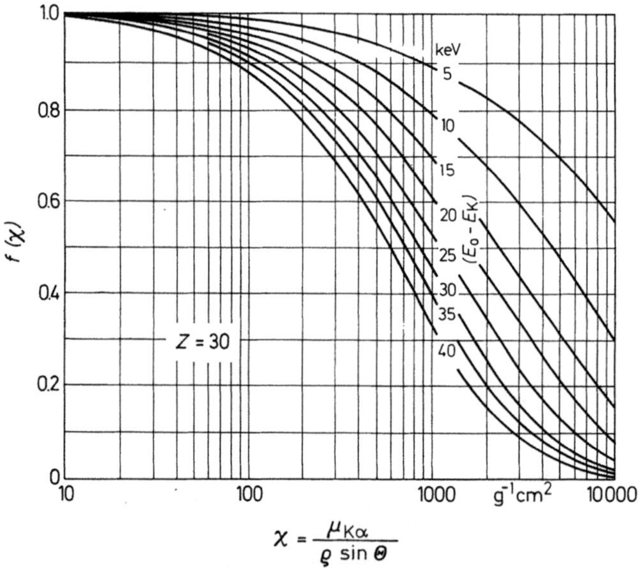

Abb. 6.9. $f(\chi)$ für $Z = 30$ und verschiedene Anregungsenergien $E_0 - E_K$ (E_0 = Primärenergie der Elektronen, E_K = Ionisationsenergie der K-Schale). (Nach *Green*, 1963)

Die Berechnung und Aufstellung von Formeln für die Ordnungszahl- und Absorptionskorrektur erfolgte vornehmlich für den in der Röntgenmikroanalyse üblichen Senkrechteinfall des Elektronenstrahles. In einem SEM besteht die gebräuchlichste Anordnung darin, daß der energiedispersive Detektor Strahlung unter 90° zum einfallenden Strahl registriert. Das Röntgensignal hängt dann von der Neigung des Präparates ab (s. u.a. *Duncumb*, 1971; *Bröcker* u.a., 1972). Diese Abhängigkeit erzeugt auch einen Topographiekontrast bei rauhen Oberflächen (*Leamy* u. *Ferris*, 1972). Es liegen zur Zeit wenig Untersuchungen vor, wie die ZAF-Methode bei Schrägeinfall zu modifizieren ist. $f(\chi)$-Werte für Schrägeinfall wurden von *Duncumb* (1971), Rückstreufaktoren R in (6.16) unter $\alpha = 45°$ von *Reed* (1971) berechnet. Nach *Colby* u.a. (1969) und *Bolon* u. *Lifshin* (1973) treten jedoch keine großen Fehler bei der quantitativen Analyse auf, wenn auch das Standard gleichartig bestrahlt wird und die Kippwinkel 70° nicht überschreiten.

Die zusätzliche Fluoreszenzkorrektur berücksichtigt, daß neben N_d direkt durch Elektronenanregung erzeugten charakteristischen Quanten auch N_f indirekte Anregungen durch Röntgenfluoreszenz erfolgen: 1. durch hochenergetische Quanten des Bremsspektrums (*Henoc*, 1968; *Myklebust* u.a., 1970; *Springer*, 1973) und 2. bei einer Schicht *a* oder feinverteilten Atomen der Sorte *a* in der Matrix *b*, wenn die charakteristische Strahlung von *b* energiereich genug ist, um Atome der Sorte *a* zu ionisieren (*Reed*, 1965; *Heinrich* u. *Yakowitz*, 1968; *Henoc* u.a., 1973). Für Elemente mit $Z<30$ ist der indirekte Anteil zu vernachlässigen. Mit dem Verhältnis $r=N_f/N_d$ läßt sich die Fluoreszenzkorrektur durch den Faktor $1+r$ berücksichtigen.

Das eingangs eingeführte Verhältnis k der Linienintensitäten der Legierung und des Standards ergibt sich mit (6.16) und (6.17) zu

$$k=\frac{N_a}{N_s}=c_a\frac{R_a\int_{E_K}^{E_0}\frac{\sigma_a}{S_a}\,dE}{R_s\int_{E_K}^{E_0}\frac{\sigma_a}{S_s}\,dE}\cdot\frac{f_a(\chi_a)}{f_s(\chi_s)}\cdot\frac{1+r_a}{1+r_s}=c_a\cdot\frac{1}{k_Z}\cdot\frac{1}{k_A}\cdot\frac{1}{k_F} \tag{6.18}$$

und für die Konzentration folgt

$$c_a=k\,k_Z\,k_A\,k_F\,. \tag{6.19}$$

Für die Praxis sind eine große Zahl von Computerprogrammen aufgestellt worden (Übersicht: *Beaman* u. *Isasi*, 1970). Da das Produkt $k_Z k_A k_F$ auch von der Konzentration c abhängt, ist ein Iterationsverfahren notwendig. Oft wird ausgenutzt, daß man eine Auftragung von c gegen k durch eine Hyperbel annähern kann (*Ziebold* u. *Ogilvie*, 1964)

$$\frac{c}{1-c}\,\frac{1-k}{k}=q \quad\text{oder}\quad \frac{c}{k}=q+(1-q)c \quad\text{oder}\quad c=\frac{kq}{1+k(q-1)}\,. \tag{6.20}$$

Die Gültigkeit dieser Beziehung und die Ermittlung der Konstanten q kann durch eine Auftragung von c/k gegen c (2. Formel) erfolgen. Entweder wird $c(k)$ durch Eichstandards oder mit einem ZAF-Computerprogramm ermittelt. Die eigentliche Konzentrationsbestimmung kann dann nach der letzten Formel in (6.20) mit einem Tischrechner erfolgen. Mit einer Matrix von $n(n-1)$ Konstanten q_{ik} ist die Methode auch auf ein n-Komponentensystem anwendbar (*Bence* u. *Albee*, 1968).

In der Praxis tritt häufig das Problem auf, von freitragenden oder auf kompaktem Material aufgewachsenen Schichten die Materialzusammensetzung und/oder die Schichtdicke zu ermitteln. Bei einer reinen Schichtdickenbestimmung läßt sich in den meisten Fällen eine Eichgerade aufstellen, wobei in der Regel eine Massivprobe desselben Materials oder eine Schicht bekannter Dicke als Eichstandard dient. Das Röntgensignal ist bei dünnen Schichten der Dicke proportional, biegt bei einigen 0,1 μm ab und erreicht bei wenigen μm den Sättigungswert des kompakten Materials. Das Signal einer Schicht nimmt wegen der Rückstreuung der Unterlage bei gleicher Schichtdicke mit wachsender Ordnungszahl der Unterlage zu (s. u.a. *Bolon* u. *Lifshin*, 1973; *Butz* u. *Wagner*, 1973). Die ZAF-Methode ist nur in Modifikationen anwendbar, da die oben beschriebene Form voraussetzt, daß das zu analysierende Element homogen in der Probe verteilt ist, hier aber in einer dünnen Oberflächenschicht konzentriert ist. Die Tiefenverteilungskurve im Film ist nicht die gleiche wie im Standard, da abhängig vom Material der Unterlage die gesamte Elektronendiffusion beeinflußt wird. Wenn die Elemente der Schicht nicht in der Massivprobe vorkommen, ist eine gleichzeitige Bestimmung der Zusammensetzung und Dicke möglich, wenn auch mit geringerer Genauigkeit als bei Massivproben (*Kalus*, 1973; *Oda* u. *Nakajima*, 1973; *Yakowitz* u. *Newbury*, 1976).

Für die Analyse biologischer Schnitte mit Dicken bis zu mehreren µm hat sich die Methode von *Hall* (1971), *Hall* u. a. (1971) bewährt. Die Intensität des kontinuierlichen Untergrundes I_c neben einer Linie mit der Intensität I_a ist proportional der Massendicke ϱD und damit das Verhältnis $I_a/I_c \sim n_a/\varrho D$. Die Eichung kann z. B. mit Schnitten erfolgen, in denen Metallsalze bekannter Konzentrationen gelöst sind.

6.3.3. Begrenzung der Analyse durch die Zählstatistik

Die durch eine gleiche Anzahl von Primärelektronen bzw. einfallende Ladungsmenge $I_0 t$ erzeugte Anzahl $N = n I_0 t$ von Röntgenquanten weist bei mehrmaliger Messung eine statistische Streuung auf (Gauß-Verteilung) und schwankt um einen Mittelwert $\bar{N}$ mit der Standardabweichung $\sigma = N^{1/2}$. D. h. in das Intervall $\bar{N} - \sigma < N < \bar{N} + \sigma$ fallen 68,3 % aller Messungen, wenn man mehrmals Messungen von N mit gleichem $I_0 t$ durchführt und in das Intervall $\bar{N} \pm 3\sigma$ fallen 99,7 %. Im folgenden wird dieses vereinfachte statistische Modell auf das Problem der analytischen Empfindlichkeit (kleinster nachweisbarer relativer Konzentrationsunterschied $\Delta c/c$) und der Nachweisgrenze (kleinste nachweisbare Konzentration c_0) angewandt.

Es seien bei den wenig verschiedenen Konzentrationen c_1 und c_2 Impulszahlen N_1 und N_2 gemessen ($N_1 \simeq N_2 \simeq N$). Nach dem Fehlerfortpflanzungsgesetz soll dann für eine Trennung mit 99,7 %iger statistischer Sicherheit

$$N_2 - N_1 > 3\sqrt{\sigma_1^2 + \sigma_2^2} \simeq 3\sqrt{2}\,\sigma_1 = 3\sqrt{2}\sqrt{N} \tag{6.21}$$

sein ($\sigma_2 \simeq \sigma_1 = \sqrt{N}$). Es gilt für die Konzentration die Proportionalität $c = k(N - N_u)$ (N_u = Impulszahl im Untergrund) und damit

$$\frac{\Delta c}{c} = \frac{3\sqrt{2}\sqrt{N}}{N - N_u} \simeq \frac{4}{\sqrt{N}} \tag{6.22}$$

falls $N \gg N_u$. Für eine analytische Empfindlichkeit $\Delta c/c = 1\,\%$ müssen daher $N \geq 1{,}6 \cdot 10^5$ Quanten gezählt werden.

Zur Abschätzung der Nachweisgrenze sei $N_a = n_a I_0 t$ die Zahl der erfaßten Quanten in einem Energieintervall ΔE_D innerhalb der Linie, wobei $N_a - N_u \ll N_u$. Für einen Nachweis soll analog (6.21) gelten:

$$N_a - N_u > 3\sqrt{\sigma_a^2 + \sigma_u^2} \simeq 3\sigma_a = 3\sqrt{N_u}. \tag{6.23}$$

Dabei wurde angenommen, daß bei einem energiedispersiven Spektrometer N_u in den der Linie benachbarten Energieintervallen mehrmals gemessen wird und durch Mittelwertbildung $\sigma_u \ll \sigma_a$. Die Linienintensität steigt proportional zur Konzentration an: $n_a = (n_u + n_s c)$ (n_s = formale Impulszahl eines Massivstandards mit $c = 100\,\%$ und $I_0 t = 1\,\mathrm{As}$). Aus (6.23) folgt damit

$$c_0 = \frac{N_a - N_u}{N_s} = \frac{3}{\sqrt{I_0 t}} \frac{\sqrt{n_u}}{n_s}. \tag{6.24}$$

Da I_0 durch die Elektronenoptik begrenzt ist, kann eine Verringerung von c_0 nur durch eine Verlängerung der Zählzeit t erfolgen, wobei Grenzen durch die Kontamination und die Drift der Sonde gesetzt sind.

Eine Optimierung des letzten Faktors in (6.24) kann durch die Breite ΔE_D des im Vielkanalanalysators erfaßten Energieintervalles erfolgen. Wählt man nur einen Kanal im Linienzentrum aus, so ist die Gesamtzählrate sehr niedrig und zeigt eine stärkere statistische Schwankung. Bei größerer Breite wächst $n_u \sim \Delta E_d$ und das Verhältnis N_a/N_u nimmt ab. Dazwischen ergibt sich ein Optimum bei $\Delta E_D = 1{,}2\,\Delta E_H$ (Abb. 6.10) (*Ryder* u. *Baumgartl*, 1971 a, b). Berechnungen

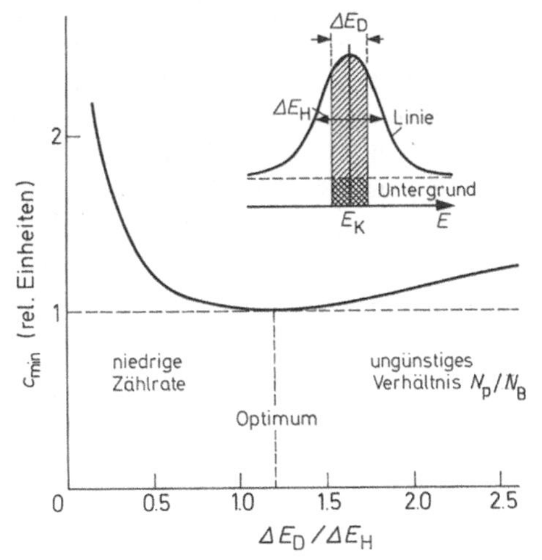

Abb. 6.10. Zur Nachweisgrenze der energiedispersiven Detektoranordnung. Abhängigkeit von c_0 vom Verhältnis Fensterbreite ΔE_D des Diskriminators zur Halbwertsbreite ΔE_H der Linie

von c_0 unter Berücksichtigung der Absorptionskorrektur sowie für die kleinste nachweisbare Schichtdicke und Masse wurden von *Albert* (1973) durchgeführt (Al (Z = 12): $c_0 \simeq 0{,}05$ Atom %, Zr (Z = 40): $c_0 \simeq 0{,}5$ Atom %).

6.4. Ausnutzung der Beugung und Absorption der Röntgenstrahlung

6.4.1. Kossel-Diagramme

Kossel u. *Voges* (1935), *Kossel* (1936) zeigten zum ersten Mal, daß durch Elektronenbeschuß direkt in einem Einkristall erzeugte, divergente charakteristische Röntgenstrahlung auf dem Weg zur Oberfläche Beugung erfährt und zu Beugungsdiagrammen mit hellen und dunklen Linien führt. Immer wenn eine Ausbreitungsrichtung aus dem divergenten Bündel mit einer Netzebenenschar die Braggsche Reflexionsbedingung erfüllt, tritt Reflexion auf. Dadurch tritt erhöhte Intensität auf einem Kegel mit dem Öffnungswinkel $90-\Theta$ und der Netzebenennormalen als Achse auf der gleichen Seite der Netzebenen auf, während auf dem entsprechenden Strahlenkegel auf der Rückseite der Netzebenen die reflektierte Strahlung fehlt. Die ungebeugte Strahlung trägt zum Untergrund bei. Auf einem ebenen Film erscheinen die hellen und dunklen Linien als Kegelschnitte. Um den Streuuntergrund herabzusetzen, hält eine Metallfolie geeigneter Ordnungszahl die rückgestreuten Elektronen zurück und wirkt als ein Absorptionsfilter für Quantenenergien kleiner als die Absorptionskante.

Die Kosselmethode kann in Transmission und Reflexion benutzt werden. Nur für Metalle mit Ordnungszahlen zwischen $Z=20$ bis 30 paßt die eigene $K\alpha$-Strahlung für das Gitter. In anderen Fällen wird eine geeignete Röntgenlinie durch eine Extrafolie oder eine Aufdampfschicht eines anderen Elementes erzeugt (Pseudo-Kosseltechnik).

Die Methode zeichnet sich dadurch aus, daß eine sehr genaue Gitterkonstantenmessung ($\Delta a/a \simeq 10^{-4}$ bis 10^{-5}) möglich ist. Das System der Kosselkegel ist ortsfest mit dem Kristall verbunden. Daher sind auch sehr genaue Orientierungsbestimmungen (ca. $\pm 0{,}25°$) möglich. Die Methode ist daher zur Struktur- und Orientierungsbestimmung in der RMA erneut interessant geworden (*Peters* u. *Ogilvie*, 1965; *Bevis* u. *Swindells*, 1967; *Bevis* u.a., 1970), da Kristalle mit einem Durchmesser bis herunter zu 10 µm ohne weiteres in Rückstreuung untersucht werden können (Abb. 6.11). Hierbei macht sich jedoch der geringe mögliche Abstand zwischen Probe und Film in der Genauigkeit ungünstig bemerkbar. Die Genauigkeit kann dadurch gesteigert werden, daß 3 Stahlkugeln zwischen Probe und Film postiert werden. Aus deren Schattenwurf ist die genaue Lage des Elektronenstrahles auf der Probe und der Abstand Probe-Film zu ermitteln (*Dingley*, 1975). Die Belichtungszeiten für Kossel-Diagramme liegen in der Größenordnung 1–10 min.

Falls die Aufnahme von Channelling-Diagrammen Schwierigkeiten bereitet, wie z.B. bei Kobalt durch die Beeinflussung der Elektronen durch magnetische Streufelder, kann die durch Magnetfelder unbeeinflußte Kosseltechnik die gewünschte Relation zwischen Kristallorientierung und der im SEM beobachteten magnetischen Domänenstruktur ermöglichen (*Dingley*, 1971).

Eine ausführliche Zusammenfassung der Kosseltechnik und Auswertung der Kossel-Diagramme erfolgte von *Yakowitz* (1969) und *Tixier* u. *Wache* (1970).

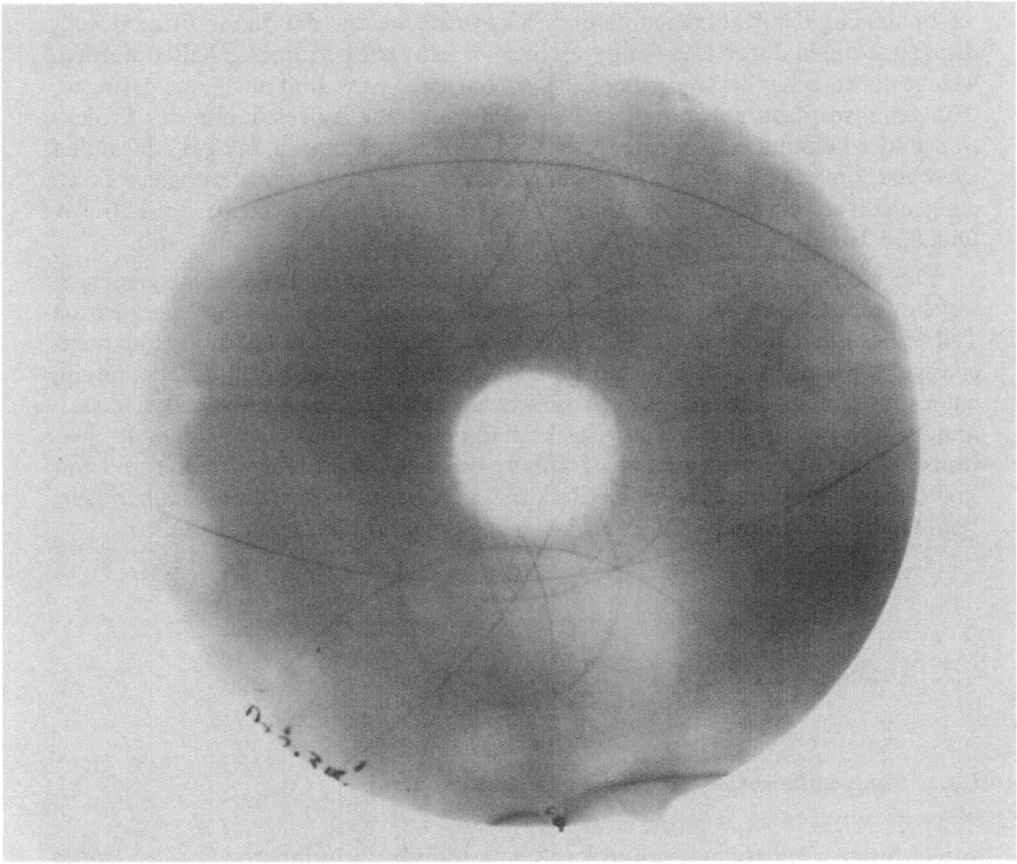

Abb. 6.11. Röntgen-Kossel-Diagramm in Rückstrahlung von einer Martensitnadel in einer Matrix aus einer Fe-32 % Ni-Probe. (Nach *Joy* u. a., 1971)

6.4.2. Röntgenprojektionsmikroskopie

Röntgenstrahlen eignen sich wegen ihrer geringeren Absorption zur Durchstrahlung dickerer Objekte. Da der Brechungsindex aller Stoffe für Röntgenstrahlen nur sehr wenig kleiner als 1 ist, können keine Linsen für Röntgenstrahlen hergestellt werden und die Benutzung gekrümmter Spiegelflächen, welche die Totalreflexion ausnutzen, ist ebenfalls begrenzt. Es besteht jedoch die Möglichkeit, ein vergrößertes Bild mittels einer Punktprojektion mit einer Röntgenquelle geringer Ausdehnung (0,1 bis 1 µm) zu erhalten (*Cosslett* u. *Nixon*, 1960). Durch Einschieben einer Targetfolie unmittelbar über dem Objekt läßt sich diese Methode auch in einem SEM anwenden (*Horn* u. *Waltinger*, 1973; *Horn* u. a., 1974). Mittels eines SE- oder RE-Bildes der Folie ist die Fokussierung der Elektronensonde zu kontrollieren. Das Target sollte aus einer dünnen, gut wärmeleitenden Folie hoher Ordnungszahl (z. B. Au) bestehen. Eine dünne Schicht bewirkt eine geringe Eigenabsorption innerhalb der Folie, und eine Dicke kleiner als die Elektronenreichweite verringert auch die durch Elektronendiffusion verursachte

Verbreiterung der Röntgenemission. Elektronen, welche die dünne Folie durchdringen, können durch eine einige μm dicke Formvarfolie zurückgehalten werden, welche neben einer Verbesserung der mechanischen Stabilität auch eine geringere Röntgenabsorption aufweist. Die Photoemulsion zur Aufzeichnung des Projektionsbildes befindet sich in einem Abstand von einigen cm, so daß bei Abständen zwischen Folie und Objekt von einigen Zehntel mm Vergrößerungen bis zu einigen 100fach erreicht werden können. Bei Sondenströmen von 10^{-8} bis 10^{-7} A und $E_0 = 10$ keV liegt die Belichtung in der Größenordnung 0,5 bis 5 min.

Für biologische Objekte (kontrastierte Dickschnitte, Insekten) eignet sich wegen der stärkeren Kontraste (höhere Absorption) besonders der energiearme Teil des Kontinuums bzw. der charakteristischen Strahlung mit geringer Quantenenergie, während für Metall- und mineralogische Dünnschliffe die Verwendung einer energiereicheren charakteristischen Strahlung bzw. größerer Beschleunigungsspannungen günstiger ist. Bei kristallinen Objekten können dem Projektionsbild mit charakteristischer Strahlung auch Kossel-Linien (§ 6.4.1) und mit kontinuierlicher Strahlung Laue-Reflexe (*Kozaki* u. *Ohkawa*, 1968) überlagert sein. Durch Kippung des Objektes lassen sich Stereoaufnahmen herstellen.

6.5. Andere Verfahren der Elementanalyse

6.5.1. Röntgenfluoreszenzanalyse im Rastermikroskop

Außer durch Elektronenbeschuß kann eine Ionisation in inneren Schalen durch Absorption eines Röntgenquants mit $E_x > E_{K,L,M}$ erfolgen (Photoeffekt). Die Absorptionssprünge in Abb. 6.5 werden durch diesen Effekt hervorgerufen. In der Röntgenfluoreszenzanalyse wird die Probe mit Röntgenquanten aus einer Röntgenröhre (vorwiegend mit Mo-Anode) bestrahlt und in der Regel unter 90° die Sekundärstrahlung mit einem wellenlängen- oder energiedispersiven Detektor erfaßt. Ein besonderer Vorteil dieser Methode ist der relativ geringe Untergrund im Vergleich zum Bremskontinuum bei der Elektronenanregung. Daher resultiert ein besseres Linien/Untergrund-Verhältnis und die Methode ist insbesondere für die Spurenanalyse geeignet. Im Streuspektrum kann außer der Fluoreszenzstrahlung der Probenelemente auch elastisch gestreute Strahlung der Röntgenröhre und ihre energieärmere und verbreiterte Comptonstrahlung auftreten.

Bei einer Anwendung im SEM fällt der Elektronenstrahl auf ein Massivtarget (*Gould* u. *Healey*, 1975) oder eine elektronenundurchlässige Mo-Folie (*Middleman* u. *Geller*, 1976). Eine Abschirmung sorgt dafür, daß keine primär angeregte Röntgenstrahlung in den Detektor fällt. Man erhält das Röntgenfluoreszenzspektrum der gesamten Probe bzw. eines Bereiches von ca. 1 mm ϕ. Diese Methode kann als zusätzliche analytische Möglichkeit zum Nachweis von Spurenelementen (bis 10 ppm) von Nutzen sein.

6.5.2. Augerelektronen- (AES) und Sekundärionenmassenspektroskopie (SIMS)

AES und SIMS sind typische Verfahren zur Analyse von Oberflächenschichten und der Tiefenverteilung von Elementen in Oberflächennähe. Dabei dient eine Ionenquelle zum schichtweisen Abtragen der Oberfläche und zur Erzeugung von Sekundärionen für SIMS. Wenn diese Probleme im Vordergrund stehen, ist einer kombinierten AES/SIMS-Apparatur unter UHV-Bedingungen der Vorzug zu geben, bei der auch z. B. ein LaB_6-Elektronenstrahlsystem im Innern eines Zylinderspektrometers angebracht werden kann (*Gerlach* u. *MacDonald*, 1976). In einem SEM ist die AES in Verbindung mit anderen Betriebsarten von Interesse.

Nach § 6.1.2 ist die Emission der Augerelektronen (AE) ein konkurrierender Prozeß zur Röntgenemission. Wegen der hohen Ausbeute $a=1-\omega$ (Abb. 6.4) werden bevorzugt K-Augerelektronen leichter und die L- und M-Augerelektronen schwerer Elemente erzeugt, deren Energie E_A in der Größenordnung 100–2000 eV liegt. Man charakterisiert ein AE durch die drei am Übergang beteiligten Energieniveaus, z. B. $L_2M_1M_1$ in Abb. 6.1 b: 1. den ionisierten, entleerten Zustand (L_2), 2. den Zustand (M_1), aus dem ein Elektron in den ionisierten Zustand übergeht und 3. den Zustand (M_1), aus dem das AE emittiert wird. Mit den Ionisationsenergien der betreffenden Schalen gilt für diesen speziellen Fall näherungsweise $E_A=E_{L_2}-2E_{M_1}$. Tabelle 6.1 enthält die E_A einiger Elemente (weitere Angaben s. *Chang*, 1971).

Tabelle 6.1. Auger-Elektronen-Energien verschiedener Elemente

Z	Element	E_{Auger} [eV]
6	C	273
7	N	390
8	O	515
15	P	118
16	S	150
17	Cl	181
18	A	215
19	K	254
20	Ca	290

Die totale AE-Ausbeute liegt nur in der Größenordnung 10^{-3} bis 10^{-4} pro einfallendes Primärelektron ($E_0=4$ keV) und den Augerpeaks ist ein hoher kontinuierlicher Untergrund bestehend aus Ausläufern des SE- und RE-Spektrums überlagert. Man vergleiche demgegenüber die SE-Ausbeute (Austrittsenergie <50 eV), welche für dieses E_0 in der Größenordnung 1–10 liegt. Auf Grund ihrer geringen Energie können die AE nur aus geringen mittleren Austrittstiefen t ohne Energieverlust und damit ohne Abnahme des scharfen Augerpeaks entweichen. t weist für $E_A=50$–100 eV ein Minimum von 4–5 Å auf und steigt bis $E_A=20$ bzw. 1500 eV auf ca. 20 Å (*Seiler*, 1974). Daher ist die AES neben dem Nachweis leichter Elemente speziell auf Probleme anwendbar, bei denen die Zusammensetzung in der Oberfläche interessiert. Wegen der geringen Austrittstiefe ist ein gutes Vakuum besser als 10^{-5} bis 10^{-6} Pa erforderlich. Vor allem ist jede Kontamination zu vermeiden, was durch einen Gasstrom und/oder Ionenbeschuß erreicht werden kann (*Brandis*, 1975).

Als Spektrometer werden vorwiegend koaxiale Zylinderkondensatoren benutzt (*MacDonald*, 1971; *Brandis*, 1975; *Seiler*, 1974; *Christou*, 1975), die bei geneigter Probe mit horizontaler Zylinderachse orientiert sind. Neben lokalen Analysen können auch Elementverteilungsbilder mit einem bestimmten E_A aufgenommen werden. Wegen der geringen AE-Ausbeute sind Sondenströme von 10^{-9} bis 10^{-8} A erforderlich (Sondendurchmesser ca. 0,3 μm, Registrierung eines lokalen Spektrums in 10–100 s). Um eine größere Empfindlichkeit zu erreichen, wird bei der Registrierung des Spektrums die Betriebsspannung des Spektrometers moduliert, wodurch ein differenziertes Signal erhalten wird. Abb. 6.12 zeigt als Beispiel das differenzierte AE-Spektrum einer Stahlprobe. Für eine quantitative Analyse (s. *Morabito* u. *Hall*, 1976) ist auch das undifferenzierte Signal von Vorteil.

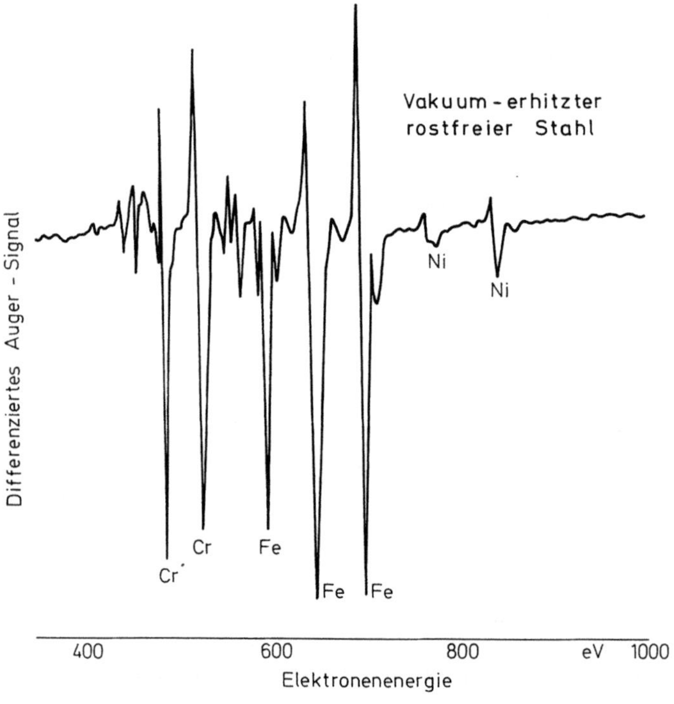

Abb. 6.12. Differenziertes Augerelektronensignal einer Stahlprobe im Energiebereich von 400–1000 eV (Primärenergie der Elektronen $E_0 = 3$ keV, $I_0 = 50$ μA). (Nach *MacDonald*, 1971)

Mit einer Argon-Ionenquelle unter 20° zur Probenoberfläche können zur Erfassung der Tiefenverteilung eines Elementes ca. 100 Å/min abgetragen werden (*Christou* u. *Day*, 1976). Die durch eine Ionenquelle ausgelösten Sekundärionen können im SEM am besten mit einem Quadrupol-Massenspektrometer analysiert werden (*Leys* u. *McKinney*, 1976). Der kleinste mit einer Ionenquelle erreichbare Durchmesser liegt jedoch nur in der Größenordnung 100 µm. Dafür reicht die Abtragung weniger Atomlagen für eine Elementanalyse aus.

6.5.3. Energieverlustspektroskopie mit transmittierten Elektronen

Für dünne Objektschichten kann eine Elementanalyse mittels der im Energieverlustspektrum auftretenden Ionisationsverluste in der K-, L- oder M-Schale durchgeführt werden (s. *Wittry* u. a., 1969; *Colliex* u. *Jouffrey*, 1972; *Isaacson* u. *Johnson*, 1975a, b). Das Verlustspektrum zeigt bei $\Delta E = E_I$ (I = K, L, M) einen steilen Anstieg (Absorptionskante) mit einem abfallenden Ausläufer zu größeren ΔE (Abb. 2.2b). Es treten auch Energieverluste $\Delta E > E_I$ auf, welche durch Elektronenanregung aus einer inneren Schale in unbesetzte gebundene Zustände entstehen. Insbesondere organische Substanzen zeigen eine vom Molekülaufbau abhängige Feinstruktur (*Isaacson*, 1972; *Isaacson* u. *Johnson*, 1975a, b). Bei Metallen kann eine Verbreiterung der Kante durch freie Zustände oberhalb des Ferminiveaus beobachtet werden (*Colliex* u. *Jouffrey*, 1972; *Leapman* u. *Cosslett*, 1976). Da der Wirkungsquerschnitt für Plasmaverluste mit $\Delta E = 3$–50 eV bedeutend größer ist als für die Ionisationsverluste, ist das Spektrum mit den Plasmaverlusten gefaltet und bei Objektschichten bedeutend größer als die mittlere freie Weglänge für Plasmaverluste (einige 100 Å) wird der Sprung bei $\Delta E = E_I$ sehr stark verbreitert.

Ein großer Teil der Elektronen, die einen Energieverlust $\Delta E \geq E_I$ erfahren haben, liegt innerhalb eines Streukegels mit dem Aperturwinkel $\alpha = \vartheta_E = \Delta E / 2E_0$. Mit Elektronenspektrometern können daher 10–70 % aller Ionisationen nachgewiesen werden. Demgegenüber wird bei leichten Elementen die Zahl der nachgewiesenen Röntgenquanten durch den niedrigen Wert der Röntgenfluoreszenzausbeute ω (§ 6.1.2, Abb. 6.3) und durch den geringen mit einem Detektor erfaßbaren Bruchteil (10^{-2}) herabgesetzt. Bei der Augerelektronenanalyse erfaßt das Spektrometer ebenfalls nur einen kleinen Bruchteil der isotrop emittierten Augerelektronen aus einer dünnen Oberflächenschicht.

Der Untergrund im Energieverlustspektrum fällt bei großen ΔE proportional ΔE^{-4} ab, was für eine Trennung der Ionisationsverluste vom Untergrund ausgenutzt werden kann. Das Verhältnis Signal/Untergrund steigt mit abnehmender Apertur α, die vom Spektrometer erfaßt wird, aber das Gesamtsignal nimmt ab. Das Optimum des Signal/Rausch-Verhältnisses liegt bei etwa 10 mrad (*Egerton* u. *Whelan*, 1974).

Von Interesse ist die Energieverlustspektroskopie besonders bei der Verwendung von Elektronensonden kleiner als 1000 Å. Es konnte z. B. der Fe-Gehalt eines einzelnen Ferritinmoleküls ($5 \cdot 10^{-19}$ g) mittels der Fe M_{III}-Ionisation bei $\Delta E = 53$ eV nachgewiesen werden (*Isaacson* u. *Johnson*, 1975a, b). Für die Anwendung auf biologische Objekte hat man zu beachten, daß trotz der hohen Effektivität bei der Erfassung der Ionisationsverluste, deren Zahl nur 10^{-2} bis 10^{-3} der unelastischen Streuprozesse mit $\Delta E = 3$–50 eV ist. Außerdem wird für eine punktweise Registrierung des Verlustspektrums eine lange Zeit benötigt, bei der organische Substanzen bereits einen hohen Substanzverlust durch Strahlenschädigung

(§ 3.3.3) erfahren haben. Messungen der Strahlenschädigung von organischen Aufdampfschichten mittels der Ionisationsverluste (*Isaacson*, 1972) wurden daher durch Abrasterung einer größeren Fläche erhalten und damit einer Verringerung der lokalen Ladungsdichte in C cm^{-2}.

6.6. Kathodolumineszenz

6.6.1. Entstehung der Kathodolumineszenz

Die Anregung einer Lumineszenz durch Photonen (speziell UV) (Photolumineszenz) oder durch Elektronen (Kathodolumineszenz, CL) unterscheidet sich im Prinzip nicht. Bis auf geringe Unterschiede und wenige Ausnahmen ergeben sich die gleichen Emissionsspektren.

Die Lumineszenz ist ein sehr komplexer Vorgang und weist von Stoff zu Stoff unterschiedliche Mechanismen der Anregung und Emission auf. Im folgenden sollen nur die wichtigsten physikalischen Prozesse für Halbleiter und organische Moleküle dargestellt werden, die zum Verständnis der Lumineszenz von Nutzen sind (Abb. 6.13) (s. a. *Garlick* 1949, 1950, 1958).

In Halbleitern und anorganischen Kristallen sind bekanntlich die äußeren Elektronenzustände in einem gefüllten Valenzband angeordnet und vom Leitungs-

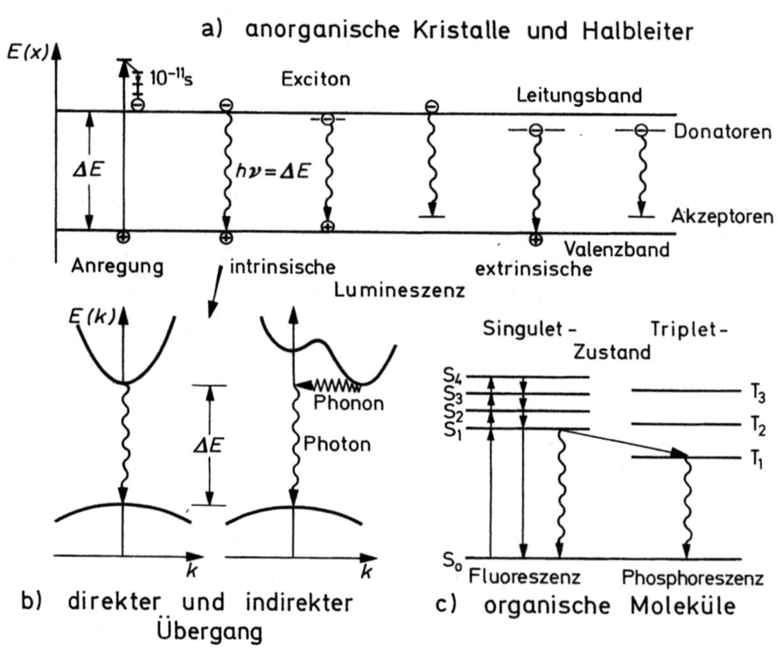

Abb. 6.13a–c. Schematische Darstellung der möglichen Quantenübergänge, welche zur Kathodolumineszenz führen

band durch eine Energielücke (verbotene Zone) der Breite ΔE getrennt. Bei Bestrahlung mit Photonen oder Elektronen kann ein Energiebetrag $>\Delta E$ an ein Valenzelektron abgegeben werden, so daß es in das Leitungsband angehoben wird. Innerhalb ca. 10^{-11} s ist das thermische Gleichgewicht der angeregten Elektronen mit dem Gitter erreicht.

Man unterscheidet zwischen der intrinsischen (Eigen)-Lumineszenz und der extrinsischen, durch Fremdatome erzeugten Lumineszenz. Bei ersterer rekombiniert ein Leitungselektron mit einer Lücke des Valenzbandes (Defektelektron), wobei die Energie ΔE entweder als Photon oder Phonon (gequantelte Gitterschwingung) abgegeben wird (strahlender bzw. strahlungsloser Übergang). Die Wahrscheinlichkeit für einen strahlenden Übergang hängt auch stark von der Bandstruktur des Halbleiters ab. Außer der Energieerhaltung muß auch die Erhaltung des Impulses $p=\hbar k$ berücksichtigt werden. Bei einigen Halbleitern (z. B. den III-V-Verbindungen (GaAs) und II-VI-Verbindungen (ZnS)) liegt im $E(k)$-Diagramm das Minimum des Leitungsbandes über dem Maximum des Valenzbandes (Abb. 6.13 b). Es kann ein direkter Übergang erfolgen, der mit hoher Wahrscheinlichkeit zur Emission eines Photons führt. Bei vielen Halbleitern (z. B. Si, Ge) liegt jedoch das Minimum des Leitungsbandes bei $k \neq 0$. Die Rekombination eines Leitungs- mit einem Defektelektron kann nur in einem indirekten Übergang unter Beteiligung eines Phonons erfolgen, da der Impuls des Photons gegenüber den Impulsen der Elektronen zu vernachlässigen ist. Das emittierte Photon weist eine geringere Quantenenergie auf als die Hauptabsorptionskante aus einer direkten Anregung. Leitungs- und Defektelektronen können auch kurzlebige gebundene Zustände (Excitonen) eingehen, da den Defektelektronen formal eine positive Ladung zuzuschreiben ist. Derartige Excitonenzustände führen zur Emission von Quanten mit etwas geringerer Energie als die Bandbreite.

Fremdatome erzeugen lokalisierte Elektronenzustände, die bei Donatoren unterhalb des Leitungsbandes und bei Akzeptoren oberhalb des Valenzbandes liegen. Sie können als Lumineszenzzentren wirken oder strahlungslose Übergänge hervorrufen. Mit wachsender Konzentration durchläuft die Lumineszenz oft ein Maximum. Die Lumineszenz von ZnS wird z. B. durch Zusätze von Cu oder Ag hervorgerufen.

In organischen Substanzen wird bis auf wenige Ausnahmen die Lumineszenz durch Elektronenübergänge innerhalb eines Einzelmoleküls erzeugt (Abb. 6.13 c). Die Anregung aus dem Grundzustand S_0 kann nur in die Singulett-Zustände führen. Der direkte Übergang in Triplettzustände ist nicht erlaubt. Durch strahlungslose Übergänge gehen die Elektronen in den niedrigsten Singuletterm S_1 über. Von hier gehen sie strahlungslos oder unter Emission (Fluoreszenz) in den Grundzustand zurück. Es kann auch strahlungslos der Tripletterm T_1 besetzt werden, was ebenfalls zur Emission (Phosphoreszenz) führen kann. Die Lebensdauer des T_1-Zustandes ist größer als die des S_1-Zustandes. Die Zeitkonstante τ des exponentiellen Abfalles $I = I_0 \exp[-t/\tau]$ ist daher sehr klein bei der Fluoreszenz und groß für die Phosphoreszenz. Die Abhängigkeit des Lumineszenzspektrums von der chemischen Struktur wurde u. a. von *de Mets* u. a. (1974) und *de Mets* (1975) diskutiert.

Bei der Berechnung der Zahl der emittierten Quanten in Halbleitern ist zu berücksichtigen, daß an der Oberfläche erhöhte Rekombination auftreten kann, die proportional $\exp[-z/L]$ in die Tiefe wirkt (L = Diffusionslänge der Minoritätsträger). Dies hat zur Folge, daß bei gleichen Sondenströmen die Lumineszenzintensität nicht wie zu erwarten proportional E_0 ansteigt, sondern bei niedrigen E_0 wegen der geringen Elektronenreichweite durch die Oberflächenrekombination stark unterdrückt wird (*Wittry* u. *Kyser*, 1966, 1967; *Rao-Sahib* u. *Wittry*, 1969; *Casey* u. *Jayson*, 1971; *Aven* u. a., 1972). Falls eine starke Eigenabsorption der emittierten Strahlung vorliegt, bewirkt ein Absorptionsfaktor $\exp[-\alpha z]$ mit wachsendem E_0 einen geringeren Anstieg der Lumineszenzintensität, da die in größerer Tiefe erzeugten Quanten stärker absorbiert werden. Ein anderer Einfluß der Absorption wurde in § 4.7.4 diskutiert. Man erwartet ferner, daß die Lumineszenzintensität proportional zum Sondenstrom I_0 ansteigt, was jedoch nicht immer der Fall ist. Z.B. erfolgt in mit Zn und O dotiertem GaP eine intensive rote Lumineszenz an Zn-Akzeptoren und O-Donatoren, welche nur wenige Gitterplätze voneinander entfernt sind. Bei hohen Stromdichten in der Sonde werden diese Niveaus schnell aufgefüllt und die überschüssigen Minoritätsträger rekombinieren strahlungslos im Innern oder an der Oberfläche des GaP. Die Lumineszenzintensität steigt nur proportional $I_0^{1/2}$ (*Casey* u. *Jayson*, 1971). Mit abnehmender Temperatur nimmt die Wahrscheinlichkeit für strahlende Übergänge stark zu (s. z. B. *Jones* u. a., 1974 für GaAs), so daß auch für viele andere Objekte die Erhöhung der Lumineszenzausbeute durch Tiefkühlung ausgenutzt werden sollte.

Bei der Betrachtung der Zahl der emittierten Quanten muß man noch beachten, daß eine ebene Oberfläche nur die Quanten verlassen können, welche innerhalb des Kegels mit dem Öffnungswinkel α_G um die Oberflächennormale emittiert werden ($\sin\alpha_G = 1/n$, Grenzwinkel der Totalreflexion). Von allen erzeugten und isotrop emittierten Quanten tritt daher nur der Bruchteil $[n-(n^2-1)^{1/2}]/2n$ aus, d. h. bei $n = 1{,}5$ 13 % und bei $n = 3$ (Halbleiter) sogar nur 3 %. Aus der Brechung resultiert eine Ausgangscharakteristik proportional $\cos\Theta/[n(n^2-\sin^2\Theta)^{1/2}]$. Für große n gilt daher annähernd $\cos\Theta/n^2$, für n nahe 1 wird erheblich mehr Lumineszenzintensität unter großen Winkeln Θ zur Oberflächennormalen austreten. Bei rauhen Oberflächen kann der totalreflektierte Anteil unter Umständen an anderen Stellen die Oberfläche verlassen. Obwohl die Lumineszenz nur im Auftreffpunkt der Elektronen erzeugt wird, bestimmt also auch die Probengeometrie die beobachtete Intensität. Im Beispiel Abb. 6.14d (Diskussion s. § 6.6.2) ist z. B. die unterschiedliche Emission auf der mittleren Kristallfläche offenbar diesem Effekt zuzuschreiben.

6.6.2. Apparative Grundlagen der Kathodolumineszenz

Die Fluoreszenzmikroskopie (Anregung mit UV) spielt eine große Rolle in der Mineralogie und Biologie. Auch in einem Lichtmikroskop kann die Anregung der Lumineszenz mit Elektronen erfolgen (*LePoole u. a., 1968; Sippel*, 1968; *Harmer* u. a., 1968). Diese direkte Beobachtung der CL in einem Lichtmikroskop hat den Vorteil, daß als zusätzliche Information die Farbe wahrgenommen werden kann. Die Auflösung ist jedoch durch die numerische Apertur des Mikroskops und letztlich durch die Wellenlänge des emittierten Lichtes begrenzt.

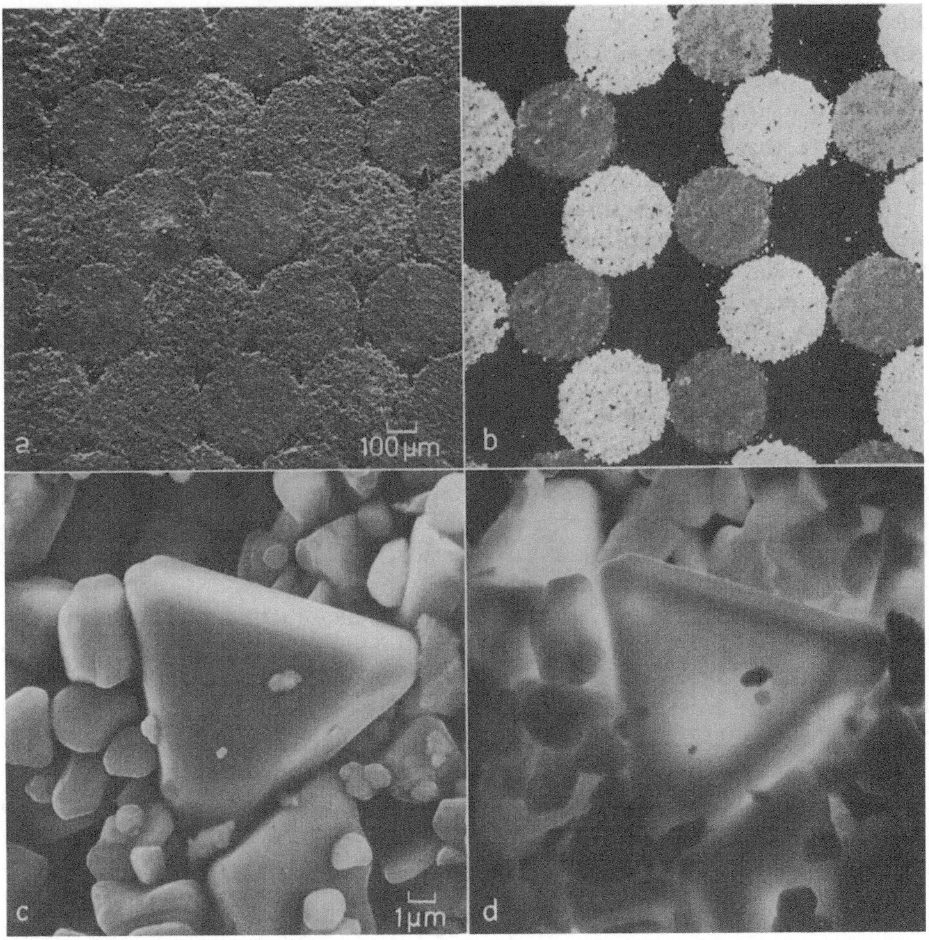

Abb. 6.14 a–d. Abbildung der Leuchtstoffpunkte einer Fernseh-Farbbildröhre mittels Sekundärelektronen (SE) (a u. c) und Kathodolumineszenz (CL) (b u. d). a) und b) Übersicht, im CL-Bild rote Farbpunkte dunkel, grüne grau und blaue hell. c) und d) stärkere Vergrößerungen eines blauen Farbpunktes. (Nach *Hersener* u. *Ricker*, 1971)

Die Beobachtung der CL in einem SEM bietet die Vorteile der direkten Kombination mit anderen Betriebsarten des SEM und die größere Schärfentiefe. Als Beispiel zeigt Abb. 6.14 die Anwendung der Kathodolumineszenz auf Leuchtstoffe in einer Farbbildröhre (*Hersener* u. *Ricker*, 1971). Die Anregungsverhältnisse im SEM entsprechen dabei weitgehend denen in der Kathodenstrahlröhre (18–25 keV). a) zeigt in Übersicht das SE-Bild mehrerer Leuchtstoffpunkte. Im Kathodolumineszenzbild der gleichen Stelle (b) erscheinen durch die spektrale Empfindlichkeit des benutzten Multipliers die roten Farbpunkte am dunkelsten, die grünen mit mittlerer und die blauen mit größter Bildhelligkeit. Bei stärkerer Vergrößerung (c und d) ist kein eindeutiger Zusammenhang zwischen Lichtausbeute und Kristallitgröße zu erkennen. An den Kanten tritt deutlich ein „negativer Kanteneffekt" auf, da hier verstärkte Rückstreuung vorliegt und damit weniger

Elektronen Lumineszenz in der Probe verursachen können. Für die praktische Anwendung von Interesse ist, daß die kleineren Kristalle keine Lichtemission aufweisen, obwohl deren Röntgenanalyse die gleiche Zusammensetzung zeigt. Die Nachleuchtdauer dieser Leuchtstoffe machte sich im Kathodolumineszenzbild nicht bemerkbar, da mit einer Zeit von 100 s abgerastert wurde. Bei schnelleren Abrasterzeiten kann das Abklingen der Lumineszenz beobachtet werden.

Gegenüber dem Lichtmikroskop kann eine bessere Auflösung erreicht werden, wenn das Anregungsvolumen von der Größenordnung der Diffusionswolke entsprechend klein ist. Der Hauptanteil der Emission tritt auch in der Nähe des Einschußkanals auf (s. z. B. Abb. 2.12). Es sind daher Auflösungsgrenzen von 500–2000 Å beobachtet worden (*Shaw* u. a., 1966; *Yoffe* u. a., 1973; *Ishikawa* u. a., 1973; *Balk* u. *Kubalek*, 1973). Wenn Minoritätsträger oder Excitonen in Halbleitern vor der Emission eine größere Strecke zurücklegen, kann das Anregungsvolumen vergrößert sein.

Es sind folgende Betriebsarten möglich: Bilderzeugung ohne spektrale Zerlegung oder im Lichte eines schmäleren Wellenlängenintervalles, die lokale Messung des Emissionsspektrums und des zeitlichen Abfalls der Lumineszenz bei ruhendem bzw. gepulstem Elektronenstrahl. Für die spektrale Zerlegung werden Farbfilter, Interferenzverlauffilter oder Monochromatoren verwendet.

Für Stoffe mit starker CL reicht es aus, einen Lichtleiter in Verbindung mit einer Sammellinse bzw. einem einfachen Hohlspiegel zu benutzen (*Judge* u. a., 1974) oder ein Glasfaserbündel dicht an die Probe heranzuführen (*Casey* u. *Kaiser*, 1967; *Korda* u. a., 1967). Wegen der geringen Lichtausbeute vieler Stoffe sollte ein CL-Zusatz zu einem SEM jedoch einen möglichst großen Raumwinkel der emittierten Strahlung erfassen und diese mit möglichst geringen Verlusten zum Photomultiplier bzw. Spektrometer leiten. Bei der Reflexion an Spiegeln und beim Eintritt in Fenster treten jeweils Verluste bis zu 10 % auf. Lichtleiter in Form von massiven Stäben aus Kunststoff mit nicht zu kleinen Krümmungsradien oder Faserbündel können unter Umständen nur Transmissionen in der Größenordnung 1–10 % aufweisen und leiten nur Licht weiter, welches unter Winkeln nicht größer als 20–40° zur Eintrittsnormalen einfällt. Ferner geht die Transmission eines eventuellen Spektrometers bzw. Farbfilters und die Quantenausbeute des Photomultipliers ein. Alle genannten Faktoren hängen von der Wellenlänge des Lichtes ab und sollten für ein System quantitativ bestimmt werden (*Steyn* u. *Holt*, 1973). Hierauf ist besonders zu achten, wenn man im UV oder IR arbeitet.

Aus den oben genannten Gründen sind nur folgende Arten von Kollektoren für das emittierte Licht hinsichtlich des erfaßten Raumwinkels effektiv:

1. Ein Parabolspiegel mit parallelem Lichtaustritt (*Bond* u. a., 1974; *Jones* u. a., 1974), der eine besonders große freie Öffnung für die Abnahme von SE und RE aufweist oder ein ellipsoidförmig gekrümmter Spiegel, der für die Ankopplung eines Spektrometers besonders geeignet ist, wenn das Licht auf den Eintrittsspalt fokussiert wird (*Balk* u. *Kubalek*, 1973).
2. Ein Spiegel in Form eines halben Rotationsellipsoides (*Hörl*, 1972; *Hörl* u. *Mügschl*, 1972), bei dem die Probe in einem und der Eingang des Lichtleiters im anderen Brennpunkt steht. Bei Ankopplung eines Lichtleiters werden jedoch nicht alle Emissionswinkel erfaßt. *Carlsson* u. *van Essen* (1974) verwenden

ein um 30° geneigtes Mikroskopobjektiv (Brennpunkt des Spiegels im Brennpunkt der Linse). Der parallele Lichtaustritt aus dem Objektiv begünstigt die Weiterleitung in einem Faserbündel. Das Objektiv erfaßt einen Raumwinkel von 0,75 π sterad bei einer Exzentrizität des Ellipsoides $\varepsilon = 0{,}56$. Der ellipsoidförmige Spiegel kann daher entsprechend reduziert werden, um SE und RE herauszulassen.

3. Bei optisch transparenten Objekten kann auch mit einem Mikroskopobjektiv (1,4 π sterad) in Durchstrahlung gearbeitet werden (*Ishikawa* u. a., 1973).

In allen Fällen ist darauf zu achten, daß RE nicht an anderen Stellen, speziell den Eintrittsfenstern für das emittierte Licht, Kathodolumineszenz hervorrufen. Insbesondere Staubpartikel oder niedergeschlagene Hochvakuumpumpenöle zeigen oft intensive Lumineszenz (*Bond* u. a., 1974). Man muß auch beachten, daß reine Metalle schwach lumineszieren können (Lilienfeldleuchten) (*Boersch* u. a., 1961, 1965; *Hörl* u. *Mügschl*, 1972). Es ist auch dafür zu sorgen, daß das Licht der Glühkathode einen nicht zu hohen Untergrund erzeugt. Dies kann durch Kippen des Strahlkopfes und Umlenkung des Elektronenstrahles auf die Achse oder durch eine Unterbrechung des Elektronenstrahles und Verwendung eines Lock-in-Verstärkers erreicht werden.

6.6.3. Kathodolumineszenz von anorganischen Objekten und Halbleitern

Neben der Untersuchung von Leuchtstoffen (Abb. 6.14) kann die CL immer dann für eine Materialdifferenzierung ausgenutzt werden, wenn die Komponenten stark unterschiedliche Lumineszenz zeigen. So gelingt es u. a. TiO_2 als Anatas in einer Lackschicht, $BaCl_2$-Ausscheidungen in NaCl (0,05 mol % $BaCl_2$) oder Diamantteilchen in einem Bohrkranz auf Grund ihrer höheren CL-Ausbeute oder Kalkablagerungen (nicht lumineszierend) auf einer lumineszierenden korrodierten Glasoberfläche zu differenzieren, wo eine Unterscheidung mittels des SE-Bildes nicht möglich ist (*Blaschke* u. *Pfefferkorn*, 1972; *Pfefferkorn* u. *Blaschke*, 1974). Wenn eine derartige Differenzierung verschiedener Komponenten gelingt, kann dies auch leichter mit einer gezielten Röntgenanalyse verbunden werden.

Bei einer spektralen Zerlegung des Spektrums bzw. Abbildung mit einem schmalen Wellenlängenbereich kann unter Umständen auch zwischen verschiedenen kristallinen Phasen unterschieden werden. Z. B. gelang es *Williams* u. *Yoffe* (1969) mittels CL hexagonale Lamellen mit Wurtzitstruktur in der kubischen Zinkblendestruktur von ZnSe zu differenzieren, da intensive Emissionsmaxima aus Excitonenübergängen bei $\lambda = 440$ nm bzw. 448 nm im Monochromator getrennt werden können. TiO_2-Kristalle zeigen Lumineszenz bei der Anatas- dagegen nicht bei der Rutil-Struktur.

Die Emission eines Minerales oder Halbleiters wird durch Spurenelemente beeinflußt. Es lassen sich dadurch in Mineralien und künstlich gewachsenen Kristallen mittels CL Lamellenstrukturen und wachstumsbedingte Konzentrationsschwankungen nachweisen, welche im SE-Bild nicht zu erkennen sind und auch unter der röntgenographischen Nachweisgrenze liegen können (*Remond* u. a., 1970; *Blaschke* u. *Pfefferkorn*, 1972).

In GaAs ändert sich bei Donatorkonzentrationen von $5 \cdot 10^{17}$ bis $5 \cdot 10^{18}$ cm^{-3} (Te) die Lage des Emissionsmaximums, die Steilheit des Abfalls auf der langwelligen Seite und die Halbwertsbreite (*Casey*, 1967; *Casey* u. *Kaiser*, 1967). Das Maximum der integralen CL liegt bei einer Te-Dotierung $c_m = 2 \cdot 10^{18}$ cm^{-3}. Diese Abhängigkeit des Spektrums von der Dotierung erlaubt es, lokal Konzentrationen mit einer Genauigkeit von 10% zu ermitteln, sowie Wachstumsbänder unterschiedlicher Dotierung und Versetzungen abzubilden (s. a. *Wittry* u. *Kyser*, 1964; *Shaw* u. *Thornton*, 1968). Die Änderung der Dotierung in der Nähe von Versetzungen (Cottrell-Atmosphäre) mit einer stärkeren Te-Konzentration im Versetzungskern und einer Verarmung in einer ringförmigen Zone führt zu einer Intensitätsabnahme und einer ringförmigen Intensitätszunahme im CL-Bild ($\simeq 100\,\mu$m ϕ), wenn die Te-Konzentration $> c_m$ ist. *Balk* u. a. (1976) konnten auf diese Weise auch Versetzungen in Se-dotiertem GaAs nachweisen. Durch Verwendung der Lock-in-Technik gelang es, die Verteilung der Se-Konzentration um die Versetzung aus der Verschiebung des Emissionsmaximums zu ermitteln. Es resultiert in diesem Falle eine Verarmung der Se-Konzentration in der Umgebung des Versetzungsbildes (10–20 μm ϕ). *Esquivel* u. a. (1973) erzeugten in GaAs Versetzungen durch plastische Verformung und bildeten sie als dunkle Punkte von 3 μm ϕ ab. Es ist jedoch nicht auszuschließen, daß die Abbildung auch auf Konzentrationsunterschieden beruht, da wegen der Sprödigkeit von GaAs die Verformung nur bei 700° C ausgeführt werden kann.

Bei der Untersuchung von pn-Übergängen, welche die Oberfläche senkrecht durchsetzen, stellt die CL eine wertvolle Zusatzinformation zu EBIV- bzw. EBIC-Bildern und -Linescans (§ 4.7.1 u. 4.7.4) dar. Wo im EBIC ein Maximum des Ladungstrennungsstromes auftritt, geht die CL zurück, da in diesem Gebiet eine Ladungstrennung auftritt, bevor eine Rekombination stattfinden kann (GaAs, *Wittry* u. *Kyser*, 1965). Bei einer Diodenvorspannung U_V in Flußrichtung erreicht die CL den Wert der Umgebung, sobald durch $U_V = 1{,}1$ V die Raumladungszone abgebaut ist (GaAlAs, *Balk* u. a., 1974). Weitere Untersuchungen sind an GaP- (*Calverley* u. *Wight*, 1970; *Holt*, 1973) und ZnSeTe-Dioden (*Aven* u. a., 1972) durchgeführt.

6.6.4. Kathodolumineszenz organischer und biologischer Objekte

Die folgende Übersicht gibt einen Einblick in die Anwendungsmöglichkeiten der CL bei der Untersuchung organischer und biologischer Objekte (s. a. *Bröcker*, 1976):

1. Eigenlumineszenz von ungefärbten Proben z. B. Verkalkungen der Aorta (*Bröker*, 1976), Ablagerung von Herbiziden (*Ong* u. a., 1973; *Hess* u. a., 1974) und Weißtönern (*Heyl* u. *Holm*, 1970) oder pflanzliche Verholzungen mit vermutlich hohem Tannin- u. Phenolgehalt (*Bond* u. a., 1974).
2. Fluoreszierende Färbungen von Zellen und Schnitten durch Zugabe von spezifischen Fluorochromen, z. B. Einlagerung von Thioflavin T in Zellwänden von Spinatblättern (*Pease* u. *Hayes*, 1966), Na-Fluoreszein und Coriphosphin in Leberschnitten (*Herbst* u. a., 1973), Behandlung von Vaginalzellausstrichen mit Quinacrine (*Barnett* u. a., 1975) oder Acridinorange (*Schmidt* u. a., 1976).
3. In der Immunofluoreszenzmethode werden Antigenseren mit Fluoreszeinisothiocyanat (FITC) gekoppelt. Mittels CL konnten hiermit Fibrin (*Bröcker*

u. a., 1975) und Oberflächenantigene in Zellpräparationen (*Soni* u. a., 1975) nachgewiesen werden.

Ein Nachteil bei der Untersuchung organischer Substanzen besteht darin, daß die CL bei relativ niedrigen Bestrahlungsdosen zerstört wird. Nach Messungen von *Hinrichs* (1954) ist die Fluoreszenzausbeute von Anthrazen bei Bestrahlung mit 50 keV-Elektronen schon bei einer Ladungsdichte von $5 \cdot 10^{-6}\,\mathrm{C\,cm^{-2}}$ auf den *e*-ten Teil abgefallen, von Plastikszintillatoren bei $10^{-3}\,\mathrm{C\,cm^{-2}}$ (*Bröcker* u. a., 1974). In § 3.3.3 wurde dargelegt, daß bei der Abrasterung eines Bildes bei 10000facher Vergrößerung das Objekt mit einer Ladungsdichte von $10^{-4}\,\mathrm{C\,cm^{-2}}$ belastet wird. *De Mets* u. *Lagasse* (1971) führten qualitative Vergleiche der Schädigung an mehreren Farbstoffen durch.

Literatur zu § 6

Albert, L.: BEDO **5,** 109 (1972)
Albert, L.: BEDO **6,** 13 + 19 (1973)
Amrehn, H., Kulenkampff, H.: Z. Physik **140,** 452 (1955)
Andersen, C. A., Hasler, M. F.: *X-Ray Optics and Microanalysis*, p. 310. Paris 1966
Arthurs, A. M., Moiseiwitsch, B. L.: Proc. Roy. Soc. **A 247,** 550 (1958)
Aven, M., Devine, J. Z., Bølon, R. B., Ludwig, G. W.: J. Appl. Phys. **43,** 4136 (1972)
Balk, L. J., Kubalek, E.: BEDO **6,** 559 (1973)
Balk, L. J., Kubalek, E., Menzel, E.: BEDO **7,** 245 (1974)
Balk, L. J., Kubalek, E., Menzel, E.: IITRI/SEM/1976 I, 257
Barbi, N. C., Sandborg, A. O., Russ, J. C., Soderquist, C. E.: IITRI/SEM/1974, 151. Chicago 1974
Barnett, W. A., Jones, E. C., Wise, M. L. H.: Micron **6,** 93 (1975)
Beaman, D. R., Isasi, J. A.: Anal. Chem. **42,** 1540 (1970)
Bence, A. E., Albee, A.: J. Geol. **76,** 382 (1968)
Bevis, M., Fearon, E. O., Rowlands, P. C.: phys. stat. sol. (a) **1,** 653 (1970)
Bevis, M., Swindells, N.: phys. stat. sol. **20,** 197 (1967)
Blaschke, R., Pfefferkorn, G.: BEDO **5,** 269 (1972)
Boersch, H., Dobberstein, P., Fritzsche, D., Sauerbrey, G.: Z. Physik **187,** 97 (1965)
Boersch, H., Radeloff, C., Sauerbrey, G.: Z. Physik **165,** 464 (1961)
Bolon, R. B., Lifshin, E.: IITRI/SEM/1973, 285
Bolon, R. B., Lifshin, E.: Proc. 8th National Conf. Electron Probe Analysis, EPASA paper 31 (1973)
Bond, E. F., Beresford, D., Haggis, G. H.: J. Microscopy **100,** 271 (1974)
Brandis, E. K.: IITRI/SEM/1975, 141
Bröcker, W.: Microscopica Acta **78,** 105 (1976)
Bröcker, W., Blaschke, R., Reimer, L.: BEDO **5,** 97 (1972)
Bröcker, W., Krefting, E. R., Reimer, L.: BEDO **7,** 75 (1974)
Bröcker, W., Schmidt, E. H., Pfefferkorn, G., Beller, F. K.: IITRI/SEM/1975, 243
Brown, J. D.: *Electron Probe Microanalysis* (eds. Tousimis and Marton), p. 45. New York-London: Academic Press 1969
Büchner, A. R.: Quantitative Analysis with Electron Microprobes and Secondary Ion Mass Spectrometry, Jül-Conf-8, p. 26, Kernforschungsanlage Jülich 1973
Burhop, E. H. S.: Proc. Camb. Phil. Soc. **36,** 43 (1940)
Burhop, E. H. S.: *The Auger Effect and Other Radiationless Transitions.* Cambridge: University Press 1952
Butz, R., Wagner, H.: Surface Sci. **34,** 693 (1973)
Calverley, A., Wight, D. R.: Solid State Electron. **13,** 382 (1970)
Carlsson, L., Essen, C. G., van: J. Phys. E **7,** 98 (1974)
Casey, H. C.: J. Electrochem. Soc. **114,** 153 (1967)
Casey, H. L., Jayson, J. S.: J. Appl. Phys. **42,** 2774 (1971)
Casey, H. C., Kaiser, R. H.: J. Electrochem. Soc. **114,** 149 (1967)

Castaing, R., Descamps, J.: J. Phys. Radium **16,** 304 (1955)
Castaing, R., Henoc, J.: *X-Ray Optics and Microanalysis*, p. 120. Paris 1966
Chang, C. C.: Surface Science **25,** 53 (1971)
Christou, A.: IITRI/SEM/1975, 149
Christou, A., Day, H. M.: IITRI/SEM/1976 I, 207
Colby, J. W., Wonsidler, D. R., Conley, D. K.: Proc. 4th National Conf. Electron Probe Analysis EPASA, paper 9 (1969)
Colliex, C., Jouffrey, B.: Phil. Mag. **25,** 491 (1972)
Cosslett, V. E., Nixon, W. C.: *X-Ray Microscopy*. Cambridge University Press 1960
De Mets, M.: Microscopica Acta **76,** 405 (1975)
De Mets, M., Howlett, K. J., Yoffe, A. D.: J. Microscopy **102,** 125 (1974)
De Mets, M., Lagasse, A.: J. Micr. **94,** 151 (1971)
Dingley, D. J.: Proc. 25th Ann. Meeting of EMAG, p. 206. London-Bristol: Institute of Physics 1971
Dingley, D. J.: IITRI/SEM/1975, 173
Doffin, H., Kulenkampff, H.: Z. Physik **148,** 496 (1957)
Duncumb, P.: Proc. 25th Ann. Meeting of EMAG, p. 132. London-Bristol: Institute of Physics 1971
Duncumb, P., Reed, S. J. B.: Quant. Electron Probe Microanalysis, NBS Special Publ. **298,** 133 (1968)
Duncumb, P., Shields, P. K.: *The Electron Microprobe*, p. 284. New York 1966
Dyson, N. A.: *X-Rays in Atomic and Nuclear Physics*. London: Longman Group Ltd. 1973
Egerton, R. F., Whelan, M. J.: *Electron Microscopy 1974*, Vol. I, p. 384. Canberra 1974
Esquivel, A. L., Lin, W. N., Wittry, D. B.: Appl. Phys. Letters **22,** 414 (1973)
Garlick, G. F. J.: *Luminescent Materials*. Oxford 1949
Garlick, G. F. J.: Advan. Electronics **2,** 152 (1950)
Garlick, G. F. J.: Luminescence. In *Handbuch der Physik* (Hrsg. S. Flügge), Bd. XXVI, S. 1. Berlin-Göttingen-Heidelberg: Springer 1958
Gerlach, R. L., MacDonald, N. C.: IITRI/SEM/1976 I, 199
Goldstein, J. I., Ogilvie, R. E.: *X-Ray Optics and Microanalysis*, p. 594. Paris 1966
Gould, R. W., Healey, J. T.: Rev. Sci. Instr. **46,** 1427 (1975)
Green, M.: *X-Ray Optics and X-Ray Microanalysis*, p. 361. New York: Academic Press 1963
Green, M., Cosslett, V. E.: Proc. Phys. Soc. **78,** 1206 (1961)
Green, M., Cosslett, V. E.: J. Phys. D **1,** 425 (1968)
Hall, T. A.: *Physical Techn. in Biological Research*, Vol. I, Part A, p. 157. New York-London: Academic Press 1971
Hall, T. A., Höhling, H. J., Rosenstiel, A. P., von: BEDO **4**/2, 125 (1971)
Hansen, H., Weigmann, H., Flammersfeld, H.: Nucl. Phys. **58,** 241 (1964)
Harmer, P. R., Ford, S. D., Dugdale, R. A.: J. Phys. E **1,** 59 (1968)
Heinrich, K. F. J., Yakowitz, H.: Mikrochim. Acta **5,** 905 (1968)
Heinrich, K. F. J.: NBS Technical Note 521 (1969)
Heinrich, K. F. J., Yakowitz, H., Vieth, D. L.: Proc. 7th Nat. Conf. in Electron Probe Analysis EPASA, paper 3, 1972
Henke, B. L.: Advan. X-Ray Anal. **7,** 460 (1964)
Henoc, J.: Quant. Electron Probe Analysis. NBS Special Publ. **298,** 197 (1968)
Henoc, J., Heinrich, K. F. J., Myklebust, R. L.: NBS Techn. Note **769,** 127 (1973)
Herbst, R., Hörl, E. M., Multier-Lajours, A. M.: BEDO **6,** 169 (1973)
Hersener, J., Ricker, Th.: BEDO **4**/2, 523 (1971)
Hess, F. D., Bayer, D. E., Falk, R. H.: Weed Science **22,** 394 (1974)
Heyl, G., Holm, R.: BEDO **3,** 193 (1970)
Hinrichs, H.: Z. Naturforsch. **9a,** 625 (1954)
Hörl, E. M.: Micron **3,** 540 (1972)
Hörl, E. M., Mügschl, E.: BEDO **5,** 313 (1972)
Hörl, E. M., Mügschl, E.: Proc. Fifth Europ. Congr. Electr. Micr. 1972, p. 502. London: Institute of Physics 1972
Holt, D. B., Chase, B. D., Censlive, M.: phys. stat. sol. (a) **20,** 459 (1973)
Honerjäger, R.: Ann. Phys. **38,** 33 (1940)

Horn, H., Waltinger, H.: BEDO **6,** 163 (1973)
Horn, H., Sixl, W., Waltinger, H.: BEDO **7,** 197 (1974)
Isaacson, M.: J. Chem. Phys. **56,** 1803 + 1813 (1972)
Isaacson, M., Johnson, D.: IITRI/SEM/1975, 157
Isaacson, M., Johnson, D.: J. Ultramicroscopy **1,** 33 (1975)
Ishikawa, A., Mizuno, F., Uchikawa, Y., Maruse, S.: Japan. J. Appl. Phys. **12,** 286 (1973)
Jones, G. A. C., Nag, B. R., Gopinath, A.: J. Phys. D **7,** 183 (1974)
Joy, D. C., Booker, G. R., Fearon, E. O., Bevis, M.: IITRI/SEM/1971, 497
Judge, F. J., Stubbs, J. M., Philp, J.: J. Phys. E **7,** 173 (1974)
Kalus, C.: Quant. Analysis with Electron Microprobes and Secondary Ion Mass Spectrometry, Jül-Conf-8, 233, Kernforschungsanlage Jülich 1973
Kelly, T. K.: Trans. Inst. Min. Metall **B75,** 59 (1966)
Kerscher, R., Kulenkampff, H.: Z. Physik **140,** 632 (1955)
Kirkpatrick, P., Wiedmann, L.: Phys. Rev. **67,** 321 (1945)
Korda, E. J., Pruden, L. H., Williams, J. P.: Appl. Phys. Letters **10,** 205 (1967)
Kossel, W.: Ann. Physik **25,** 512 (1936); **26,** 533 (1936)
Kossel, W., Voges, H.: Ann. Physik **23,** 677 (1935)
Kozaki, S., Ohkawa, T.: J. Appl. Phys. **39,** 3967 (1968)
Kramers, H. A.: Phil. Mag. **46,** 836 (1923)
Kynaston, D., Stewart, A. D. G.: IITRI/SEM/1969, 467
Leamy, H. J., Ferris, S. D.: IITRI/SEM/1972, 81
Leapman, R. D., Cosslett, V. E.: Phil. Mag. **33,** 1 (1976)
Le Poole, J. B., Bok, A. B., Boogerd, W. J.: Geologie Mijn. **47,** 443 (1968)
Leys, J. A., McKinney, J. T.: IITRI/SEM/1976 I, 231. Chicago 1976
MacDonald, N. C.: IITRI/SEM/1971, 89
MacDonald, N. C., Waldrop, J. R.: Appl. Phys. Letters **19,** 315 (1971)
Maurice, F., Seguin, R., Henoc, J.: *X-Ray Optics and Microanalysis*, p. 357, Paris: Hermann 1966
Metchnik, V., Tomlin, S. G.: Proc. Phys. Soc. **81,** 956 (1963)
Middleman, L. M., Geller, J. D.: IITRI/SEM/1976 I, 171
Morabito, J. M., Hall, P. M.: IITRI/SEM/1976 I, 221
Mott, N. F., Massey, H. S. W.: *The Theory of Atomic Collisions.* Oxford: Clarendon Press 1949
Motz, J. W., Placious, R. C.: Phys. Rev. A **136,** 662 (1964)
Muir, M. D., Grant, P. R., Hubbard, G., Mundell, J.: IITRI/SEM/1971, 401
Muster, W. J.: BEDO **7,** 557 (1974)
Myklebust, R. L., Yakowitz, H., Heinrich, K. F. J.: Proc. 5th Nat. Conf. Electron Probe Analysis EPASA, paper 11, 1970
Oda, Y., Nakajima, K.: J. Jap. Inst. Met. **37,** 673 (1973)
Ogilvie, R. E.: IITRI/SEM/1969, 21
Ong, B. Y., Falk, R. H., Bayer, D. E.: Plant Physiol. **51,** 415 (1973)
Pease, R. F. W., Hayes, T. L.: Nature **210,** 1049 (1966)
Perlman, H. S.: Proc. Phys. Soc. **76,** 623 (1960)
Peters, E. T., Ogilvie, R. E.: Trans. Met. Soc. AIME **223,** 89 (1965)
Pfefferkorn, G., Blaschke, R.: IITRI/SEM/1974, 143
Philibert, J.: Int. Conf. X-Ray Optic and X-Ray Microanalysis. New York 1963, p. 379
Philibert, J., Tixier, R.: Quant. Electron Probe Microanalysis. NBS Techn. Publ. **298,** 13 (1968)
Pinard, P.: PhD Thesis, Lyon 1964
Plattner, R., Schünemann, D.: BEDO **4**/2, 77 (1971)
Preuss, E.: Berichte der Kernforschungsanlage Jülich Jül-856-TP (1973)
Preuss, E.: Quant. Analysis with Electron Microprobes and Secondary Ion Mass Spectrometry, Jül-Conf-8, 80, Kernforschungsanlage Jülich 1973
Rao-Sahib, T. S., Wittry, D. B.: J. Appl. Phys. **40,** 3745 (1969)
Reed, S. J. B.: Brit. J. Appl. Phys. **16,** 913 (1965)
Reed, S. J. B.: J. Phys. D **4,** 1910 (1971)
Reed, S. J. B., Long, J. V. P.: *X-Ray Optics and Microanalysis*, p. 317. New York 1963
Remond, G., Kimoto, S., Okuzumi, H.: IITRI/SEM/1970, 33
Russ, J. C.: IITRI/SEM/1971, 65
Russ, J. C., Kabaya, A.: IITRI/SEM/1969, 57

Ryder, P., Baumgartl, S.: Arch. Eisenhüttenwesen **42,** 635 (1971 a)
Ryder, P. L., Baumgartl, S.: BEDO **4**/2, 33 (1971 b)
Schmidt, E. H., Bröcker, W., Pfautsch, M.: IITRI/SEM/1976 II, 327
Seiler, H.: BEDO **7,** 1 (1974)
Shaw, D. A., Thornton, P. R.: J. Mater. Sci. **3,** 507 (1968)
Shaw, D. A., Wayte, R. C., Thornton, P. R.: Appl. Phys. Letters **8,** 289 (1966)
Sippel, R. F.: Proc. Int. Conf. Luminescence **2,** 2079 (1968)
Soni, S. L., Kalnins, V. I., Haggis, G. H.: Nature **255,** 717 (1975)
Springer, G.: Quant. Analysis with Electron Microprobes and Secondary Ion Mass Spectrometry, Jül-Conf-8, 42, Kernforschungsanlage Jülich 1973
Steyn, J. B., Holt, D. B.: Scanning Electron Microscopy: Systems and Applications, p. 272. London-Bristol: Institute of Physics 1973
Sutfin, L. V., Ogilvie, R. E.: IITRI/SEM/1970, 17
Theisen, R.: *Quantitative Electron Microprobe Analysis.* Berlin-Heidelberg-New York: Springer 1965
Tixier, R., Wache, C.: J. Appl. Cryst. **3,** 466 (1970)
Vignes, A., Dez, G.: J. Phys. D **1,** 1309 (1968)
Weihrauch, J.: BEDO **1,** 121 (1968)
Williams, P. M., Yoffe, A. D.: Nature **221,** 952 (1969)
Wittry, D. B., Ferrier, R. P., Cosslett, V. E.: J. Phys. D **2,** 1767 (1969)
Wittry, D. B., Kyser, D. F.: J. Appl. Phys. **35,** 2439 (1964)
Wittry, D. B., Kyser, D. F.: J. Appl. Phys. **36,** 1387 (1965)
Wittry, D. B., Kyser, D. F.: J. Phys. Soc. Japan **21,** Suppl., 312 (1966)
Wittry, D. B., Kyser, D. F.: J. Appl. Phys. **38,** 375 (1967)
Worthington, C. R., Tomlin, S. G.: Proc. Phys. Soc. A **69,** 401 (1956)
Yakowitz, H.: *Advan. Electron. Electron Phys.*, Suppl. 6. Electron probe microanalysis, p. 361. New York-London 1969
Yakowitz, H., Newbury, D. E.: IITRI/SEM/1976 I, 151
Yoffe, A. D., Howlett, K. J., Williams, P. M.: IITRI/SEM/1973, 301
Ziebold, T. O., Ogilvie, R. E.: Anal. Chem. **36,** 323 (1964)

7. Auswertemethoden rasterelektronenmikroskopischer Aufnahmen

7.1. Ermittlung der dreidimensionalen Struktur

7.1.1. Übersicht der Stereomethoden

Aus Stereo-Bildpaaren läßt sich das dreidimensionale Oberflächenrelief der Probe rekonstruieren. Man hat zu berücksichtigen, daß bei geringen Vergrößerungen $V < 500$ die SEM-Abbildung eine Zentralprojektion darstellt (Abb. 7.1 b) mit W als Abstand Probe–Projektionszentrum (Abb. 3.5) ($w = WV$). Wenn die Kantenlänge des abgerasterten Bereiches bedeutend kleiner als W ist ($V > 500$), kann man von einer Parallelprojektion ausgehen, was die Auswerteformeln wesentlich vereinfacht. Ein linkes und rechtes Teilbild (Indices L, R) wird mit Neigungswinkeln $\Phi_L = \Phi_c + \alpha/2$ und $\Phi_R = \Phi_c - \alpha/2$ des Präparattellers erhalten (α = Kippwinkel zwischen den beiden Aufnahmen). In den Teilbildern mit den gleichen Vergrößerungen V betragen die Bildkoordinaten x_L, y_L bzw. x_R, y_R. Die y-Achse liegt parallel zur Stereo-Kippachse. Die Kippachse sollte so justiert sein, daß sie durch die Bildmitte geht und in mittlerer Objekthöhe liegt. Dann ist auf Grund

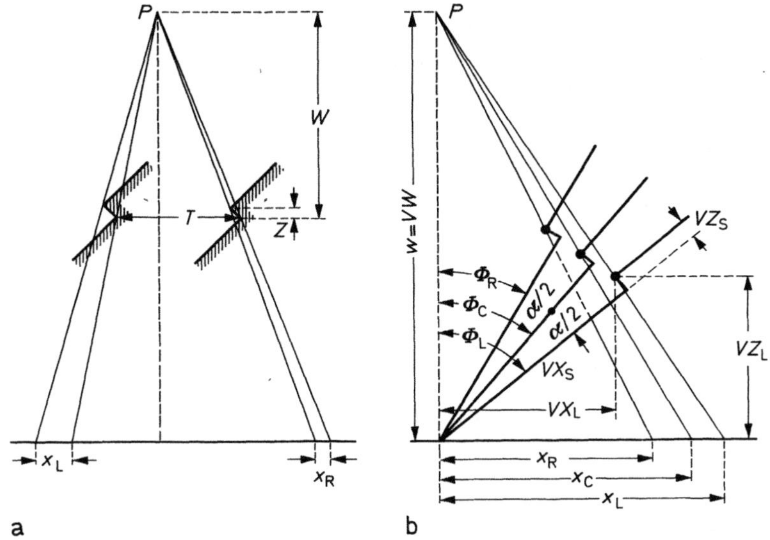

Abb. 7.1 a u. b. Erläuterung der in Tabelle 1 auftretenden geometrischen Größen bei der a) Translations- und b) Kippmethode (Zentralprojektion)

der großen Schärfentiefe der SEM-Abbildung keine Nachstellung des Linsenstromes erforderlich, so daß für die beiden Teilbilder mit gleichem w und V gerechnet werden kann. X, Y, Z sei ein auf das Objekt bezogenes Koordinatensystem, welches entweder mit der X,Y-Ebene senkrecht zur optischen Achse liegt oder eine X_s, Y_s-Ebene parallel zur Objekttellerfläche (Index s) aufweist. Letzteres ist

Tabelle 7.1. Auswerteformeln für Stereoaufnahmen

x, y: Koordinaten in den Bildern mit der Vergrößerung V
X, Y, Z: dreidimensionale Koordinaten des Objektes ($x = VX$ usw.)
Index L, R: linkes bzw. rechtes Teilbild
Index c: Bezugsebene parallel zur mittleren Kipplage
Index s: Bezugsebene parallel zur Objekttellerebene
W = Abstand Probe–Projektionszentrum ($w = VW$)
T = Verschiebung des Bildes bei der Translationsmethode ($t = VT$)
$p = x_L - x_R$ = Parallaxe
Φ = Neigungswinkel der Probenebene zum Elektronenstrahl, α = Kippwinkel zwischen den Teilbildern

1. Translationsmethode (Abb. 7.1 a)

$$VZ = \frac{pW}{T} = p\frac{w}{t}; \quad VX = x_L \frac{W-Z}{W}; \quad VY = y_L \frac{W-Z}{W}$$

2. Zentralprojektion bei V < 500 (Abb. 7.1b)

a) Bezugsebene: linkes Teilbild

$$VZ_L = \frac{w^2(x_L\cos\alpha - x_R) - w x_L x_R \sin\alpha}{(w^2 + x_L x_R)\sin\alpha + w(x_L - x_R)\cos\alpha}; \quad VX_L = \frac{x_L(w - VZ_L)}{w}; \quad VY_L = \frac{y_L(w - VZ_L)}{w}$$

b) Bezugsebene: Probentellerebene

$$VZ_s = w\frac{x_L(x_R\sin\Phi_R + w\cos\Phi_R) - x_R(x_L\sin\Phi_L + w\cos\Phi_L)}{(w^2 + x_L x_R)\sin\alpha + w(x_L - x_R)\cos\alpha}$$

$$VX_s = w\frac{x_R(x_L\cos\Phi_L - w\sin\Phi_L) - x_L(x_R\cos\Phi_R - w\sin\Phi_R)}{(w^2 + x_L x_R)\sin\alpha + w(x_L - x_R)\cos\alpha}$$

$$VY_s = \frac{y_L}{w}(w - x_s\sin\Phi_L - VZ_s\cos\Phi_L)$$

3. Parallelprojektion bei V > 500

a) Bezugsebene: linkes Teilbild

$$VZ_L = \frac{x_L\cos\alpha - x_R}{\sin\alpha}; \quad VX_L = x_L; \quad VY_L = y_L = y_R$$

b) Bezugsebene: mittlere Kippebene

$$VZ_c = \frac{x_L - x_R}{2\sin\frac{\alpha}{2}} = \frac{p}{2\sin\frac{\alpha}{2}}; \quad VX_c = x_L - p/2 = x_R + p/2; \quad VY_c = y_L = y_R$$

c) Bezugsebene: Probentellerebene

$$VZ_s = \frac{x_L\cos\Phi_R - x_R\cos\Phi_L}{\sin\alpha}; \quad VX_s = \frac{x_L\sin\Phi_R - x_R\sin\Phi_L}{\sin\alpha}; \quad VY_s = y_L = y_R$$

für relativ ebene, geneigte Flächen, z. B. bearbeitete Metallflächen, von Interesse, da dann nicht die Z-Koordinate bei einer geneigten Probe vom linken zum rechten Bildrand kontinuierlich zunimmt. Tabelle 7.1 enthält Auswerteformeln für verschiedene Fälle (*Cripps* u. *Sang*, 1970; *Lane*, 1969; *Howell* u. *Boyde*, 1972; *Hilliard*, 1972; *Boyde*, 1973; *Howell*, 1975). In Tabelle 7.1 ist auch die Translationsmethode aufgenommen, bei der das Objekt zwischen zwei Aufnahmen normal zur Achse um die Strecke T verschoben wird ($t = TV$) (Abb. 7.1 a). Diese Methode liefert zwar die einfachste Auswerteformel. Wenn der Überlappungsbereich der beiden Aufnahmen das halbe Bildformat erreichen soll, ist dies Verfahren jedoch nur auf $V < 25$ beschränkt. Die nächsteinfache Auswerteformel erhält man bei einer Parallelprojektion (3b in Tabelle 7.1), da die Parallaxe $p = x_L - x_R$ direkt gemessen werden kann (s. u.).

Es ist noch folgendes bezüglich der Lage der Kippachse zu bemerken. Auf dem Bildschirm zeigt die dem Detektor zugewandte Richtung des Bildes normalerweise nach oben. Auch die Reproduktion sollte so orientiert werden, daß die dem Kollektor zugewandte Bildkante nach oben (y-Richtung) zeigt (s. a. § 4.1.1). Bei der Translationsmethode sollte die Verschiebung in x-Richtung erfolgen. Wenn man bei der Kippmethode die normale Probenkippung für die Herstellung von Stereobildpaaren benutzt, liegt die Kippachse parallel zur x-Achse. Dabei ändert sich die „Beleuchtung" der Bilder. Dies stört bei Stereobetrachtung und -auswertung. Außerdem hat man für eine Stereobetrachtung die beiden Teilbilder um 90° zu drehen, weil in Stereolupen und -auswertegeräten die Kippachse der beiden Bilder parallel zur y-Richtung liegen muß. Deshalb sollte auch im Gerät die Kippachse besser parallel zur y-Richtung liegen. *Blaschke* u. *Fecher* (1968), *Blaschke* (1970a) beschreiben einen einfachen Präparathalter, in dem die Probendrehung für die Stereokippung ausgenutzt wird, nachdem der Probenteller um 90° in Richtung des Kollektors gekippt wurde (s. a. Abb. 5.3a).

7.1.2. Messung der Parameter und experimentelle Grenzen in Stereo-Bildpaaren

Für die Stereoauswertung ist nach obigem die genaue Messung einiger Parameter erforderlich, deren Methodik im folgenden beschrieben werden soll.

a) Den Abstand des Projektionszentrum w erhält man mittels eines Testobjektes, z. B. einem geneigten Netz (*Christenhuss* u. *Pfefferkorn*, 1968) oder einem kreisförmigen Loch (Durchmesser D) in einer Platte der Dicke H. Aufgrund der Zentralprojektion erscheint die untere Öffnung mit einem kleineren Durchmesser d_2 im Bild. Es gilt die Proportion

$$\frac{d_1}{d_2} = \frac{W+H}{W}; \qquad W = \frac{H}{\frac{d_1}{d_2} - 1} \tag{7.1}$$

Wie schon in § 3.2.1 erwähnt, ist $k_Z = \text{const}$ und es braucht nur zu diesem Wert der Arbeitsabstand L addiert werden ($W = L + k_Z$).

b) Die Vergrößerung V kann z. B. mit einem Strichgitter geeicht werden, dessen Gitterkonstante bekannt ist oder lichtoptisch durch Beugung vermessen werden kann. Es wird am zweckmäßigsten eine Eichung der Vergrößerung als Funktion des Linsenstromes vorgenommen. Die genaue Kenntnis der Vergrößerung spielt nur eine Rolle, wenn absolute Höhenunterschiede gemessen werden sollen, dagegen nicht bei der Messung von Winkeln zwischen verschiedenen Flächen.

c) Die Bilddrehung (Drehung des Rasters durch die letzte Kondensorlinse) ist mittels einer Schneide, einem Gitter oder Netz eichbar. Sie muß insofern kontrolliert werden, als eine Bildkante zweckmäßigerweise parallel zur Kippachse liegen soll. Da die Bilddrehung von dem Linsenstrom abhängig ist, sollte eine elektronische Rückdrehung des Rasters möglich sein.

d) Der Kippwinkel α zwischen den Aufnahmen muß mit hoher Genauigkeit reproduzierbar sein. Es genügt in der Regel nicht, den Winkel an den Skalen der Kipptriebe abzulesen. Man muß sich bei jedem Gerät von der Reproduzierbarkeit und Präzision der Kippung überzeugen. Die Messung des Kippwinkels kann ebenfalls mit einem Netz oder Gitter erfolgen. Am präzisesten ist es jedoch, eine spiegelnde Fläche als Objekt einzulegen und außerhalb des Mikroskopes eine Eichung und Kontrolle durch Lichtspiegelung vorzunehmen (*Boyde*, 1970). Da das Channelling-Diagramm ortsfest mit dem Kristall verbunden ist, kann auch eine Winkeleichung über dieses Diagramm erfolgen, analog einem Vorschlag für das TEM, Kikuchi-Linien für die Eichung von Stereotrieben heranzuziehen (*Kleinn*, 1961). Bei sorgfältiger Ausführung sind Winkelmessungen mit $\pm 0{,}1°$ erreichbar. Dies ist ausreichend, da normalerweise mit Kippwinkeln $\alpha = 5$–$10°$ gearbeitet wird. Wenn man auf das Präparat Objekte bekannter Höhe (z. B. Polystyrolkugeln) aufbringt, so kann der Proportionalitätsfaktor zwischen Höhe Z_c und Parallaxe p (3b in Tabelle 7.1) direkt bestimmt werden.

e) Die Parallaxe als Abstandsdifferenz der X-Komponenten in den beiden Teilbildern kann für einfache Auswertungen mittels eines Lineals auf $\pm 0{,}1$ mm ermittelt werden. Es ist prinzipiell zu beachten, daß Filmaufnahmen oder Papierkopien unterschiedliche Schrumpfungen zeigen können. Bei Anforderungen an hohe Genauigkeit empfiehlt es sich, das Leuchtschirmbild auf einer Platte aufzunehmen und diese direkt auszumessen. Es gibt auch käufliche Geräte zur Parallaxenbestimmung, in der die Teilbilder durch eine Stereolupe betrachtet werden. Zwei Marken (z. B. Kreise oder Kreuze) auf einer transparenten Platte können über jedes Teilbild gelegt werden. Bei einer gegenseitigen Abstandsänderung dieser Marken mittels einer Mikrometerschraube wandert die Marke in der Höhe durch das räumliche Stereobild und kann mit der entsprechenden Objektstruktur zur Deckung gebracht werden. Die Verschiebungsdifferenz dieser Marken zwischen zwei Objektpunkten ist gleich der Parallaxe. Es können auch bei fester räumlicher Lage der eingespiegelten Marke die transparenten Teilbilder gemeinsam gehoben und gesenkt werden, so daß der zu vermessende Bildpunkt in gleicher Höhe wie die Marke erscheint (*Boyde*, 1974). Die Verschiebung oder Anhebung kann auf verschiedenste Weise mit einer Zeichenanlage verbunden werden, indem z. B. Linien gleicher Höhe gezeichnet werden, oder sie wird mit der vertikalen Bewegung eines Modellierstiftes gekoppelt, der aus einer knetbaren Masse ein dreidimensionales Modell herausarbeitet (s. Übersicht bei *Boyde*, 1970).

Prinzipiell leisten derartige Geräte eine Genauigkeit in der Parallaxe von $\pm 0{,}01$ mm. In SEM-Bildern liegen bei einer Kantenlänge des Bildschirmes von

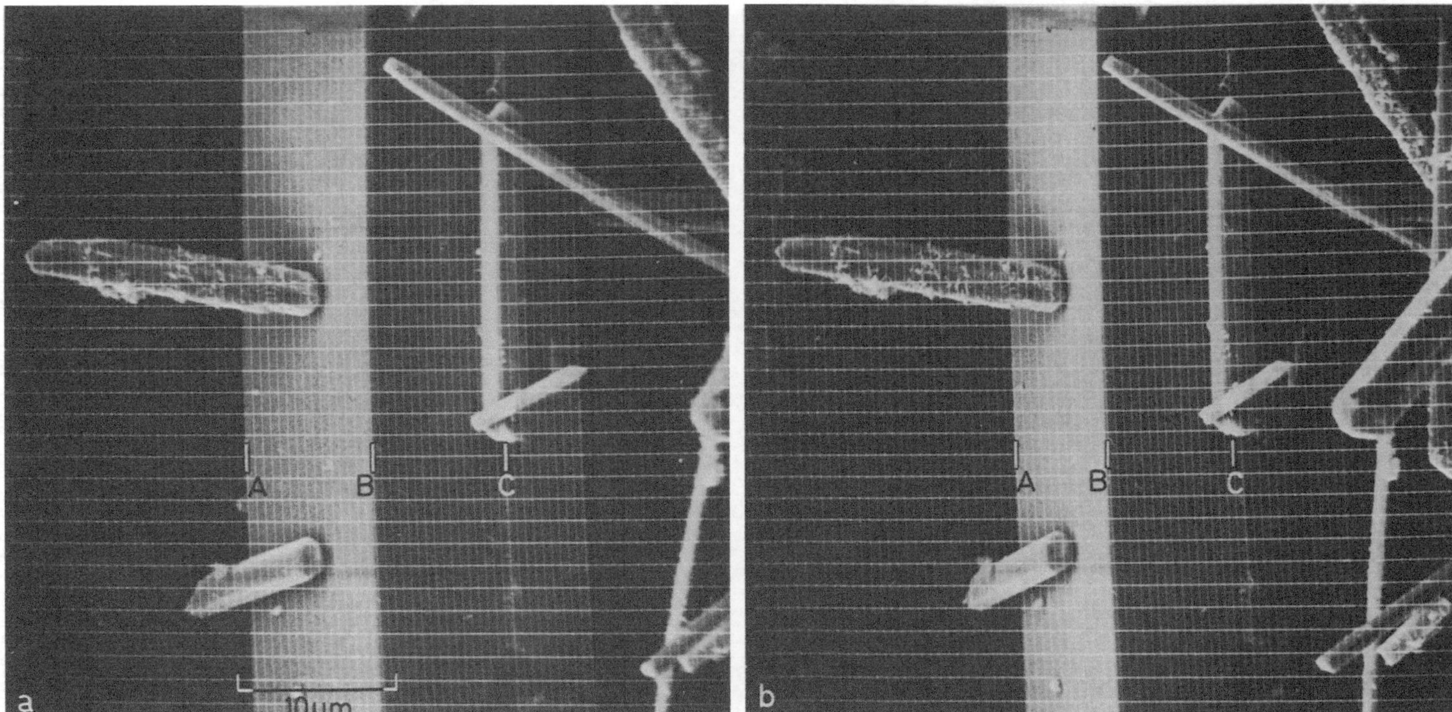

Abb. 7.2a u. b. Stereopaar eines Hydroxylapatit-Kristalles unter den Kippwinkeln 25 und 35° mit überlagertem Liniennetz zur Vermessung der Parallaxe und Eliminierung des Verzeichnungsfehlers der Bildröhre

10 cm aber höchstens 2000 Zeilen vor. D. h., die höchste Genauigkeit beträgt ±0,05 mm.

Eine entscheidende Fehlerquelle, welche nicht übersehen werden darf, stellt die schlechte Qualität der Bildröhren hinsichtlich der Abbildungstreue des Rasters dar (*Boyde*, 1970; *Weimann*, 1970). Auf ebenen Flächen können bei 10 cm Kantenlänge des Bildes dadurch Höhenunterschiede bis zu 1 cm vorgetäuscht werden. Die Verzeichnung des Rasters ist von Bildröhre zu Bildröhre verschieden. *Boyde* (1970) schlägt folgenden Weg vor, diesen Fehler zu eliminieren. Durch Doppelbelichtung wird nach der Aufnahme des Objektes die Zeilenablenkung bei ausgeschaltetem Photomultiplier mit nur einem Zehntel der Zeilenzahl geschrieben. Wiederholt man diesen Vorgang noch mit vertikaler Zeilenrichtung, so erhält man ein der Objektstruktur überlagertes Koordinatensystem, welches die Ablesung der Parallaxe unmittelbar aus dem Bild erlaubt, da auch noch Abstände von 1/10 Strichabstand geschätzt werden können (Abb. 7.2). Der Hydroxylapatit-Kri-

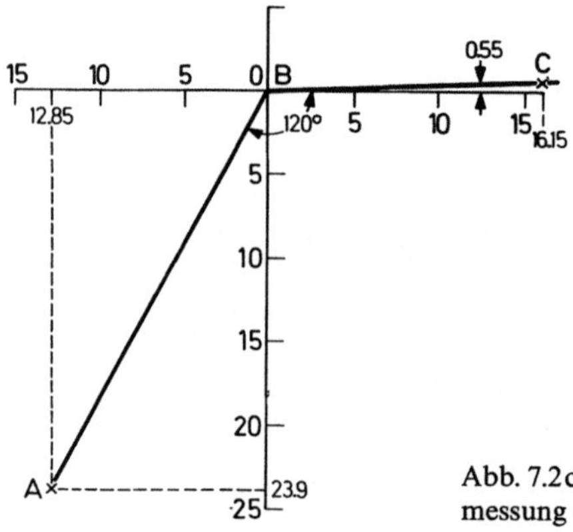

Abb. 7.2c. Bestimmung des Flächenneigungswinkels durch Vermessung der Punkte A, B und C. (Nach *Boyde*, 1970)

stall wurde um eine Kippachse parallel zu seiner Längsachse gekippt (Kippwinkel 25° und 35° der Objekttischverkippung, $\alpha/2 = 5° 10'$ aufgrund einer Eichkurve, $2 \sin \alpha/2 = 0{,}1801$). Es soll dargelegt werden, wie aus dem Stereopaar mittels (7.3) der Neigungswinkel der beiden Flächen ermittelt werden kann. Hierzu dienen die Referenzpunkte A, B, C. In Einheiten von Linienabständen liest man aus Abb. 7.2 a u. b ab:

	AB	BC
im Stereobild a:	15,0	16,2
im Stereobild b:	10,7	16,1
Parallaxe p:	4,3	0,1
Höhe $z_0 = p/2 \sin \alpha/2$:	23,9	0,55
x_0:	12,85	16,15

Die Skizze in Abb. 7.2c zeigt diese Koordinaten mit B als Nullpunkt des Koordinatensystems aufgetragen. Es ergibt sich ein Neigungswinkel der Flächen von

120°. Eine Unsicherheit in den Parallaxenbestimmungen von ±0,1 Linienabstand liefert einen Fehler von ±1,5°.

7.1.3. Visuelle Betrachtung von Stereo-Bildpaaren

Es gibt kommerzielle Stereolupen, bei denen die Teilbilder nebeneinander gelegt und durch die Lupe zur Deckung gebracht werden. Eine andere Variante, die sich auch speziell für Ausstellungsbilder eignet, wurde von *Neubauer* u. *Schnitger* (1970) beschrieben. Die Bilder werden hierfür übereinander angeordnet. Durch Prismen in der Betrachtungsbrille aus Kunststoff ist es möglich, die Bilder zur Deckung zu bringen. Dabei erscheint in der Mitte die Überlappung der Bilder und darüber bzw. darunter die einzelnen Teilbilder. Eine Justierung der Überlappung wird durch Änderung des Betrachtungsabstandes erreicht.

Die Anaglyphen-Methode, bei der ein rotes und grünes Teilbild übereinander kopiert werden, ist ebenfalls anwendbar. *Boyde* (1971a, b) weist darauf hin, daß eine unmittelbare Aufnahme auf fertige Polaroid-Emulsion erfolgen kann, wenn die Teilbilder in einer Doppelbelichtung mit unterschiedlichen Farbfiltern aufgenommen werden, wobei eine Bildröhre mit weißleuchtendem Schirm von Vorteil ist. Es besteht jedoch die Gefahr, daß bei dieser Methode die Teilbilder nicht optimal zueinander justiert sind.

Zur Stereoprojektion kann die Anaglyphenmethode herangezogen werden oder die Überlagerung zweier getrennter Bilder mit senkrecht zueinander polarisiertem Licht. Eine Methode zur Justierung von Stereo-Diapositiven wurde von *Bode* (1970) beschrieben.

Mit einem Ablenkspulenpaar von 9 mm Länge zwischen Objektiv und Probe gelang es *Dinnis* (1971) bei einem Stereowinkel $\alpha = 6°$ Teilbilder auf zwei getrennten Leuchtschirmen zu erzeugen, welche über ein einfaches Spiegelsystem unmittelbar stereoskopisch betrachtet werden können (s. a. *Boyde*, 1974; *Chatfield* u. a., 1974).

Es ist zu beachten, daß in der Regel nicht die wahre dreidimensionale Erstrekkung des Objektes wiedergegeben wird, sondern je nach Kippwinkel das Bild zu flach oder zu tief erscheint. Die wahre Höhenerstreckung kann nur aus der quantitativen Auswertung entnommen werden.

7.2. Stereometrie

Es ist das Ziel der Stereometrie, aus einem ebenen Anschnitt mittels statistischer Berechnungen Information über die gesamte Probe zu erhalten. Voraussetzung dafür ist eine klare Trennung der einzelnen in der Probe vorhandenen Phasen. Es spielt dabei keine Rolle, nach welcher Methode die Bilder der Anschnitte oder Anschliffe erhalten werden. Sie können z. B. mittels Lichtmikroskop, SEM, TEM oder Röntgenmikroanalysatoren gewonnen sein. Auch dünnpolierte und dünngeätzte Folien oder Schnitte können in Durchstrahlung untersucht werden, wenn die Schnittdicke bedeutend kleiner als die Korngröße ist. Prinzipiell kann auch ein Oberflächenbild ausgewertet werden, in welchem eine Trennung der einzelnen Phasen durch die Oberflächentopographie möglich ist. Als einfachste Anwendungsbeispiele seien zunächst die Bestimmung der Volumenanteile der Phasen und deren Oberflächen genannt. Aus dem Volumenanteil läßt sich bei bekannter Dichte der Gewichtsanteil berechnen. Die Stereometrie liefert dabei nach einfachen Auswertemethoden Zahlenwerte, welche Unterschiede in verschiedenen Gefügen quantitativ zu charakterisieren gestatten.

Der Grundgedanke geht auf ein Prinzip von *Delesse* (1847) zurück, nach dem sich die Flächen F verschiedener Komponenten im Anschliff eines homogenen Mischkörpers wie ihre Volumenanteile V verhalten. Eine Volumenmessung wird dadurch auf eine Flächenmessung reduziert. *Rosival* (1898) ging einen Schritt weiter und ersetzte die Flächen- durch eine Längenmessung. Gemessen werden die Längenabschnitte L gerader Linien innerhalb der zu vermessenden Phase. Die Verteilung der Linien kann parallel äquidistant oder statistisch in Abstand und Richtung erfolgen. Noch schneller arbeitet die Punktzähl- oder Treffermethode (*Glagoleff*, 1933; *Hennig*, 1956, 1958), bei der ausgezählt wird, wie viele Punkte T einer Punktschablone mit insgesamt N Punkten auf die betreffende Phase fallen. Für die Lichtmikroskopie sind entsprechende Punktzählokulare entwickelt worden. Es gelten die folgenden Relationen bei Anwesenheit von 3 Phasen:

$$V_1 : V_2 : V_3 = F_1 : F_2 : F_3 = L_1 : L_2 : L_3 = T_1 : T_2 : T_3 . \tag{7.2}$$

Speziell gibt das Verhältnis

$$V_{\%} = \frac{T}{N} \tag{7.3}$$

den Volumenanteil (Volumenbruch) einer Phase an.

Zählt man die Zahl der Schnittpunkte S der Linien einer Zählschablone mit den Phasengrenzen, so erhält man nach *Hennig* (1958) die innere spezifische Oberfläche einer Phase O_i bezogen auf die Volumeneinheit des Gesamtsystems oder die spezifische Oberfläche O_{sp} im engeren Sinne bezogen auf die Volumeneinheit der Phase (*Blaschke*, 1965).

$$O_i = 2\frac{S}{L}; \qquad O_{sp} = \frac{O_i}{V_{\%}} = 2\frac{S}{aT} \tag{7.4}$$

mit $L = aN$ = Schnittlinienlänge, a = Abstand des Punktrasters. Die Dimension dieser Größen ist cm^2/cm^3.

Abb. 7.3 zeigt als Beispiel eine kombinierte Zählfigur, die als Zählokular in einem Lichtmikroskop (Fa. Leitz) oder als transparente Zählschablone benutzt werden kann (*Blaschke*, 1967, 1970b). Das hexagonale Zählpunktnetz mit 20 Zählpunkten dient zur Ermittlung der Trefferzahl T (Abb. 7.3a). Die Querschnittszahl Q wird als Anzahl der Körner innerhalb eines rechteckförmigen Zählfeldes der Fläche $(20\sqrt{3}/2)a^2$ erhalten (Abb. 7.3b). Ein Kreis mit dem Umfang $20a$ ermöglicht, die Korngrenzenschnittzahl S zu ermitteln (Abb. 7.3c). Der Zählpunktabstand a ist mittels der Vergrößerung des auszuwertenden Bildes zu eichen.

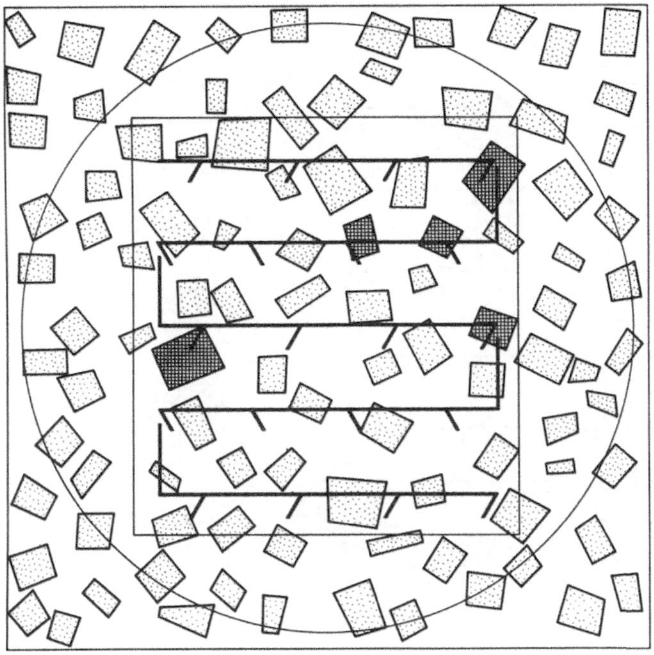

a

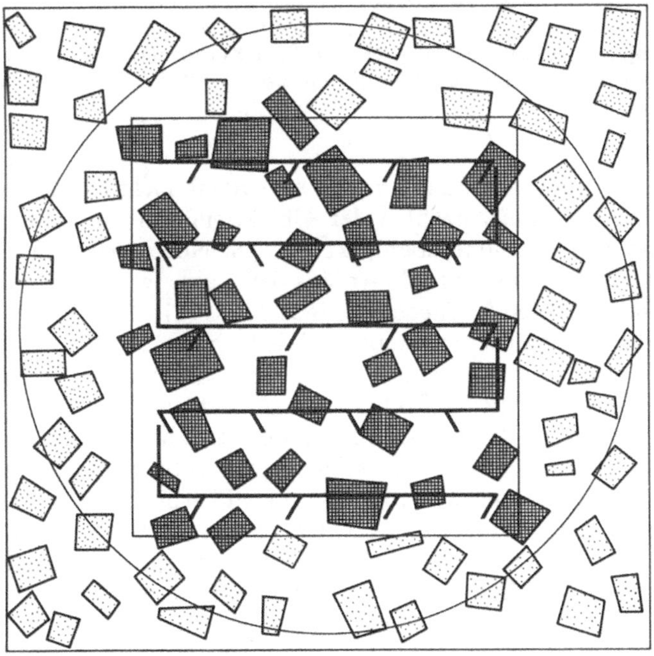

b

Abb. 7.3a u. b

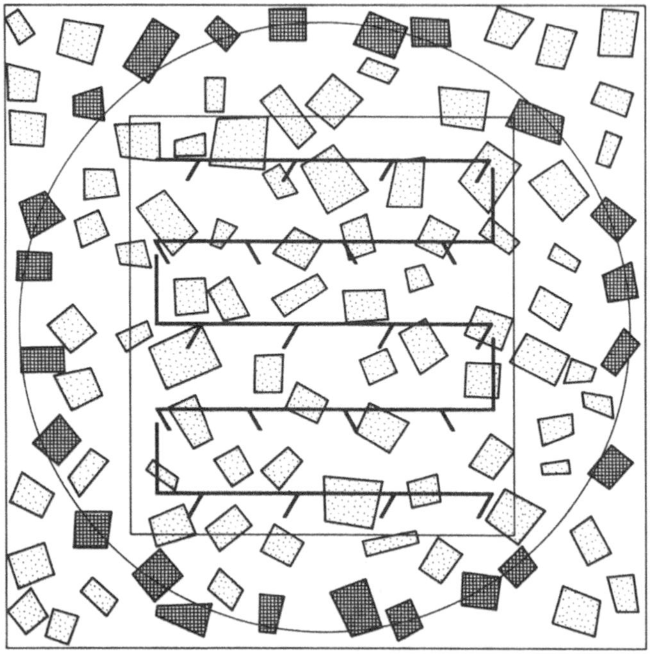

c

Abb. 7.3c

Abb. 7.3a–c. Auswertungsbeispiel für eine stereometrische Analyse mit dem Leitz-Zählokular. a) Bestimmung der Trefferzahl *T*. Von den $N=20$ Zählpunkten auf der inneren Linie werden 5 Treffer gezählt. Der Zählpunktabstand *a* wird einmalig für jede Kombination von Objektiv und Okular bestimmt. b) Bestimmung der Querschnittszahl *Q* als Anzahl der Körner innerhalb des Rechteckes mit der Fläche $17{,}32\,a^2$ ($Q=39$). c) Bestimmung der Korngrenzenschnittzahl *S* auf einer Kreislinie mit dem Umfang $20\,a$ ($S=46$)

Er sollte größer als der größte Korndurchmesser sein, damit nicht Körner doppelt gezählt werden. Ferner ist die Anzahl *n* der Objektteilfelder zu notieren, die durch Verschiebung der Schablone überdeckt werden. Neben den in (7.3) und (7.4) aufgeführten Gefügeparametern können aus den Zahlenwerten *a, n, T, Q, S* noch weitere gewonnen werden (s. Tabelle bei *Blaschke*, 1967, 1970b).

Die Formeln der Oberflächenmessung sind jedoch an die Voraussetzung gebunden, daß bei länglichen Teilchen keine Vorzugsorientierung vorhanden ist, da sonst systematische Fehler auftreten können und das Ergebnis von der Anschliffrichtung abhängt. Andererseits erlauben derartige Messungen auch den Grad der Anisotropie aus Anschliffen in verschiedenen Richtungen zu bestimmen.

Die zeilenförmige Abrasterung der Probe erlaubt jedoch auch eine unmittelbare vollautomatische Datenverarbeitung des Videosignales für die stereometrische Analyse, wenn zu jeder Phase ein einheitlicher Grauton gehört. Sonst ist nur eine visuelle Auswertung möglich. Die Abrasterung kann prinzipiell auch nachträglich an Negativ- oder Positivaufnahmen erfolgen. Ferner sind diese Methoden auch auf das Lichtmikroskop und das TEM übertragbar, indem eine Fernsehaufnahmeröhre als Signalgeber benutzt wird. Die folgenden Zitate weisen auf technische Realisierungen hin (*Gahm*, 1970; *Dörfler* u. *Russ*, 1970; *Dörfler*,

1969, 1970; *Kluge*, 1970; *Beadle*, 1971; *White* u. a., 1971). Im folgenden soll nur das Prinzip beschrieben werden. Ein typisches Anwendungsbeispiel wäre z. B. die Analyse eines Gefüges wie in Abb. 4.15, welches drei verschiedene Grautöne enthält. Eine Linienabrasterung würde ein in Abb. 7.4a schematisch

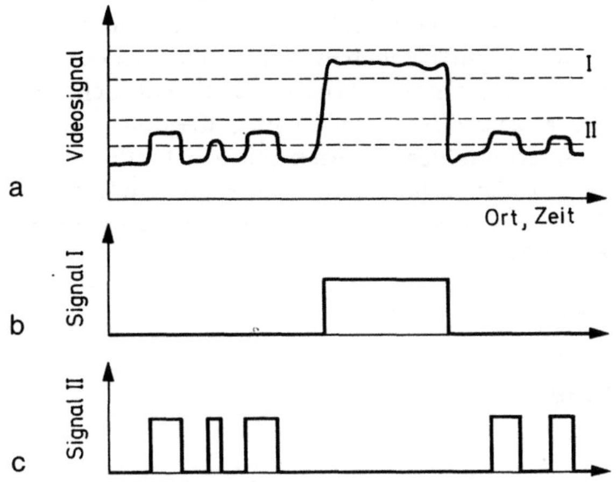

Abb. 7.4a–c. Verarbeitung eines Videosignales mit der Phasenintegrationsmethode. Durch verschiedene Fenster des Signalhöhen-Analysators I und II werden zwei Phasen unterschiedlicher Helligkeit in einer Matrix erfaßt und es resultiert ein Signal I bzw. II als Impulsfolge. Die Länge der Einzelimpulse dient einer weiteren stereometrischen Analyse

dargestelltes Videosignal ergeben. Es wird einem Impulshöhenanalysator zugeführt. Als Ausgangssignal der Kanäle I und II erscheinen konstante Signale b) bzw. c), solange die Intensität innerhalb des angesteuerten Impulshöhenintervalles liegt. Diese Intervalle lassen sich in Höhe und Breite dem Objektkontrast anpassen. Als optimal erweisen sich getrennte Bildschirme, auf denen das Signal I oder II aus b) und c) zur Hellsteuerung ausgenutzt wird. Durch einen Vergleich mit dem Originalbild läßt sich das Impulshöhenintervall leicht einstellen, um eine Komponente und nur diese vollständig zu erfassen. Die Flächenmessung einer Phase kann z. B. dadurch erfolgen, daß die Signale I oder II aufintegriert werden, oder es werden mit einer internen Taktfrequenz des Auswertecomputers Impulse solange erzeugt, wie der entsprechende Kanal anspricht, und diese Impulse gezählt. Auf diese Weise erhält man unmittelbar T. Aus der Häufigkeit des Ein- und Ausschaltens eines betreffenden Kanals läßt sich die Korngrenzenschnittzahl S ermitteln. Um jedoch die Querschnittszahl Q der innerhalb der erfaßten Fläche liegenden Körner zu erhalten, muß die vorausgehende Zeile gespeichert werden, und man kann elektronisch ein Intervall vorgeben, um das der Ein- oder Ausschaltvorgang des betreffenden Kanals verschoben sein darf, damit dieser Abschnitt der Aufzeichnung noch zu einem Korn zählt.

Die Anwendung derartiger Methoden im SEM sollte besonders im sublichtmikroskopischen Bereich interessant sein, da bei geringen Vergrößerungen lichtoptische Registrierungen mit geringerem Aufwand eingesetzt werden können.

Unterhalb Korngrenzen von 1 µm erfaßt man im Rückstreubild und über die von den RE ausgelösten SE auch im SE-Bild jedoch eine tiefere Objektzone (s. § 4.2.2). Sehr kleine Teilchen sind daher bei der Abbildung eines Anschliffes nicht mehr scharf begrenzt (s. Abb. 8.14). Eine automatische Auswertung kann daher zu Fehlern führen und von der Lage des Impulshöhenintervalles des Diskriminators abhängen, während eine visuelle Zählung die spezielle Kontrastentstehung besser berücksichtigen kann. Diese Schwierigkeiten treten nach *White* u. a. (1970) z. B. nicht auf, wenn Pulverteilchen hoher SE-Ausbeute auf eine Al-bedampfte Glasunterlage mit relativ geringer SE-Ausbeute gebracht werden, und mittels eines Computers Korngrößenverteilungen aufgestellt werden.

Bei der Bestimmung von Größenverteilungen aus Anschnitten ist zu beachten, daß die Anschnitte nicht die wahre Größenverteilung wiedergeben. Am anschaulichsten ist dies für Kugelanschnitte zu übersehen („Tomatensalat-Problem") (s. *Lenz*, 1954, 1956; *von Bassewitz*, 1971).

7.3. Optische Transformationen

Um Periodizitäten oder statistische Abstände zu vermessen bzw. in den Aufnahmen zu erkennen, bedient man sich bei dem TEM der Fraunhofer-Beugung (Abb. 7.5a) (Zusammenfassung: *Reimer* u. a., 1973). In der Brennebene einer langbrennweitigen Linse beobachtet man als Intensitätsverteilung $|G(u,v)|^2$ die Fouriertransformierte der Objekttransparenz-Amplitude $A(x,y)$

$$|G(u,v)|^2 \sim |\iint A(x,y) \exp(2\pi i(ux+vy))\,dx\,dy|^2 . \tag{7.5}$$

Speziell werden Objektperiodizitäten mit einer Periodizitätslänge Λ ein Beugungsmaximum unter dem Beugungswinkel $\vartheta = \lambda/\Lambda$ zeigen.

Mittels zweier identischer Kopien eines Bildes läßt sich das Autokorrelations-Spektrum der Objekttransparenz $T(x,y)$ erhalten (Abb. 7.5b):

$$K(u,v) \sim \frac{dI(u,v)}{d\Omega} \iint T(x,y) \cdot T(x-fu, y-fv)\,dx\,dy . \tag{7.6}$$

Anwendungen auf SEM-Aufnahmen wurden von *Dobb* u. *Sikorski* (1970), und *Tovey* (1971a, b) durchgeführt.

Von besonderem Interesse ist eine holographische Bildverbesserungstechnik nach *Stroke* u.a. (1971) (Abb. 7.5c). Die Auflösungsbegrenzung im SEM durch den endlichen Durchmesser des abrasternden Elektronenstrahles kann man so interpretieren, daß jeder Objektpunkt um den Durchmesser des Strahles verwaschen erscheint. Das bedeutet, daß man mathematisch die Intensität $g(x,y)$ des verwaschenen Bildes aus der idealen Intensitätsverteilung $f(x,y)$ durch Faltung mit der Intensitätsverteilung $h(x,y)$ des Elektronenstrahlquerschnittes erhält

$$g(x,y) = \iint f(x',y')\,h(x-x', y-y')\,dx'\,dy' . \tag{7.7}$$

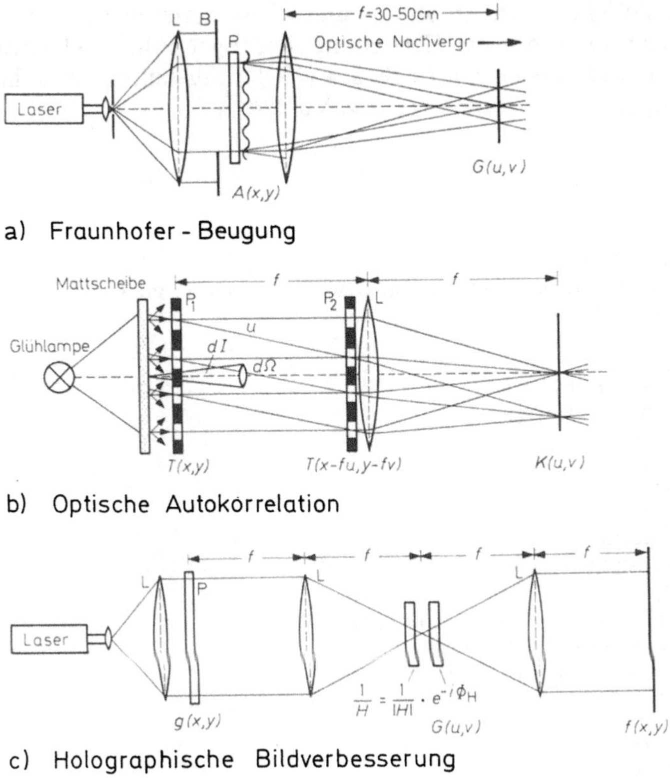

Abb. 7.5 a–c. Strahlengänge der optischen Methoden zur Fraunhoferbeugung, Autokorrelation und holographischen Bildverbesserung

Durch Fraunhoferbeugung erhält man wie in Abb. 7.5a die Amplitude $G(u,v)$ in der Brennebene der Beugungslinse. Andererseits besagt ein Satz der Fouriertransformation, daß die Fouriertransformierte eines Faltungsintegrales (7.7) sich als Produkt der einzelnen Fouriertransformierten darstellen läßt:

$$G(u,v) = F(u,v) \cdot H(u,v) \tag{7.8}$$

mit $F(u,v)$ und $H(u,v)$ als Fouriertransformierte der Funktionen $f(x,y)$ und $h(x,y)$. Bringt man in der Brennebene eine Filterfunktion

$$\frac{1}{H} = \left|\frac{1}{H}\right| \exp(-i\Phi_H) \tag{7.9}$$

an, so beträgt die Amplitudenverteilung hinter dem Filter

$$G(u,v) \cdot \frac{1}{H(u,v)} = F(u,v), \tag{7.10}$$

und durch eine inverse optische Fouriertransformation erscheint das unverwaschene Bild $f(x,y)$.

Das Filter wird gemäß (7.9) nach Amplitude und Phase getrennt hergestellt und hintereinander angeordnet. Auf die Herstellung derartiger Filter soll nicht weiter eingegangen werden. Die ersten von *Stroke* u. a. (1971) mitgeteilten Versuche gaben eine Verbesserung in der Auflösung von 200 Å auf 70 Å.

Literatur zu § 7

Bassewitz, K., von: BEDO **4**/2, 505 (1971)
Beadle, C.: Adv. Opt. Electron Microscopy **4**, 361, London, New York: Academic Press 1971
Blaschke, R.: Z. wiss. Mikr. **67**, 1 (1965)
Blaschke, R.: Leitz-Mitt. **4**, 44 (1967)
Blaschke, R.: BEDO **3**, 161 (1970a)
Blaschke, R.: Fortschr. Mineral. **47**, 197 (1970b)
Blaschke, R., Fecher, K.: BEDO **1**, 305 (1968)
Bode, M.: BEDO **3**, 415 (1970)
Boyde, A.: IITRI/SEM/1970, 105
Boyde, A.: BEDO **3**, 403 (1970)
Boyde, A.: IITRI/SEM/1971, 1
Boyde, A.: BEDO **4**/2, 443 (1971b)
Boyde, A.: J. Microscopy **98**, 452 (1973)
Boyde, A.: IITRI/SEM/1974, 93
Chatfield, E. J., More, J., Nielsen, V. H.: IITRI/SEM/1974, 117
Christenhusz, R., Pfefferkorn, G.: BEDO **1**, 129 (1968)
Cripps, J. B. F., Sang, H.: Rev. Sci. Instr. **41**, 1825 (1970)
Dinnis, A. R.: IITRI/SEM/1971, 41
Dobb, M. G., Sikorski, J.: BEDO **3**, 187 (1970)
Dörfler, G.: BEDO **2**, 161 (1969)
Dörfler, G.: BEDO **3**, 57 (1970)
Dörfler, G., Russ, J. C.: IITRI/SEM/1970, 65
Gahm, J.: BEDO **3**, 79 (1970)
Glagoleff, A. A.: Transact. Inst. Econ. Min., Moskau **1933**, 59
Hennig, A.: Mikroskopie **11**, 1 (1956)
Hennig, A.: Zeiss Werkzeitschr. **5**, H. 30 (1958)
Hilliard, J. E.: J. Microscopy **95**, 45 (1972)
Howell, P. G. T.: IITRI/SEM/1975, 697
Howell, P. G. T., Boyde, A.: IITRI/SEM/1972, 233
Kleinn, W.: Optik **18**, 209 (1961)
Kluge, N.: BEDO **3**, 69 (1970)
Lane, G. S.: J. Phys. E **2**, 565 (1969)
Lenz, F.: Optik **11**, 524 (1954)
Lenz, F.: Z. wiss. Mikr. **63**, 50 (1956)
Neubauer, G., Schnitger, A.: BEDO **3**, 411 (1970)
Reimer, L., Badde, H. G., Drewes, E., Gilde, H., Kappert, H., Höhling, H., Bassewitz, D. B., von, Rössner, A.: Forschungsber. Land Nordrhein-Westfalen Nr. 2314. Opladen: Westdeutscher Verlag 1973
Rosival, A.: Verh. der k. k. Geolog. Reichsanst., S. 413. Wien 1898
Stroke, G. W., Halioua, M., Saffir, A. J., Evins, D. J.: IITRI/SEM/1971, 59
Tovey, N. K.: IITRI/SEM/1971, 49
Tovey, N. K.: Proc. 25th Ann. Meeting EMAG, p. 244. London-Bristol: Institute of Physics 1971b
Weimann, G.: BEDO **3**, 361 (1970)
White, E. W., Görz, H., Johnson, G. G., McMillan, R. E.: IITRI/SEM/1970, 57
White, E. W., Görz, H., Johnson, G. G.: BEDO **4**/2, 415 (1971)

8. Präparation

8.1. Einleitung

In der Raster-Elektronenmikroskopie kann man Oberflächen fester Objekte direkt abbilden, wenn sie

1. sauber (frei von Belegungen) sind,
2. hochvakuumbeständig sind (ihre Form nicht verändern und nicht gasen),
3. sich unter Elektronenbeschuß nicht verändern,
4. keine störenden Aufladungen zeigen sowie
5. eine hinreichend hohe Sekundärelektronen-Ausbeute liefern.

Falls diese Bedingungen nicht von vornherein erfüllt sind, müssen geeignete präparative Maßnahmen ergriffen werden. Darüber hinaus kann durch bestimmte Präparationsmethoden der Informationsgehalt der Aufnahmen erhöht werden.

Bei allen Präparationen dürfen sich Einzelheiten der Oberfläche höchstens in Bereichen verändern, die kleiner als die Auflösungsgrenze bei der benutzten Vergrößerung sind. Ist bei einer Präparationsmethode eine Objektveränderung (Artefakt) zu befürchten, dann sollte man grundsätzlich zur Kontrolle die Untersuchung mit einer anderen Präparationsmethode wiederholen.

Die Präparation ist jedoch nicht allein ausschlaggebend für eine optimale Information. Sehr viel hängt von einer geeigneten Aufnahmetechnik ab. Die Einstellung der besten Schärfe ist selbstverständlich. Neben einem günstigen Signal/Rausch-Verhältnis ist die Einstellung eines geeigneten Kontrastes für die Information erforderlich. Ebenso wichtig ist die optimale Wahl der Beobachtungsrichtung, der Elektronenenergie und der Vergrößerung.

8.2. Präparatmontage und Oberflächenvorbereitung

8.2.1. Präparatmontage

Eine durch das Gerät bedingte Größenbeschränkung erfordert unter Umständen als erste Präparationsmaßnahme eine Zerkleinerung des Objektes.

Die Montage des Präparates erfolgt auf elektrisch leitenden Präparathaltern, die mit ihrem Kontaktstift in eine isolierte Buchse eingesetzt werden. Diese ist entweder direkt geerdet oder zur Messung des Probenstromes bzw. zur Erzeugung eines Probenstrombildes (§ 4.2.3) mit dem entsprechenden Verstärker verbunden. Es empfiehlt sich, die Präparathalter aus Aluminium oder Spektralkohle herzustellen, um die Rückstreuung der Elektronen gering zu halten, falls die Halter direkt vom Elektronenstrahl oder von am Präparat gestreuten Elektronen getroffen werden. Zur weiteren Verminderung der Rückstreuung, z. B. für die Untersuchung kleiner Teilchen, sind freitragende Folien aus Nylon (*Hall* u. a., 1966) oder Pioloform F® von 8 mm ϕ zu empfehlen. Solche Folien bzw. Halter aus Spektralkohle werden vorzugsweise auch für die Röntgenmikroanalyse im Raster-Elektronenmikroskop verwendet. Die Präparate können auf den Halterungen mechanisch festgeklemmt oder mit einem vakuumfesten Kleber (Leitsilber, Leit-C und Schmelzkleber) befestigt werden. Beim Aufkleben ist das Präparat so zu orientieren, daß mit den Kipp- und Drehmöglichkeiten des Präparattisches alle gewünschten Betrachtungsrichtungen einzustellen sind. Kleine Teilchen (Staube, Pollen usw.) werden auf Halter aufgestäubt oder aufgetupft, die mit doppelseitig klebenden Folien bzw. benzolverdünnter Gummilösung beschichtet sind. Für die Gefriertrocknung können gegebenenfalls Objekte schon vor dem Einfrieren auf Haltern befestigt werden. Kleine Objekte in Flüssigkeit, z. B. Zellsuspensionen, haften gut auf aufgerauhten Haltern. Größere Proben werden auf diesen mit dem Kleber Durelon®, der in 2–3 min härtet, aufgeklebt.

Das Aufbringen elektrisch leitender Schichten erfolgt meist nach dem Befestigen auf dem Präparathalter (§ 8.6). Ist ein guter elektrischer Kontakt zwischen der leitenden Oberfläche des Präparates und dem Präparathalter nicht gesichert, so wird dieser mit einer Brücke aus Leitsilber hergestellt. Bei Präparaten geringer Leitfähigkeit empfiehlt es sich, das Leitsilber nahe an den abzubildenden Bereich heranzuziehen. Dabei ist zu beachten, daß Leitsilber in poröse Proben eindringen oder sein Dispersionsmedium das Objekt anlösen kann.

8.2.2. Oberflächenvorbereitung

Man untersucht natürlich vorliegende bzw. künstlich gewonnene Oberflächen fester Stoffe. Im letzteren Falle können durch mechanischen, chemischen oder physikalischen Angriff entweder innere Grenzflächen freigelegt oder neue Oberflächen geschaffen werden. Zur Untersuchung von Objekten auf Phasenzusammensetzung und Kristallorientierung sollten die Flächen eben sein (§ 8.7.7).

In vielen Fällen müssen Oberflächen von anhaftenden Stoffen mechanisch, chemisch bzw. physikalisch befreit werden. Staub wird durch Abblasen mit gereinigter Preßluft oder Frigengas aus einer Druckflasche bzw. Sprühdose entfernt. Teilchen kleiner als 1 µm haften meist so fest, daß eine Reinigung mit geeigneten Flüssigkeiten evtl. mit zusätzlichem Bürsten erforderlich ist. Man kann auch ein Ultraschall-Reinigungsgerät benutzen. Öle und Fette müssen besonders sorgfältig beseitigt werden. Einmaliges Waschen in einem Lösungsmittel genügt oft nicht.

Biologische Objekte werden von schleimigen Schichten, Zellbruchstücken oder Rückständen z. B. aus dem Kulturmedium wirkungsvoll befreit, indem sie mit isotonischen, gepufferten Lösungen gewaschen oder abgesprüht werden. Die gepufferten Salzlösungen sollten in ihrer Zusammensetzung spezifisch für jedes

Gewebe abgestimmt werden. Einzelne Zellen (z. B. Blutkörperchen oder Spermien) können durch Waschen in diesen Lösungen und anschließendem schonenden Zentrifugieren vom Plasma befreit werden. Noch wirkungsvoller ist es nach *Fujita* u. a. (1970), einige Tropfen einer Zellsuspension in ein größeres Volumen (ca. 20 ml) eines nicht koagulierend wirkenden Fixationsmittels (z. B. 1 % gepufferter Glutaraldehyd) zu geben und durch kräftiges Schütteln zu dispergieren. Nach dem Zentrifugieren und Abgießen der überstehenden Flüssigkeit werden in den sedimentierten Zellen letzte Spuren von Plasma und Salzen (aus der Fixierlösung) durch ein- bis zweimaliges Waschen in aqua bidest. entfernt.

Deckschichten aus Proteinen können enzymatisch abgebaut werden, falls eine Protein enthaltende Oberfläche nicht selbst dabei angegriffen wird. Um z. B. die Unsicherheit des fermentativen Proteinabbaues bei der Chromosomen-Präparation zu umgehen, extrahierten *Pawlowitzki* u. *Blaschke* (1968) das Protein durch 2–4maliges Waschen der Leukozyten in Abständen von 5 min in Hanks'scher Lösung (pH 7). In allen Fällen ist es wichtig, daß die Reinigung der Oberfläche kurz vor Beginn der Fixierung erfolgt.

Bei Knochen empfiehlt *Richter* (1972), diese in einem Soxhlet-Apparat völlig zu entfetten, damit deren Oberfläche nicht durch einen Fettfilm verschmiert erscheint.

8.3. Stabilisierung der Objekte

8.3.1. Übersicht der Methoden

Tabelle 8.1 enthält eine Übersicht der anwendbaren Präparationsverfahren für die Raster-Elektronenmikroskopie wasserhaltiger biologischer Objekte. Alle Methoden weisen ihre speziellen Schwierigkeiten auf und es ist von Fall zu Fall zu entscheiden, welche Methode die geeignetste ist bzw. wie eine Methode dem Präparationsziel angepaßt werden muß.

Eine direkte Untersuchung ist nur in wenigen Fällen – speziell bei Pflanzenmaterial – unter Umständen auch ohne eine leitende Oberflächenschicht für begrenzte Zeit möglich, bevor die Austrocknung im Vakuum die Struktur verändert (*Richter* u. a., 1968; *Heslop-Harrison*, 1969, 1970; *Ledbetter*, 1976).

Nach einer eventuellen Vorreinigung (s. a. § 8.2.2) erfolgt eine chemische Fixierung (§ 8.3.2), die nicht nur eine Strukturveränderung durch postmortale Cytolyse verhindert, sondern auch die Strukturelemente der Zellen festigt. Hierfür können die meisten für das TEM bewährten Verfahren herangezogen werden (Zusammenstellungen bei *Pease*, 1964; *Kay*, 1965; *Reimer*, 1967; *Meek*, 1971; *Hayat*, 1970; *Koehler*, 1973). Es ist zu fordern, daß eine Fixierung für das SEM genauso gut sein sollte wie für das TEM, weil eine schlechtere Erhaltung des Zellgefüges sich auch auf den Oberflächen von Zellen und Geweben bemerkbar macht. Soweit möglich, sollte die Perfusionsfixierung angewandt werden, vor allem wenn innere Grenzflächen untersucht werden sollen.

Tabelle 8.1. Präparationsmethoden für wasserhaltige biologische Objekte in der Raster-Elektronenmikroskopie

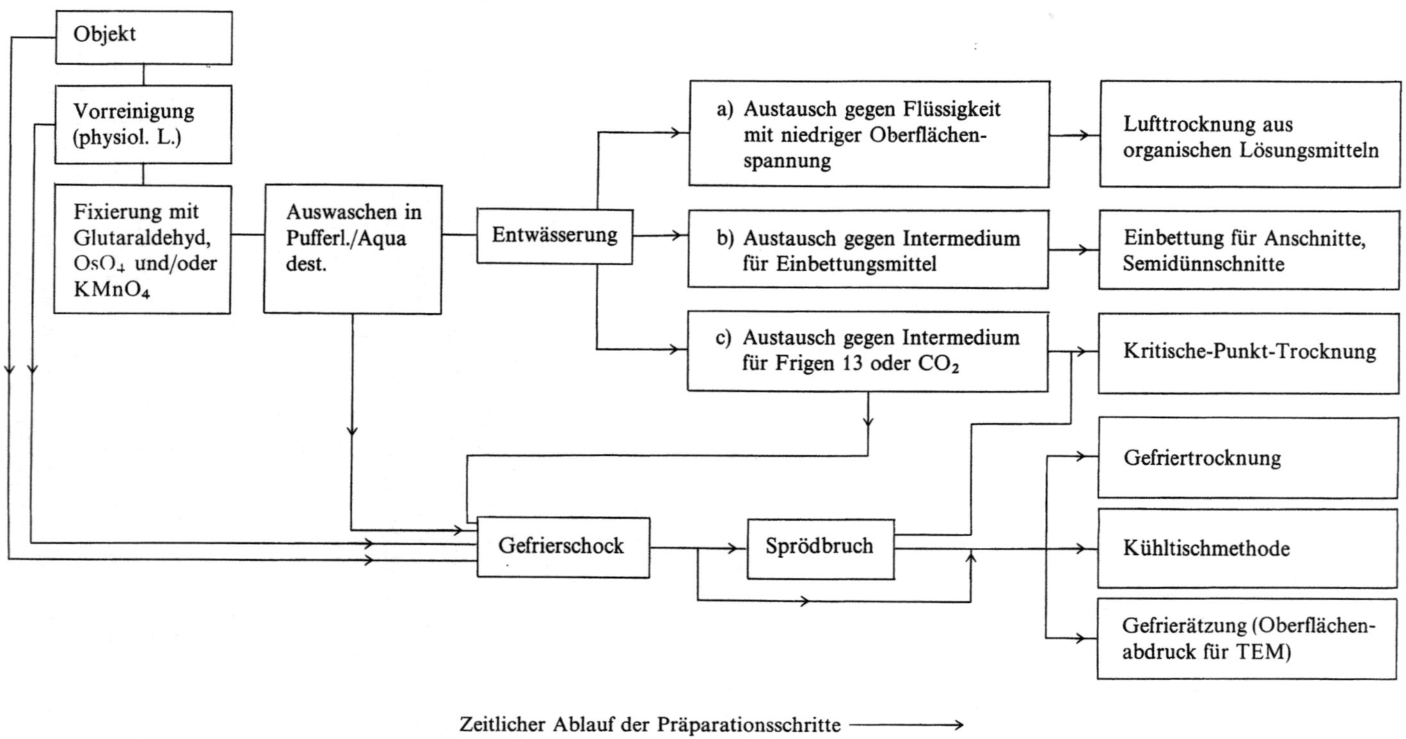

Die Entwässerung erfolgt in der Regel in einer aufsteigenden Alkohol- bzw. Acetonreihe. Bei der Lufttrocknung aus Alkohol oder Aceton wird die Oberflächenspannung gegenüber der des Wassers herabgesetzt (§ 8.3.3.). Da aber auch bei der Eintrocknung dieser Flüssigkeiten noch Oberflächenspannungskräfte auftreten, bietet die Kritische-Punkt-Trocknung (§ 8.3.4) bzw. Gefriertrocknung (§ 8.3.5), bei denen die Phasengrenze flüssig-gasförmig vermieden wird, optimale Strukturerhaltung. Eine Einbettung der entwässerten Gewebe in Epon oder Araldit kann zur Anfertigung von licht- oder transmissionselektronenmikroskopischen Vergleichsschnitten dienen. Neben einer Untersuchung der Schnitte im Rastertransmissionsbetrieb kann auch eine Untersuchung des angeschnittenen Blockes erfolgen, wenn das Epon mit 1–2 % NaOH in Methanol herausgelöst wird (*Erlandsen* u.a., 1973).

Sollen chemische Veränderungen im Objekt ausgeschaltet werden, sind Gefrierschock und Gefriertrocknung (§ 8.3.5) die Methode der Wahl (*Boyde* u. *Echlin*, 1973). Es kommt hierbei zu keiner Extraktion löslicher Bestandteile. Dieses Verfahren ist unbedingt anzuwenden, wenn es nicht nur auf die morphologische sondern auch auf die röntgenmikroanalytische Untersuchung der Probe ankommt. Der Weg über den Gefrierschock kann jedoch auch mit chemisch fixiertem Gewebe erfolgen.

Das gefrorene Objekt kann direkt auf einen Kühltisch des SEM übertragen werden (§ 8.3.6). Durch hinreichend tiefe Absublimation des Eises wird ein ausgeprägtes Oberflächenrelief erhalten. Gefriertrocknung oder Kühltischmethode können wahlweise auch nach einem Sprödbruch, der innere Oberflächen freigelegt hat, angewandt werden (§ 8.7.3). In der für das TEM entwickelten Gefrierätzmethode nach *Moor* (1964) wird von der Oberfläche nur eine sehr dünne Eisschicht von 100 bis 1000 Å absublimiert und die Abbildung erfolgt über einen in der gleichen Hochvakuumapparatur aufgedampften Oberflächenabdruckfilm. Bei einer Steigerung der Auflösung im SEM könnte diese Methode auch direkt im SEM ausgenutzt werden.

Abb. 8.1 demonstriert als Beispiel die unterschiedlichen Informationsmöglichkeiten und ergänzenden Aussagen von drei verschiedenen elektronenmikroskopischen Methoden an den Pilzhyphen in einem Flechtenthallus. Das nach Einfrieren gebrochene und dann gefriergetrocknete Präparat zeigt a) im Raster-Elektronenmikroskop die dreidimensional verflochtene Anordnung der Hyphen. Verbleibt die gefrorene, gebrochene Probe innerhalb einer Gefrierätzanlage und wird nach Absublimation einer dünnen Eisschicht ein Platin-Kohle-Abdruck hergestellt, so ist b) im Transmissions-Elektronenmikroskop zwar keine ausreichende Information über die räumliche Anordnung zu erhalten, aber zelluläre Einschlüsse und cytologische Details der Hyphen treten als Oberflächenrelief deutlich hervor. (Die rauhe Fläche zwischen den Hyphen stammt von der Eiseinbettung.) Diese cytologischen Details werden jedoch c) erst nach Glutaraldehyd-Fixation, Epon-Einbettung und Bleikontrastierung in einem Ultradünnschnitt im Transmissions-Elektronenmikroskop weiter aufgelöst. Dieser Vergleich verschiedener Präparations- und Untersuchungsmethoden zeigt, daß manche Objekte erst durch Kombination mehrerer Methoden einwandfrei erfaßt werden können.

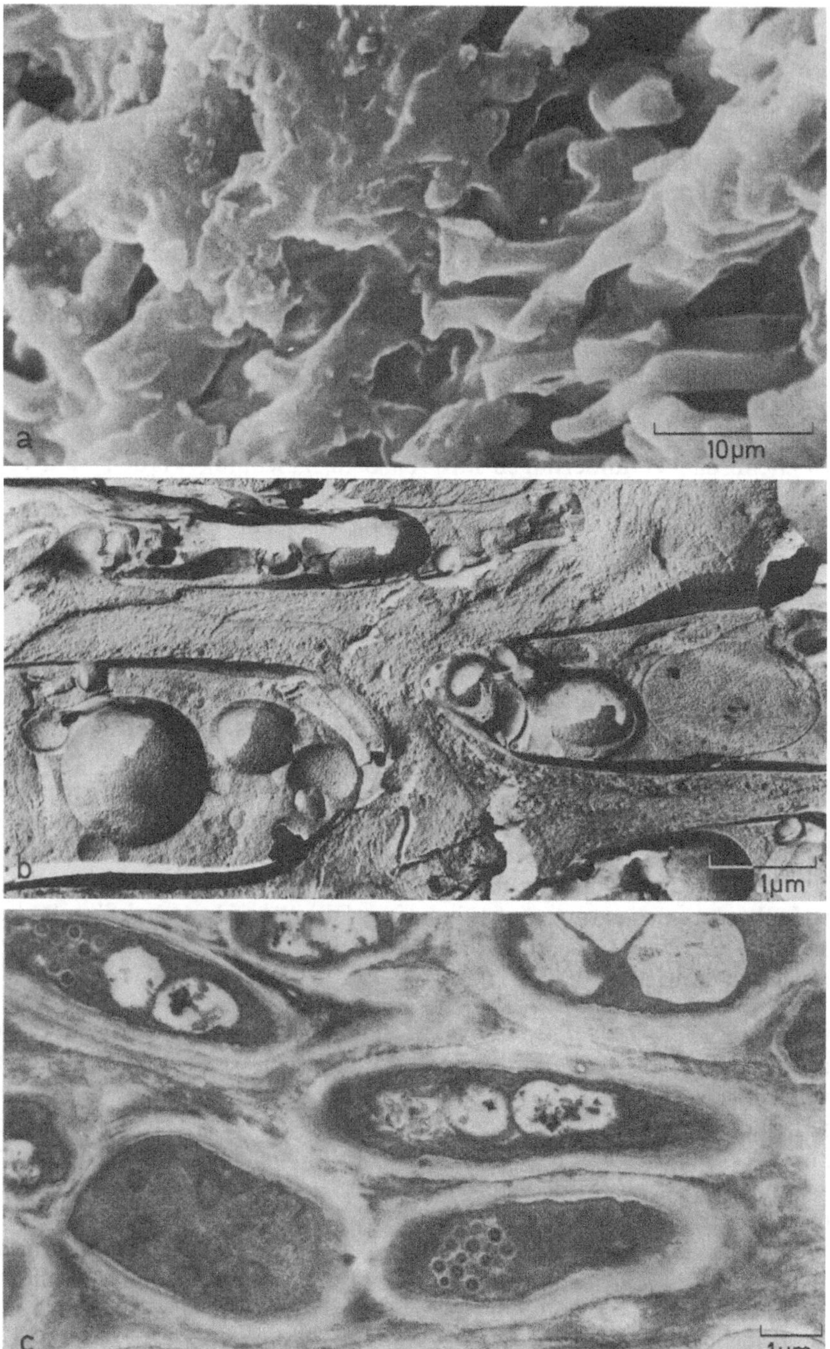

Abb. 8.1 a–c. Pilzhyphen im Flechtenthallus von Dermatocarpon miniatum nach verschiedener Präparation: a) im Raster-Elektronenmikroskop nach Anschneiden in einer Gefrierätzanlage und anschließender Gefriertrocknung, b) im Transmissions-Elektronenmikroskop untersuchter Platin-Kohle-Abdruck nach der Gefrierätzung, c) Ultradünnschnitt im Transmissions-Elektronenmikroskop nach Glutaraldehyd-Fixierung, Epon-Einbettung und Bleizitrat-Kontrastierung. (Nach *Peveling* u. *Vahl*, 1968)

8.3.2. Fixierung

a) Fixierung in Lösungen

Fixiergemische bestehen grundsätzlich aus 3 Komponenten: 1. dem Fixativ (Glutaraldehyd, OsO_4), 2. der Pufferlösung und 3. Zusätzen, die Isotonie mit dem zu fixierenden Objekt gewährleisten. Fixierungen in gepufferter, isotonischer 1 %iger OsO_4-Lösung, in Glutaraldehyd mit Cacodylatpuffer (je nach Objekt 0,1–6,5 %ig) oder in ca. 10 %igem Formaldehyd erweisen sich als besonders geeignet (s. a. *Boyde* u. *Vesely*, 1972). Die Aldehyde müssen besonders hervorgehoben werden (z. B. Glutaraldehyd oder Acrolein), da sie nach dem heutigen Stand der Fixierungstechnik auch für die Raster-Elektronenmikroskopie die besten Ergebnisse bringen. Sie verleihen dem Gewebe Festigkeit, ohne dabei koagulierend zu wirken.

Nach der Fixation in Aldehyd und gründlichem Auswaschen in isotonischer Pufferlösung sind viele Proben noch nicht genügend verfestigt und osmotisch inaktiviert, um Entwässerung und Trocknung ohne größeren Schaden zu überstehen. Deshalb empfiehlt sich eine Nachfixierung in OsO_4-Lösung (1 %ig), Sublimat (0,2 %ig) oder $KMnO_4$ (2 %ig). *Fujita* u. a. (1971) konnten mit $KMnO_4$-Nachfixation Hyphen von Candida albicans so weit härten, daß sie bei der nachfolgenden Entwässerung in Aceton und Lufttrocknung ihre Form behielten. Kommt es auf eine sehr schnelle Fixierung an, um z. B. den metachronen Cilienschlag bei Ciliaten festzuhalten, empfiehlt sich die Fixierung nach *Parducz* (1967) in 2 %igem OsO_4 und 0,5 %igem $HgCl_2$, die kurz vor dem Gebrauch zusammengegeben werden. In jedem Fall muß das Präparat nach Vor- und Nachfixierung gewissenhaft in aqua dest. ausgewaschen werden, um Reste der Fixierlösung zu entfernen (*Marszalek* u. *Small*, 1969). Die Fixierdauer richtet sich nach Größe und Beschaffenheit der Proben (z. B. Porosität oder wenig durchlässige Membranen) und kann z. B. beim Glutaraldehyd mehrere Stunden bis mehrere Tage beanspruchen.

Das Ergebnis verschiedener Fixierungen soll am Beispiel von Erythrozyten demonstriert werden (*Richter*, 1969), die in Abb. 8.2a auf einem Glasobjektträger ausgestrichen und unfixiert in Luft getrocknet wurden. Von ihrer räumlichen Struktur ist wenig erhalten. Sie liegen so flach ausgebreitet, daß sich sogar bei überlappenden Zellen noch der Umriß der unten liegenden abzeichnet. Geht der Lufttrocknung eine Glutaraldehyd-Fixation (0,5 %, pH 7,2) voraus, so zeigen die Erythrozyten die bekannte scheibenförmige, bikonkave Form (Abb. 8.2b). Formalin-Fixierung (4 %, neutral), bei der schon Hämolyse auftrat, brachte bei nachfolgender Lufttrocknung kein brauchbares Resultat (Abb. 8.2c). Die Zellen sind beschädigt und stark abgeflacht. *Tokunaga* u. a. (1969) erhalten mit 1 %iger Glutaraldehydlösung in 0,1 m Phosphatpuffer beste Formerhaltung der Erythrozyten. Obiges Beispiel möge wiederum zeigen, wie wichtig in allen Fällen die vergleichende Anwendung verschiedener Methoden ist.

b) Fixierung in Dämpfen

Proben, die von Natur aus trocken sind oder schon einen Trocknungsprozeß durchgemacht haben, können gegen schädigende Einflüsse (Luftfeuchtigkeit, Elek-

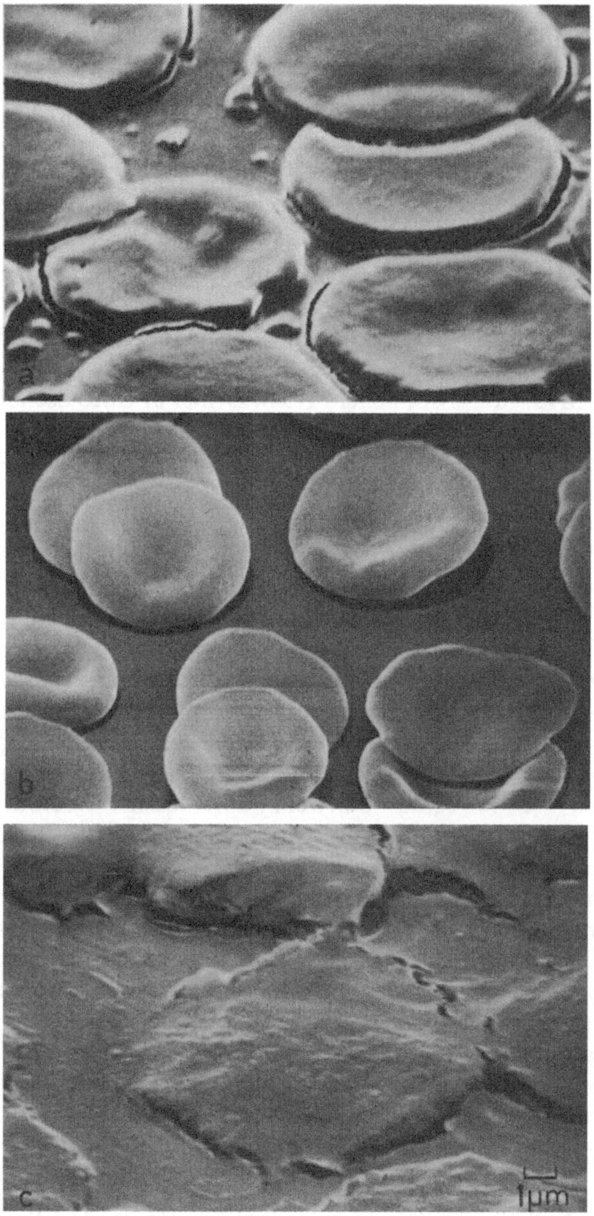

Abb. 8.2a–c. a) Unfixiert ausgestrichene Erythrocyten. b) Venenblut in kaltem 0,5%igem Glutaraldehyd (mit Phosphatpuffer auf pH 7,2 gepuffert) fixiert, mit Pufferlösung und aqua dest. gewaschen und auf Deckglas ausgestrichen, an Luft getrocknet. c) Nach Fixierung in Formalin und Auswaschen in aqua dest. ausgestrichene Erythrocyten, an Luft getrocknet. a)–c) mit Gold bedampft. (Nach *Richter*, 1969)

tronenbestrahlung) durch Imprägnieren mit dampfförmigen Fixantien stabilisiert werden. Hierfür eignen sich Formalin- und insbesonders OsO_4-Dämpfe. In ein luftdicht schließendes Gefäß wird zusammen mit der Probe eine kleine Schale mit Formalin oder OsO_4-Lösung gegeben. Ist die Probe, wie in vielen Fällen nach scharfer Trocknung, stark hygroskopisch, empfiehlt es sich, trockene OsO_4-Kristalle zu verwenden. Je nach Größe, Beschaffenheit und Porosität des Objektes kann die Dampfeinwirkung bis zu mehreren Tagen nötig sein. Bei OsO_4-Dampf-Imprägnierung ist neben einer fixierenden Wirkung auch eine deutliche Erhöhung der elektrischen Leitfähigkeit zu verzeichnen (§ 8.6) (*Multier* u. *Herbst*, 1970; *Pfefferkorn*, 1970).

8.3.3. Entwässerung und Lufttrocknung

Wenn Proben in Wasser — seien sie fixiert oder unfixiert — an Luft getrocknet werden, verursacht nicht nur die Oberflächenspannung Schädigungen des Objektes, sondern es werden dabei auch kleine im Wasser schwimmende Partikel auf der Oberfläche des trocknenden Objektes abgelagert. Eine Trocknung aus dem wasserhaltigen Zustand ist daher nicht sinnvoll. Deshalb wird das in der Probe vorhandene Wasser schrittweise gegen Flüssigkeiten, die mit Wasser mischbar sind und eine geringe Oberflächenspannung besitzen, ausgetauscht (z. B. Alkohol, Aceton oder Propylenoxid). Dauer und Abstufung dieser Entwässerungsreihen richtet sich nach der Größe und Resistenz des Objektes. Je empfindlicher die Probe, desto kleiner sollen die Unterschiede zwischen den einzelnen Konzentrationsstufen sein (z. B. 10, 20, 30 usw. bis 100 %). Ist das Objekt vollständig entwässert, kann man dieses — möglichst unter kontrollierten Bedingungen (*Barber* u. *Boyde*, 1968) — trocknen lassen. Um die Trocknungsartefakte noch zu verringern, kann man das erste Entwässerungsmedium wiederum durch eine Flüssigkeit mit noch geringerer Oberflächenspannung schrittweise ersetzen. Deshalb überführen *Boyde* u. *Wood* (1969) die Objekte aus dem 100 %igen Alkohol schrittweise in Äther, den sie unter einem Abzug abdampfen lassen.

Bei uns hat sich eine Überführung aus dem 100 %igen Alkohol in eine aufsteigende Frigen 11 (Monofluortrichlormethan)-Reihe mit anschließender Lufttrocknung aus dem 100 %igen Frigen gut bewährt. *Kaufman-Arenberg* u. a. (1970) erreichen beste Strukturerhaltung von biologischem Weichgewebe durch Abdampfen des Lösungsmittels (Alkohol oder Äther) bei niedrigen Temperaturen (−30 bis −40° C) in einem Vakuum-Exsikkator mit einem wasseradsorbierenden Molekularsieb.

8.3.4. Kritische-Punkt-Trocknung (CPD)

Zahlreiche sehr empfindliche biologische Objekte, als Beispiel Flimmerepithelien, deren Oberfläche mit Cilien ausgestattet ist, lassen sich aber mit keinem der oben angeführten Verfahren artefaktfrei trocknen. Selbst die relativ geringen Oberflächenkräfte, die beim Verdunsten von Aceton oder Äther auftreten, lassen Zellwände kollabieren und feine Cilien miteinander verkleben.

Eine Vermeidung der Oberflächenspannung wird mit Kritischer-Punkt-Trocknung (im folgenden mit CPD, critical point drying abgekürzt) erreicht (*Anderson*, 1951; *Cohen* u.a., 1968; *Nemanic*, 1972; *Lewis* u. *Nemanik*, 1973). Bevor auf die praktische Durchführung der Methode eingegangen wird, soll am Beispiel des CO_2 die Thermodynamik des Prozesses erläutert werden (*Bartlett* u. *Burstyn*, 1975). Abb. 8.3a zeigt in einem *p-T*-Diagramm für CO_2 die Grenzen zwischen den Phasen fest, flüssig und gasförmig. Bei allen Stoffen endet die Grenze flüssig-gasförmig am Kritischen Punkt CP. Für die Diskussion der Methode bewährt sich auch ein Dichte-Temperatur-Diagramm (Abb. 8.3b). „Dichte" bedeutet hier eingefüllte Masse/Volumen der Druckkammer, ungeachtet der Verteilung auf Flüssigkeit und Gas. Z.B. liest man aus dem Diagramm ab, daß bei konstanter Temperatur (z.B. 20° C) und sukzessiver Erhöhung der Dichte (Auffüllung der Kammer) zunächst Gas vorliegt und sich der Druck erhöht, bis im Punkte K_1 die Kondensation der Flüssigkeit einsetzt. Bei weiterer Nachfüllung (Dichtesteigerung) wird bei konstantem Druck das Volumenverhältnis Flüssigkeit/Gas steigen, bis im Punkt K_2 die ganze Kammer mit flüssigem CO_2 gefüllt ist, wonach bei weiterer Dichtezunahme durch Kompression der Flüssigkeit ein steiler Druckanstieg erfolgt. Punkte zwischen K_1 und K_2 entsprechen daher verschiedenen Füllgraden der Kammer mit Flüssigkeit.

Bei dem Füllgrad A_3 befindet sich wenig Gas oberhalb der Flüssigkeit. Bei Absperrung der Kammer und Erwärmung bewegt man sich horizontal auf einer Linie konstanter „Dichte". Im Punkt B_3 hat sich die Flüssigkeit soweit ausgedehnt, daß die Kammer voll mit Flüssigkeit gefüllt ist. Wenn man bei D_3 isotherm die Kammer entleert (Öffnen eines Nadelventils) so erreicht man den Punkt E (Atmosphärendruck) und ein in CO_2 anfangs volleingetauchtes Präparat hat nie eine Phasengrenze durchlaufen. Wenn die Kammer nicht genügend mit Flüssigkeit gefüllt ist (A_1), so liegt in B_1 reines CO_2-Gas vor. Das Präparat hat also eine Phasengrenze flüssig-gasförmig durchlaufen, was gerade vermieden werden sollte. Bei der Füllung A_2 wird die Dichte des Dampfes zu- und die der Flüssigkeit abnehmen, bis bei CP die Dichten gleich sind und die Phasengrenze nicht mehr existiert. Dieser direkte Übergang über den Kritischen Punkt ist jedoch mit starken Turbulenzen durch Dichteschwankungen verbunden. Für eine richtige Trocknung sollte daher die Kammer möglichst vollständig mit Flüssigkeit gefüllt werden (A_3). Es erweist sich auch als vorteilhaft, die Kammer beim Einfüllen gegenüber der Vorratsflasche leicht zu kühlen. Unter dem Druck der Vorratsflasche ist dann eine 100%ige Füllung möglich (Punkt A_4), da in der kühleren Kammer die Flüssigkeit leicht kondensiert. Diese am Beispiel des CO_2 durchgeführten Überlegungen gelten entsprechend für die Phasendiagramme jeder anderen Trocknungssubstanz (z.B. Frigen).

Da die Werte des Kritischen Punktes für H_2O $p_{kr} = 214{,}4$ bar und $T_{kr} = 374°$ C betragen, kommt eine direkte CPD mit H_2O nicht in Frage. Es wird eine normale Entwässerung in einer aufsteigenden Alkohol- oder Aceton-Reihe durchgeführt und anschließend mit einer Zwischenflüssigkeit (s.u.) eine Substitution durch CO_2 (*Anderson*, 1951) mit $p_{kr} = 71{,}5$ bar und $T_{kr} = 31°$ C oder durch Frigen 13 ($CClF_3$) (*Cohen* u.a., 1968) mit $p_{kr} = 38{,}61$ bar und $T_{kr} = 28{,}8°$ C. Dabei werden aus Gründen der Löslichkeit und Mischbarkeit (s. *Lewis* u.a., 1975) auch Zwischenflüssigkeiten benutzt. *Anderson* benutzte die Reihe Alkohol-Amylazetat-

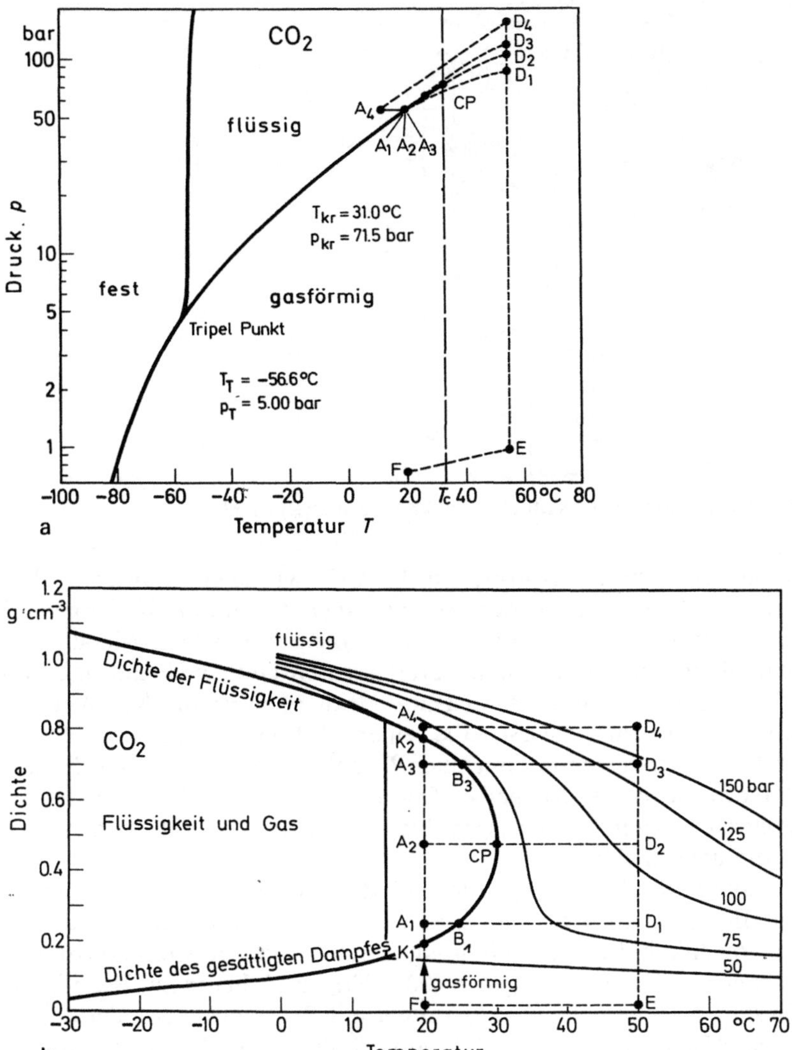

Abb. 8.3 a u. b. a) *p-T*-Zustandsdiagramm für CO_2 mit den Phasengrenzen fest–flüssig, fest–gasförmig, flüssig–gasförmig (Ende am Kritischen Punkt CP). b) Dichte-Temperatur-Diagramm mit Isobaren und der Grenzkurve Flüssigkeit–Gas („Dichte" = Gesamtmasse des eingefüllten CO_2 (flüssig und gasförmig)/Volumen der Kammer)

CO_2. Gewisse Kunststoffträger können durch Amylazetat angelöst werden. Es ist daher auch Alkohol oder Azeton direkt als Zwischenflüssigkeit für CO_2 benutzt worden (*De Bault*, 1973). Als Zwischenflüssigkeit zwischen Alkohol und Frigen 13 findet Frigen 11 Verwendung, welches bei Zimmertemperatur noch flüssig ist (Sdp. 23,7° C). Obwohl die Einführung von Frigen 13 der CPD zum Durchbruch verholfen hat, besteht zur Zeit die Tendenz, aus Kostengründen wieder CO_2 zu benutzen.

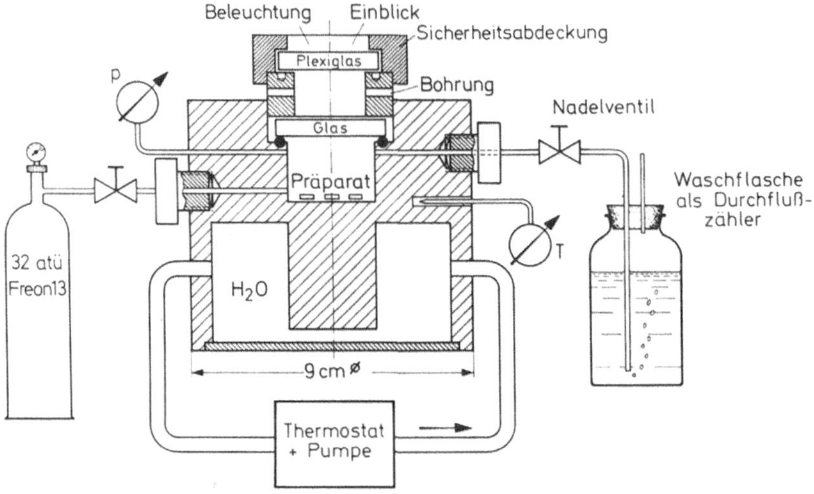

Abb. 8.4. Schema der Anordnung der Kritischen-Punkt-Trocknungsmethode

Eine automatische Trocknungsapparatur für CO_2 wurde von *Pawley* u. *Dole* (1976) beschrieben. Abb. 8.4 zeigt den Aufbau einer Apparatur für Frigen 13 (*Fromme* u. a., 1972). Die Druckkammer ist aus einem kompakten Metallblock gedreht. Sie enthält oben die Objektkammer mit angeschraubtem Hochdruck-Einlaßventil und einem Nadelventil als Ausgang. Nach oben ist die Kammer mit einem Rundschnurring, einer Glasscheibe, einem Teflonring und Schraubring verschließbar. Eine Überwurfmutter mit einer Plexiglasscheibe dient als Sicherung bei einem Zerspringen der Glasscheibe. Der untere Teil der Kammer ist für einen temperierten Wasserzufluß ausgehöhlt. Der Druck in der Kammer ist mit einem Manometer meßbar.

Zur Anwendung der CPD erfolgt zunächst die Entwässerung der Präparate in einer Alkoholreihe in 10 %-Stufen bis zum abs. Alkohol. Anschließend wird in einer Reihe von Alkohol-Frigen-Mischungen (in 10 %iger Abstufung) Alkohol durch Frigen 11 ersetzt. Zwei Spülungen in 100 % Frigen 11 dienen zur Beseitigung von Alkoholresten. Nachdem die Druckkammer mit Eis, Trockeneis oder kaltem durchfließenden Wasser auf ca. 12–14° C abgekühlt ist, wird das Präparat in Frigen 11 in die Druckkammer überführt und diese fest verschlossen. Durch Öffnen eines Ventils gelangt Frigen 13 aus der angeschlossenen Vorratsflasche in die Druckkammer, wo es sofort kondensiert. Durch mehrmaliges Ablassen (ca. 6–8mal) und erneute Füllung der Kammer wird das Frigen 11 durch Frigen 13 substituiert. Dieser Austauschvorgang sollte je nach Probenbeschaffenheit und -größe 30–60 min in Anspruch nehmen, um sicher zu sein, daß keine Frigen 11-Reste im Probeninnern zurückbleiben.

Zur eigentlichen Trocknung wird die Kammer mit Frigen 13 zu $^3/_4$ bis $^4/_5$ gefüllt. Mit dem Warmwasserkreislauf wird die Druckkammer nun in ca. 5–10 min auf 40° C erwärmt. Für diese Erwärmung ist der Druckanstieg in der Kammer ein empfindlicherer Indikator als ein Thermometer, welches die Temperatur der Druckkammer mit einer gewissen Verzögerung anzeigt. Kurz vor Erreichen des kritischen Punktes kondensieren Tropfen an der Unterseite des Schauglases und fallen in die Kammer zurück. Sie werden zunehmend kleiner und zahlreicher und bilden schließlich einen feinen Nebel, der am kritischen Punkt plötzlich verschwindet. Zurück bleiben nur Schlieren (kritische Opaleszenz).

Um eine mögliche Kondensation des nunmehr gasförmigen Frigen 13 durch die Abkühlung bei der Dekompression zu vermeiden, wird zunächst die Kammer auf ca. 45° C aufgeheizt, wobei der Druck auf ca. 55 bar ansteigt. Dann erst wird das Nadelventil langsam geöffnet. Die aufsteigenden Blasen in einer angeschlossenen Waschflasche dienen als Durchflußzählung. Der Druckabfall auf Atmosphärendruck erstreckt sich über 10–15 min. Nach dem Öffnen der Kammer können die getrockneten Präparate entnommen, bedampft und im Raster-Elektronenmikroskop beobachtet werden.

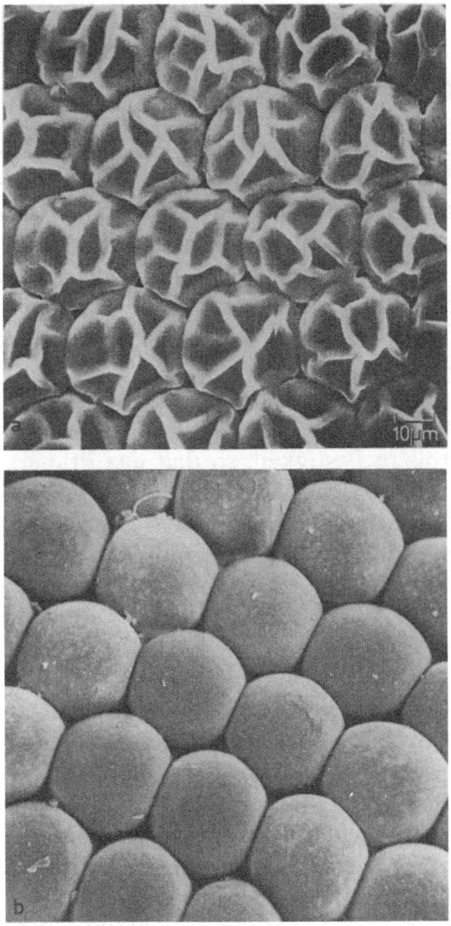

Abb. 8.5a u. b. Ausschnitt aus dem Facettenauge einer Stechmücke (Culex pipiens). a) Fixiert in Glutaraldehyd (2 h), ausgewaschen in Pufferlösung, in der steigenden Alkoholreihe entwässert, an Luft getrocknet und mit C-Au-C bedampft. b) Fixiert in Glutaraldehyd, entwässert in aufsteigender Alkoholreihe, übergeführt in Frigen 11 und dann in der Kammer mit Frigen 13 ausgetauscht, über den kritischen Punkt getrocknet und mit C-Au bedampft. (Nach *Fromme* u. a., 1972)

Abb. 8.5 demonstriert die Wirksamkeit dieser Methode am Facettenauge der Stechmücke. Durch Lufttrocknung nach Fixieren mit Glutaraldehyd, Waschen und Entwässern in Alkohol fällt die Cuticula der einzelnen Ommatidien ein und zeigt Schrumpfungsfalten (Abb. 8.5a), während sie nach CPD ihre glatte halbkugelige Form behält (Abb. 8.5b). Jedoch ist nicht auszuschließen, daß bei der CPD und den anderen Präparationsschritten ebenfalls Schrumpfungen auftreten (s. *Boyde*, 1972; Lymphozyten: *Schneider*, 1976).

Für die Überführung von der Entwässerung bis zur CPD-Apparatur werden die Objekte zweckmäßig in kleine Kammern mit Bohrungen oder Netzen für den ungehinderten Zutritt der Flüssigkeiten übertragen (*Nemanic*, 1972). Suspensionen von Bakterien, Spermien etc. können auf Träger zentrifugiert oder auf Filtern sedimentiert werden (s. *Klainer* u.a., 1974; *Thornthwaite* u.a., 1975; *Flechon* u.a., 1975).

8.3.5. Gefrierschock und Gefriertrocknung

Eine weitere Möglichkeit, Eintrocknungsartefakte auszuschalten, ist ein Gefrierschock mit anschließender Gefriertrocknung. Die wasserhaltigen und gegebenenfalls mit physiologischer Lösung gereinigten Proben werden durch schockartiges Gefrieren in ihrem natürlichen Zustand fixiert. Anschließend sublimiert das Eis bei tiefer Temperatur im Hochvakuum unter Umgehung der flüssigen Phase. Gegenüber den in § 8.3.3 und 8.3.4 beschriebenen Verfahren hat die Gefriertrocknung mit und ohne vorherige Fixation den Vorteil, daß keine Schrumpfungen bei der Entwässerung und Trocknung auftreten.

Eine Vorfixation in Glutaraldehyd und eine Nachfixation (§ 8.3.2a) stoppen nicht nur die postmortalen Cytolysevorgänge und die osmotische Aktivität, sondern sie verleihen der Probe auch eine größere Festigkeit, so daß das Präparat vor dem Einfrieren sorgfältig in aqua bidest. gewaschen werden kann (*Marszalek* u. *Small*, 1969). Außerdem wird das Gewebe nach einer Fixation durch evtl. auftretende Eiskristalle nach *Boyde* u. *Echlin* (1973) weniger geschädigt.

a) Gefrierschock

Für einen erfolgreichen Gefrierschock kommt es vor allen Dingen darauf an, das Objekt schnell abzukühlen, um Schäden durch Eiskristallbildung möglichst klein zu halten. Aus licht- und transmissionselektronenmikroskopischen Untersuchungen ist bekannt, daß die Bildung der Eiskristalle bei geringen Abkühlungsraten vorwiegend interzellulär an wenigen Keimen erfolgt. Dadurch wird den Zellen Wasser entzogen, was zu einem Anstieg der Salzkonzentration und damit zu einer Gefrierpunktserniedrigung im Zellinnern führt. Die Folge sind Verlagerungen, Schrumpfungen und Risse im Gewebe. Mit Steigerung der Abkühlungsgeschwindigkeit werden die Eiskristalle kleiner und entstehen auch sofort intrazellulär, was die Beschädigung der Zellstrukturen zur Folge hat. Gelingt es aber, das Gewebe in wenigen Millisekunden unter $-140°$C abzukühlen, vergrößern sich die Chancen, daß das Wasser in feinkristalliner bzw. glasiger Form erstarrt

(Vitrifikation). Nur dann ist eine optimale Zellerhaltung gewährleistet (s. *Rebhun*, 1972).

Da Eis ein schlechtes Wärmeleitvermögen besitzt, wird nur eine relativ dünne Oberflächenschicht von 3–20 µm optimal gefroren. Für Oberflächenuntersuchungen in der Raster-Elektronenmikroskopie ist dies nicht problematisch; schwierig wird es nur bei Objekten, die von einem Flüssigkeitsfilm überzogen sind. Nur dieser wird optimal gefroren. Die darunter liegende Oberfläche kann dann bereits Gefrierartefakte zeigen.

Für einen optimalen Gefrierschock sind daher 3 Bedingungen zu erfüllen: 1. kleine Gewebeabmessungen (höchstens 0,5 mm in einer Dimension), 2. guter Wärmekontakt mit dem Kühlmittel und 3. ein großer Temperaturgradient. Bewährt haben sich als Kühlmittel mit niedrigem Erstarrungspunkt für ein schockartiges Gefrieren Propan (−140° C), Isopentan (−160° C) und Frigen 12 (−158° C), die mit flüssigem Stickstoff auf diese Temperaturen gebracht werden. Verflüssigte Gase in der Nähe ihres Siedepunktes (z. B. Stickstoff) sind zum direkten Einfrieren der Probe ungeeignet, da sich beim Eintauchen sofort ein isolierender Gasmantel um die Probe bildet (Leidenfrostsches Phänomen). Bringt man allerdings den verflüssigten Stickstoff durch Verdampfen in einem niedrigen Vakuum bis an seinen Erstarrungspunkt (−209,86° C), wo fester Stickstoff im flüssigen Stickstoff schwimmt, so kann die Probe direkt in dieser Mischung eingefroren werden (*Umrath*, 1974). Eine hohe Abkühlgeschwindigkeit wird auch durch Kontakt mit einem auf die Temperatur des flüssigen Stickstoffs vorgekühlten Kupferblock erreicht.

Für biologische Präparate, die beim Herausschneiden schrumpfen, empfiehlt *Böhm* (1971 b) einen mit Teflon ausgekleideten Kupferzylinder mit aufgerauhter Unterfläche auf die Präparatoberfläche aufzusetzen, ihn mit tiefgekühltem Propan oder Frigen (ca. −150 bis −180° C) zur schockartigen Gefrierung der Oberfläche zu beschicken und dann die Probe nach der erfolgten Anheftung herauszuschneiden. Anschließend wird gefriergetrocknet.

Mittel, die das Wachstum von Eiskristallen herabsetzen sollen, wie DMSO (Dimethylsulfoxid), Glycerin oder Gelatine, sind wenig empfehlenswert. DMSO und Glycerin haben beide einen so niedrigen Dampfdruck, daß sie nach der Gefriertrocknung mit dem Präparat in das Mikroskop eingebracht werden und dort Kontaminationen verursachen. Gelatine bleibt auf der Oberfläche des Präparates nach der Gefriertrocknung zurück, ist also nur anzuwenden, wenn innere Strukturen durch Sprödbruch untersucht werden sollen. *Boyde* u. *Wood* (1969) erhalten durch Zusatz von 2 %igem Chloroform vor dem Einfrieren eine verbesserte Strukturerhaltung.

b) Gefriertrocknung

Nach dem Einfrieren sollte die Temperatur der Probe höchstens auf ca. −80° C ansteigen, da sonst eine Rekristallisation des Eises einsetzt, die Schädigungen hervorruft. Die Probe wird aus dem Kühlmittel daher unmittelbar in den vorgekühlten Rezipienten der Gefriertrocknungsanlage gebracht. Bei den relativ tiefen Temperaturen des Objektes und dem damit verbundenen niedrigen Dampfdruck des Eises sollte das Vakuum besser als 10^{-2} Pa sein. Die vom Eis absublimierten Wassermoleküle werden in unmittelbarer Nähe des Präparates an einem mit flüssigem Stickstoff gefüllten Kühlfinger kondensiert oder von Phosphorpentoxid aufgenommen. Die Trocknung kann je nach Art und Größe des Objektes bis zu einigen Tagen dauern. Dieser Zeitaufwand ist ein Nachteil der Methode. Er läßt sich nur durch kleinstmögliche Abmessungen der Probe in Grenzen halten. Kleine Tropfen mit Mikroorganismen trocknen naturgemäß schneller als Gewebestücke.

Da für die Untersuchung im Raster-Elektronenmikroskop nur die Oberflächenstrukturen interessieren und nur deren Erhaltung gewährleistet sein muß, schlagen *Boyde* u. *Wood* (1969) sowie *Böhm* (1971a) vor, auf die artefaktfreie Trocknung der darunterliegenden Gewebeschichten zu verzichten. Es wird deshalb die Gefriertrocknung in zwei Stufen unternommen: 1. Initiale Trocknungsphase mit Sublimation an der Oberfläche bei Temperaturen um −80° C. 2. Resttrocknung bei Temperaturen um −20° C.

Die von *Boyde* u. *Wood* (1969) vorgeschlagene Gefriertrocknung aus organischen Lösungsmitteln (z. B. Amylacetat) setzt die Schädigungsrate durch Kristalle herab und ist wesentlich schneller als die übliche Gefriertrocknung. *Watters* u. *Buck* (1971) überführen die fixierten Proben in geschmolzenen Kampfer (45° C) und sublimieren dann bei Zimmertemperatur unter Vakuum einige Stunden ab. Beide Verfahren weisen die Nachteile einer chemischen Fixierung und Entwässerung (Schrumpfung, Verlagerung und Herauslösen von Stoffen) auf, welche die Vorteile dieser Methoden wieder einschränken.

8.3.6. Kühltischmethode

Von *Echlin* u. a. (1970), *Echlin* (1971) und *Nei* u. a. (1971) wurde eine spezielle Technik für die Raster-Elektronenmikroskopie eingeführt. Dabei wird das fixierte oder unfixierte Objekt in tiefgekühltem Frigen 22 (Erstarrungspunkt −160° C) eingefroren und dann in flüssigen Stickstoff übertragen, wo es einige Stunden bis zur Untersuchung verbleiben kann. Nach der Vorkühlung eines Spezial-Objekttisches auf −170° C werden die eingefrorenen Präparate schnell auf diesen Tisch übertragen und die Objektkammer ausgepumpt. Die Oberfläche ist dann von zahlreichen Eiskristallen bedeckt, die von haftengebliebenem Wasser stammen bzw. auch durch Eiskondensation aus der Atmosphäre entstehen. Eiskondensation auf der Objektoberfläche läßt sich mit einem Spezialhalter vermeiden. Das Präparat liegt dabei in einer napfförmigen Mulde, die im Kühlmittel durch einen Deckel verschlossen wird. Diesen entfernt man erst im Vakuum des Raster-Elektronenmikroskopes. Um starke Reifbildung am Kühltisch zu verhindern, wird die Objektkammer mit getrocknetem Stickstoff beflutet. Das Eis in der Oberflächenschicht des Präparates wird durch Erwärmung des Tisches mittels eines elektrischen Heizelementes auf −100° C absublimiert. Dies muß unter rasterelektronenmikroskopischer Kontrolle geschehen, damit nicht zuviel stabilisierendes Eis entfernt wird, wodurch die Oberflächenstrukturen kollabieren und eine stärkere Aufladung auftreten könnte. Durch anschließende Abkühlung auf −170° C wird die schnelle Sublimation unterbrochen, um das Objekt für längere Zeit bei höheren Vergrößerungen untersuchen zu können. Die Präparat-Kontamination wird durch Baffle-Bleche über dem Tisch mit einer kleinen Lochblende für den Primärelektronenstrahl herabgedrückt. Tiefkühl-Baffles in den Pumpleitungen erhöhen die Pumpgeschwindigkeit für den sublimierten Wasserdampf.

Eine Fixation vor dem Einfrieren verbessert die Strukturerhaltung im Falle einer zu starken Sublimation des Eises.

Für die Röntgenmikroanalyse besteht ein Interesse, 1–2 µm dicke Gefrierschnitte im gefrorenen Zustand zu untersuchen. Auch hierbei erfolgt die Übertragung von der Kühlflüssigkeit auf den gekühlten Präparathalter des SEM mit speziellen Objektschleusen, die einen Niederschlag von Eis aus der Atmosphäre oder vor der Evakuierung des Mikroskopes unterbinden (*Moreton* u.a., 1974; *Lechner*, 1974; *Gullasch*, 1974; *Saubermann* u. *Echlin*, 1975). Die Morphologie der Schnitte kann mittels Rastertransmission erfaßt werden. Als Alternative bieten sich gefriergetrocknete Schnitte an.

8.4. Kleine Teilchen und durchstrahlbare Präparate

a) Kleine Teilchen

Für viele wissenschaftliche und technische Fragestellungen müssen kleine Teilchen — z.B. Staube, Pollen, Rauche, Latex und sogar Nebeltröpfchen — vom mm- bis zum nm-Bereich untersucht werden. Bis herab zum µm-Bereich genügt die Lichtmikroskopie. Für kleinere Dimensionen ist bisher das Transmissions-Elektronenmikroskop herangezogen worden. Liegen Teilchen aus beiden Größenbereichen vor, müssen licht- und transmissionselektronenmikroskopische Auswertungen kombiniert werden. Die Präparation für die Transmissions-Elektronenmikroskopie hat dafür Sorge zu tragen, daß nach Möglichkeit auf einer Netzmasche eine repräsentative Korngrößenverteilung für quantitative Messungen vorliegt (Einzelfeldauswertung). Liegen dagegen Teilchengrößen getrennt nebeneinander, dann müssen mehrere Felder bzw. ganze Netze ausgewertet werden (Querstreifenauswertung). Das Transmissions-Elektronenmikroskop zeigt bei der direkten Abbildung von undurchstrahlbaren Teilchen nur deren Schattenwurf und läßt daher nicht den Aufbau von Aggregaten aus Einzelteilchen erkennen.

Die Raster-Elektronenmikroskopie umgeht die oben genannten Schwierigkeiten. Sie erfaßt gerade den technisch und medizinisch interessanten Größenbereich von mm bis herunter zu 0,1 µm. Dabei werden die Teilchen in ihrer vollen Gestalt abgebildet, so daß Teilchenaggregate wesentlich besser als im Transmissions-Elektronenmikroskop zu erkennen sind. Die Vergrößerungsvariation zwischen 20fach und 50000fach sowie die hohe Schärfentiefe erlauben sowohl die gesamte Staubabscheidung als auch Details abzubilden. Auch bei nach Teilchengrößen geordneten Abscheidungen lassen sich deshalb die einzelnen Fraktionen vollständig erfassen. Abb. 8.10 zeigt z.B. die Abscheidung eines Aerosols aus Latexkugeln in einer Staubzentrifuge, welche aufgrund des unterschiedlichen aerodynamischen Verhaltens unterschiedliche Teilchengrößen an verschiedenen Stellen abscheidet. Im abgebildeten Bereich handelt es sich um Aggregate aus 5 Latexkugeln.

Damit die Teilchen klar zu erkennen sind, sollten sie auf einer glatten Metallfläche oder auf metallbedampften Glas- oder Kunststoff-Flächen niedergeschlagen werden. Aber auch auf Fasern lassen sich adsorbierte kleine Teilchen gut untersuchen. Auf dünnen organischen Folien (Formvarfolien auf Netzen oder Nylonfolien, die über Ringe mit großem Durchmesser gespannt sind) erscheinen die Teilchen klarer, als wenn eine stark streuende Unterlage vorhanden ist. Falls eine kompakte Unterlage erforderlich ist, empfiehlt sich daher auch Spektralkohle oder Aluminium. Für eine Röntgenanalyse darf die Unterlage nicht die gleichen Elemente wie die Teilchen enthalten. *De Nee* (1971) schlägt vor, für die Röntgenanalyse eine dicke Unterlage aus Cellophan oder Nitrozellulose zu benutzen, die auf einer Metallunterlage eingetrocknet wurde. Hierdurch wird der Untergrund der kontinuierlichen Strahlung stark herabgesetzt, wenn die Schichtdicke größer als die Reichweite der Primärelektronen ist.

Bei der Eintrocknung suspendierter Teilchen ist zu beachten, daß dabei leicht eine Entmischung großer und kleiner Teilchen eintritt und Zusammenballungen begünstigt werden, wenn die Einzeltropfen zuviel Teilchen enthalten. Dies kann durch Ultraschallzerstäubung zu kleineren Tropfen vermindert oder durch Gefriertrocknung (*De Nee*, 1971) vermieden werden.

Bei der Abscheidung auf Membranfiltern kann die rasterelektronenmikroskopische Untersuchung der Membranoberfläche durch Direktbeobachtung erfolgen, nachdem diese mit einem leitenden Überzug versehen ist. Dadurch wird aber nur ein Bruchteil der abgeschiedenen Teilchen sichtbar, es sei denn, daß Nucleopore-Filter® mit zylindrischen Löchern und einer ebenen Oberfläche benutzt werden. Man kann jedoch auch die Teilchen mittels Ultraschall in Flüssigkeit aus dem Membranfilter ausschwemmen oder das Filter auflösen.

Eine nachfolgende Kegelbedampfung abgeschiedener Teilchen sollte unter einem sehr flachen Winkel erfolgen, um einen guten elektrischen Kontakt mit der Unterlage zu gewährleisten (*Pfefferkorn* u.a., 1968). Über die Einbettung von Teilchen zur stereometrischen Auswertung wird in § 8.7.7 berichtet.

b) Durchstrahlbare Präparate

Damit man im Raster-Elektronenmikroskop in Transmission arbeiten kann, benötigt man durchstrahlbare Präparate. Diese haben außerdem den Vorteil, daß bei der Oberflächenabbildung störende Rückdiffusion der Elektronen aus tieferen Objektschichten herabgesetzt wird. An einer Goldfolie mit Löchern konnten *Christenhusz* u. *Bode* (1968) eine laterale Auflösungsgrenze von 60 Å nachweisen. Feste Stoffe lassen sich in einer Dicke von 300–1 000 Å mit 20–30 keV-Elektronen gut durchstrahlen. Dünne Schichten können mit der Ultramikrotomie oder anderen Dünnungsverfahren hergestellt werden. Bei Metallen hat sich für transmissionselektronenmikroskopische Untersuchungen das elektrolytische Polieren bewährt. Durch Ionenstrahlätzen lassen sich feste Stoffe so dünn abtragen, daß sie mit Elektronen durchstrahlt werden können (*Bach*, 1972; *Blaschke*, 1970a).

8.5. Abdruckverfahren

8.5.1. Oberflächenabdrücke

In der Raster-Elektronenmikroskopie werden normalerweise Oberflächen direkt untersucht. Jedoch gibt es Situationen, wo eine Oberfläche nur auf dem Umweg über einen Abdruck abgebildet werden kann. In der Praxis erweist sich die Verwendung von Oberflächenabdrücken als günstig oder sogar notwendig, wenn

a) die Oberfläche infolge der Objektgröße nicht direkt abgebildet werden kann und das Objekt weder zerkleinert noch Teile daraus entnommen werden dürfen,
b) eine Überlagerung des Reliefbildes durch Material- oder Orientierungskontrast stört,
c) leicht zersetzbare organische Substanzen nicht beständig gegen Elektronen sind (z. B. Cellulosefilm),
d) eine Fixierung bzw. Trocknung ohne bleibende Änderung des Reliefs nicht möglich ist,
e) ein Objektteil nicht ohne Veränderung aus dem gesamten Objekt entnommen werden kann (z. B. menschliche Haut),
f) das Objekt radioaktiv ist.

Während für die Transmissions-Elektronenmikroskopie ein durchstrahlbarer Abdruckfilm hergestellt werden muß, genügt für die Raster-Elektronenmikroskopie meist ein massiver Matrizenabdruck. Dieser zeigt das negative Bild der Oberfläche. Eine Aufnahme mit Kontrastumkehr von dieser Oberfläche entspricht einem photographischen Negativ und ist kein Bild der positiven Originaloberfläche (§ 3.5.1). Erst ein Abdruck von der Matrize, die Patrize, zeigt die tatsächliche Oberfläche. Die Abdrücke können, wenn sie elektrisch leitend sind, unmittelbar, sonst nach Bedampfung mit einer leitenden Metallschicht untersucht werden. Von massiven Abdrücken, z. B. aus Elastomeren, können mit einem Mikrotom Querschnitte hergestellt und so Profile der Oberfläche gewonnen werden.

Bei der Herstellung von Abdrücken für die Raster-Elektronenmikroskopie kann man viele der für die Transmissions-Elektronenmikroskopie gebräuchlichen Abdrucktechniken übernehmen (*Kay*, 1965; *Reimer* u. *Schulte*, 1966; *Reimer*, 1967; *Schimmel*, 1969; *Pfefferkorn* u. *Boyde*, 1974). Es sollen daher im folgenden typische Beispiele für die rasterelektronenmikroskopische Anwendung aufgeführt werden.

Ein Beispiel für eine kombinierte Abdrucktechnik an Werkstoffen gibt *Kassenbeck* (1971) an. Ein thermoplastischer Polystyrolabdruck als Matrize wird mit Gold bedampft und galvanisch mit Kupfer verstärkt. Nach Weglösen des Polystyrols in Benzol oder Toluol bleibt eine Metallpatrize zurück, die bis zu 5000facher Vergrößerung alle Reliefeinzelheiten wiedergibt.

Carpenter (1971) beschreibt folgendes einfache Verfahren zur unmittelbaren Erzeugung von Patrizenabdrücken auf rasterelektronenmikroskopischen Präparatträgern (Abb. 8.6). Zuerst wird von dem Objekt ein Acetylcellulose-Abdruck (Bioden) hergestellt, der mit ca. 500 Å Gold kegelbedampft wird. Auf einem vertieften Objektteller, der direkt in die Halterung des Mikroskopes eingesetzt

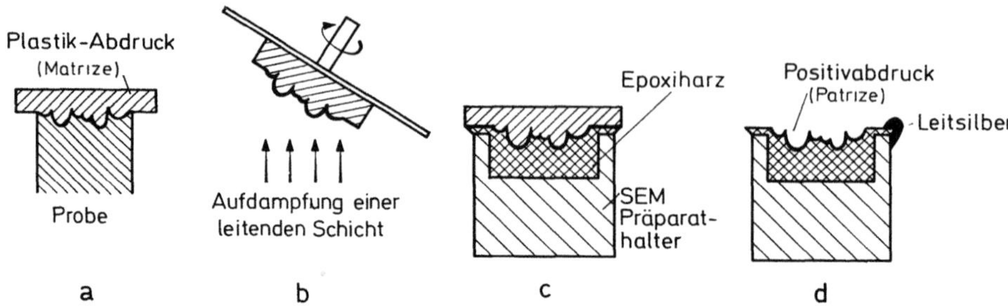

Abb. 8.6a–d. Patrizenabdruckmethode nach *Carpenter* (1971). a) Herstellung eines Negativabdruckes mit Bioden, b) Bedampfung mit einer leitenden Schicht, c) Aufkleben des Negativabdruckes mit Epoxyharz auf muldenförmige Vertiefung eines Präparathalters und d) Auflösung des Biodens und Kontaktierung mit Leitsilber

werden kann, wird die Goldaufdampfschicht mit einem Klebstoff auf Epoxyharz-Basis aufgeklebt. Nach der Härtung wird das Bioden in Methylacetat gelöst und die Metallschicht noch einmal in reinem Methylacetat gewaschen. Ein Leitsilbertropfen gewährleistet den Kontakt zur Goldaufdampfschicht.

Wenn am Abdruck dünne Bereiche der Objektoberfläche oder herausragende Ausscheidungen hängen bleiben, spricht man in der Transmissions-Elektronenmikroskopie von einem Pseudo- oder Extraktionsabdruck. Auch in der Raster-Elektronenmikroskopie kann man in Extraktionsabdrücken von den haftengebliebenen Teilchen ihre ursprüngliche Anordnung und chemische Zusammensetzung (Röntgenmikroanalyse) untersuchen.

Kommt es jedoch auf die Darstellung der Originaloberfläche an, so sind Extraktionsabdrücke unbrauchbar. Bei der Haut z. B. bleiben die lockeren oberen Hornzellschichten leicht an der Matrize haften. Dies kann man mit Abdruckmassen auf Silikon-Kautschuk-Basis vermeiden, die in der konservierenden Zahnheilkunde für Korrekturabdrücke verwendet werden (*Pfautsch* u. a., 1971; *Grundy*, 1971; *Barnes*, 1972, 1973; *Pameijer* u. *Stallard*, 1973). Es handelt sich dabei um relativ dünnfließende Elastomere, die nach Zugabe weniger Tropfen Härter in 4–8 min bei Zimmertemperatur polymerisieren. Da sich diese Matrize zur unmittelbaren Untersuchung nicht eignet, wird eine Bioden-Patrize hergestellt, indem man einen Tropfen einer Biodenlösung in Methylacetat (oder auch Polystyrol in Benzol oder Toluol) auf die Matrize bringt und eintrocknen läßt. Nach dem Abheben der Patrize von der Matrize wird erstere auf einen Präparatteller geklebt und mit C-Au bedampft. Die Patrize muß möglichst bald hergestellt werden, da der polymerisierte Silikonkautschuk etwa 48 Stunden lang schrumpft (*Schwindling*, 1970). Elastomerabdrücke können auch unter Wasser ausgeführt werden (*Kassenbeck*, 1971).

8.5.2. Injektionsabdrücke

Injektionsabdrücke (Ausgießabdrücke) ermöglichen die dreidimensionale Darstellung von mehr oder weniger verästelten Innenräumen. *Tyler* u. a. (1970) gelang z. B. auf diese Weise ein wesentlicher Beitrag zur Kenntnis der Innenstruktur des Lungengewebes. Sie injizierten flüssigen Latex oder Silikonkautschuk über die Trachea in die Lunge, bis diese etwa die Größe bei maximaler Inspiration erreicht hatte. Nach dem Härten der Abdruckmasse wurde das Lungengewebe in konz. Salzsäure oder KOH mazeriert. Auch der Kunststoff Technovit 8001® eignet sich zur Herstellung von Injektionsabdrücken. *Murakami* (1971), *Murakami* u. a. (1973), *Iriono* u. a. (1975) benutzten vorpolymerisiertes Methylmetacrylat. Nach *Nowell* u. *Lohse* (1974) sind an ein gutes Injektionsmaterial folgende Anforderungen zu stellen: a) hinreichend niedrige Viskosität und Teilchengröße, um Tubuli oder andere Hohlräume mit Durchmessern kleiner als 5 µm zu füllen, b) Polymerisation ohne Schrumpfung und Verformung, c) Widerstandsfähigkeit gegen KOH und HCl, d) Formerhaltung bei der Trocknung (evtl. CPD) und e) Untersuchung ohne Aufladung und Veränderung durch Elektronenbeschuß.

8.6. Vermeidung von Aufladungen

Objekte dürfen sich im Raster-Elektronenmikroskop nicht aufladen, da sonst die einwandfreie Abbildung der aufgeladenen Bereiche gestört wird. Physikalische Methoden zur Vermeidung der Aufladung durch Veränderung der SE-Ausbeute wurden bereits in § 3.3.4 behandelt. Die hier zu besprechenden präparativen Methoden haben das Ziel, die Oberflächen- bzw. Volumenleitfähigkeit der Probe zu erhöhen. Aufdampfschichten (speziell Au) sollen ferner die SE-Ausbeute verbessern.

8.6.1. Hochvakuumbedampfung

Als wirksame Methode zur Gewährleistung einer ausreichenden elektrischen Leitfähigkeit und guten Sekundärelektronenausbeute hat sich eine Doppelbedampfung bewährt. Zuerst wird mit Kohle bedampft, um eine erste leitende Unterlage zu schaffen, die auch in Poren und Stellen, die für eine direkte Bedampfung unzugänglich sind, eindringt. Außerdem dient die Kohleschicht gleichzeitig als Vorbekernung für eine nachfolgende gleichmäßige Metallbedampfung mit Al, Cu, Au, Au-Pd, Pt-Pd bzw. mit Pt-C-Mischschichten.

Bei der Kohlebedampfung nach *Bradley* werden Kohlestäbe (Spektralkohlen) von ca. 4 mm ϕ nach Abb. 8.7a angespitzt und in einer Halterung durch Federdruck aneinander gedrückt. Im Dauerbetrieb arbeitet ein Gewichtszug sicherer. Die Berührungsstelle der Kohlen wird durch Stromdurchgang (20–50 A bei 20–30 V) so stark erhitzt, daß Sublimation auftritt. Die Kohlenstoffatome werden auf dem Wege von der Quelle zum Objekt stark gestreut und dringen so auch etwas in Hohlräume und Schattenbereiche ein. Dieser Effekt kann durch ein schlechteres Vakuum erhöht werden. Es empfiehlt sich, eine indirekte Kohlebedampfung (Abb. 8.7c) anzuwenden, damit durch die ungestreuten Kohlenstoffatome keine Schattenbildung eintritt. Außerdem vermeidet man so die Erhitzung des Objektes durch die Wärmestrahlung der Quelle.

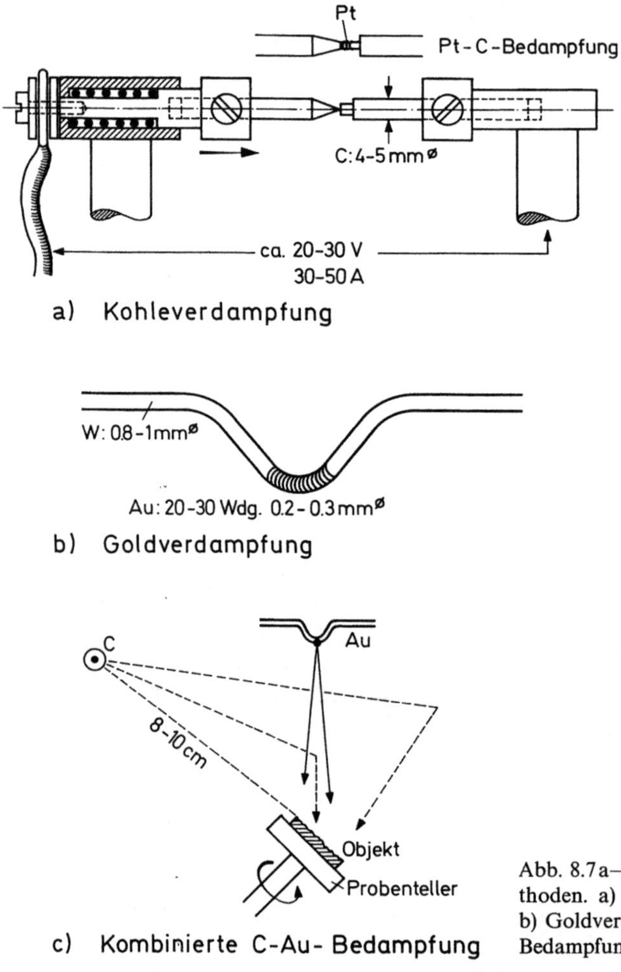

Abb. 8.7a–c. Schema der Verdampfungsmethoden. a) Kohle- und Pt-C-Verdampfung, b) Goldverdampfung, c) kombinierte C-Au-Bedampfung

Die Metallbedampfung mit Au erfolgt bei einem Druck von ca. 10^{-3} Pa aus einem Tantal-Schiffchen oder von einem Wolframdraht (Abb. 8.7b), um den eng ein dünner Golddraht gewickelt wird. Beim Stromdurchgang schmilzt der Golddraht und das Gold benetzt den Wolframdraht als hängender Tropfen. Auch wenn trotz Kegel- oder Drehpendelbedampfung an einige Stellen des Präparates kein Gold hingelangt, so zeigt auf kurze Strecken der diffus aufgedampfte Kohlefilm in vielen Fällen eine hinreichend gute Leitfähigkeit. Bewährt hat sich auch eine simultane Pt-C-Bedampfung, bei der um einen zylinderförmig verjüngten Kohlestift Pt-Draht gewickelt wird (Abb. 8.8a). Für eine höhere Sekundärelektronen-Ausbeute kann anschließend mit Au nachbedampft werden.

Eine Metallbedampfung kann jedoch nicht in allen Fällen die Aufladung vermeiden. Typische Beispiele sind z. B. Textilien mit lockerer Bindung, Vliese oder stark zerklüftete Kunststoffpräparate. Bei diesen ist kaum eine zusammenhängende Metallschicht zu erreichen. Außerdem besteht bei einigen Objekten

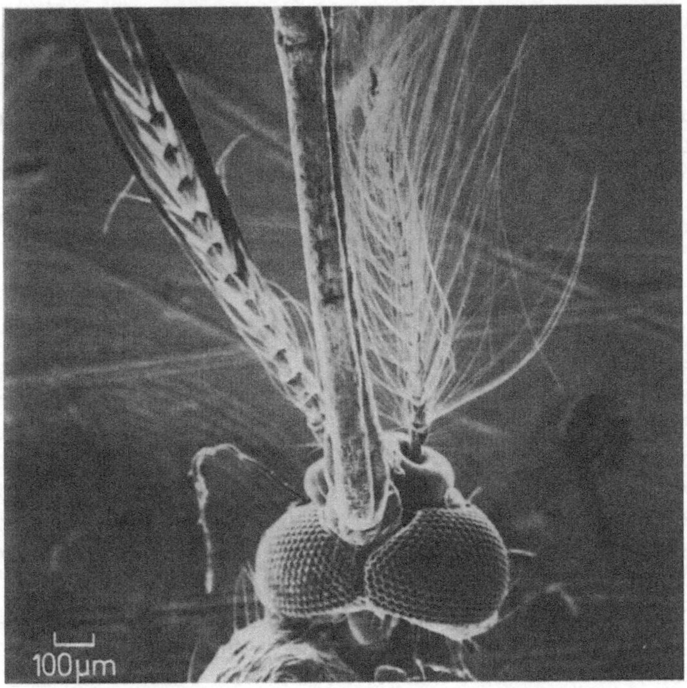

Abb. 8.8. Kopf einer Stechmücke mit Duronspray präpariert

die Möglichkeit, daß Metallaufdampfschichten aufreißen, wenn das Präparat an die Luft gebracht wird. Unter Umständen kann daher auch eine Bedampfung in einer seitlich am Raster-Elektronenmikroskop angebauten Präparationskammer von Nutzen sein (*Bach* u. a., 1971). So wird das bedampfte Präparat keiner Zwischenbelüftung ausgesetzt.

8.6.2. Kathodenzerstäubung

Wegen der besseren Haftung und der diffuseren Kondensation der Metallatome hat in den letzten Jahren die Kathodenzerstäubung (sputtering) Verbreitung gefunden (s. *Echlin*, 1975). Es handelt sich dabei um eine Gleichspannungsentladung (1–2 kV, 10–50 mA) bei einem Gasdruck von 10–20 Pa zwischen parallelen Platten in ca. 2–5 cm Abstand. Die Kathode (z. B. goldbeschichtete Platte) wird von den Ionen aus der Gasentladung getroffen, die Atome des Kathodenmaterials herausschlagen, welche als Neutralatome zur Anode fliegen und auf dem daraufliegenden Präparat einen Metallüberzug erzeugen. Als Gasfüllung wird ein inertes Gas (Argon oder Stickstoff) benutzt. Die freie Weglänge der Atome ist kleiner als der Abstand der Platten, wodurch die Au-Atome diffuser auf das Präparat treffen und einen Überzug gleichmäßigerer Dicke als bei der Hochvakuum-Kegelbedampfung bewirken. Für eine 150–250 Å Au-Schicht werden ca. 90–120 s benötigt.

Trotz Wasserkühlung der Anode mit dem Präparat ist die thermische Belastung größer als bei der Hochvakuumbedampfung. Vergleichende Präparationen (*De Nee* u. *Walker*, 1975; *Holland*, 1976; *Ingram* u. a., 1976) zeigten, daß bei der Kathodenzerstäubung temperaturempfindliche und organische Objekte schwerwiegende Artefakte zeigen können. Diese Methode ist daher auf diese Objekte nur mit Vorsicht und nicht ohne Kontrolle anzuwenden.

8.6.3. Antistatika

Nach *Sikorski* u. a. (1967), *Huber* (1968), *Wegener* u. *Merkle* (1968a, b) führt in vielen Fällen eine Behandlung mit Antistatika zum Erfolg. Sie können aufgesprüht werden, oder das Objekt wird in eine verdünnte Lösung getaucht. Bei der Sprühmethode (Duron®-Spray) werden oft tiefer liegende Bereiche nicht erreicht. Zu hohe Konzentrationen können unter Umständen zu Verklebungen (z. B. der linke Fühler einer Stechmücke in Abb. 8.8), zu einer Tropfenbildung oder zu pfützenartigen Ansammlungen des Sprays in Vertiefungen führen. Zuviel Antistatikum ist auch an der Berührungsstelle kleiner Teilchen oder Fasern am Auftreten eines Meniskus zu erkennen.

Ein Eintauchen kann entweder in Duron®-Lösung oder Soromin®-Lösung erfolgen. Letztere wird nach *Huber* (1968) als Vorratslösung durch Lösen von 1 g Soromin in 100 ml Wasser mit 1 ml 1 %iger Lösung von Foryl D erwärmt, wobei sich das Soromin bei 50° C löst. Die Vorratslösung wird je nach Erfordernis weiter verdünnt. Es sollte mit der geringsten Konzentration gearbeitet werden, die gerade die Aufladung vermeidet. Das Präparat wird mit oder ohne Objektteller etwa 10 min in die Lösung getaucht. Dieses Verfahren genügt für 3000- bis 5000fache Vergrößerung. Darüber hinausgehende Vergrößerungen zeigen Reste der Antistatika. Außerdem ist das Signal/Rausch-Verhältnis schlecht. Es empfiehlt sich deshalb eine vorausgehende oder nachfolgende Au-Bedampfung. An der Oberfläche kann das Antistatikum weggelöst werden — bei Soromin z. B. durch kurzes Eintauchen in Wasser.

8.6.4. Behandlung mit OsO_4

Bei porösen sowie organischen bzw. biologischen Objekten kann die Behandlung mit OsO_4-Dampf (über trockenen Kristallen oder einer wäßrigen Lösung) eine ausreichende Leitfähigkeit erzeugen (*Multier* u. *Herbst*, 1970; *Pfefferkorn*, 1970). Von bestimmten organischen Stoffen wird OsO_4 reduziert. Dadurch tritt gewissermaßen eine Leitfähigkeitsimprägnierung auf. Die anschließend aufzubringende Bedampfungsschicht darf dann sehr dünn sein, was sich vor allem bei der Abbildung des Materialkontrastes in Anschliffen als günstig erweist. Abb. 8.9 zeigt z. B. den Kunststoff Styropor, der a) unbehandelt keine Beobachtung erlaubt. Trotz Bedampfung mit C-Au entstehen im Innern Aufladungen, die sich in unregelmäßigen Zeitabständen entladen und das Bild stark verzeichnen — glatte Ränder zeigen eine zickzackförmige Begrenzung. Nach OsO_4-Behandlung und C-Au-Bedampfung zeigt sich b) eine einwandfreie Abbildung. *Blaschke* (1970a,

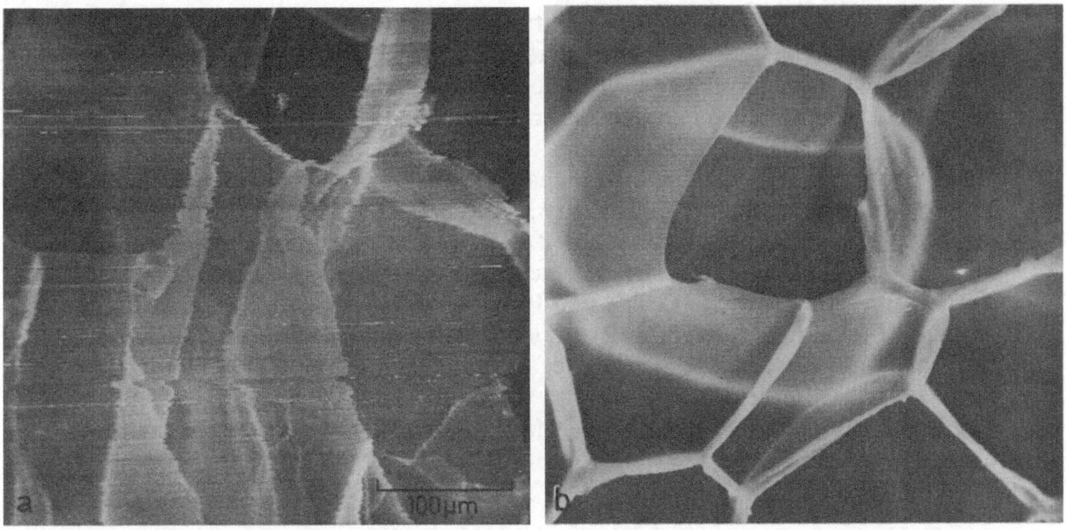

Abb. 8.9a u. b. Styropor a) mit Au-C bedampft; Kanten unscharf infolge sich verändernder Aufladungen, b) mit OsO_4-Dampf behandelt und mit C-Au-C bedampft. (Nach *Pfefferkorn*, 1970)

b) konnte so z. B. die Aufladung in Haarrissen von Basaltanschliffen vermeiden. Die Proben wurden nach einem Ultraschall-Reinigungsbad 12 h in einem abgeschlossenen Gefäß OsO_4-Dampf (0,1 g auf 2 Liter Volumen) ausgesetzt. Danach traten keine störenden Aufladungen mehr auf.

Nach *Kelley* u. a. (1973), *Malick* u. *Wilson* (1975) können biologische Objekte nach einer OsO_4-Fixation durch Behandlung mit einer gesättigten Lösung von TCH (Thiocarbohydrazid, $NH_2NHCSNHNH_2$) und einer weiteren OsO_4-Fixation (OTO-Methode) weiteres Osmium binden, so daß sie leitfähig werden und ohne Metallbedampfung bzw. nur mit einer sehr dünnen Metallschicht (25 Å) untersucht werden können. Nach Glutaraldehyd- und OsO_4-Nachfixation werden die Objekte mehrmals in dest. Wasser gewaschen und 20–30 min in TCH-Lösung getaucht, wieder mehrmals in dest. Wasser gespült und 2–3 h in 1 % OsO_4 nachfixiert. Dieser Vorgang kann gegebenenfalls noch einmal wiederholt werden (OTOTO-Methode). Anschließend werden die Objekte entwässert und mittels CPD getrocknet.

8.7. Erweiterung der Bildinformation

8.7.1. Schrägbedampfung

In der Transmissions-Elektronenmikroskopie verschafft uns die Schrägbedampfung mit Schwermetallen einen räumlichen Eindruck der Oberflächengestalt durchstrahlbarer Objekte bzw. der Oberflächenabdrücke und ersetzt so die fehlende schräge Aufsicht. In der Raster-Elektronenmikroskopie erscheinen uns schon unbeschattete Oberflächen — besonders bei schräger Betrachtung — plastisch. Zusätzliche Schatten durch eine Schrägbeschattung können jedoch erstens geringere Oberflächenrauhigkeiten deutlicher sichtbar machen (*Christenhusz* u. *Bode*, 1968. *Pelloux* u.a. (1970) konnten z.B. Bruchspuren in Al-Legierungen kleiner als 0,1 µm nur nach einer Schrägbeschattung mit Au beobachten, s.a. *Kotval*, 1969). Zweitens werden verdeckte bzw. räumlich komplexe Strukturen durch den Schattenwurf überhaupt erst erkannt. Z.B. werden Aggregate aus Latexkugeln in einer zylindrischen Aerosolzentrifuge entsprechend ihrem aerodynamischen Verhalten — bedingt durch Größe und Form — an bestimmten Stellen niedergeschlagen. Fünferaggregate bilden Pyramiden. Daß sich an einer bestimmten Stelle tatsächlich nur diese fünfteiligen Aggregate befinden, und daß diese überwiegend mit der Spitze auf die Zentrifugenwand treffen, konnte nur durch die streifende Goldbeschattung nachgewiesen werden (Abb. 8.10) (*Pfefferkorn* u. *Blaschke*, 1968; *Stöber* u.a., 1969).

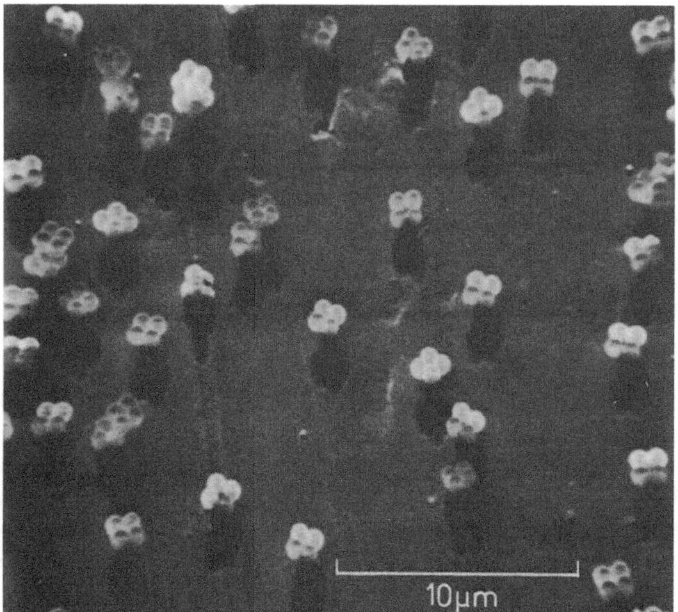

Abb. 8.10. Aggregate aus 5 Latexkugeln, streifend mit Au bedampft

In beiden Fällen wirken schattengebende Aufdampfschichten durch ihren Materialkontrast nur auf Oberflächen, die im Schattenbereich angenähert eben sind. Bei starkem Relief im Schattenbereich überwiegt der Reliefkontrast bei weitem und läßt so den Bedampfungsschatten nicht erkennen. Besonders plastisch erscheinen die Bilder, wenn der Bedampfungsschatten mit den rasterelektronenmikroskopischen Schatten des abbildenden Systems zusammenfällt.

Benutzt man zur Schrägbeschattung eine Substanz mit hoher SE-Emission, so erhält man einen positiven Bildeindruck: helle Erhebungen mit dunklen Schatten. Die Wirkung einer Schrägbeschattung ist um so stärker, je größer der Unterschied der SE-Emission zwischen bedampften Bereichen und den Schattengebieten ist. Au hat sich wegen der höheren SE-Ausbeute und wegen der größeren Helligkeit gegenüber der im Schatten liegenden Oberfläche schon bei Schichtdicken von ca. 100 Å als besonders günstig erwiesen.

8.7.2. Chemische Kontrastierung und histochemische Methoden

Chemische Kontrastierungsverfahren lassen sich in der Raster-Elektronenmikroskopie verwenden, wenn man mittels Materialkontrast auf ebenen Flächen Bereiche feststellen will, die ohne Kontrastierung keine genügenden Helligkeitsunterschiede im Bild ergeben. So wurde die chemische Kontrastierung von *Holm* u. a. (1969) auf Kunststoffe angewandt. Abb. 8.11 zeigt als Beispiel den Kunststoff Novodur, bestehend aus einer fein dispergierten Polybutadien-Kautschukphase in einer Styrol-Acrylnitril-Copolymerisatphase. Auf einer unbehandelten Fläche eines Spritzgußteiles (a) ist keine Struktur außer den Oberflächenunebenheiten zu erkennen. Es ist nicht zu erwarten, daß sich die beiden Komponenten in der SE-Ausbeute unterscheiden. Bei einer Kontrastierung mit OsO_4 reichern sich Os-Atome in der Polybutadienphase an und diese ist dann durch ihren Materialkontrast zu erkennen (b). Die OsO_4-Behandlung kann sich auch bei der Untersuchung von weichen Latexteilchen bewähren, da sie auch eine Härtung bewirkt und damit Eintrocknungsartefakte vermeidet.

Auf biologische Objekte lassen sich alle aus der TEM bekannten Kontrastierungs- und histochemischen Fällungsreaktionen anwenden, da Konzentrationen von Schwermetallatomen erhöhte Rückstreuung und über den RE-Beitrag auch erhöhte SE-Ausbeute hervorrufen. Während man mit $E_0 = 5$ keV nur die Oberflächenstruktur bzw. die freigelegte Bruchfläche im SE-Bild erkennt, dringen energiereiche Elektronen (20 keV) tiefer in das Material ein, so daß Schwermetallkonzentrationen im SE- und RE-Bild erkannt werden können (*Brown* u. *Swift*, 1970; *Abraham* u. *De Nee*, 1974; *De Nee* u. a., 1974; *Becker* u. *De Bruyn*, 1976; *Vogel* u. a., 1976). Auch die Methode der Silberkolloid-Injektion zum Nachweis interzellulärer Tubuli kann über die RE erfolgen (*Ashraf* u. a., 1976).

Für die Markierung von Antigenen an Oberflächen findet im TEM vielfach die Immunoferritin-Methode Anwendung. Bei hoher Auflösung können auch einzelne Ferritinmoleküle im SEM abgebildet werden (*Tokunaga* u. a., 1976). Bei normalen Auflösungen > 50 Å sind größere im SEM klar erkennbare Markierungen, z. B. Polystyrol- oder Glaskugeln, TMV-Viren oder T4-Phagen zu verwenden (*Nemanic*, 1975; *Riviere* u. a., 1976; *Peters* u. a., 1976; *Kumon* u. a., 1976).

Auch entwickelte Silberkörner von autoradiographischen Emulsionen sind als charakteristische Teilchen auf Oberflächen zu erkennen, so daß die Methode der Autoradiographie mit SEM-Untersuchungen verbunden werden kann (*Hodges* u. a., 1974a, b). Es sei auch auf die Anwendung der Kathodolumineszenz (§ 6.6.5) verwiesen.

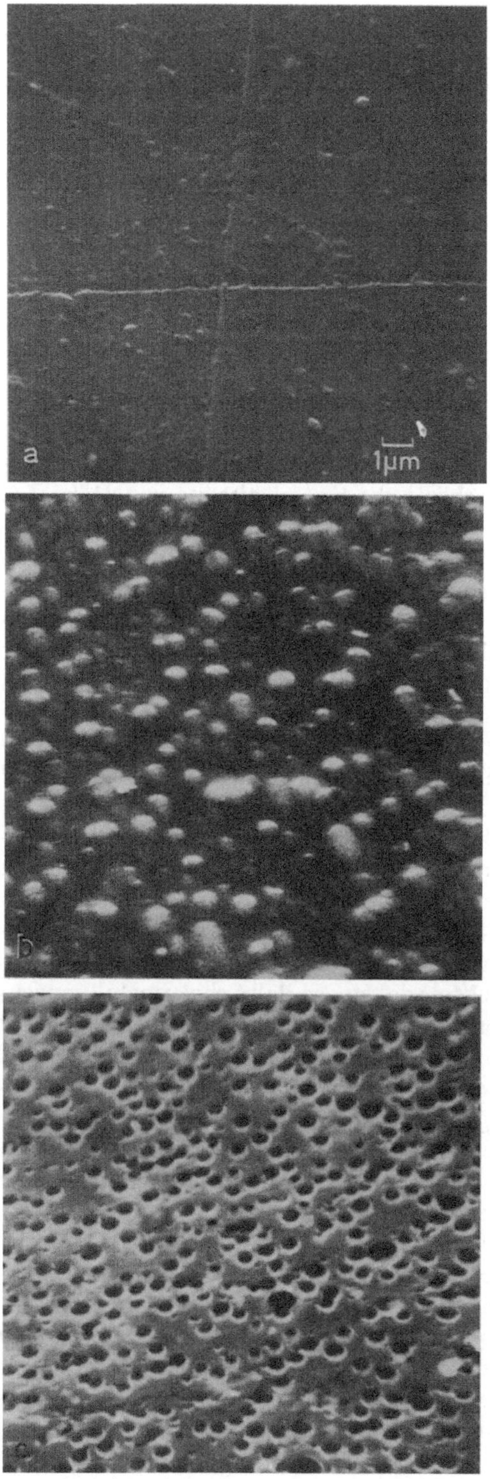

Abb. 8.11 a–c. Novodur (feindispergierte Polybutadien-Kautschukphase in einer Styrol-Acrylnitril-Copolymerisatphase): a) unbehandelte Oberfläche, b) Oberfläche mit OsO_4 kontrastiert und c) mit Chromschwefelsäure angeätzt. (Nach *Holm* u. a., 1969)

8.7.3. Trocken- und Gefrierbruch biologischer Objekte

Biologische Weichgewebe werden auch nach einer chemischen Fixierung durch Schneiden zu stark zerstört. Um innere Flächen und Strukturen freizulegen, kann man die Objekte im Trockenbruch nach einer CPD oder im Gefrierbruch vor der Trocknung auftrennen.

Flood (1975) beschreibt eine Reihe von Techniken für den Trockenbruch. Die Auftrennung mit Rasierklingen ist für stark vacuolisiertes und schwammiges Gewebe geeignet. Dichtere Gewebe werden mit einer Klinge angeschnitten und der Rest mit Pinzetten gebrochen. Ferner lassen sich Auftrennungen mit Klebefolien erreichen (s. a. *Watson* u. a., 1975). Derartige Trockenbrüche weisen rauhere Oberflächen auf als Gefrierbrüche (s. u.). Während erstere vorwiegend den Zellgrenzen folgen, gehen letztere auch häufiger durch das Cytoplasma und den Kern. Nach *Boyde* (1975) wird der interzelluläre Bruch besonders begünstigt, wenn man das Gewebe nach einer OsO_4-Fixierung 1 h in 1 %iger Borsäurelösung taucht. Die Freilegung innerer Grenzflächen und Strukturen kann auch innerhalb des SEM mittels eines Mikromanipulators erfolgen (§ 3.4.1).

Bei der Gefrierbruchtechnik mit anschließender CPD ist das Gewebe vor dem Gefrierschock normal fixiert, entwässert und mit dem Zwischenmedium getränkt, welches für die direkte CPD aus CO_2 oder Frigen 13 geeignet ist (§ 8.3.4) (*Brooks* u. *Haggis*, 1973; *Sybers* u. *Ashraf*, 1973; *Boyde*, 1974; *Mc Callister* u. a., 1974; *Miyai* u. a., 1974; *Humphreys* u. a., 1974, 1975). Die Gefrierung in dem reinen Lösungsmittel erfolgt im Gegensatz zur Gefrierung von wasserhaltigem Gewebe (§ 8.3.5) sehr feinkristallin und homogen auch über größere Proben. Man hat nur darauf zu achten, daß das Zentrum des Blockes auch fixiert ist und bei einer OsO_4-Fixierung dunkel erscheint. Die Eindringtiefe der OsO_4-Fixierung liegt nur in der Größenordnung 0,5 bis 0,75 mm. Nach dem Spalten unter der Kühlflüssigkeit (in der Regel flüssiger Stickstoff) werden die Objekte aufgetaut und einer CPD unterworfen. Diese Gefrierbrüche erscheinen sehr glatt und zeigen oft auf den intrazellulären Bruchflächen wenig Struktur, während Vakuolen, Blutgefäße usw. gut wiedergegeben werden. Diese Brüche sollten auch mit einer höheren Elektronenenergie (20 keV) untersucht werden, da dann gegenüber niedrigeren Energien über die Rückstreuung osmiumreicher Zellbestandteile auch eine Tiefeninformation erhalten werden kann (*Munger* u. *Mumaw*, 1976).

Haggis u. a. (1976) gefrieren unfixiert mit 30 % Glycerin oder 20 % Dimethylsulfoxid als Gefrierschutzmittel. Nach dem Brechen unter flüssigem Stickstoff wird der Block in gepufferter Fixierlösung mit 2 % Glutaraldehyd in 30 % Glycerin oder 20 % DMSO aufgetaut. Die Fixierung erfolgt, sobald das Fixativ mit dem Gewebe in Berührung kommt. Lösliche Proteine werden jedoch ausgewaschen, da für diese die Fixierung nicht schnell genug ist. Daher erscheinen die Oberflächen rauher als obige Gefrierbrüche.

8.7.4. Chemische Ätzung

Die chemische Ätzung ist in der Metallographie ein bekanntes Verfahren, um auf polierten Flächen durch selektiven chemischen Ätzangriff ein Oberflächenrelief

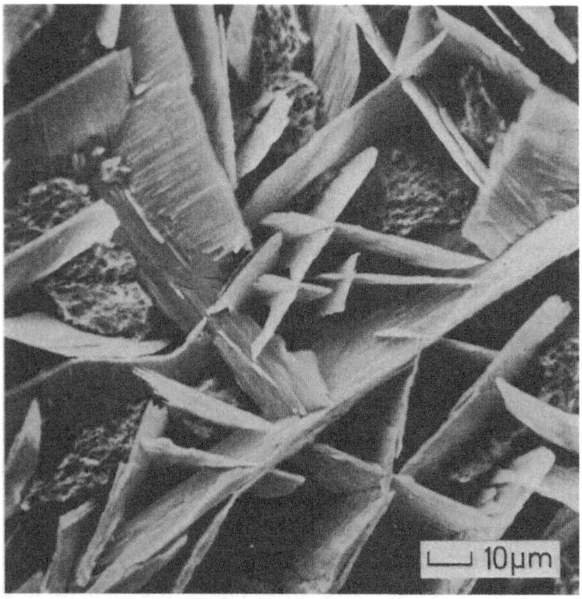

Abb. 8.12. Sekundärer Plattenzementit, tiefgeätzt. (Nach *Horstmann*, 1971)

aus verschiedenen Phasen zu erzeugen. Diese Methode hat sich in Verbindung mit Oberflächenabdrücken auch in der Transmissions-Elektronenmikroskopie bewährt. Für die Raster-Elektronenmikroskopie ist aber in der Regel eine tiefere Ätzung günstiger, um ein ausgeprägteres Oberflächenrelief zu erhalten (*Kubalek* u. *Schaaber*, 1968; *Johari* u. a., 1969). Abb. 8.12 zeigt als Beispiel die Tiefätzung an einem sekundären Plattenzementit und demonstriert, daß die Tiefätzung einen Einblick in die räumliche Anordnung der Ausscheidungen ermöglicht. Hier bewährt sich die große Schärfentiefe des Raster-Elektronenmikroskops. Voraussetzung für eine Tiefätzung ist, daß die Matrix durch das Ätzmittel gleichmäßig abgetragen wird und die durch Tiefätzen herauszupräparierende Phase nicht wesentlich angegriffen wird. Für Eisenkohlenstoff-Legierungen hat sich Salz- und Salpetersäure bzw. deren Mischung bewährt (*Horstmann*, 1971). In Abb. 8.12 werden die feinen, zu Platten zusammengewachsenen Säulen sichtbar, da auch der Zementit beim Tiefätzen etwas angegriffen wird. In der Mineralogie sind Ätzuntersuchungen von jeher zur Beurteilung von Flächensymmetrien, von Versetzungsdichten und vom Realbau üblich.

Auch für Kunststoffe läßt sich die chemische Ätzung mit Erfolg anwenden. Z. B. läßt sich das Polybutadien in Novodur mit Chromschwefelsäure herauslösen, so daß Löcher im rasterelektronenmikroskopischen Bild sichtbar werden (Abb. 8.11 c).

8.7.5. Ionenätzung

Bei der Ionenätzung muß zwischen zwei verschiedenen Verfahren unterschieden werden: der physikalischen Zerstäubung durch Ionenbombardement und dem chemischen Abbau durch aktivierte Gasatome in einer Gasentladung. Hiernach richten sich auch die Anwendungsmöglichkeiten.

Bei der physikalischen Zerstäubung dringen die auf 1–30 keV beschleunigten Ionen teilweise in das Material ein und übertragen Energie und Impuls in Form von Fokussierungsstößen auf Atome an der Oberfläche und führen so zur Ablösung von Atomen. Bei der sogenannten Kathodenzerstäubung erfolgt die Bildung und Beschleunigung der Ionen in einer Gasentladung unmittelbar oberhalb des Objektes. Man erhält jedoch besser definierte Bedingungen, wenn man mittels einer Ionenquelle einen monoenergetischen Ionenstrahl im Hochvakuum auf die Probe richtet. Dieses Verfahren der Ionenstrahlätzung geht auf *Castaing* (1954) und *Bollmann* (1956) zurück. Es ist in erster Linie auf Metalle, Halbleiter, Keramik, Gesteine und Mineralien, aber auch auf Kunststoffe und organische Substanzen anwendbar (*Bach*, 1969, 1970, 1972; *Wegmann*, 1964; *Holm* u.a., 1969; *Orth*, 1970). Auch die Oberfläche biologischer Objekte, z.B. Erythrozyten, können mit Ionen abgetragen werden. Die Ergebnisse sind jedoch schwer interpretierbar, da sich die Abtragungsgeschwindigkeiten verschiedener Zellkomponenten nicht wesentlich unterscheiden (*Stuart* u.a., 1969; *Fulker* u.a., 1973; *Spector* u.a., 1974; *Frisch* u. *Lewis*, 1975).

Für die Ionenstrahlätzung ist typisch, daß die Oberfläche aufgerauht wird und sich konische Spitzen ausbilden, die mehr oder weniger in Ionenstrahlrichtung zeigen. Ein Gefügerelief entsteht immer dann, wenn die Zerstäubungsrate der Gefügebestandteile bei dem vorliegenden Einfallswinkel der Ionen verschieden ist. Bei kristallinen Objekten hängt die Ausbildung der Oberflächentopographie auch von der Kristallorientierung ab. Die Ionenstrahlätzung kann auch zur Reinigung von Oberflächen dienen, z.B. Entfernung der Beilby-Schicht von mechanisch polierten Anschliffen (*Blaschke*, 1970a).

Bei flachem Einfall des Ionenstrahles bei gleichzeitiger Drehung der Probe können mittels Ionenstrahlätzung Oberflächen gleichmäßig abgetragen bzw. dicke Objekte gedünnt und für Elektronen durchstrahlbar gemacht werden (*Wegmann*, 1964; *Bach*, 1970). Dies gelingt auch bei harten und spröden Objekten, von denen bisher keine dünnen Schichten hergestellt werden konnten.

Die Zerstäubung kann auch innerhalb der Objektkammer des Raster-Elektronenmikroskopes erfolgen, wobei die angeflanschte Ionenquelle oder die Probe bewegt wird (*Raith* u.a., 1970). Damit kann die Wirkung der Ionenätzung stufenweise beobachtet und mühelos die gleiche Objektstelle wiedergefunden werden. Es ist jedoch nicht möglich, während der Ionenätzung abzurastern, da beim Ionenbombardement viele Sekundärelektronen erzeugt werden. Wenn nicht das Präparat zur Ionenätzung in eine separate Zerstäubungskammer geschoben wird (*Bach* u.a., 1971), muß eine Abdeckung dafür sorgen, daß keine zerstäubten Atome die Polschuhunterseite und durch die Polschuhbohrung die Mikroskopsäule kontaminieren.

Mit durch Gasentladungen aktiviertem Sauerstoff kann man kohlenstoffhaltige Substanzen durch chemische Reaktionen, die mehr oder weniger flüchtige Verbindungen liefern, abtragen (kalte Verbrennung). Diese chemische Ionenätzung wird daher in der Raster-Elektronenmikroskopie bevorzugt auf organische Substanzen (speziell Hochpolymere) angewandt (*Orth*, 1970) und kann auch nichtorganische Einschlüsse isolieren (Veraschung) (*Thomas* u. *Hollahan*, 1974). Sie ist vorher schon erfolgreich in der Transmissions-Elektronenmikroskopie eingesetzt (*Spit*, 1960; *Jakopić*, 1960; *Blaha* u. a., 1960; *Thomas*, 1969) worden.

Es kann sowohl eine Glimmentladung bis zu 5 kV im Druckbereich 10 bis 0,1 Pa durchgeführt werden, oder es erfolgt eine Anregung mittels Hochfrequenz (zugelassene Frequenz in der BRD: 27,12 MHz) durch Außenelektroden. In einer Kombination der Methoden kann auch eine überlagerte Gleichspannung bewirken, daß die Ionen ständig in Richtung auf die Probe beschleunigt werden. Für den oxidativen Abbau von Hochpolymeren gibt *Orth* (1970) z. B. an, daß eine Hochfrequenzentladung bei 0,2 Pa reinen Sauerstoffes und einer gleichzeitigen Gleichspannung von 300 bis 500 V optimale Resultate zeigt (Entladungsstrom 5 mA, Ätzzeit 10–30 min). Eine Wasserkühlung der Probenhalterung sorgt dafür, daß die Temperatur der Probe 45° C nicht überschreitet. Die Anwendungsmöglichkeiten beruhen darauf, daß in Zweistoffsystemen oder in Einstoffsystemen mit semikristallinem Aufbau unterschiedliche Abbauraten vorliegen können. Im letzteren Falle können daher auch kristalline und amorphe Bereiche unterschieden werden (Abb. 8.13). Besonders geeignet erweist sich die Methode, wenn anorganische Einschlüsse in Kunststoffen und Lacken oder Füllstoffe in Kautschuken freigelegt werden sollen (s. u. a. *Holm* u. a., 1969).

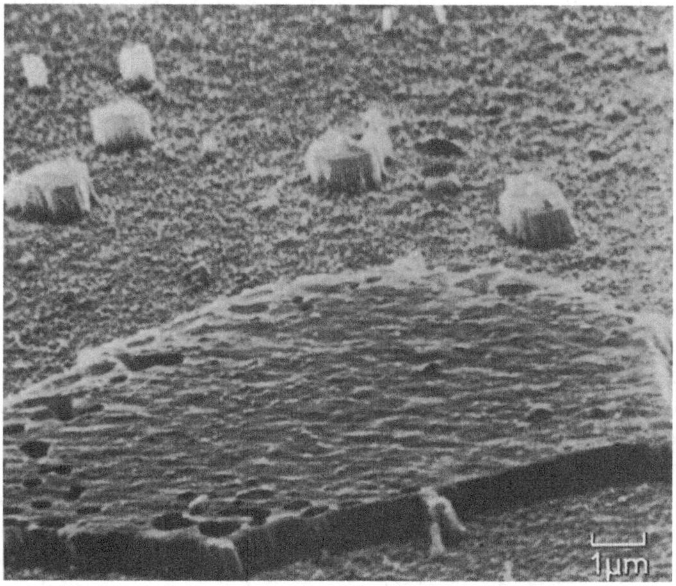

Abb. 8.13. Phasen verminderter Abbauneigung in einem Polyester-Einstoffsystem, 30 min geätzt mit aktiviertem Sauerstoff in einer Gasentladung. (Nach *Orth*, 1970)

8.7.6. Mechanische Deformation und Fraktographie

Bei plastischen Stoffen, z. B. Metallen und Kunststoffen, können Änderungen der Oberflächenstruktur bei plastischer Verformung verfolgt werden. Für diese Untersuchungen ist das nach § 3.4.1 beschränkte Maximalvolumen der Probe zu beachten und der Versuch zweckmäßig so durchzuführen, daß eine Probenentnahme z.B. aus Zugproben oder Bruchflächen diesen Dimensionen angepaßt ist. Plastische Deformationen können auch direkt im Raster-Elektronenmikroskop durchgeführt werden (s.a. § 3.4.1). *Ujiiye* u.a. (1971) benutzten z.B. eine Probenhalterung, die in Zug und Druck eine Belastung bis 2000 N und eine Widerstandsheizung mit maximal 30 A zuließ. U.a. wurden auch superplastische Legierungen (z.B. Pb-Sn-Eutektikum) untersucht (*Dingley*, 1970). Die Kombination mit Feinbereichs-Channelling-Diagrammen (§ 4.4) erweist sich als nützlich, um neben der Oberflächentopographie zusätzliche Aussagen über die Orientierung der Kristalle und deren Gitterverzerrungen zu gewinnen (*Joy* u. *Newbury*, 1971). Gleitprozesse führen zu einer Intensitätsabnahme der Channelling-Linien. Orientierungsänderungen rufen eine Deformation des Channelling-Diagramms hervor.

Die Untersuchung plastischer Deformationen spielt auch in der Technologie der Kunststoffe und Fasern eine große Rolle. Mit TV-Zusätzen lassen sich Dehnungsvorgänge bis zum Zerreißen kontinuierlich verfolgen. So können die Vorgänge zur späteren Analyse gefilmt oder auf Bildband aufgenommen werden.

Bei der Untersuchung von Bruchflächen hat sich die Raster-Elektronenmikroskopie besonders bewährt. Man kann den gesamten Bruch bei kleinen Vergrößerungen übersehen und durch Drehung und Kippung des Präparates die Seitenflächen in die Untersuchung mit einbeziehen. Gegebenenfalls ist eine Schrägbeschattung der Oberfläche vorteilhaft (§ 8.7.1). Dadurch ist eine wesentlich bessere Beurteilung des Bruchmechanismus möglich als mit anderen Methoden (s. u.a. *Zeedijk*, 1968). Wenn Bruchvorgänge mit Oberflächenabdrücken im Transmissions-Elektronenmikroskop untersucht werden, besteht leicht die Gefahr, daß nur relativ ebene Probengebiete bei der Durchmusterung des Präparates ausgewählt werden, weil an den rauhen Stellen der Abdruckfilm leicht zerreißt oder so übereinandergefaltet ist, daß Informationen über die räumliche Struktur der Oberfläche verloren gehen. Trotzdem sind Oberflächenabdrücke nicht überflüssig, sondern stellen eine wertvolle Ergänzung dar, wenn es um Oberflächendetails an der Auflösungsgrenze des Raster-Elektronenmikroskopes geht. Gleitlinien und Bruchspuren geringer Höhe erscheinen im Raster-Elektronenmikroskop nicht mit der Klarheit, wie man sie von Oberflächenabdrücken gewöhnt ist. Bei der Untersuchung von Bruchvorgängen in Legierungen wird auch die Kombination mit einem energiedispersiven Röntgenspektrometer von Vorteil sein.

Der mechanische Bruch als präparatives Hilfsmittel läßt sich ferner auf zahlreiche andere harte Materialien, z.B. Dentin (*Fromme* u.a., 1967) anwenden, um innere Strukturen an Bruchflächen beobachten zu können. Kunststoffe und biologische Weichgewebe lassen sich durch Tiefkühlung so härten, daß sie gebrochen (Sprödbruch) oder mit Kryomikrotomen geschnitten werden können (s.a. § 8.7.3).

8.7.7. Präparate mit ebener Untersuchungsfläche

Sollen auf Proben andere Kontraste als der Reliefkontrast (z.B. Materialkontrast und Orientierungskontrast) optimal festgestellt werden, so muß die Oberfläche der Probe eben sein, da der Reliefkontrast leicht die anderen Kontraste überdecken kann.

Sofern nicht natürlich gewachsene Flächen oder Spaltflächen vorliegen, erzielt man ebene Flächen durch mechanische Bearbeitung. Beim Schneiden mit schartenfreiem Messer kann vielfach auf eine Politur verzichtet werden. Das gilt z. B. für eingebettetes biologisches Weichgewebe, Hartgewebe (Zähne und Knochen), Kunststoffe, Metalle und Mineralien (Keramik). Relativ weiche Metalle und organische Stoffe lassen sich im Mikrotom mit einem Stahlmesser, härtere Metalle und Keramik bei kleinen Schnittflächen mit einem Diamantmesser anschneiden. Wenn dies nicht zum Erfolg führt, muß gesägt, geschliffen und mechanisch poliert werden. Die äußere Polierschicht (Beilby-Schicht) stört beim Orientierungskontrast und eventuell beim Materialkontrast. Sie kann chemisch oder durch Ionenbeschuß abgeätzt werden. Bei Metallen hat sich für die Endpolitur das elektrolytische Polieren bewährt. In Sonderfällen lassen sich auch mit streifendem Ionenstrahl-Einfall glatte Oberflächen erzeugen (s. § 8.7.5).

Pulver, Stäube und poröses Material können für Anschliffe in einen polymerisierenden Kunststoff (z. B. Epoxyharz) eingebettet werden. Die kleinen Teilchen müssen gleichmäßig dispergiert werden und in dem Einbettungsmittel haften. Die feste Einbettungsmasse soll sich leicht polieren lassen. Für kleine Teilchen und poröses Material soll der Materialkontrast zwischen zu untersuchender Substanz und dem Einbettungsmittel möglichst groß sein. Abb. 8.14 zeigt als Beispiel eine Einbettung von Quarzstaub in Kunststoff (*Pfefferkorn* u. a., 1968). Auf das Schnittebenenbild sind dann die stereometrischen Auswertemethoden

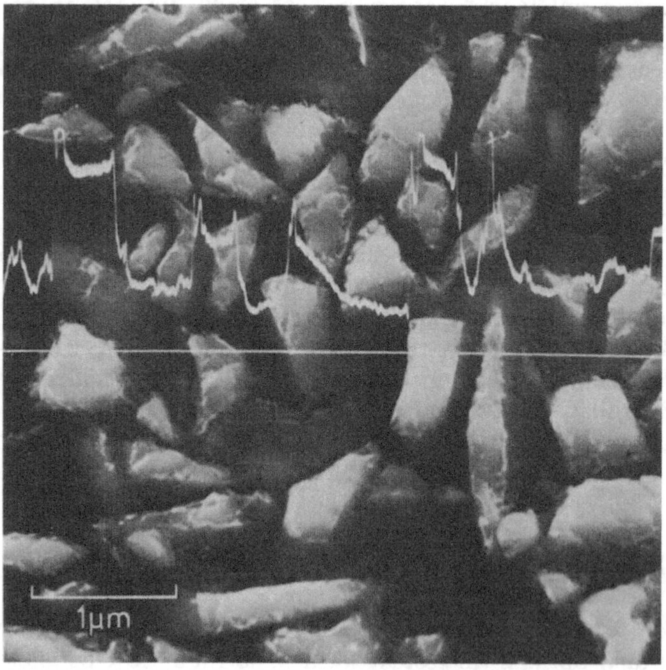

Abb. 8.14. Quarzstaub in Kunststoff eingebettet. Entlang der Linie wurde die Helligkeit als Y-Modulation geschrieben

(§ 7.2) anwendbar. Verschiedene Komponenten eines Pulvers oder Staubes lassen sich aufgrund unterschiedlicher SE- oder RE-Ausbeute differenzieren.

Beim Polieren entsteht oft an der Grenze verschieden harter Stoffe ein Polierrelief, welches das Erkennen von Bereichgrenzen unterstützen kann. Auch eine selektive Ätzung — z. B. teilweises Herausätzen des organischen Einbettungsmittels durch ionisierten Sauerstoff — kann die Kontrastverhältnisse am Rande der Körner erhöhen und Erkennen und Ausmessen erleichtern.

Literatur zu § 8

Abraham, J. L., De Nee, P. B.: IITRI/SEM/1974, 251
Anderson, T. F.: Trans. N. Y. Acad. Sci. Ser. II, **13**, 130 (1951)
Ashraf, M., Livingston, L. H., Bloor, C. M.: IITRI/SEM/1976 II, 179
Bach, H.: J. Non-Cryst. Sol. **3**, 1 (1970)
Bach, H.: BEDO **5**, 479 (1972)
Bach, H., Blaschke, R., Bode, M., Pfefferkorn, G., Umrath, W.: BEDO **4**/2, 363 (1971)
Bach, H., Schröder, H.: Z. Physik **224**, 122 (1969)
Barber, V. C., Boyde, A.: Z. Zellforsch. **84**, 269 (1968)
Barnes, I. E.: Brit. Dent. J. **133**, 337 (1972)
Barnes, I. E.: Brit. J. Dermat. **89**, 277 (1973)
Bartlett, A. A., Burstyn, H. P.: IITRI/SEM/1975, 305
Becker, R. P., De Bruyn, P. P. H.: IITRI/SEM/1976 II, 171
Blaha, J., Grasenick, F., Horn, H., Jakopić, E.: Radex-Rundschau **1960**, 429
Blaschke, R.: Fortschr. Miner. **47**, 197 (1970a)
Blaschke, R.: BEDO **3**, 17 (1970b)
Böhm, E.: BEDO **4**/2, 563 (1971a)
Böhm, E.: BEDO **4**/2, 549 (1971b)
Bollmann, W.: Phys. Rev. **103**, 1588 (1956)
Boyde, A.: IITRI/SEM/1972, 257
Boyde, A.: IITRI/SEM/1974, 1043
Boyde, A.: IITRI/SEM/1975, 295
Boyde, A., Echlin, P.: IITRI/SEM/1973, 759
Boyde, A., Vesely, P.: IITRI/SEM/1972, 265
Boyde, A., Wood, C.: J. Microscopy **90**, 221 (1969)
Brooks, S. E. H., Haggis, G. H.: Lab. Invest. **29**, 60 (1973)
Brown, A. C., Swift, J. A.: BEDO **3**, 299 (1970)
Carpenter, G. J. C.: Rev. Sci. Instr. **42**, 531 (1971)
Castaing, R.: Proc. 3rd Intern. Conf. Electron Microscopy, p. 379. London 1954
Cohen, A. L., Marlow, D. P., Garner, G. E.: J. Microscopie **7**, 331 (1968)
Christenhusz, R., Bode, M.: BEDO **1**, 177 (1968)
De Bault, L. E.: IITRI/SEM/1973, 317
De Nee, P. B.: IITRI/SEM/1971, 209
De Nee, P. B., Abraham, J. L., Willard, P. A.: IITRI/SEM/1974, 259
De Nee, P. B. Walker, E. R.: IITRI/SEM/1975, 225
Dingley, D. J.: IITRI/SEM/1970, 329
Echlin, P.: IITRI/SEM/1971, 225
Echlin, P.: IITRI/SEM/1975, 217
Echlin, P., Paden, R., Dronzek, B., Wayte, R.: IITRI/SEM/1970, 49
Erlandsen, S. L., Thomas, A., Wendelschafer, G.: IITRI/SEM/1973, 349
Flechon, J. E., Bergström, S., Jaszczak, S., Hafez, E. S. E.: IITRI/SEM/1975, 325
Flood, P. R.: IITRI/SEM/1975, 287
Frisch, B., Lewis, S. M., Stuart, P. R., Osborn, J. S.: IITRI/SEM/1975, 165
Fromme, H. G., Pfautsch, M., Pfefferkorn, G., Bystricky, V.: Microscopica Acta **73**, 29 (1972)
Fromme, H. G., Riedel, H., Vahl, J.: DZZ **22**, 395 (1967)

Fujita, T., Miyoshi, M., Tokunaga, J.: Z. Zellforsch. **105,** 483 (1970)
Fujita, T., Tokunaga, J., Inoue, H.: *Atlas of Scanning Electron Microscopy in Medicine.* Tokyo: Igaku Shoin Ltd. and Amsterdam-London-New York: Elsevier Publ. Comp. 1971
Fulker, M. J., Holland, L., Hurley, R. E.: IITRI/SEM/1973, 379
Grundy, J. R.: Brit. Dent. J. **130,** 113 (1971)
Gullasch, J.: *Electron Microscopy 1974*, Vol. II, p. 658. Canberra 1974
Haggis, G. H., Bond, E. F., Phipps, B.: IITRI/SEM/1976 I, 281
Hall, T. A., Hale, A. J., Switsur, V. R.: *The Electron Microprobe* (eds. T. D. McKinley, K. F. J. Heinrich, D. B. Wittry), p. 805. New York 1966
Hayat, M. A. (ed.): *Principles and Techniques of Electron Microscopy. Biological Applications*, Vol. 1f. New York: Van Nostrand Reinhold Comp. 1970
Heslop-Harrison, Y.: Science **167,** 173 (1970)
Heslop-Harrison, Y., Heslop-Harrison, J.: IITRI/SEM/1969, 117
Hodges, G. M., Carbonell, A. W., Muir, M. D., Grant, P. R.: IITRI/SEM/1974, 159
Hodges, G. M., Muir, M. D., Winkler, H. H., Carbonell, A. W., Grant, P. R.: *Electron Microscopy 1974*, Vol. II, 660. Canberra 1974
Holland, V. F.: IITRI/SEM/1976 I, 71
Holm, R., Heyl, G., Morbitzer, L.: BEDO **2,** 153 (1969)
Horstmann, D.: BEDO **4**/2, 605 (1971)
Huber, H.: BEDO **1,** 229 (1968)
Humphreys, W. J., Spurlock, B. O., Johnson, J. S.: IITRI/SEM/1974, 275
Humphreys, W. J., Spurlock, B. O., Johnson, J. S.: Stain Technol. **50,** 119 (1975)
Ingram, P., Morosoff, N., Pope, L., Allen, F., Tisher, C.: IITRI/SEM/1976 I, 75
Iriono, S., Ono, T., Watanabe, K., Toyota, K., Uno, J., Takasugi, N., Murakami, T.: IITRI/SEM/1975, 267
Jakopić, E.: Proc. European Regional Conf. Electron Microscopy, Vol. I, p. 559. Delft 1960
Johari, O., Corvin, I., Dragen, R., Parikh, N. M.: IITRI/SEM/1969, 277
Joy, D. C., Newbury, D. E.: IITRI/SEM/1971, 113
Kassenbeck, P.: Jahrb. Fraunhofer-Gesellschaft **1971,** 21
Kaufman-Arenberg, I., Marovitz, W. F., MacKenzie, A. P.: 3rd Ann. Stereoscan SEM Coll., Cambridge Proc., p. 121
Kay, D.: *Techniques for Electron Microscopy*, 2nd ed. Oxford: Blackwell Scientific Publ. 1965
Kelley, R. O., Dekker, R. A. F., Bluemink, J. G.: J. Ultrastruct. Res. **45,** 254 (1973)
Klainer, A. S., Jernigan, S., Allender, P.: IITRI/SEM/1974, 313
Koehler, J. K. (ed.): *Advanced Techniques in Biological Electron Microscopy.* Berlin-Heidelberg-New York: Springer 1973
Kotval, P. S.: IITRI/SEM/1969, 309
Kubalek, E., Schaaber, O.: BEDO **1,** 185 (1968)
Kumon, H., Uno, F., Tawara, J.: IITRI/SEM/1976 II, 85
Lechner, G.: *Electron Microscopy 1974*, Vol. II, p. 58. Canberra 1974
Ledbetter, M. C.: IITRI/SEM/1976 II, 453
Lewis, E. R., Jackson, L., Scott, T.: IITRI/SEM/1975, 317
Lewis, E. R., Nemanic, M. K.: IITRI/SEM/1973, 767
Malick, L. E., Wilson, R. B.: IITRI/SEM/1975, 259
Marszalek, D. S., Small, E. B.: IITRI/SEM/1969, 231
Mc Callister, L. P., Mumaw, V. R., Munger, B. L.: IITRI/SEM/1974, 713
Meek, G.: *Practical Electron Microscopy for Biologists.* London-New York-Sydney-Toronto: Wiley Interscience 1971
Miyai, K., Wagner, R. M., Richardson, A. L.: IITRI/SEM/1974, 283
Moor, H.: Z. Zellforsch. **62,** 546 (1964)
Moreton, R. B., Echlin, P., Gupta, B. L., Hall, T. A., Weiss-Fogh, T.: Nature **247,** 113 (1974)
Multier, A. M., Herbst, R.: BEDO **3,** 281 (1970)
Munger, B. L., Mumaw, V. R.: IITRI/SEM/1976 I, 275
Murakami, T.: Arch. histol. Jap. **32,** 445 (1971)
Murakami, T., Unehira, M., Kawakami, H., Kubotsu, A.: Arch. histol. Jap. **36,** 119 (1973)
Nei, T., Yotsumoto, H., Hasegawa, Y., Nagasawa, Y., Nakahira, A.: JEOL News **9e,** 35 (1971)
Nemanic, M. K.: IITRI/SEM/1972, 297

Nemanic, M. K.: IITRI/SEM/1975, 341
Nowell, J. A., Lohse, C. L.: IITRI/SEM/1974, 267
Orth, H.: BEDO **3**, 205 (1970)
Pameijer, C. H., Stallard, R. E.: IITRI/SEM/1973, 357
Parducz, B.: Intern. Rev. Cytol. **21**, 91 (1967)
Pawley, J., Dole, S.: IITRI/SEM/1976 I, 287
Pawlowitzki, I. H., Blaschke, R.: BEDO **1**, 249 (1968)
Pease, D. C.: *Histological Techniques for Electron Microscopy*, 2nd ed. New York-London: Academic Press 1964
Pelloux, R. M., Erhardt, K., Grant, N. J.: IITRI/SEM/1970, 281
Peters, K. R., Gschwender, H. H., Haller, W., Rutter, G.: IITRI/SEM/1976 II, 75
Peveling, E., Vahl, J.: BEDO **1**, 205 (1968)
Pfautsch, M., Fromme, H. G., Forck, G., Wichelmann, F., Tegtbauer, Chr.: Kongreßband Deutsche Dermatolog. Gesellsch. Berlin-Heidelberg-New York: Springer 1971
Pfefferkorn, G.: IITRI/SEM/1970, 89
Pfefferkorn, G., Blaschke, R.: Staub **28**, 440 (1968)
Pfefferkorn, G., Boyde, A.: IITRI/SEM/1974, 75
Pfefferkorn, G., Desler, H., Blaschke, R.: BEDO **1**, 165 (1968)
Raith, H., Echlin, P., Hyde, P.: BEDO **3**, 217 (1970)
Rebhun, L. I.: *Principles of Electron Microscopy*, Vol. 2, p. 1. New York: Van Nostrand Reinhold Comp. 1972
Reimer, L.: *Elektronenmikroskopische Untersuchungs- und Präparationsmethoden*, 2. Aufl. Berlin-Heidelberg-New York: Springer 1967
Reimer, L., Schulte, C.: Naturwiss. **53**, 489 (1966)
Richter, I. E.: BEDO **2**, 213 (1969)
Richter, I. E.: Kursus für biolog. Präparation. Münster 1972
Richter, I. E., Vogel, K., Huber, H. J.: Z. wiss. Mikroskopie **69**, 94 (1968/69)
Riviere, G. R., Cotton, W. R., Derkowski, J. L.: IITRI/SEM/1976 II, 67
Saubermann, A. J., Echlin, P.: J. Microscopy **105**, 155 (1975)
Schimmel, G.: *Elektronenmikroskopische Methodik*. Berlin-Heidelberg-New York: Springer 1969
Schneider, G. B.: Am. J. Anat. **146**, 93 (1976)
Schwindling, R.: Zahnärztl. Welt, Zahnärztl. Rundschau, Zahnärztl. Reform **79**, 771 (1970)
Sikorski, J., Nott, J. A., Moss, J. S., Buckley, T.: Proc. Roy. Micr. Soc. **2**, 431 (1967)
Spector, M., Kimzey, S. L., Burns, L.: IITRI/SEM/1974, 665
Spit, B. J.: Proc. European Regional Conf. Electron Microscopy, Vol. I, p. 564. Delft 1960
Stöber, W., Berner, A., Blaschke, R.: J. Coll. Interf. Science **29**, 710 (1969)
Stuart, P. R., Osborn, J. S., Lewis, S. M.: IITRI/SEM/1969, 241
Sybers, H. D., Ashraf, M.: IITRI/SEM/1973, 341
Thomas, R. S.: Adv. Opt. Electron Microscopy **3**, 99 (1969)
Thomas, R. S., Hollahan, J. R.: IITRI/SEM/1974, 83
Thornthwaite, J. T., Thornthwaite, B. N., Cayer, M. L., Hart, M. A., Leif, R. C.: IITRI/SEM/1975, 387
Tokunaga, J., Fujita, T., Hattori, A.: Arch. Histol. Japan **31**, 21 (1969)
Tokunaga, J., Fujita, T., Hattori, A., Müller, J.: IITRI/SEM/1976 I, 301
Tyler, W. S., Nowell, J. A., Pangborn, J.: *Microscopie électronique 1970*, Vol. I, p. 477. Grenoble 1970
Ujiiye, N., Kimoto, S., Kawasaki, Y.: IITRI/SEM/1971, 97
Umrath, W.: J. Microscopy **101**, 103 (1974)
Vogel, G., Becker, R. P., Swift, H.: IITRI/SEM/1976 II, 409
Watson, J. H. L., Page, R. H., Swedo, J. L.: IITRI/SEM/1975, 417
Watters, W. B., Buck, R. C.: J. Microscopy **94**, 185 (1971)
Wegener, W., Merkle, R.: Chemiefasern **18**, 451 (1968a)
Wegener, W., Merkle, R.: BEDO **1**, 237 (1968b)
Wegmann, L.: Schweizer Arch. Wiss. u. Technik **30**, 143 (1964)
Zeedijk, H. B.: BEDO **1**, 191 (1968)

Sachverzeichnis

R. G. Kessel
C. Y. Shih

Scanning Electron Microscopy in Biology

A Student's Atlas on Biological Organization

Corrected reprint
22 figs., 132 plates. XI, 345 pages. 1976
Cloth DM 72,–; US $ 31.70
ISBN 3-540-06724-8

Contents: Introduction. – One-Celled Organisms. – Cells in Culture. – Prokaryotes. – Fungi and Algae. – Multicellular Plants. – Organ Systems of Angiosperms. – Multicellular Animals. – Tissue and Organ Systems of Animals. – Development. – Subject Index.

This well accepted atlas, primarily intended for beginning students of biology and medicine, sets out to demonstrate the amazing potential of the scanning electron microscope for biological teaching and research. The illustrations were specially prepared and selected for this book and are arranged according to phytogenetics and systematics so as to make this a useful supplement to textbooks and lecture notes.

"This excellently produced book fills an important need in this day and age of ultrastructural research. So often the student is neglected in the many treatises prepared with only the experienced technician or the sophisticated researcher in mind. And scanning electron microscopy (SEM) has usually been neglected in favor of transmission electron microscopy (TEM). Over 130 plates of splendidly reproduced micrographs are included, accompanied by comprehensive text material ..."

Transactions American Microscopical Society

Electron Microscopy in Mineralogy

Coordinating Editor: H.-R. Wenk
Editors: P. E. Champness; J. M. Christie; J. M. Cowley; A. H. Heuer; G. Thomas; N. J. Tighe

272 figs., 15 tables. XII, 564 pages. 1976
Cloth DM 96,–; US $ 42.30
ISBN 3-540-07371-X

Contents: Introduction. – Contrast. – Experimental Techniques. – Exsolution. – Polymorphic Phase Transitions. – Deformation Defects. – Special Techniques and Applications. – Subject Index.

The electron microscope has become an ideal research instrument to investigate minerals in the 100–10000 Å-scale. The most important applications are: determination of the microstructure and analysis of inhomogeneities, such as defects, dislocations, submicroscopic precipitates, inclosures, domains, etc. The results give scientists new insights into the genesis of minerals and rocks. The main purpose of this book is to give mineralogists access to this new field by showing them advantages of electron microscopy and to illustrate with numerous examples how the microstructure can be interpreted in terms of geological history.

The book will serve in threefold manner, first as an introduction for the active mineralogist, second as a textbook for an advanced mineralogy and crystallography course, and third as a complete reference handbook for the electron microscopist.

Preisänderung vorbehalten.

Springer-Verlag
Berlin Heidelberg New York

Electron Spectroscopy for Surface Analysis

Editor: H. Ibach

123 figs., 5 tables. XI, 255 pages. 1977
Cloth DM 64,–; US $ 28.20
(Topics in Current Physics, Vol. 4)
ISBN 3-540-08078-3

Contents: H. Ibach, Introduction. – D. Roy, J.D. Carette, Design of Electron Spectrometers for Surface Analysis. – J. Kirschner, Electron-Excited Core Level Spectroscopies. – M. Henzler, Electron Diffraction and Surface Defect Structure. – B. Feuerbacher, B. Fitton, Photoemission Spectroscopy. – H. Froitzheim, Electron Energy Loss Spectroscopy.

The great progress made in the modern understanding of surfaces and interfaces is chiefly owing to the technique of electron spectroscopies. Consequently, electron spectroscopies are no longer instruments of solely fundamental research, but today can be found even in industrial laboratories. The more practically oriented scientists and engineers may be bewildered by the number of different electron spectroscopies that have become known under their various acronyms. This book specifically addresses the question of which information is best obtained by a certain type of spectroscopy and which combination of spectroscopies might be most suitable for a certain application. Theoretical considerations are kept brief for the benefit of a more extended presentation of experimental aspects and examples.

Preisänderung vorbehalten.

Interactions on Metal Surfaces

Editor: R. Gomer

112 figs. XI, 310 pages. 1975
Cloth DM 78,–; US $ 34.40
(Topics in Applied Physics, Vol. 4)
ISBN 3-540-07094-X

Contents: J.R. Smith, Theory of Electronic Properties of Surfaces. – S.K. Lyo, R. Gomer, Theory of Chemisorption. – L.D. Schmidt, Chemisorption: Aspects of the Experimental Situation. – D. Menzel, Desorption Phenomena. – E.W. Plummer, Photoemission and Field Emission Spectroscopy. – E. Bauer, Low Energy Electron Diffraction (LEED) and Auger Methods. – M., Concepts in Heterogeneous Catalysis. Boudart.

The purpose of this book is to acquaint the reader with modern developments in the study of metal surfaces, principally chemisorption. To this end, the theory of the electronic properties of metal surfaces and the theory of chemisorption are outlined. This part is followed by discussions of the current experimental status of chemisorption on well-defined single crystal planes. Subsequent chapters describe in some detail the most important techniques for characterizing clean and adsorbate-covered surfaces, and some of the results obtained with them. These include thermal, electron-impact and photodesorption, field emission and photo-emission spectroscopy, and low-energy electron diffraction and Auger analysis. Finally, a discussion of catalysis, which transcends interactions on metal surfaces, is included because it represents one of the most important applications of chemisorption.

Springer-Verlag
Berlin Heidelberg New York

GPSR Compliance

The European Union's (EU) General Product Safety Regulation (GPSR) is a set of rules that requires consumer products to be safe and our obligations to ensure this.

If you have any concerns about our products, you can contact us on ProductSafety@springernature.com

In case Publisher is established outside the EU, the EU authorized representative is:

Springer Nature Customer Service Center GmbH
Europaplatz 3
69115 Heidelberg, Germany

Batch number: 10683525

Printed by Printforce, the Netherlands